普通高等学校信息与计算科学专业系列丛书

普通高等教育“十一五”国家级规划教材

数据分析方法

（第二版）

梅长林　范金城　编

高等教育出版社·北京

内容简介

本书是为高等学校信息与计算科学专业本科生“数据分析”课程编写的教材，主要介绍常用统计数据分析的基本内容与方法，包括数据描述性分析、回归分析、方差分析、主成分分析与典型相关分析、判别分析、聚类分析、Bayes 统计分析等。另外，对 SAS 软件的基础知识以及与上述各数据分析方法有关的 SAS 过程做了简要介绍，以便于利用 SAS 软件实现各分析方法的应用。各章均配备了丰富的有广泛实际背景的习题。

本书也可作为高等学校统计专业本科生和非数学类硕士研究生教材以及数据分析工作者的参考书。

图书在版编目(CIP)数据

数据分析方法 / 梅长林，范金城编. -- 2 版. -- 北京：高等教育出版社，2018.10（2023.4重印）
（普通高等学校信息与计算科学专业系列丛书）
ISBN 978-7-04-050124-7

Ⅰ.①数… Ⅱ.①梅… ②范… Ⅲ.①统计数据-统计分析-高等学校-教材 Ⅳ.①O212.1

中国版本图书馆 CIP 数据核字(2018)第 160008 号

策划编辑 李冬莉　责任编辑 李冬莉　封面设计 李小璐　版式设计 马敬茹
插图绘制 于 博　责任校对 胡美萍　责任印制 耿 轩

出版发行 高等教育出版社
社　址 北京市西城区德外大街 4 号
邮政编码 100120
印　刷 北京宏伟双华印刷有限公司
开　本 787mm×960mm 1/16
印　张 20.5
字　数 370 千字
购书热线 010-58581118
咨询电话 400-810-0598
网　址 http://www.hep.edu.cn
http://www.hep.com.cn
网上订购 http://www.hepmall.com.cn
http://www.hepmall.com
http://www.hepmall.cn
版　次 2006 年 2 月第 1 版
2018年10月第 2 版
印　次 2023年 4 月第 6 次印刷
定　价 39.30 元

物 料 号 50124-00

数据分析方法

(第二版)

梅长林　范金城

1 计算机访问http://abook.hep.com.cn/122390904，或手机扫描二维码、下载并安装Abook应用。

2 注册并登录，进入"我的课程"。

3 输入封底数字课程账号（20位密码，刮开涂层可见），或通过Abook应用扫描封底数字课程账号二维码，完成课程绑定。

4 单击"进入课程"按钮，开始本数字课程的学习。

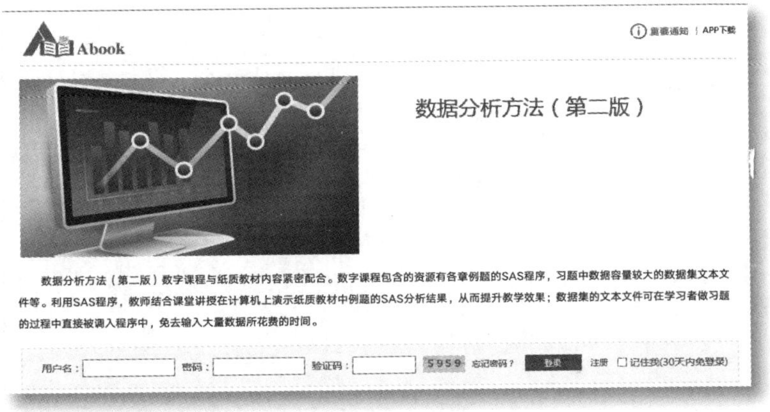
Abook
数据分析方法（第二版）
数据分析方法（第二版）数字课程与纸质教材内容紧密配合。数字课程包含的资源有各章例题的SAS程序，习题中数据容量较大的数据集文本文件等。利用SAS程序，教师结合课堂讲授在计算机上演示纸质教材中例题的SAS分析结果，从而提升教学效果；数据集的文本文件可在学习者做习题的过程中直接被调入程序中，免去输入大量数据所花费的时间。
用户名：
密码：
验证码：
5959
忘记密码？
登录
注册
记住我(30天内免登录)

课程绑定后一年为数字课程使用有效期。受硬件限制，部分内容无法在手机端显示，请按提示通过计算机访问学习。

如有使用问题，请发邮件至abook@hep.com.cn。

扫描二维码
下载Abook应用

http://abook.hep.com.cn/122390904

信息与计算科学专业系列教材编委会

顾　问　李大潜　刘应明

主　任　徐宗本

副主任　王国俊　马富明　胡德焜

委　员　（以姓氏笔画为序）

韦志辉　叶中行　白峰杉　羊丹平　孙文瑜

吕　涛　阮晓青　陈发来　沈世镒　陈　刚

张志让　吴　微　柳重堪　凌永祥　徐　刚

徐树方　黄象鼎　雍炯敏

秘　书　李水根　王　瑜

总　　序

根据教育部1998年颁布的普通高等学校专业目录,“信息与计算科学”专业被列为数学类下的一个新专业(它覆盖原有的计算数学及其应用软件、信息科学与运筹控制等专业)。这一新专业的设置很好地适应了新世纪以信息技术为核心的全球经济发展格局下的数学人才培养与专业发展的需要。然而,作为一个新专业,对其专业内涵、专业规范、教学内容与课程体系等有一个自然的认识与探索过程。教育部数学与统计学教学指导委员会数学类专业教学指导分委员会(下称教指委)经过过去两年艰苦细致的工作,对这些问题现在已有了比较明确的指导意见,发表了《关于信息与计算科学专业办学现状与专业建设相关问题的调查报告》及《信息与计算科学专业教学规范》(讨论稿)(见《大学数学》第19卷1期(2003))。为此,全国高等学校教学研究中心在承担全国教育科学“十五”国家级规划课题——“21世纪中国高等教育人才培养体系的创新与实践”研究工作的基础上,根据教指委所颁布的新的教学规范,组织国内各高校的专家教授,进行其子项目课题“21世纪中国高等学校信息与计算科学专业教学内容与课程体系的创新与实践”的研究与探索。为推动本专业的教材建设,该项目课题小组与高等教育出版社联合成立了“信息与计算科学专业系列教材编委会”,邀请有多年教学和科研经验的教师编写系列教材,由高等教育出版社独家出版,并冠以教育科学“十五”国家级规划课题研究成果。

按照新的《信息与计算科学专业教学规范》(讨论稿),信息与计算科学专业是以信息技术和计算技术的数学基础为研究对象的理科类专业。其目标是培养具有良好的数学基础和数学思维能力,掌握信息与计算科学基础理论、方法与技能,受到科学研究的训练,能解决信息技术和科学与工程计算中的实际问题的高级专门人才。毕业生能在科技、教育、信息产业、经济与金融等部门从事研究、教学、应用开发和管理工作,能继续攻读研究生学位。根据这一专业目标定位和落实“强基础、宽口径、重实际、有侧重、创特色”的办学指导思想,我们认为,本专业在数学基础、计算机基础、专业基础方面应该得到加强,各学校在这三个基础方面可大体一致,但专业课(含选修课)允许各校自主选择、体现各自特点。考虑到已有大量比较成熟的数学基础与计算机基础课程教材,本次教材编写主要侧重于专业基础课与专业课(含选修课)方面。

信息与计算科学，就其范畴与研究内容而言，是数学、计算机科学和信息工程等学科的交叉，已远远超出数学学科的范畴。但作为数学学科下的一个理科专业，信息与计算科学专业则主要研究信息技术的核心基础与运用现代计算工具高效求解科学与工程问题的数学理论与方法（或更简明地说，研究定向于信息技术与计算技术的数学基础），这一专业定位明显地与计算机科学与信息工程专业构成区别。基于这一定位，信息与计算科学专业可包括信息科学与科学计算（计算数学）两个大的方向。我国在科学计算方向已有长期的办学经验，科学计算方向通常被划分为偏微分方程数值解、最优化理论与方法、数值逼近与数值代数、计算基础等学科子方向。然而，对于信息科学，它到底应该怎样划分学科子方向？应该怎样设置专业与专业基础课？所有这些都仍是正在探索的问题。

任何技术都可以认为是延伸与扩展人的某种功能的方式与方法，所以信息技术可以认为是扩展人的信息器官功能的技术。人的信息器官主要包括感觉器官、传导器官（传导神经网络）、思维器官和效应器官四大类型，其功能则主要是信息获取、信息传输、信息处理和信息应用（控制），因而感测技术、通信技术、智能技术与控制技术通常被认为是最基本的信息技术（常称之为信息技术的四基元），其他信息技术可认为是这四种基本技术的高阶逻辑综合或分解衍生。所以可以把信息科学理解为是“有关信息获取、信息传输、信息处理与信息控制基础的科学”。从这个意义上，我们认为：信息处理（包括图像处理、信号分析等）、信息编码与信息安全、计算智能（人工智能、模式识别等）、自动控制等可构成信息科学的主要学科子方向。这一认识也是教指委设置信息与计算科学专业信息科学方向课程的基本依据。

本系列教材正是基于以上认识，为落实新的《信息与计算科学专业教学规范》（讨论稿）而组织编写的。我们相信，该系列教材的出版对缓解本专业教材的紧缺局面，对推动信息与计算科学专业的快速与健康发展会大有裨益。

从长远的角度看，为适应不同类型院校和不同层次要求的课程需求，本系列教材编委会还将不断组织教材的修订和编写新的教材，从而使本专业的教学用书做到逐步充实、完善和多样化。我们诚恳地希望使用本系列教材的教师、同学们及广大读者对书中存在的问题及时指正并提出修改意见和建议。

信息与计算科学专业系列教材编委会

2003 年 8 月 31 日

第二版前言

本书是为全国普通高等学校信息与计算科学专业数据分析课程所编写的教材，自2006年出版以来，承蒙广大读者及各院校的支持，已连续印刷10余次，总发行量近3万册。但在我校及兄弟院校多年使用本教材的过程中，也发现一些不妥和纰漏之处，另外，部分内容也需要更新和补充。为此，在保持原教材特色的基础上，主要针对如下几个方面做了修订。

首先，考虑到回归分析是数据分析的重要方法，其内容十分丰富且应用背景极其广泛，我们在原线性回归分析的基础上补充了广义线性模型中最常用的logistic回归模型，并在章末增添了从参数回归模型到非参数回归模型的概括性综述，以期使读者对回归分析模型的多样性及不同特点有初步了解，为进一步学习近代回归分析方法并将其应用于不同类型的数据分析开启窗口。

其次，考虑到目前所使用的SAS软件大多都是SAS V.8及以上版本，将原教材中以SAS V.6版本为主介绍SAS系统的界面及其功能的相关内容修订为以高版本为主予以介绍，同时增加了logistic回归分析的SAS过程的相关内容。

最后，对全书进行了全面的修订，改正了原书稿中的一些不妥和纰漏之处，使叙述和分析更为清晰和严谨。各章例题的SAS程序连同各章习题中容量较大的数据集的文本文件，可通过网址http://abook.hep.com.cn/122390904下载，例题的SAS程序可供教师教学时参考，习题的数据文件可供学生上机完成课后习题时直接调入，免去输入大量数据所花费的时间。

新增内容大约可在4学时内完成。根据我们的教学实践，一种可供参考的教学方法是与多媒体教学相结合，首先讲授第8章中的SAS基本内容简介，使学生初步了解SAS软件并掌握必要的操作和简单的编程技能，然后结合各章具体内容进行讲授。将相关SAS过程的介绍分散到各章，通过对例题分析的多媒体演示与对输出结果的解释，使学生掌握各SAS过程的应用。这样，全书内容估计可在56学时内讲授完毕，再配以8学时左右的集中上机实习，共需要约64学时。对于该课程不足64学时的院校，可略去第7章Bayes统计分析的内容。

衷心感谢高等教育出版社编辑对修订本书的鼓励、指导与帮助。另外，本书的修订得到西安交通大学教务处教材建设专项基金的资助，编者的博士研究生张晓承担了新增内容的录入工作，谨表示感谢。

编　者

2017 年 12 月于西安交通大学

第一版前言

数据作为信息的主要载体在当今信息化社会中扮演着重要的角色。各行各业的各个领域无处不有数据的存在,数据为我们提供了丰富的信息。然而,如何从大量的看似杂乱无章的数据中揭示其中隐含的内在规律、发掘有用的信息以指导人们进行科学的推断与决策,还需要对这些纷繁复杂的数据进行分析。

顾名思义,数据分析就是分析和处理数据的理论与方法,从中获得有用的信息。从这个意义上讲,数据分析不存在固定的解决方法,分析的目的和分析的方法不同,会从同一数据中发掘出各种有用信息。因此,数据分析内容丰富、方法众多,尤其借助计算机的强大计算能力,各种数据分析方法层出不穷,并得到空前的发展。然而,作为一门学科,数据分析的性质定位问题目前尚未得到很好的解决,还未见到对"数据分析"共同认可的确切定义,但以数据为主要研究对象的统计方法无疑是最重要的数据分析工具之一。按照全国普通高等院校信息与计算科学专业委员会的课程设置思路,数据分析教材应以介绍数据分析的常用统计方法为主。

我们注意到,数据分析和统计学在内涵上还是有差异的。就编者的理解,数据分析的基本命题是从数据中挖掘尽可能多的有用信息,面对数据,应强调可解决什么样的问题,如何解决。可以说数据分析是统计学理论与方法的综合应用,更注重解决实际问题的全过程。在本教材内容选取与编写中,也力图体现这一点。

本书在数据的描述性统计分析的基础上,重点介绍了一些应用十分广泛的多元数据分析的统计方法,包括线性回归分析、方差分析、主成分分析、典型相关分析、判别分析、聚类分析等。另外,鉴于 Bayes 统计分析在信息科学中得到越来越广泛的应用,本书对 Bayes 统计的基本理论与方法也作了适当介绍。

数据分析需要处理大量的数据,进行复杂的运算,因此计算机和现代统计软件的使用似乎是必不可少的。本书的编写与当今国际上著名的数据分析软件系统之一的 SAS 软件紧密结合,并在最后一章对 SAS 软件的基本知识以及与本书内容有关的 SAS 过程作了简要介绍。书中大部分例题都结合 SAS 软件予以分析,各章习题大多也需要借助计算机软件来完成。为便于教学,本书各章例题的 SAS 程序和习题中数据容量较大的数据集文本文件可从网上下载,希望能结合课堂讲授在计算机上演示书中例题的 SAS 分析结果,提高教学效果;另外,数据集的文本文件可在学生上机完成习题时直接调入程序中,免去输入大量数据所花费的时间。

本书在写作上一方面与 SAS 软件的应用紧密结合,另一方面也注重严格的理论推导和方法步骤的详细介绍以及对各方法统计思想的阐述和对分析结果的解释,以提高学生分析问题和解决问题的能力,避免只盲目地使用计算机软件得到结果,而对其信息内涵理解不深。例题和习题的选取一般均是有实际背景的涉及众多领域的实际观测数据,其中不乏我国国民经济等领域内的实际数据。希望通过这些例题,让学生看到统计数据分析方法的具体应用,体会数据分析的全过程。

学习本教材需有数学分析、线性代数、概率论与数理统计的基础知识。根据我们的教学实践,建议各章的教学时数如下:

第 1 章: 数据描述性分析,6 学时;
第 2 章: 线性回归分析,8 学时;
第 3 章: 方差分析,6 学时;
第 4 章: 主成分分析与典型相关分析,6 学时;
第 5 章: 判别分析,6 学时;
第 6 章: 聚类分析,4 学时;
第 7 章: Bayes 统计分析,8 学时;
第 8 章: SAS 软件及有关数据分析过程简介,8 学时。

再配备 12 学时左右的上机实习,全书内容大约可在 64 学时内完成。第 8 章中的 §8.1 内容建议首先讲授, §8.2 内容可分散到前七章介绍,再通过上机实习和完成各章习题使学生加以巩固。鉴于本书各章的模块化结构,各校可根据自身情况予以适当取舍。

本书第 2,3,4,8 章由梅长林执笔,第 1,5,6,7 章由范金城执笔,最后由梅长林统一修改定稿。衷心感谢审稿者对本书初稿提出的宝贵修改意见和对数据分析课程定位等方面的讨论。感谢全国信息与计算科学专业指导委员会对编写本教材的大力支持以及高等教育出版社李蕊、王瑜编辑的辛勤工作。限于编者的水平和对数据分析的理解,书中难免会有不妥之处,恳望读者不吝指教,以期提高本教材的质量。

编　者

2005 年 11 月于西安交通大学

目　　录

第 I 章
数据描述性分析

数据的描述性分析即是从数据出发概括数据特征,主要包括数据的位置特性、分散性、关联性等数字特征和反映数据整体结构的分布特征,它是数据分析的第一步,也是对数据进行更进一步分析的基础.

本章重点介绍一维和多维数据描述性分析的基本内容,包括数据的数字特征与分布特征的描述与分析.另外,基于后续各章的需要,对多维正态分布的定义和性质也作了简单介绍.

§1.1 一维数据的数字特征

设有 n 个一维数据

$$x_1, x_2, \cdots, x_n,$$

它们是从所研究的对象(即总体)X 中观测得到的,这 n 个值称为样本观测值,n 称为样本容量.数据分析的任务就是要对该样本观测值进行分析,提取数据中所包含的有用的信息,进一步对总体的信息做出推断.对于作为信息载体的数据,我们首先要用某些简单的量概括其中包含的主要信息或特征,这些量称之为数据的数字特征,包括数据的集中位置、分散程度、数据分布的形状特征等等.

1.1.1 表示位置的数字特征

1. 均值

均值即是 $x_1, x_2, \cdots, x_n$ 的平均数

$$\bar{x} = \frac{1}{n}\sum_{i=1}^{n} x_i, \tag{1.1}$$

它描述了数据取值的平均位置.

在通常情况下,均值有许多优良的统计性质,这些在必修课数理统计基础部分已得到广泛讨论.然而,当数据中存在异常值时,它则缺乏抗扰性或稳健性,即易受异常值的影响而使其值有较大变化.因此,在数据分析中,还要考虑其他一些描述位置的数字特征.

设 $x_1,x_2,\cdots,x_n$ 是 n 个观测值,将它们从小到大记为 $x_{(1)},x_{(2)},\cdots,x_{(n)}$,即

$$x_{(1)} \leqslant x_{(2)} \leqslant \cdots \leqslant x_{(n)},$$

称它们为次序统计量值,其中第 i 个次序统计量值是 $x_{(i)}$.特别,最小次序统计量值 $x_{(1)}$ 与最大次序统计量值 $x_{(n)}$ 分别为

$$x_{(1)} = \min_{1\leqslant i\leqslant n} x_i, \qquad x_{(n)} = \max_{1\leqslant i\leqslant n} x_i.$$

2. 中位数

中位数的计算公式是

$$M = \begin{cases} x_{\left(\frac{n+1}{2}\right)}, & n \text{ 为奇数}, \\ \dfrac{1}{2}\left(x_{\left(\frac{n}{2}\right)} + x_{\left(\frac{n}{2}+1\right)}\right), & n \text{ 为偶数}. \end{cases} \tag{1.2}$$

中位数是描述数据的中心位置的数字特征,比中位数大或小的数据个数大体上为整批数据个数的一半.对于对称分布的数据,均值与中位数比较接近,对于偏态分布的数据,均值与中位数差异会较大.中位数的一个显著特点是受异常值的影响较小,具有较好的稳健性或抗扰性,是数据分析中相当重要的一个统计量.

3. 分位数

对 $0 < p < 1$,数据 $x_1,x_2,\cdots,x_n$ 的 p **分位数**是

$$M_p = \begin{cases} x_{([np]+1)}, & np \text{ 不是整数}, \\ \dfrac{1}{2}\left(x_{(np)} + x_{(np+1)}\right), & np \text{ 是整数}, \end{cases} \tag{1.3}$$

其中 $[np]$ 为 np 的整数部分.当 $p=0$ 时,定义 $M_0 = x_{(1)}$;当 $p=1$ 时,定义 $M_1 = x_{(n)}$.

大体上整批数据的 $100p\%$ 的观测值不超过 p 分位数,第 0.5 分位数就是中位数 M.在实际应用中,0.75 分位数与 0.25 分位数比较重要,它们分别称为上、下四分位数,并分别简记为

$$Q_3 = M_{0.75}, \qquad Q_1 = M_{0.25}.$$

均值 $\bar{x}$ 与中位数 M 皆是描述数据位置的数字特征,在正常情况下,$\bar{x}$ 比 M 有更优良的性质,能更充分反映数据的信息.而当数据中有异常值时,M 具有很强的稳健性.考虑到既要充分利用样本信息,又要有较强的稳健性,可用如下的三均值 $\hat{M}$ 作为概括数据位置的数字特征.

4. 三均值

三均值 $\hat{M}$ 的计算公式是

$$\hat{M} = \frac{1}{4}Q_1 + \frac{1}{2}M + \frac{1}{4}Q_3, \tag{1.4}$$

即 $\hat{M}$ 是 Q_1,M,Q_3 的加权平均,权重分别是 $\frac{1}{4},\frac{1}{2},\frac{1}{4}$.

以上各数字特征从不同侧重点反映了数据的位置特征,若将这些数字特征加以综合应用,可探索数据的某些更本质的特性.如将均值(或中位数)与多个分位数相结合,可以考察数据的对称性等.

设数据是从总体 X 中得到的样本观测值,总体的分布函数是 $F(x)$.当 X 为离散型随机变量时,总体的分布可由概率分布列描述:

$$p_i = P\{X = x_i\}, \qquad i = 1,2,\cdots.$$

总体为连续型随机变量时,总体分布可由概率密度 $f(x)$ 刻画.连续型分布中最重要的是正态分布,它的概率密度 $\varphi(x)$ 及分布函数 $\Phi(x)$ 分别为

$$\varphi(x) = \frac{1}{\sqrt{2\pi}\sigma}\exp\left[-\frac{(x-\mu)^2}{2\sigma^2}\right], \qquad \Phi(x) = \int_{-\infty}^{x} \varphi(t)\,dt.$$

具有正态分布的总体称为正态总体.

设总体均值为 $\mu = \mathrm{E}(X)$,由大数定律,当 n 较大时,样本均值可以作为总体均值的估计,即当 n 充分大时

$$\mu \approx \bar{x}.$$

设总体分布 $F(x)$ 是连续型分布,$0 < p < 1$,称满足

$$F(\xi_p) = p$$

的 ξ_p 为总体分布 $F(x)$ 的 p 分位数.考虑总体 p 分位数 ξ_p 为惟一的情况,在一定条件下,样本的 p 分位数 M_p 是总体 p 分位数 ξ_p 的相合估计.因此,当 n 充分大时,

$$\xi_p \approx M_p.$$

例 1.1 对某学校 100 名女学生测定血清蛋白含量(单位:g/L),数据如下:

74.3	78.8	68.8	78.0	70.4	80.5	80.5	69.7	71.2	73.5
79.5	75.6	75.0	78.8	72.0	72.0	72.0	74.3	71.2	72.0
75.0	73.5	78.8	74.3	75.8	65.0	74.3	71.2	69.7	68.0
73.5	75.0	72.0	64.3	75.8	80.3	69.7	74.3	73.5	73.5
75.8	75.8	68.8	76.5	70.4	71.2	81.2	75.0	70.4	68.0
70.4	72.0	76.5	74.3	76.5	77.6	67.3	72.0	75.0	74.3
73.5	79.5	73.5	74.7	65.0	76.5	81.6	75.4	72.7	72.7
67.2	76.5	72.7	70.4	77.2	68.8	67.3	67.3	67.3	72.7
75.8	73.5	75.0	72.7	73.5	73.5	72.7	81.6	70.3	74.3
73.5	79.5	70.4	76.5	72.7	77.2	84.3	75.0	76.5	70.4

计算均值,中位数,上、下四分位数,$M_{0.99}$,$M_{0.95}$,$M_{0.90}$,$M_{0.10}$,$M_{0.05}$,$M_{0.01}$ 分位数及三均值 $\hat{M}$.

解 计算上述表示数据位置的数字特征可以通过 SAS 系统 proc univariate 过程来实现.通过计算得到

$$\bar{x}=73.66,\qquad M=73.5,$$
$$Q_3=75.8,\qquad Q_1=71.2,$$
$$M_{0.99}=82.95,\qquad M_{0.95}=80.5,$$
$$M_{0.90}=79.15,\qquad M_{0.10}=68.4,$$
$$M_{0.05}=67.3,\qquad M_{0.01}=64.65,$$
$$\hat{M}=73.5.$$

1.1.2 表示分散性的数字特征

1. 方差、标准差与变异系数

方差是描述数据取值分散性的一种度量,它是数据相对于均值的偏差平方的平均:

$$s^2=\frac{1}{n-1}\sum_{i=1}^{n}(x_i-\bar{x})^2. \tag{1.5}$$

方差的算术平方根称为**标准差**,即

$$s=\sqrt{s^2}=\sqrt{\frac{1}{n-1}\sum_{i=1}^{n}(x_i-\bar{x})^2}, \tag{1.6}$$

方差的量纲是数据量纲的平方,而标准差的量纲与数据量纲一致.

刻画数据相对分散性的度量是**变异系数**:

$$CV=100\times\frac{s}{\bar{x}}(\%), \tag{1.7}$$

它是一个无量纲的量,用百分数表示.

2. 极差与四分位极差

极差的计算公式是

$$R=x_{(n)}-x_{(1)}, \tag{1.8}$$

它是一种较简单的描述数据分散性的数字特征.

上、下四分位数 Q_3,Q_1 之差称为**四分位极差**:

$$R_1=Q_3-Q_1, \tag{1.9}$$

它也是度量数据分散性的一个重要数字特征.由于分位数的抗扰性,四分位极差亦具有对异常数据的抗扰性.

当数据 $x_1,x_2,\cdots,x_n$ 是来自总体 X 的样本观测值时,数据的方差 s^2,标准差 s,变异系数 CV 分别是总体方差 $\sigma^2=\mathrm{Var}(X)$,总体标准差 $\sigma=\sqrt{\mathrm{Var}(X)}$,总体变异系数 $r=\sigma/\mu$ 的相合估计,从而当样本容量 n 充分大时,有

$$\sigma^2\approx s^2,\qquad \sigma\approx s,\qquad r\approx CV.$$

正态总体 $N(\mu,\sigma^2)$ 的上、下四分位数分别为

$$\xi_{0.75}=\mu+0.674\,5\sigma,\qquad \xi_{0.25}=\mu-0.674\,5\sigma,$$

故总体四分位极差为

$$r_1=\xi_{0.75}-\xi_{0.25}=1.349\sigma,$$

这时

$$\sigma=\frac{r_1}{1.349}.$$

当 $x_1,x_2,\cdots,x_n$ 是来自总体 $X\sim F(x)$ 的样本观测值时,设该总体标准差 σ 存在,可以根据上面讨论的启示,得到总体标准差 σ 的一个具有抗扰性的估计:

$$\hat{\sigma}=\frac{R_1}{1.349},\tag{1.10}$$

它称为**四分位标准差**.

在数据分析中,有如下判断异常值的简便方法:定义

$$Q_1-1.5R_1,\qquad Q_3+1.5R_1$$

分别为数据的**下、上截断点**.大于上截断点的数据为特大值,小于下截断点的数据为特小值,两者一般均被视为异常值.

当总体分布为正态分布 $N(\mu,\sigma^2)$ 时,理论下、上截断点分别为

$$\xi_{0.25}-1.5r_1=\mu-2.698\sigma,\qquad \xi_{0.75}+1.5r_1=\mu+2.698\sigma,$$

数据落在上、下截断点之外的概率为 0.006 98,即对容量 n 较大的数据,异常值的比率约为 0.006 98.

例 1.2(续例 1.1) 求例 1.1 血清蛋白含量数据的方差、标准差、变异系数、极差、四分位极差、四分位标准差,并分析是否有异常值.

解 通过计算得

$$s^2=15.524,\qquad s=3.940,$$
$$CV=5.349,\qquad R=20,$$
$$R_1=4.6,\qquad \hat{\sigma}=3.41.$$

又下、上截断点分别为 64.3 和 82.7,故数据 84.3 是异常值(特大值).

将异常值 84.3 剔除,再进行计算,得均值、中位数、标准差、上下四分位数、四分位极差各为

$$\bar{x}=73.552,\qquad M=73.5,$$
$$s=3.810,\qquad Q_3=75.8,$$
$$Q_1=71.2,\qquad R_1=4.6,$$

与例 1.1 的结果比较可见,剔除异常值后,均值 $\bar{x}$ 与中位数 M 更为接近,而中位

数 M,上、下四分位数 Q_3,Q_1 与四分位极差 R_1 与原数据相应的值相等,这说明 M,Q_3,Q_1 等对异常值具有抗扰性.而标准差 s 对原数据的值为 3.940,现为 3.810,说明标准差 s 对异常值的抗扰性较差.

1.1.3 表示分布形状的数字特征

1. 偏度

偏度的计算公式是

$$g_1=\frac{n}{(n-1)(n-2)}\frac{1}{s^3}\sum_{i=1}^{n}(x_i-\bar{x})^3, \tag{1.11}$$

其中 s 是标准差.偏度是刻画数据分布对称性的指标.若 $g_1\approx 0$,则可认为数据分布是近似对称的;若 $g_1<0$,称为有左偏态(负偏),此时在均值左边的数据更为分散;若 $g_1>0$,称为有右偏态(正偏),此时在均值右边的数据更为分散(见图 1.1).

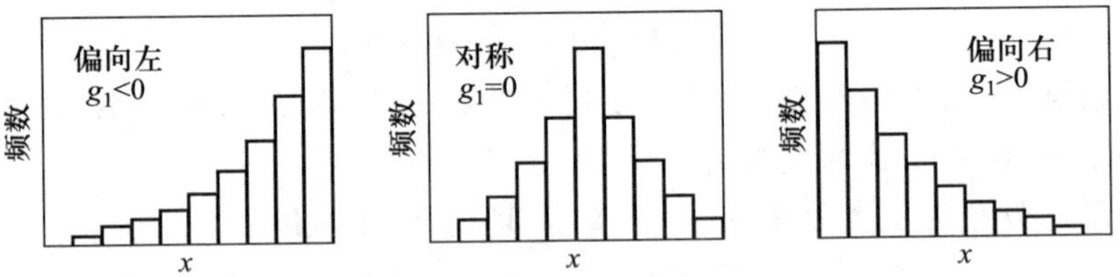

图 1.1 偏度的直观特性

2. 峰度

峰度的计算公式是

$$g_2=\frac{n(n+1)}{(n-1)(n-2)(n-3)}\frac{1}{s^4}\sum_{i=1}^{n}(x_i-\bar{x})^4-\frac{3(n-1)^2}{(n-2)(n-3)}. \tag{1.12}$$

峰度是另一种度量分布形状的量,它是以正态分布为标准,比较两侧极端数据分布情况的指标.当数据的总体分布为正态分布时,峰度 $g_2\approx 0$;若 $g_2>0$,表示数据中含有较多远离均值的极端数值;若 $g_2<0$,表示均值两侧的极端数值较少.

需要注意的是,这里偏度和峰度的计算公式是SAS系统内设的方式,与一般教科书中样本偏度与峰度的公式略有差异,加进了一些修正项.但当样本容量趋于无穷时,二者是渐近相等的.

设 $x_1,x_2,\cdots,x_n$ 是取自总体 X 的样本观测值,μ_3,μ_4 分别表示总体 X 的 3,4 阶中心矩,即

$$\mu_3=\mathrm{E}(X-\mu)^3,\qquad \mu_4=\mathrm{E}(X-\mu)^4,$$

其中 $\mu=\mathrm{E}(X)$,则总体偏度为

$$G_1 = \frac{\mu_3}{\sigma^3},$$

其中 $\sigma = \sqrt{\operatorname{Var}(X)}$.总体峰度为

$$G_2 = \frac{\mu_4}{\sigma^4} - 3.$$

统计研究表明,数据的偏度 g_1 和峰度 g_2 分别是总体偏度 G_1 和峰度 G_2 的相合估计,故当 n 充分大时,有

$$G_1 \approx g_1, \qquad G_2 \approx g_2.$$

总体偏度是度量总体分布是否偏向某一侧的指标,对于对称的分布,偏度为0.例如,对于正态分布,因 $\mu_3 = 0$,故 $G_1 = 0$.若总体分布在右侧更为扩展,偏度为正;若总体分布向左侧更为扩展,偏度为负(图 1.2).我们看到,总体偏度的这一特性与样本偏度的相应特性是一致的.

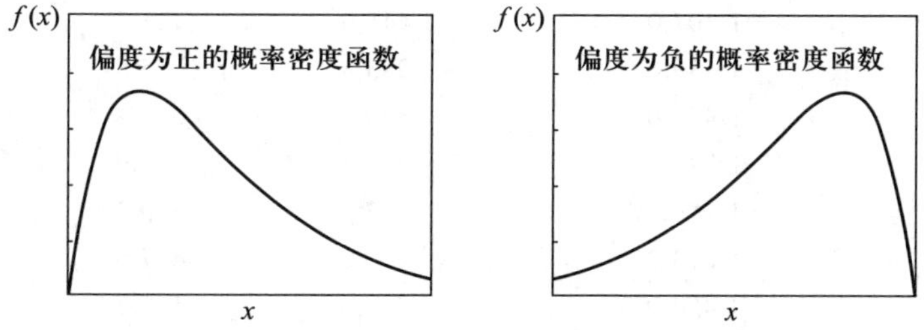

图 1.2　总体偏度的直观特性

总体峰度是以同方差的正态分布为标准,比较总体分布尾部分散性的指标.当总体分布是正态分布时,因 $\mu_4 = 3\sigma^4$,故总体峰度 $G_2 = 0$;当 $G_2 > 0$,总体分布中极端数值分布范围较广,此种分布称为粗尾的;当 $G_2 < 0$,两侧极端数据较少,此种分布称为细尾的(图 1.3).

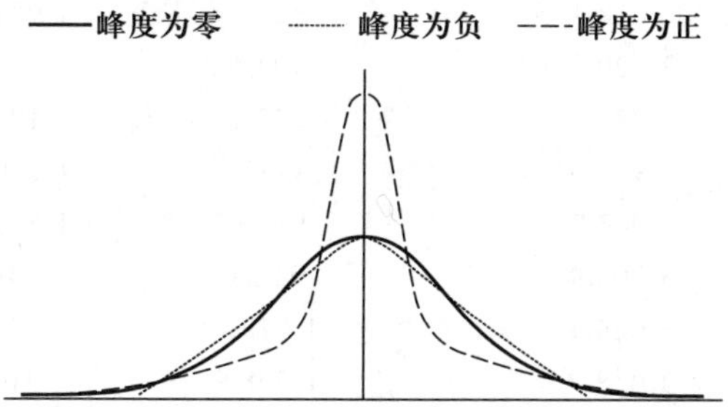

图 1.3　峰度的直观特性

对于多维数据,通常对它的每一分量分别计算其数字特征,该计算可以通过 SAS 系统的 proc univariate 过程来实现.

例 1.3 从 1952 年至 2001 年我国国民生产总值、第一产业(农业)、第二产业(工业与建筑业)、第三产业的产值见表 1.1(单位:亿元).分别计算国民生产总值,第一、二、三产业产值的主要数字特征并考察异常值情况.

表 1.1 1952 年至 2001 年的国民生产总值及各产业产值

年 份	国民生产总值	第一产业	第二产业	第三产业
1952	679.0	342.9	141.8	194.3
1953	824.0	378.0	192.5	253.5
1954	859.0	392.0	211.7	255.3
1955	910.0	421.0	222.2	266.8
1956	1 028.0	443.9	280.7	303.4
1957	1 068.0	430.0	317.0	321.0
1958	1 307.0	445.9	483.5	377.6
1959	1 439.0	383.8	615.5	439.7
1960	1 457.0	340.7	648.2	468.1
1961	1 220.0	441.1	388.9	390.0
1962	1 149.3	453.1	359.3	336.9
1963	1 233.3	497.5	407.6	328.2
1964	1 454.0	559.0	513.5	381.5
1965	1 716.1	651.1	602.2	462.8
1966	1 868.0	702.2	709.5	456.3
1967	1 773.9	714.2	602.8	456.9
1968	1 723.1	726.3	537.3	459.5
1969	1 937.9	736.2	689.1	512.6
1970	2 252.7	793.3	912.2	547.2
1971	2 426.4	826.3	1 022.8	577.3
1972	2 518.1	827.4	1 084.2	606.5
1973	2 720.9	907.5	1 173.0	640.4
1974	2 789.9	945.2	1 192.0	652.7
1975	2 997.3	971.1	1 370.5	655.7
1976	2 943.7	967.0	1 337.2	639.5
1977	3 201.9	942.1	1 509.1	750.7
1978	3 624.1	1 018.4	1 745.2	860.5
1979	4 038.2	1 258.9	1 913.5	865.8
1980	4 517.8	1 359.4	2 192.0	966.4
1981	4 862.4	1 545.6	2 255.5	1 061.3

续表

年　份	国民生产总值	第一产业	第二产业	第三产业
1982	5 294.7	1 761.6	2 383.0	1 150.1
1983	5 934.5	1 960.8	2 646.2	1 327.5
1984	7 171.0	2 295.5	3 105.7	1 769.8
1985	8 664.4	2 541.6	3 866.6	2 256.2
1986	10 202.2	2 763.9	4 492.7	2 945.6
1987	11 962.5	3 204.3	5 251.6	3 506.6
1988	14 928.3	3 831.0	6 587.2	4 510.1
1989	16 909.2	4 228.0	7 278.0	5 403.2
1990	18 547.9	5 017.0	7 717.4	5 813.5
1991	21 617.8	5 288.6	9 102.2	7 227.0
1992	26 638.1	5 800.0	11 699.5	9 138.6
1993	34 634.4	6 882.1	16 428.5	11 323.8
1994	46 759.4	9 457.2	22 372.2	14 930.0
1995	58 478.1	11 993.0	28 537.9	17 947.2
1996	67 884.6	13 844.2	33 612.9	20 427.5
1997	74 462.6	14 211.2	37 222.7	23 028.7
1998	78 345.2	14 552.4	38 619.3	25 173.5
1999	81 910.9	14 457.2	40 417.9	27 035.8
2000	89 403.6	14 212.0	45 487.8	29 703.8
2001	95 933.3	14 609.9	49 069.1	32 254.3

解　利用 proc univariate 过程计算得到

（1）国民生产总值

$$\bar{x} = 16\ 764.45,\qquad M = 3\ 099.60,$$
$$s = 26\ 948.17,\qquad s^2 = 7.262 \times 10^8,$$
$$Q_3 = 16\ 909.2,\qquad Q_1 = 1\ 457.0,$$
$$R = 95\ 254.3,\qquad R_1 = 15\ 452.2,$$
$$g_1 = 1.868\ 9,\qquad g_2 = 2.181\ 4.$$

（2）第一产业

$$\bar{x} = 3\ 486.65,\qquad M = 969.05,$$
$$s = 4\ 687.75,\qquad s^2 = 21\ 975\ 020,$$
$$Q_3 = 4\ 228.0,\qquad Q_1 = 559.0,$$
$$R = 14\ 269.2,\qquad R_1 = 3\ 669.0,$$
$$g_1 = 1.619\ 0,\qquad g_2 = 1.171\ 3.$$

(3) 第二产业

$$\bar{x}=8\ 030.58,\quad M=1\ 439.80,$$
$$s=13\ 530.61,\quad s^2=1.830\ 8\times 10^8,$$
$$Q_3=7\ 278.0,\quad Q_1=602.2,$$
$$R=48\ 927.3,\quad R_1=6\ 675.8,$$
$$g_1=1.941\ 2,\quad g_2=2.481\ 8.$$

(4) 第三产业

$$\bar{x}=5\ 247.22,\quad M=703.20,$$
$$s=8\ 797.29,\quad s^2=77\ 392\ 337,$$
$$Q_3=5\ 403.2,\quad Q_1=456.3,$$
$$R=32\ 060.0,\quad R_1=4\ 946.9,$$
$$g_1=1.921\ 5,\quad g_2=2.500\ 4.$$

国民生产总值以及第一产业、第二产业、第三产业产值数字特征的特点是均值 $\bar{x}$ 与中位数 M 的差距较大,又偏度 g_1 取较大正值,故多为明显右偏态的数据.而峰度 g_2 也有较大正值,说明数据分布呈粗尾,有较多的特大值.数据的另一明显特点是分散性很大,标准差 s,极差 R 的数值都很大.数据数字特征的这些特点说明,我国国民生产总值及各类产业总值在迅速增长,尤其是改革开放二十余年来,增长更快.

用公式 $Q_3+1.5R_1$ 计算上截断点,得到国民生产总值以及第一产业、第二产业、第三产业产值的上截断点分别为 40 087.5,9 731.5,17 291.7,12 823.55.从表 1.1可知,国民生产总值以及第二产业、第三产业产值 1994 年及以后的数据是特大值,第一产业产值 1995 年及以后的数据是特大值,这说明自 1994 年后,国民经济生产总值及各类产业产值增幅更大.

§1.2 数据的分布

数据的数字特征刻画了数据的主要特征,而要对数据的总体情况作全面的描述,就要研究数据的分布,数据分布的主要描述方法是直方图与茎叶图等.通过对数据分布的研究进一步了解其理论分布(即总体分布)的类型及特征,从而获得总体分布的信息.

1.2.1 直方图、经验分布函数与 QQ 图

对于数据分布，常用直方图进行描述.首先将数据取值的范围分成若干区间（一般是等间隔的），每个区间的长度称为组距.考察数据落入每一区间的频数或频率，在每个区间上画一矩形，相应宽度是组距，它的高度可以是频数、频率或频率除以组距.在高度是频率除以组距的情况下，每一矩形的面积恰是数据落入相应区间的频率，这种直方图可以估计总体的概率密度.组距对直方图的形态有很大影响.组距太小，每组频数较少，直方图反映的总体的概率密度形态会有较大的波动性；组距太大，直方图则不能有效反映总体概率密度的形态.

一个合适的分组是希望直方图的形态较接近总体的概率密度曲线.SAS 系统的 proc capability 过程能根据样本容量和样本取值范围自动地确定一个合适的分组方式以作出数据分布的直方图，并提供了拟合几种常见分布的选项（详见第 8 章）.

如果数据来自具有概率密度 $f(x)$ 的总体，以频率除以组距的直方图的边缘线可以作为总体概率密度 $f(x)$ 的估计.由于直方图的形态为阶梯形线，而一些常用的概率密度曲线都是光滑曲线，参数分布拟合就是在限定的参数分布类（如正态分布）中利用数据估计其中的参数，用估计的参数所对应的密度曲线去拟合直方图边缘的形态.SAS 系统提供了如下几种常用的参数分布类型：

1. 正态分布

$$f(x)=\frac{1}{\sqrt{2\pi}\,\sigma}\exp\left(-\frac{(x-\mu)^2}{2\sigma^2}\right). \tag{1.13}$$

2. 对数正态分布

$$f(x)=\begin{cases}\dfrac{1}{\sqrt{2\pi}\,\sigma(x-\theta)}\exp\left(-\dfrac{(\ln(x-\theta)-\xi)^2}{2\sigma^2}\right), & x>\theta,\\ 0, & \text{其他}.\end{cases} \tag{1.14}$$

3. 指数分布

$$f(x)=\begin{cases}\dfrac{1}{\sigma}\exp\left(-\dfrac{x-\theta}{\sigma}\right), & x>\theta,\\ 0, & \text{其他}.\end{cases} \tag{1.15}$$

4. Gamma 分布

$$f(x)=\begin{cases}\dfrac{1}{\sigma\Gamma(\alpha)}\left(\dfrac{x-\theta}{\sigma}\right)^{\alpha-1}\exp\left(-\dfrac{x-\theta}{\sigma}\right), & x>\theta,\\ 0, & \text{其他}.\end{cases} \tag{1.16}$$

5. Weibull 分布

$$f(x)=\begin{cases}\dfrac{1}{\sigma}\left(\dfrac{x-\theta}{\sigma}\right)^{c-1}\exp\left(-\left(\dfrac{x-\theta}{\sigma}\right)^{c}\right), & x>\theta,\\ 0, & \text{其他}.\end{cases}\tag{1.17}$$

6. Beta 分布

$$f(x)=\begin{cases}\dfrac{(x-\theta)^{\alpha-1}(\sigma+\theta-x)^{\beta-1}}{\mathrm{B}(\alpha,\beta)\sigma^{\alpha+\beta-1}}, & \theta<x<\sigma+\theta,\\ 0, & \text{其他}.\end{cases}\tag{1.18}$$

直方图较适合于总体分布为连续型分布的场合.对于一般总体,通常用经验分布函数估计其总体分布函数 $F(x)$. 设来自该总体的样本观测值是 $x_1,x_2,\cdots,x_n$,其**经验分布函数**是

$$F_n(x)=\frac{1}{n}\sum_{i=1}^{n}I(x_i\leqslant x),\tag{1.19}$$

其中 $I(\cdot)$ 是示性函数.经验分布函数 $F_n(x)$ 是非降右连续的阶梯函数,可以证明它是总体分布函数 $F(x)$ 的相合估计.因此,当 n 充分大时,

$$F(x)\approx F_n(x).\tag{1.20}$$

SAS 系统的 proc capability 过程可以作出 $F_n(x)$ 与拟合的总体分布函数的图形(详见第 8 章),并从直观上看出拟合程度的好坏.

不论是直方图还是经验分布函数图,要通过图形直接判断样本分布是否近似于某种类型的分布是困难的.QQ 图可以帮助我们进行这方面的判断.

在此以正态分布 $N(\mu,\sigma^2)$ 为例说明其 QQ 图的做法.对于样本观察值 $x_1,x_2,\cdots,x_n$,设其次序统计量的值是 $x_{(1)},x_{(2)},\cdots,x_{(n)}$,$\Phi(x)$ 是标准正态分布函数,$\Phi^{-1}(x)$ 是其反函数.对应正态分布的 QQ 图是由以下的点构成的散点图:

$$\left(\Phi^{-1}\left(\frac{i-0.375}{n+0.25}\right),x_{(i)}\right),\qquad i=1,2,\cdots,n,$$

其中横坐标是标准正态分布的 $\dfrac{i-0.375}{n+0.25}$ 分位数,0.375 和 0.25 为修正量.若样本数据近似于正态分布,在 QQ 图上这些点近似地在直线

$$y=\sigma x+\mu$$

上,此直线的斜率是标准差 σ,截距是均值 μ.所以,利用正态 QQ 图可以作直观的正态性检验.若正态 QQ 图上的点近似地在一条直线上,可以认为样本数据来自正态总体.

对于其他类型的分布,也有相应的 QQ 图,其中散点的横坐标为该分布的对应分位数,以此可判断数据是否近似服从该类型的分布.

利用正态 QQ 图还可以获得样本偏度和峰度的有关信息.当数据不是来自正态分布总体时,QQ 图的散点图形是弯曲的,并可根据图像弯曲的某些特点判断偏度或峰度的正负(图 1.4).

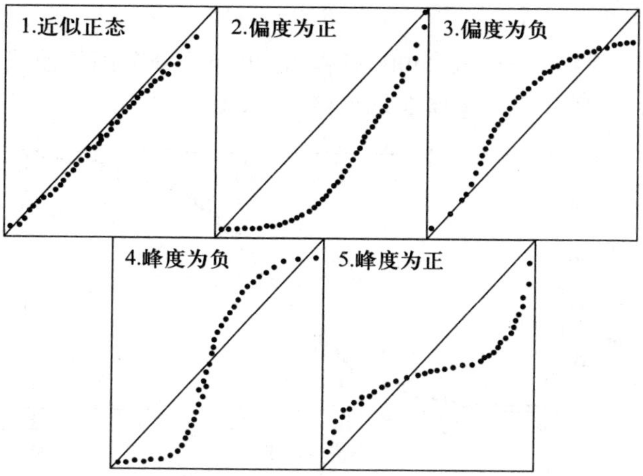

图 1.4 从正态 QQ 图判断偏度、峰度特性

例 1.4(续例 1.1) 利用例 1.1 的血清蛋白含量数据,作出

(1) 直方图,并拟合正态分布曲线;

(2) 经验分布函数图,并拟合正态分布函数曲线;

(3) 正态 QQ 图,并直观判别数据是否来自正态分布总体.

解 (1) 由 SAS 系统 proc capability 过程,作出直方图,并拟合正态分布曲线(图 1.5).

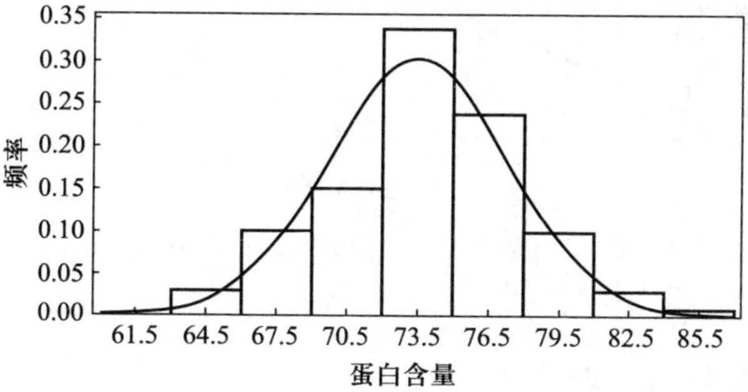

图 1.5 血清蛋白含量数据的直方图及正态分布曲线的拟合

SAS 系统自动将数据分为中值为 61.5,64.5,67.5,70.5,73.5,76.5,79.5,82.5,85.5 的 9 个组,组距为 3. 各组的频数依次为 0,3,10,15,34,24,10,3,1.图

像的纵坐标是频率.拟合的正态分布密度曲线以 $\mu = 73.66$ 与 $\sigma = 3.94$ 为参数,它们是例 1.1 和例 1.2 求出的均值与标准差(值得注意的是,由于直方图中的纵坐标高度为频率,SAS 系统自动给拟合的正态概率密度曲线乘以组距 3,即图中的曲线).

(2) 由 SAS 系统 proc capability 过程,作出经验分布函数曲线与理论分布函数曲线,从图中可看出其拟合程度相当好(图 1.6).

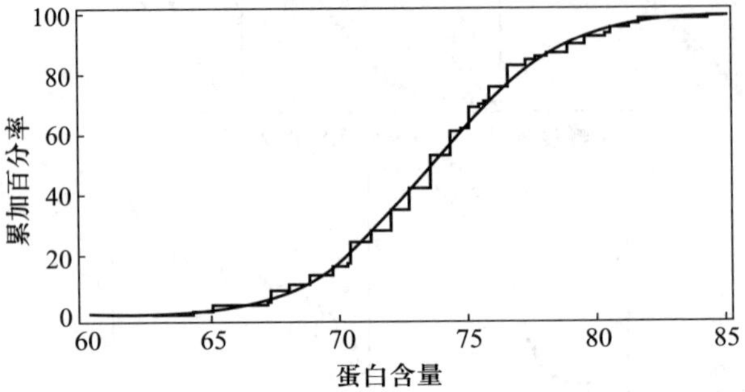

图 1.6 血清蛋白含量数据的经验分布函数与理论分布函数曲线

(3) 由 SAS 系统 proc capability 过程,作出该数据的正态 QQ 图如图 1.7 所示.从图中看出,散点近似地在一条直线上,可认为数据来自正态总体.

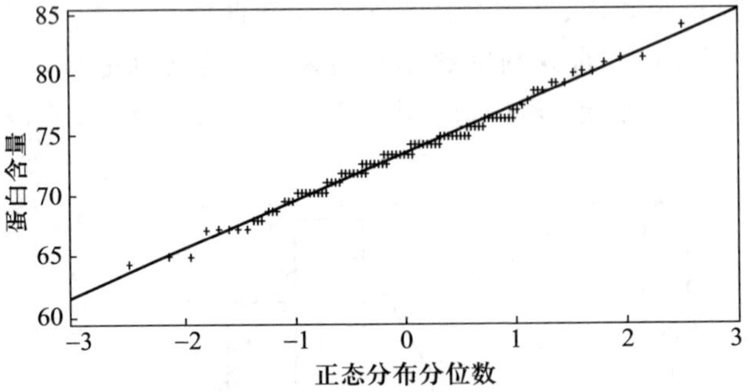

图 1.7 血清蛋白含量数据的正态 QQ 图

1.2.2 茎叶图

在数据的描述性分析中,还经常使用**茎叶图**.与直方图相比,由茎叶图更能细致地看出数据分布的特点.我们用具体例子说明茎叶图的作法.

例 1.5 某班有 31 名学生,某门课程的考试成绩如下:

25 45 50 54 55 61 64 68 72 75 75 78 79 81 83 84
84 84 85 86 86 86 87 89 89 89 90 91 91 92 100

作出茎叶图.

解 第一个数 25 的十位数为 2,个位数为 5,中间用“|”号分开,即

$$25 \quad \rightarrow \quad 2 \mid 5$$

每一个数都可这样处理.然后将十位数 2,3,4,5,6,7,8,9,10 按纵列从上到下排列,在纵列右侧从上到下画一竖线,再在竖线右侧由小到大依次写上具有相同十位数的原数据的相应个位数,在最后一列写出位于同一行的数据的频数.例如,在十位数 5 的竖线右侧,依次应填上 0,4,5,即

$$5 \quad \mid \quad 0 \quad 4 \quad 5$$

它们分别对应着 50,54,55 这三个数,频数为 3.又十位数 3 的竖线右侧,因为原数据中没有对应的个位数可填,可以空着.这样,就得到茎叶图如图 1.8 所示.

		频数
2	5	1
3		
4	5	1
5	0 4 5	3
6	1 4 8	3
7	2 5 5 8 9	5
8	1 3 4 4 4 5 6 6 6 7 9 9 9	13
9	0 1 1 2	4
10	0	1

图 1.8 31 名学生考试成绩的茎叶图

在茎叶图中,竖线左边作为数据前导数位的串(本例为十位数,前导数位可根据数据情况适当确定)可视为“茎”,将每个数据的第一个尾随数字依次从小到大写到相应前导数位所在的行,可视为“叶”.

从茎叶图的作法来看,它与直方图相比具有下列特点:

(1) 茎叶图与直方图一样,可以直观地看出数据的分布情况.从图 1.8 可见,大部分数据集中在 70 到 95 之间,在 80 到 89 之间形成一个高峰.从茎叶图可大致看出这批数据是否对称、分散性如何、是否有异常值、数据中是否有间隙等.在例 1.5 中,可看出数据分布是有偏的,有一个特小值 25,数据中没有 30 到 39 之间的数,因此数据是有间隙的.

(2) 利用茎叶图,很自然地可以对所有数据排序,从茎叶图可以看出由原始数据得到的次序统计量值.

例 1.6(续例 1.1) 画出例 1.1 中 100 名女生血清蛋白含量数据的茎叶图.

解 利用 SAS 系统 proc univariate 过程,可以作出其茎叶图(图 1.9).

茎	叶	频数
84	3	1
83		
82		
81	2 6 6	3
80	3 5 5	3
79	5 5 5	3
78	0 8 8 8	4
77	2 2 6	3
76	5 5 5 5 5 5 5	7
75	0 0 0 0 0 0 0 4 6 8 8 8 8 8	14
74	3 3 3 3 3 3 3 3 7	9
73	5 5 5 5 5 5 5 5 5 5 5	11
72	0 0 0 0 0 0 0 7 7 7 7 7 7 7	14
71	2 2 2 2	4
70	3 4 4 4 4 4 4 4	8
69	7 7 7	3
68	0 0 8 8 8	5
67	2 3 3 3 3	5
66		
65	0 0	2
64	3	1

图 1.9 血清蛋白含量数据的茎叶图

从图 1.9 看,数据分布是大致对称的,“茎”是整数位,是从大到小排列的,而“叶”是小数位.

1.2.3 数据的分布拟合检验与正态性检验

当数据来自某连续分布的总体时,需对直方图配一条合适的总体概率密度曲线,对经验分布函数配一条合适的总体分布函数曲线.然而,所配的曲线是否合适,还需要进行统计检验.分布拟合检验用于检验样本观测值是否来自某种给定类型分布的总体,正态性检验用于检验样本观测值是否来自正态分布总体.下面介绍几种重要的分布拟合检验和正态性检验.

1.χ^2 检验法

χ^2 **检验法**是在对数据按其取值范围进行分组后计算频数的基础上,考察每个区间的实际频数与理论频数的差异，它使用如下的χ^2统计量：

$$\chi^2 = \sum_{i=1}^{l} \frac{(m_i - np_i)^2}{np_i}, \tag{1.21}$$

其中 n 是样本观测数据的容量，l 是分组数，m_i 和 np_i 分别为样本观测值落入第 i 组的频数与其理论频数，p_i 是数据落入第 i 组的概率，其值可根据原假设所指定的分布求得.

假设检验问题为

$$H_0: F(x) \equiv F_0(x) \leftrightarrow H_1: F(x) \neq F_0(x). \tag{1.22}$$

将实轴分为 l 个区间，分点满足

$$-\infty = a_0 < a_1 < a_2 < \cdots < a_{l-1} < a_l = +\infty,$$

得 l 个区间

$$(a_0, a_1], (a_1, a_2], \cdots, (a_{l-2}, a_{l-1}], (a_{l-1}, a_l).$$

设 p_i 是原假设 H_0 为真时，服从 $F_0(x)$ 的随机变量取值于第 i 个区间 $(a_{i-1}, a_i]$ 的概率，即

$$p_i = F_0(a_i) - F_0(a_{i-1}), \quad i = 2, 3, \cdots, l-1,$$

$$p_1 = F_0(a_1) \quad (\text{因 } a_0 = -\infty),$$

$$p_l = 1 - F_0(a_{l-1}) \quad (\text{因 } a_l = +\infty),$$

从而得到检验统计量χ^2.设 k 是 $F_0(x)$ 中待估参数的个数，例如，原假设是正态分布，其中均值 μ 与方差 σ^2 待估计，此时 $k = 2$.若待估参数由最大似然方法估计，则可证明当样本容量 n 充分大且原假设 H_0 为真时，统计量近似服从自由度为 $l - k - 1$ 的χ^2的分布，即

$$\chi^2 \sim \chi^2(l - k - 1).$$

若原假设 H_0 为真，χ^2的值应比较小；否则，χ^2有偏大的趋势.故对给定的显著水平 α，设由样本观测值算得的χ^2的观测值是χ_0^2，则当$\chi_0^2 > \chi_{1-\alpha}^2(l-k-1)$时，拒绝 H_0；否则，不能拒绝 H_0.这里，$\chi_{1-\alpha}^2(l-k-1)$表示自由度为 $l-k-1$ 的χ^2分布的（下侧）$1-\alpha$ 分位数.

在 SAS 等许多统计软件中，假设检验的结果通常以检验 p 值的方式输出.概括地讲，一个检验的 p 值是检验统计量在 H_0 下取其观测值或更极端值的概率.对如上χ^2检验，在统计量（1.21）式下，检验的 p 值为

$$p = P_{H_0}(\chi^2 \geqslant \chi_0^2) = P(\chi^2(l-k-1) \geqslant \chi_0^2),$$

则对给定的显著水平 α，检验准则为：当 $p < \alpha$，拒绝 H_0；而当 $p \geqslant \alpha$，不能拒绝 H_0.易知，利用分位数和 p 值作假设检验是等价的.

2. 经验分布拟合检验方法

经验分布函数 $F_n(x)$ 是总体分布函数 $F(x)$ 的估计.对于假设(1.22),经验分布函数 $F_n(x)$ 与原假设中的总体分布函数 $F_0(x)$ 之间的差异是经验分布拟合检验方法的出发点.从数学的观点看,检验统计量应是 $F_n(x)$ 与 $F_0(x)$ 这两个函数间的"距离".由于"距离"定义的不同,检验采用的统计量也不同.经验分布拟合检验通常采用的统计量有

(1) Kolmogorov-Smirnov 统计量

$$D = \sup_{-\infty < x < +\infty} | F_n(x) - F_0(x) |. \tag{1.23}$$

(2) Anderson-Darling 统计量

$$A^2 = n\int_{-\infty}^{+\infty} [F_n(x) - F_0(x)]^2 [F_0(x)(1 - F_0(x))]^{-1} \mathrm{d}F_0(x). \tag{1.24}$$

(3) Cramér-von Mises 统计量

$$W^2 = n\int_{-\infty}^{+\infty} [F_n(x) - F_0(x)]^2 \mathrm{d}F_0(x), \tag{1.25}$$

其中(1.24)式和(1.25)式中的积分为 Riemann-Stieltjes 积分.

当原假设 H_0 为真时,这些统计量应取较小的值;否则,各统计量的值均有变大的趋势.因此,若设由样本观测值 $x_1,x_2,\cdots,x_n$ 求得的上述 Kolmogorov-Smirnov 统计量、Anderson-Darling 统计量、Cramér-von Mises 统计量的观测值分别为 D_0, A_0^2, W_0^2,则其检验 p 值分别为

$$p_1 = P_{H_0}(D \geqslant D_0), \quad p_2 = P_{H_0}(A^2 \geqslant A_0^2), \quad p_3 = P_{H_0}(W^2 \geqslant W_0^2).$$

从而对给定的显著水平 α,上述三个检验准则分别为

当 $p_i < \alpha$ 时,拒绝 H_0; 当 $p_i \geqslant \alpha$ 时,不能拒绝 H_0, $i = 1,2,3.$

在统计学中,已对以上统计量的零分布有深入的研究,在此不做进一步介绍.SAS 系统的 proc capability 过程不但输出 χ^2 检验方法的 χ^2 值及相应的 p 值,而且也输出 Kolmogorov-Smirnov 检验、Anderson-Darling 检验和 Cramér-von Mises 检验相应统计量的值及其 p 值,但需要注意的是,在 SAS 软件中,任何检验的 p 值若小于或等于 0.000 1,则输出值均为 0.000 1.

3. 正态性 W 检验方法

以上各种检验当然适用于正态性检验.SAS 系统还提供了利用 Shapiro-Wilk 的 W 统计量进行正态性检验方法,称为**正态性 W 检验**. W 统计量的计算步骤如下.

设样本观测值为 $x_1,x_2,\cdots,x_n$,其次序统计量值为 $x_{(1)},x_{(2)},\cdots,x_{(n)}$.计算

$$d_1 = x_{(n)} - x_{(1)},$$

$$d_2 = x_{(n-1)} - x_{(2)},$$

$$\cdots\cdots\cdots\cdots$$

$$d_i = x_{(n-i+1)} - x_{(i)}.$$

当 n 是偶数时，$1 \leqslant i \leqslant k = \frac{n}{2}$；当 n 是奇数时，$1 \leqslant i \leqslant k = \frac{n-1}{2}$. 将 d_i 与系数 a_i（有表可查）相乘并求和，得

$$b = \sum_{i=1}^{k} a_i d_i.$$

计算

$$W = \frac{b^2}{\sum_{i=1}^{n} (x_i - \bar{x})^2},$$

W 统计量满足 $0 < W \leqslant 1$，假设检验问题为

$$H_0: F(x) \text{ 是正态分布函数} \leftrightarrow H_1: F(x) \text{ 不是正态分布函数}$$

在原假设 H_0 为真时，W 的值接近于 1，W 的值过小应拒绝 H_0，因此其检验 p 值为

$$p = P_{H_0}(W \leqslant W_0),$$

其中 W_0 是根据样本观测值 $x_1, x_2, \cdots, x_n$ 算得的 W 值. 当 $p < \alpha$，拒绝 H_0；当 $p \geqslant \alpha$ 时，不能拒绝 H_0.

SAS 系统的 proc univariate 过程可直接计算出 W 值与 p 值，因而无需查系数 $\{a_i\}$ 的表求 W 值.

例 1.7（续例 1.1）　对例 1.1 中的血清蛋白含量数据做如下分布拟合检验：

（1）正态性 W 检验；

（2）关于正态分布假设的 χ^2 检验；

（3）关于正态分布假设的几种经验分布拟合检验.

解　（1）由 proc univariate 过程，算得

$$W_0 = 0.990\,4,$$

p 值为

$$p = P_{H_0}(W \leqslant 0.990\,4) = 0.694\,3$$

（输出以“Pr < W”表示）. 取 $\alpha = 0.05$，因 $p = 0.694\,3 > \alpha$，故不能拒绝 H_0，认为样本数据来自正态分布总体.

（2）由 proc capability 过程得到

$$\chi_0^2 = 4.078\,4,$$

p 值为

$$p = P_{H_0}(\chi^2 \geqslant 4.078\ 4) = 0.538\ 2$$

（输出以“Pr>Chi-Sq”表示）.给定显著水平 $\alpha = 0.05$，因 $p = 0.538\ 2 > \alpha$，不能拒绝正态性假设.

（3）由 proc capability 过程得 Kolmogorov-Smirnov D 统计量的观测值

$$D_0 = 0.065\ 5,$$

p 值为

$$p = P_{H_0}(D \geqslant 0.065\ 5) > 0.15$$

（输出以“Pr > D”表示）.给定显著水平 $\alpha = 0.05$，因 $p = 0.15 > \alpha$，故不能拒绝正态性假设.

Anderson-Darling 统计量的观测值为

$$A_0^2 = 0.362\ 5,$$

p 值为

$$p = P_{H_0}(A^2 \geqslant 0.362\ 5) > 0.250$$

（输出以“Pr>A-Sq”表示）.给定显著水平 $\alpha = 0.05$，因 $p > 0.250 > \alpha$，故不能拒绝正态性假设.

Cramér-von Mises 统计量的观测值为

$$W_0^2 = 0.061\ 4,$$

p 值为

$$p = P_{H_0}(W^2 \geqslant 0.061\ 4) > 0.250$$

（输出以“Pr>W-Sq”表示）.给定显著水平 $\alpha = 0.05$，因 $p > 0.250 > \alpha$，也不能拒绝正态性假设.

各种分布拟合的假设检验结果皆不能拒绝正态性假设，从而认为样本数据来自正态分布总体.事实上，各检验的 p 值均较大，故数据分布的正态性是较明显的.

例 1.8（续例 1.5） 对例 1.5 中 31 名学生的考试成绩数据，

（1）做正态性 W 检验；

（2）若拒绝总体的正态分布假设，选取一种合适的分布类型，做分布拟合检验.

解 （1）利用 proc univariate 过程，算得 W 的观测值与 p 值如下：

$$W_0 = 0.863\ 3, \qquad p = 0.001\ 0.$$

取 $\alpha = 0.01$，因 $p = 0.001\ 0 < \alpha$，故拒绝正态性假设，即不能认为样本数据来自正态分布总体.事实上，样本数据的偏度

$$g_1 = -1.395\ 5,$$

说明数据在左侧更为扩展.这也可从茎叶图 1.8 直观看出，数据分布尽管是中间高两头低，却是左偏的.

（2）选择 Weibull 分布去拟合，得到其参数的估计值为

$$\theta = 0, \quad \sigma = 82.676\,8, \quad c = 6.404\,7;$$

χ^2 检验法的 χ^2 值及 p 值分别为

$$\chi_0^2 = 24.871\,9, \qquad p < 0.001;$$

Anderson-Darling 检验法的 A^2 值及 p 值分别为

$$A_0^2 = 1.288\,4, \qquad p < 0.010;$$

Cramér-von Mises 检验法的 W^2 值及 p 值分别为

$$W_0^2 = 0.224\,2, \qquad p < 0.010;$$

各检验的 p 值均小于 0.01，因此，在显著水平 $\alpha = 0.01$ 下，均拒绝总体分布为 Weibull 分布的假设.

由于样本数据中含有异常值 25，可将其剔除再进行分析，计算得到 Weibull 分布的参数值估计为

$$\theta = 0, \quad \sigma = 83.799\,1, \quad c = 7.714\,2;$$

χ^2 检验法的 χ^2 值及 p 值分别为

$$\chi_0^2 = 5.227\,8, \qquad p = 0.073;$$

Anderson-Darling 检验法的 A^2 值及 p 值分别为

$$A_0^2 = 1.005, \qquad p < 0.010;$$

Cramér-von Mises 检验法的 W^2 值及 p 值分别为

$$W_0^2 = 0.163\,4, \qquad p = 0.013.$$

对于显著水平 $\alpha = 0.01$，除 Anderson-Darling 检验外其他两方法皆认为样本数据来自 Weibull 分布总体.从图 1.10 看，在剔除异常值 25 后，用 Weibull 分布密度拟合数据的直方图及用 Weibull 分布函数拟合其经验分布函数可算是较好的（图 1.10（a），（b））.但就此例而言，数据量偏少，这会影响结果的可靠性.从这一例题也可以看到，数据分析过程往往是一个探索性的过程，需要从多方面去考察分析.

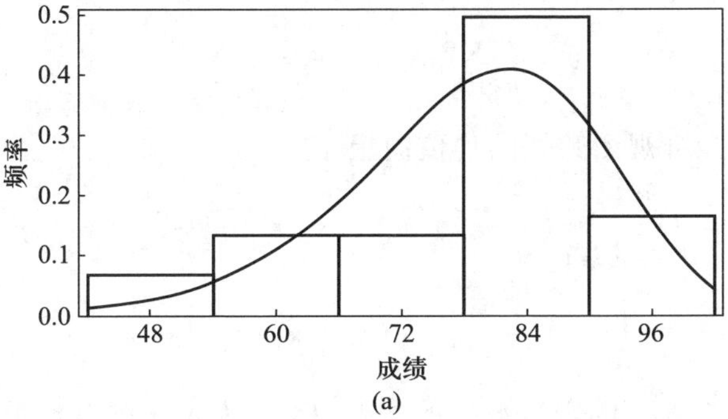

(a)

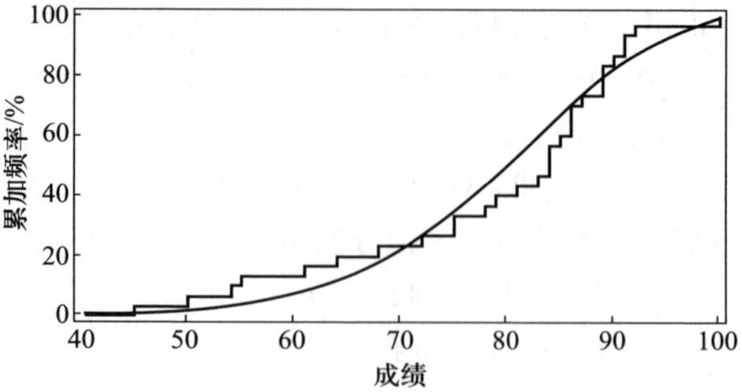

(b)

图 1.10 考试成绩数据的 Weibull 分布拟合检验

§1.3 多维数据的数字特征及相关分析

在实际中,人们更多遇到的是多维数据,它是从多维总体 $(X_1,X_2,\cdots,X_p)^{\mathrm{T}}$($p$ 维)中观测得到的.对于多维数据,除按前述一维数据的描述性分析方法分析各分量取值的数字特征外,更重要的是分析各个分量之间的相关性,这就是多维数据的相关分析.

1.3.1 二维数据的数字特征及相关系数

设 $(X,Y)^{\mathrm{T}}$ 是二维总体,从中得到观测数据 $(x_1,y_1)^{\mathrm{T}},(x_2,y_2)^{\mathrm{T}},\cdots,(x_n,y_n)^{\mathrm{T}}$. 引进**观测数据矩阵**

$$\boldsymbol{X}=\begin{bmatrix} x_1 & x_2 & \cdots & x_n \\ y_1 & y_2 & \cdots & y_n \end{bmatrix}^{\mathrm{T}},$$

记

$$\bar{x}=\frac{1}{n}\sum_{i=1}^{n}x_i,\qquad \bar{y}=\frac{1}{n}\sum_{i=1}^{n}y_i,$$

则 $(\bar{x},\bar{y})^{\mathrm{T}}$ 称为二维观测数据的**均值向量**.记

$$s_{xx}=\frac{1}{n-1}\sum_{i=1}^{n}(x_i-\bar{x})^2,\qquad s_{yy}=\frac{1}{n-1}\sum_{i=1}^{n}(y_i-\bar{y})^2,$$

$$s_{xy}=\frac{1}{n-1}\sum_{i=1}^{n}(x_i-\bar{x})(y_i-\bar{y}).$$

分别称 s_{xx} 和 s_{yy} 为 X,Y 的观测数据的方差,称 s_{xy} 为 X,Y 的观测数据的协方差,而

$$S = \begin{bmatrix} s_{xx} & s_{xy} \\ s_{yx} & s_{yy} \end{bmatrix} \tag{1.26}$$

称为观测数据的**协方差矩阵**.注意总有 $s_{xy} = s_{yx}$，即数据的协方差矩阵是对称矩阵.

由 Schwarz 不等式

$$s_{xy}^2 \leqslant s_{xx}s_{yy}$$

知 $\boldsymbol{S}$ 总是非负定的.观测数据的**相关系数**计算公式是

$$r_{xy} = \frac{s_{xy}}{\sqrt{s_{xx}}\sqrt{s_{yy}}}, \tag{1.27}$$

由 Schwarz 不等式,有 $|r_{xy}| \leqslant 1$.

相关系数 r_{xy} 是随机变量 X,Y 的观测数据的两个分量线性相关性密切程度的度量.由观测数据 $(x_1,y_1)^{\mathrm{T}},(x_2,y_2)^{\mathrm{T}},\cdots,(x_n,y_n)^{\mathrm{T}}$ 画出的散点图的特点见图1.11.当 $r_{xy}=0$（或 $r_{xy}\approx 0$），称 X,Y 的观测数据是不相关的（或近似不相关的）；当 $0<r_{xy}<1$，称 X,Y 的观测数据是线性正相关的，当 $-1<r_{xy}<0$ 时，称 X,Y 的观测数据是线性负相关的.当 $|r_{xy}|=1$（即 $r_{xy}=\pm 1$）时，称 X,Y 的观测数据完全线性相关.但当观测数据的散点图呈现某些曲线关系时，也可能有 $r_{xy}\approx 0$.

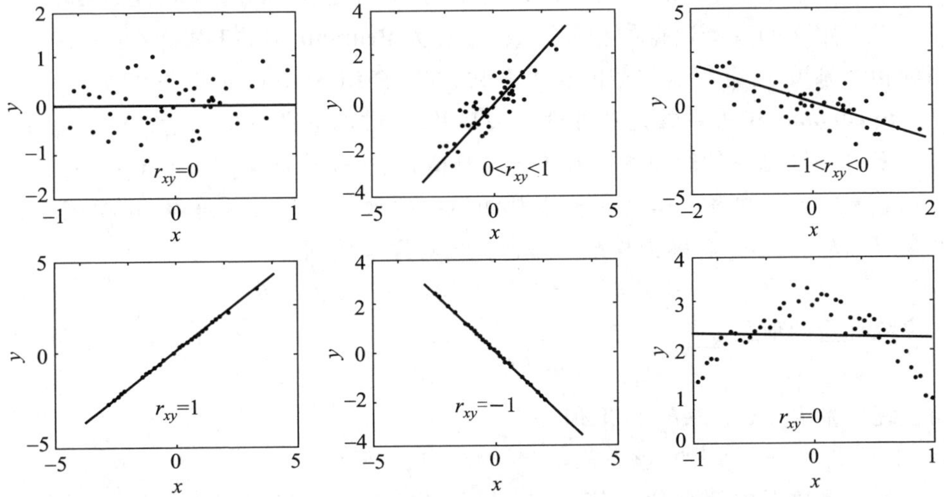

图 1.11　相关系数的直观图示

设二维总体 $(X,Y)^{\mathrm{T}}$ 的分布函数是 $F(x,y)$；X,Y 的方差分别是 $\mathrm{Var}(X)$，$\mathrm{Var}(Y)$，总体协方差是 $\mathrm{Cov}(X,Y)$；又 ρ_{XY} 是总体的相关系数，即

$$\rho_{XY} = \frac{\mathrm{Cov}(X,Y)}{\sqrt{\mathrm{Var}(X)}\sqrt{\mathrm{Var}(Y)}}.$$

由于观测数据的相关系数是总体相关系数的相合估计,故当 n 充分大时,有

$$\rho_{XY} \approx r_{xy}.$$

由二维观测数据

$$(x_1,y_1)^{\mathrm{T}},(x_2,y_2)^{\mathrm{T}},\cdots,(x_n,y_n)^{\mathrm{T}}$$

总可以算得相关系数 r_{xy} 且一般不等于零,但当二元总体 $(X,Y)^{\mathrm{T}}$ 的两个分量 X, Y 不相关,即 $\rho_{XY}=0$ 时,用直接算得的数据相关系数 r_{xy} 去度量 X 与 Y 之间的关联性是没有实际意义的.因此,需要做假设检验

$$H_0:\rho_{XY}=0 \quad \leftrightarrow \quad H_1\ \rho_{XY}\neq 0.$$

可以证明,当 $(X,Y)^{\mathrm{T}}$ 是二维正态总体,且 H_0 为真时,统计量

$$t=\frac{r_{xy}\sqrt{n-2}}{\sqrt{1-r_{xy}^2}}$$

服从自由度为 $n-2$ 的 t 分布 $t(n-2)$.设由实际观测数据算得的 t 值是 t_0,则检验 p 值为

$$p=P_{H_0}(|t|\geqslant|t_0|)=P(|t(n-2)|\geqslant|t_0|).$$

对给定的显著水平 α,当 $p<\alpha$,拒绝 H_0;而当 $p\geqslant\alpha$,不能拒绝 H_0.当拒绝 H_0 时,认为 X,Y 相关,且算得的相关系数 r_{xy} 反映了两个变量的线性关联性的强弱.

以上定义的观测数据的相关系数 r_{xy} 称为 **Pearson 相关系数**,这是一种最常用的相关系数.还有其他类型的相关系数,在此介绍 Spearman 相关系数.

Spearman 相关系数是一种秩相关系数.先讲数据的秩的概念.设 $x_1,x_2,\cdots,x_n$ 是来自一维总体的容量为 n 的样本观测值,其次序统计量的值是 $x_{(1)},x_{(2)},\cdots,x_{(n)}$,若 $x_i=x_{(k)}$,则称 k 是 x_i 在样本观测值中的秩,记作 R_i,并称 R_i 是第 i 个秩统计量,$R_1,R_2,\cdots,R_n$ 总称为秩统计量.例如,对样本数据

$$-0.8,\quad -3.1,\quad 1.1,\quad -5.2,\quad 4.2,$$

次序统计量的值是

$$-5.2,\quad -3.1,\quad -0.8,\quad 1.1,\quad 4.2,$$

而秩统计量 $R_1,R_2,\cdots,R_5$ 的取值是

$$3,\quad 2,\quad 4,\quad 1,\quad 5.$$

若观测数据中两个值相等,则以上定义的秩统计量取值不能惟一确定.例如,对数据

$$-0.8,\quad -3.1,\quad -0.8,$$

其秩可以取为

$$2,\quad 1,\quad 3,$$

也可取为

$$3,\quad 1,\quad 2.$$

为了惟一确定数据的秩统计量的值，通常对相同的观测值，其秩取为它们应排序位置的平均值，故上述样本数据的秩统计量取值为

$$2.5,\quad 1,\quad 2.5.$$

对于二维总体 $(X,Y)^{\mathrm{T}}$ 的样本观测数据 $(x_1,y_1)^{\mathrm{T}},(x_2,y_2)^{\mathrm{T}},\cdots,(x_n,y_n)^{\mathrm{T}}$，可得其分量 X,Y 的一元样本数据 $x_1,x_2,\cdots,x_n$ 与 $y_1,y_2,\cdots,y_n$. 设 $x_1,x_2,\cdots,x_n$ 的秩统计量是

$$R_1,R_2,\cdots,R_n,$$

$y_1,y_2,\cdots,y_n$ 的秩统计量是

$$S_1,S_2,\cdots,S_n,$$

当 X,Y 相关性较强时，这两组秩统计量的相关性也比较强. **Spearman 相关系数**定义为这两组秩统计量的 Pearson 相关系数，即

$$q_{xy}=\frac{\sum_{i=1}^{n}(R_i-\bar{R})(S_i-\bar{S})}{\sqrt{\sum_{i=1}^{n}(R_i-\bar{R})^2}\sqrt{\sum_{i=1}^{n}(S_i-\bar{S})^2}},\tag{1.28}$$

其中 $\bar{R}=\frac{1}{n}\sum_{i=1}^{n}R_i,\bar{S}=\frac{1}{n}\sum_{i=1}^{n}S_i$. 由秩的定义可知

$$\bar{R}=\frac{1}{n}\sum_{i=1}^{n}R_i=\frac{1}{n}\sum_{i=1}^{n}i=\frac{n+1}{2},$$

同理，$\bar{S}=\frac{n+1}{2}$. 经过某些运算可得

$$q_{xy}=1-\frac{6}{n(n^2-1)}\sum_{i=1}^{n}d_i^2,\tag{1.29}$$

其中 $d_i=R_i-S_i,i=1,2,\cdots,n$.

基于 Spearman 相关系数，也可检验假设

$$H_0:\rho_{XY}=0\quad\leftrightarrow\quad H_1:\rho_{XY}\neq 0,$$

此处不再详述.

SAS 系统 proc corr 过程可计算多维数据两两间的 Pearson 相关系数与 Spearman 相关系数，同时输出各对变量的相关系数为 0 的检验 p 值. proc corr 过程还可计算多维观测数据的均值向量及协方差矩阵.

例 1.9　对于 20 个随机选取的黄麻个体植株，记录其青植株重量 Y 与它们的干植株重量 X. 设总体 $\boldsymbol{X}=(X,Y)^{\mathrm{T}}$ 服从二维正态分布，其观测数据如下表：

x	68	63	70	6	65	9	10	12	20	30
y	971	892	1 125	82	931	112	162	321	315	375
x	33	27	21	5	14	27	17	53	62	65
y	462	352	305	84	229	332	185	703	872	740

（1）求二维观测数据的均值向量 $\bar{\boldsymbol{x}} = (\bar{x}, \bar{y})^{\mathrm{T}}$ 和协方差矩阵 $\boldsymbol{S}$；

（2）计算 Pearson 相关系数并检验假设

$$H_0: \rho_{XY} = 0 \quad \leftrightarrow \quad H_1: \rho_{XY} \neq 0;$$

（3）计算 Spearman 相关系数并检验上述假设.

解 （1）利用 proc corr 过程算得

$$\bar{\boldsymbol{x}} = (33.85, 477.50)^{\mathrm{T}},$$

$$\boldsymbol{S} = \begin{bmatrix} 570.45 & 7\,845.08 \\ 7\,845.08 & 112\,404.26 \end{bmatrix}.$$

（2）利用 proc corr 过程算得数据的 Pearson 相关系数

$$r_{xy} = 0.979\,71,$$

检验 p 值小于 0.000 1，故 X 与 Y 的相关性是高度显著的.

（3）利用 proc corr 过程算得数据的 Spearman 相关系数

$$q_{xy} = 0.973\,66,$$

p 值小于 0.000 1，同样得 X 与 Y 的相关性是高度显著的.

1.3.2 多维数据的数字特征及相关矩阵

设 $(X_1, X_2, \cdots, X_p)^{\mathrm{T}}$ 是 p 维总体，从中取得样本数据

$$(x_{11}, x_{12}, \cdots, x_{1p})^{\mathrm{T}},$$
$$(x_{21}, x_{22}, \cdots, x_{2p})^{\mathrm{T}},$$
$$\vdots$$
$$(x_{n1}, x_{n2}, \cdots, x_{np})^{\mathrm{T}}.$$

记各组观测数据为

$$\boldsymbol{x}_i = (x_{i1}, x_{i2}, \cdots, x_{ip})^{\mathrm{T}}, \quad i = 1, 2, \cdots, n,$$

称为样品，引进 $n \times p$ 样本观测数据矩阵

$$\boldsymbol{X} = \begin{bmatrix} x_{11} & x_{12} & \cdots & x_{1p} \\ x_{21} & x_{22} & \cdots & x_{2p} \\ \vdots & \vdots & & \vdots \\ x_{n1} & x_{n2} & \cdots & x_{np} \end{bmatrix} = \begin{bmatrix} \boldsymbol{x}_1^{\mathrm{T}} \\ \boldsymbol{x}_2^{\mathrm{T}} \\ \vdots \\ \boldsymbol{x}_n^{\mathrm{T}} \end{bmatrix}. \tag{1.30}$$

$\boldsymbol{X}$ 的 p 列分别是 p 个变量 $X_1,X_2,\cdots,X_p$ 的 n 个观测数据.

(1) 第 j 列数据的均值

$$\bar{x}_j = \frac{1}{n}\sum_{i=1}^{n} x_{ij}, \quad j = 1,2,\cdots,p.$$

(2) 第 j 列数据的方差

$$s_j^2 = \frac{1}{n-1}\sum_{i=1}^{n}(x_{ij}-\bar{x}_j)^2, \quad j = 1,2,\cdots,p.$$

(3) 第 j,k 列数据的协方差

$$s_{jk} = \frac{1}{n-1}\sum_{i=1}^{n}(x_{ij}-\bar{x}_j)(x_{ik}-\bar{x}_k), \quad j,k = 1,2,\cdots,p,$$

并且有

$$s_j^2 = s_{jj}, \qquad j = 1,2,\cdots,p.$$

称

$$\bar{\boldsymbol{x}} = (\bar{x}_1,\bar{x}_2,\cdots,\bar{x}_p)^{\mathrm{T}} \tag{1.31}$$

为 p 维**样本观测数据的均值向量**.称

$$\boldsymbol{S} = \begin{bmatrix} s_{11} & s_{12} & \cdots & s_{1p} \\ s_{21} & s_{22} & \cdots & s_{2p} \\ \vdots & \vdots & & \vdots \\ s_{p1} & s_{p2} & \cdots & s_{pp} \end{bmatrix} \tag{1.32}$$

为样本**观测数据的协方差矩阵**.易知有

$$\boldsymbol{S} = \frac{1}{n-1}\sum_{i=1}^{n}(\boldsymbol{x}_i-\bar{\boldsymbol{x}})(\boldsymbol{x}_i-\bar{\boldsymbol{x}})^{\mathrm{T}}, \tag{1.33}$$

均值向量 $\bar{\boldsymbol{x}}$ 与协方差矩阵 $\boldsymbol{S}$ 是 p 维观测数据的重要数字特征.$\bar{\boldsymbol{x}}$ 表示 p 维观测数据的集中位置,而协方差矩阵 $\boldsymbol{S}$ 的对角线元素分别是各个变量观测值的方差,非对角线元素是两两变量观测值之间的协方差.

(4) $\boldsymbol{X}$ 的第 j,k 列数据的相关系数为

$$r_{jk} = \frac{s_{jk}}{\sqrt{s_{jj}}\sqrt{s_{kk}}} = \frac{s_{jk}}{s_j s_k}, \quad j,k = 1,2,\cdots,p,$$

r_{jk} 是无量纲的量,总有 $r_{jj}=1$, $|r_{jk}| \leqslant 1$.

称

$$\boldsymbol{R} = \begin{bmatrix} 1 & r_{12} & \cdots & r_{1p} \\ r_{21} & 1 & \cdots & r_{2p} \\ \vdots & \vdots & & \vdots \\ r_{p1} & r_{p2} & \cdots & 1 \end{bmatrix} \tag{1.34}$$

是观测数据的 **Pearson 相关矩阵**.记

$$\boldsymbol{D} = \mathrm{Diag}(\sqrt{s_{11}}, \sqrt{s_{22}}, \cdots, \sqrt{s_{pp}}) = \mathrm{Diag}(s_1, s_2, \cdots, s_p)$$

为 p 阶对角矩阵,则有

$$\boldsymbol{R} = \boldsymbol{D}^{-1}\boldsymbol{S}\boldsymbol{D}^{-1}. \tag{1.35}$$

相关矩阵 $\boldsymbol{R}$ 也是 p 维观测数据的最重要的数字特征,它刻画了变量观测值之间的线性相关的密切程度.$\boldsymbol{R}$ 往往是多维数据分析的出发点.$\boldsymbol{S}$ 及 $\boldsymbol{R}$ 总是非负定的,在实际应用中,$\boldsymbol{S}$ 及 $\boldsymbol{R}$ 常是正定的.

观测数据矩阵 $\boldsymbol{X}$ 的第 j,k 列数据的 Spearman 相关系数记为 q_{jk},称

$$\boldsymbol{Q} = \begin{bmatrix} 1 & q_{12} & \cdots & q_{1p} \\ q_{21} & 1 & \cdots & q_{2p} \\ \vdots & \vdots & & \vdots \\ q_{p1} & q_{p2} & \cdots & 1 \end{bmatrix} \tag{1.36}$$

为多维数据的 **Spearman 相关矩阵**.从其定义看,数据的 Spearman 相关矩阵似乎较 Pearson 相关矩阵损失了数据的某些信息,但 Spearman 相关矩阵适用于研究具有一般分布的 p 维总体,且对有异常值的观测数据,具有抗扰性.$\boldsymbol{Q}$ 同样是非负定的.

我们再从数据变换角度阐述数据的相关矩阵.对观测数据矩阵 $\boldsymbol{X}$ 中的数据进行标准化,即

$$x_{ij}^* = \frac{x_{ij} - \bar{x}_j}{s_j}, \quad i = 1,2,\cdots,n; \quad j = 1,2,\cdots,p. \tag{1.37}$$

标准化观测数据矩阵是

$$\boldsymbol{X}^* = \begin{bmatrix} x_{11}^* & x_{12}^* & \cdots & x_{1p}^* \\ x_{21}^* & x_{22}^* & \cdots & x_{2p}^* \\ \vdots & \vdots & & \vdots \\ x_{n1}^* & x_{n2}^* & \cdots & x_{np}^* \end{bmatrix}, \tag{1.38}$$

而标准化处理后的样品记为 $\boldsymbol{x}_1^*, \boldsymbol{x}_2^*, \cdots, \boldsymbol{x}_n^*$,即 $\boldsymbol{x}_i^* = (x_{i1}^*, x_{i2}^*, \cdots, x_{ip}^*)^{\mathrm{T}}, i = 1, 2, \cdots, n$,则

$$\boldsymbol{X}^* = (\boldsymbol{x}_1^*, \boldsymbol{x}_2^*, \cdots, \boldsymbol{x}_n^*)^{\mathrm{T}} = \begin{bmatrix} (\boldsymbol{x}_1^*)^{\mathrm{T}} \\ (\boldsymbol{x}_2^*)^{\mathrm{T}} \\ \vdots \\ (\boldsymbol{x}_n^*)^{\mathrm{T}} \end{bmatrix}. \tag{1.39}$$

易知从标准化观测数据矩阵 $\boldsymbol{X}^*$ 计算得到的协方差矩阵即是由原观测数据矩阵

$\boldsymbol{X}$ 计算得到的相关矩阵,即原数据的相关矩阵为

$$\boldsymbol{R}=\frac{1}{n-1}\sum_{i=1}^{n}\boldsymbol{x}_i^*(\boldsymbol{x}_i^*)^{\mathrm{T}}=\frac{1}{n-1}(\boldsymbol{X}^*)^{\mathrm{T}}\boldsymbol{X}^*. \tag{1.40}$$

1.3.3 总体的数字特征、相关矩阵及多维正态分布

设 $\boldsymbol{X}=(X_1,X_2,\cdots,X_p)^{\mathrm{T}}$ 是 p 维总体,其总体分布函数是 $F(x_1,x_2,\cdots,x_p)=F(\boldsymbol{x})$,其中 $\boldsymbol{x}=(x_1,x_2,\cdots,x_p)$. 对连续型总体,存在概率密度函数 $f(x_1,x_2,\cdots,x_p)=f(\boldsymbol{x})$.

令 $\mu_i=\mathrm{E}(X_i),i=1,2,\cdots,p$,则

$$\boldsymbol{\mu}=(\mu_1,\mu_2,\cdots,\mu_p)^{\mathrm{T}}$$

称为总体均值向量.总体的协方差矩阵为

$$\boldsymbol{\Sigma}=\mathrm{Cov}(\boldsymbol{X})=\mathrm{E}[(\boldsymbol{X}-\boldsymbol{\mu})(\boldsymbol{X}-\boldsymbol{\mu})^{\mathrm{T}}]=\begin{bmatrix}\sigma_{11} & \sigma_{12} & \cdots & \sigma_{1p}\\ \sigma_{21} & \sigma_{22} & \cdots & \sigma_{2p}\\ \vdots & \vdots & & \vdots\\ \sigma_{p1} & \sigma_{p2} & \cdots & \sigma_{pp}\end{bmatrix}, \tag{1.41}$$

其中 $\sigma_{jk}=\mathrm{Cov}(X_j,X_k)=\mathrm{E}[(X_j-\mu_j)(X_k-\mu_k)]$. 特别当 $j=k$ 时,$\sigma_{jj}=\sigma_j^2=\mathrm{Var}(X_j)$.

记总体的分量 X_j,X_k 的相关系数为

$$\rho_{jk}=\frac{\sigma_{jk}}{\sqrt{\sigma_{jj}}\sqrt{\sigma_{kk}}}=\frac{\sigma_{jk}}{\sigma_j\sigma_k},$$

则**总体的相关矩阵**为

$$\boldsymbol{\rho}=\begin{bmatrix}1 & \rho_{12} & \cdots & \rho_{1p}\\ \rho_{21} & 1 & \cdots & \rho_{2p}\\ \vdots & \vdots & & \vdots\\ \rho_{p1} & \rho_{p2} & \cdots & 1\end{bmatrix}, \tag{1.42}$$

总有 $\rho_{jj}=1,|\rho_{jk}|\leqslant 1$.

总体的协方差矩阵 $\boldsymbol{\Sigma}$ 与相关矩阵 $\boldsymbol{\rho}$ 总是非负定的.记

$$\boldsymbol{V}=\mathrm{Diag}(\sqrt{\sigma_{11}},\sqrt{\sigma_{22}},\cdots,\sqrt{\sigma_{pp}})=\mathrm{Diag}(\sigma_1,\sigma_2,\cdots,\sigma_p),$$

则

$$\boldsymbol{\rho}=\boldsymbol{V}^{-1}\boldsymbol{\Sigma}\boldsymbol{V}^{-1}. \tag{1.43}$$

为了阐述样本数据的协方差矩阵、相关矩阵与总体的协方差矩阵、相关矩阵的关系,先介绍以下关于随机向量的性质.

设 $\boldsymbol{X}=(X_1,X_2,\cdots,X_p)^{\mathrm{T}},\boldsymbol{Y}=(Y_1,Y_2,\cdots,Y_q)^{\mathrm{T}}$ 各为 p 维,q 维随机向量,则有

(1) 设 $\boldsymbol{A}$ 为 $r\times p$ 常量矩阵,则

$$\mathrm{E}(\boldsymbol{AX})=\boldsymbol{A}\mathrm{E}(\boldsymbol{X})=\boldsymbol{A\mu},\mathrm{Cov}(\boldsymbol{AX})=\boldsymbol{A}\mathrm{Cov}(\boldsymbol{X})\boldsymbol{A}^{\mathrm{T}}=\boldsymbol{A\Sigma A}^{\mathrm{T}}.$$

特别,记 $\boldsymbol{c}=(c_1,c_2,\cdots,c_p)^{\mathrm{T}}$ 是常向量,有

$$\mathrm{E}(\boldsymbol{c}^{\mathrm{T}}\boldsymbol{X})=\boldsymbol{c}^{\mathrm{T}}\mathrm{E}(\boldsymbol{X})=\boldsymbol{c}^{\mathrm{T}}\boldsymbol{\mu},\mathrm{Var}(\boldsymbol{c}^{\mathrm{T}}\boldsymbol{X})=\boldsymbol{c}^{\mathrm{T}}\boldsymbol{\Sigma c}.$$

(2) 设 $\boldsymbol{B}$ 为 $s\times q$ 常量矩阵,则

$$\mathrm{Cov}(\boldsymbol{AX},\boldsymbol{BY})=\boldsymbol{A}\mathrm{Cov}(\boldsymbol{X},\boldsymbol{Y})\boldsymbol{B}^{\mathrm{T}},$$

其中 $\mathrm{Cov}(\boldsymbol{X},\boldsymbol{Y})=\mathrm{E}[(\boldsymbol{X}-\mathrm{E}(\boldsymbol{X}))(\boldsymbol{Y}-\mathrm{E}(\boldsymbol{Y}))^{\mathrm{T}}]$.特别,当 $\boldsymbol{c}=(c_1,c_2,\cdots,c_p)^{\mathrm{T}}$, $\boldsymbol{d}=(d_1,d_2,\cdots,d_q)^{\mathrm{T}}$ 是常向量时,

$$\mathrm{Cov}(\boldsymbol{c}^{\mathrm{T}}\boldsymbol{X},\boldsymbol{d}^{\mathrm{T}}\boldsymbol{Y})=\boldsymbol{c}^{\mathrm{T}}\mathrm{Cov}(\boldsymbol{X},\boldsymbol{Y})\boldsymbol{d}.$$

对来自多维总体的样本数据,其均值向量 $\bar{\boldsymbol{x}}$,协方差矩阵 $\boldsymbol{S}$ 及相关矩阵 $\boldsymbol{R}$ 分别是总体的均值向量 $\boldsymbol{\mu}$,协方差矩阵 $\boldsymbol{\Sigma}$ 及相关矩阵 $\boldsymbol{\rho}$ 的相合估计.因此,当 n 充分大时,有

$$\boldsymbol{\mu}\approx\bar{\boldsymbol{x}},\qquad \boldsymbol{\Sigma}\approx\boldsymbol{S},\qquad \boldsymbol{\rho}\approx\boldsymbol{R}.$$

利用(1.30)式的 p 维总体 $(X_1,X_2,\cdots,X_p)^{\mathrm{T}}$ 的观测数据矩阵,可得每个分量 X_j 的观测值(即数据矩阵的每列)的中位数 $M_j,j=1,2,\cdots,p$.则

$$\boldsymbol{M}=(M_1,M_2,\cdots,M_p)^{\mathrm{T}}$$

为 p 维总体**观测数据的中位数向量**,它是总体中位数向量的估计.另外,Spearman 相关矩阵 $\boldsymbol{Q}$(见(1.36)式)是 $\boldsymbol{\rho}$ 的一个稳健估计(即对异常值有抗扰性的估计).

若 p 维总体 $\boldsymbol{X}=(X_1,X_2,\cdots,X_p)^{\mathrm{T}}$ 具有概率密度

$$\begin{aligned}f(\boldsymbol{x})&=f(x_1,x_2,\cdots,x_p)\\&=\frac{1}{(2\pi)^{\frac{p}{2}}|\boldsymbol{\Sigma}|^{\frac{1}{2}}}\exp\left\{-\frac{1}{2}(\boldsymbol{x}-\boldsymbol{\mu})^{\mathrm{T}}\boldsymbol{\Sigma}^{-1}(\boldsymbol{x}-\boldsymbol{\mu})\right\},\end{aligned}\tag{1.44}$$

则称 $\boldsymbol{X}$ 服从 p 维正态分布,记为 $N_p(\boldsymbol{\mu},\boldsymbol{\Sigma})$.若 $\boldsymbol{X}\sim N_p(\boldsymbol{\mu},\boldsymbol{\Sigma})$,则可证 $\boldsymbol{X}$ 的均值向量为 $\boldsymbol{\mu}$,协方差矩阵为 $\boldsymbol{\Sigma}$,即

$$\boldsymbol{\mu}=\mathrm{E}(\boldsymbol{X})=(\mathrm{E}(X_1),\mathrm{E}(X_2),\cdots,\mathrm{E}(X_p))^{\mathrm{T}}=(\mu_1,\mu_2,\cdots,\mu_p)^{\mathrm{T}}.$$

$$\boldsymbol{\Sigma}=\mathrm{Cov}(\boldsymbol{X})=\begin{bmatrix}\sigma_{11}&\sigma_{12}&\cdots&\sigma_{1p}\\\sigma_{21}&\sigma_{22}&\cdots&\sigma_{2p}\\\vdots&\vdots&&\vdots\\\sigma_{p1}&\sigma_{p2}&\cdots&\sigma_{pp}\end{bmatrix}.$$

多维正态分布有下列性质:

(1) 设 $\boldsymbol{X}\sim N_p(\boldsymbol{\mu},\boldsymbol{\Sigma})$,又 $\boldsymbol{Y}=\boldsymbol{AX}+\boldsymbol{b}$,其中 $\boldsymbol{b}$ 是 l 维常向量,$\boldsymbol{A}$ 是 $l\times p$ 常量矩阵,$\mathrm{rank}(\boldsymbol{A})=l$.则

$$\boldsymbol{Y}\sim N_l(\boldsymbol{A\mu}+\boldsymbol{b},\boldsymbol{A\Sigma A}^{\mathrm{T}}),$$

即 $\boldsymbol{Y}$ 服从以 $\boldsymbol{A\mu}+\boldsymbol{b}$ 为均值,$\boldsymbol{A\Sigma A}^{\mathrm{T}}$ 为协方差矩阵的 l 维正态分布.

(2) 设 $\boldsymbol{X}\sim N_p(\boldsymbol{\mu},\boldsymbol{\Sigma})$,将 $\boldsymbol{X}$ 作如下划分

$$\boldsymbol{X}=\begin{bmatrix}\boldsymbol{X}^{(1)}\\ \boldsymbol{X}^{(2)}\end{bmatrix},$$

其中 $\boldsymbol{X}^{(1)},\boldsymbol{X}^{(2)}$ 各为 p_1,p_2 维随机向量,且 $p_1+p_2=p$.对均值向量 $\boldsymbol{\mu}$,协方差矩阵 $\boldsymbol{\Sigma}$ 作相应划分:

$$\boldsymbol{\mu}=\begin{bmatrix}\boldsymbol{\mu}^{(1)}\\ \boldsymbol{\mu}^{(2)}\end{bmatrix},\quad \boldsymbol{\Sigma}=\begin{bmatrix}\boldsymbol{\Sigma}_{11} & \boldsymbol{\Sigma}_{12}\\ \boldsymbol{\Sigma}_{21} & \boldsymbol{\Sigma}_{22}\end{bmatrix},$$

其中 $\boldsymbol{\mu}^{(1)},\boldsymbol{\mu}^{(2)}$ 分别为 p_1 维和 p_2 维向量,$\boldsymbol{\Sigma}_{11},\boldsymbol{\Sigma}_{12},\boldsymbol{\Sigma}_{21},\boldsymbol{\Sigma}_{22}$ 各为 $p_1\times p_1,p_1\times p_2$,$p_2\times p_1,p_2\times p_2$ 矩阵(注意 $\boldsymbol{\Sigma}_{21}=\boldsymbol{\Sigma}_{12}^{\mathrm{T}}$),则

$$\boldsymbol{X}^{(1)}\sim N_{p_1}(\boldsymbol{\mu}^{(1)},\boldsymbol{\Sigma}_{11}),\quad \boldsymbol{X}^{(2)}\sim N_{p_2}(\boldsymbol{\mu}^{(2)},\boldsymbol{\Sigma}_{22})$$

即 p 维正态向量 $\boldsymbol{X}$ 的分向量 $\boldsymbol{X}^{(1)},\boldsymbol{X}^{(2)}$ 各服从 p_1,p_2 维正态分布.

(3) 设 $\boldsymbol{X}\sim N_p(\boldsymbol{\mu},\boldsymbol{\Sigma})$,则 $\boldsymbol{X}$ 的两个分量 X_i 和 X_j 相互独立的充分必要条件是 $\sigma_{ij}=0\ (i\neq j)$.又若

$$\boldsymbol{X}=\begin{bmatrix}\boldsymbol{X}^{(1)}\\ \boldsymbol{X}^{(2)}\end{bmatrix},$$

则 $\boldsymbol{X}^{(1)}$ 和 $\boldsymbol{X}^{(2)}$ 相互独立的充分必要条件是

$$\boldsymbol{\Sigma}_{12}=\boldsymbol{0}.$$

以上性质证明从略.

设 $\boldsymbol{X}_1,\boldsymbol{X}_2,\cdots,\boldsymbol{X}_n$ 是来自总体 $N_p(\boldsymbol{\mu},\boldsymbol{\Sigma})$ 的简单随机样本,则 $\boldsymbol{X}_1,\boldsymbol{X}_2,\cdots,\boldsymbol{X}_n$ 的联合概率密度是 $\boldsymbol{\mu},\boldsymbol{\Sigma}$ 的函数,即

$$\begin{aligned}L(\boldsymbol{\mu},\boldsymbol{\Sigma})&=\prod_{i=1}^{n}\frac{1}{(2\pi)^{\frac{p}{2}}|\boldsymbol{\Sigma}|^{\frac{1}{2}}}\exp\left\{-\frac{1}{2}(\boldsymbol{x}_i-\boldsymbol{\mu})^{\mathrm{T}}\boldsymbol{\Sigma}^{-1}(\boldsymbol{x}_i-\boldsymbol{\mu})\right\}\\&=(2\pi)^{-\frac{np}{2}}|\boldsymbol{\Sigma}|^{-\frac{n}{2}}\exp\left\{-\frac{1}{2}\sum_{i=1}^{n}(\boldsymbol{x}_i-\boldsymbol{\mu})^{\mathrm{T}}\boldsymbol{\Sigma}^{-1}(\boldsymbol{x}_i-\boldsymbol{\mu})\right\},\end{aligned}$$

称 $L(\boldsymbol{\mu},\boldsymbol{\Sigma})$ 为似然函数.在实际应用中,$\boldsymbol{\mu},\boldsymbol{\Sigma}$ 通常是未知的,需要由样本观测值 $\boldsymbol{x}_1,\boldsymbol{x}_2,\cdots,\boldsymbol{x}_n$ 估计.若 $\hat{\boldsymbol{\mu}},\hat{\boldsymbol{\Sigma}}$ 作为 $\boldsymbol{x}_1,\boldsymbol{x}_2,\cdots,\boldsymbol{x}_n$ 的函数:

$$\hat{\boldsymbol{\mu}}=\hat{\boldsymbol{\mu}}(\boldsymbol{x}_1,\boldsymbol{x}_2,\cdots,\boldsymbol{x}_n),\qquad \hat{\boldsymbol{\Sigma}}=\hat{\boldsymbol{\Sigma}}(\boldsymbol{x}_1,\boldsymbol{x}_2,\cdots,\boldsymbol{x}_n)$$

满足

$$L(\hat{\boldsymbol{\mu}},\hat{\boldsymbol{\Sigma}})=\max_{\boldsymbol{\mu},\boldsymbol{\Sigma}}L(\boldsymbol{\mu},\boldsymbol{\Sigma}),$$

则称 $\hat{\boldsymbol{\mu}},\hat{\boldsymbol{\Sigma}}$ 分别是 $\boldsymbol{\mu},\boldsymbol{\Sigma}$ 的最大似然估计.

可以证明(证明从略)

$$\hat{\boldsymbol{\mu}} = \bar{\boldsymbol{x}}, \qquad \hat{\boldsymbol{\Sigma}} = \frac{1}{n}\sum_{i=1}^{n}(\boldsymbol{x}_i - \bar{\boldsymbol{x}})(\boldsymbol{x}_i - \bar{\boldsymbol{x}})^{\mathrm{T}} = \frac{n-1}{n}\boldsymbol{S} \tag{1.45}$$

分别为 $\boldsymbol{\mu}$, $\boldsymbol{\Sigma}$ 的最大似然估计.

例 1.10 对 20 名中年人测量 6 个指标,其中 3 个生理指标:体重(X_1)、腰围(X_2)、脉搏(X_3);3 个训练指标:引体向上次数(X_4)、仰卧起坐次数(X_5)、跳跃次数(X_6).6 个指标的观测数据见表 1.2.

(1) 计算观测数据的均值向量、协方差矩阵、Pearson 相关矩阵;

(2) 计算观测数据的中位数向量,Spearman 相关矩阵;

(3) 分析各指标间的相关性.

表 1.2 生理指标与训练指标数据

序 号	x_1	x_2	x_3	x_4	x_5	x_6
1	191	36	50	5	162	60
2	189	37	52	2	110	60
3	193	38	58	12	101	101
4	162	35	62	12	105	37
5	189	35	46	13	155	58
6	182	36	56	4	101	42
7	211	38	56	8	101	38
8	167	34	60	6	125	40
9	176	31	74	15	200	40
10	154	33	56	17	251	250
11	169	34	50	17	120	38
12	166	33	52	13	210	115
13	154	34	64	14	215	105
14	247	46	50	1	50	50
15	193	34	46	6	70	31
16	202	37	62	12	210	120
17	176	37	54	4	60	25
18	157	32	52	11	230	80
19	156	33	54	15	225	73
20	138	33	68	2	110	43

解 (1) 通过 proc corr 过程求得观测数据的均值向量

$$\bar{\boldsymbol{x}} = (178.60 \quad 35.40 \quad 56.10 \quad 9.45 \quad 145.55 \quad 70.30)^{\mathrm{T}},$$

协方差矩阵为(只写出上三角部分的值)

$$S=\begin{bmatrix} 609.62 & 68.80 & -65.12 & -50.86 & -761.72 & -286.51 \\ & 10.25 & -8.15 & -9.35 & -129.34 & -31.44 \\ & & 51.99 & 5.74 & 101.52 & 12.92 \\ & & & 27.94 & 230.11 & 134.38 \\ & & & & 3\,914.58 & 2\,146.98 \\ & & & & & 2\,629.38 \end{bmatrix},$$

Pearson 相关矩阵为(只写出上三角部分的值.相关系数值下的括号内数据为检验所对应的两个变量是否相关的检验 p 值)

$$R=\begin{bmatrix} 1.000\,00 & 0.870\,24 & -0.365\,76 & -0.389\,69 & -0.493\,08 & -0.226\,30 \\ & (0.000\,1) & (0.112\,8) & (0.089\,4) & (0.027\,2) & (0.337\,4) \\ & 1.000\,00 & -0.352\,89 & -0.552\,23 & -0.645\,60 & -0.191\,50 \\ & & (0.127\,0) & (0.011\,6) & (0.002\,1) & (0.418\,6) \\ & & 1.000\,00 & 0.150\,65 & 0.225\,04 & 0.034\,93 \\ & & & (0.526\,1) & (0.340\,1) & (0.883\,8) \\ & & & 1.000\,00 & 0.695\,73 & 0.495\,76 \\ & & & & (0.000\,7) & (0.026\,2) \\ & & & & 1.000\,00 & 0.669\,21 \\ & & & & & (0.001\,3) \\ & & & & & 1.000\,00 \end{bmatrix}.$$

(2) 由 proc corr 过程求得中位数向量

$$M=(176.00 \quad 35.00 \quad 55.00 \quad 11.50 \quad 122.50 \quad 54.00)^{\mathrm{T}},$$

Spearman 相关矩阵为

$$Q=\begin{bmatrix} 1.000\,00 & 0.814\,23 & -0.370\,70 & -0.380\,20 & -0.577\,74 & -0.199\,02 \\ & (0.000\,1) & (0.107\,6) & (0.098\,2) & (0.007\,6) & (0.400\,2) \\ & 1.000\,00 & -0.237\,70 & -0.541\,90 & -0.724\,73 & -0.199\,40 \\ & & (0.312\,9) & (0.013\,6) & (0.000\,3) & (0.399\,3) \\ & & 1.000\,00 & 0.136\,62 & 0.179\,24 & 0.098\,41 \\ & & & (0.565\,7) & (0.449\,6) & (0.679\,8) \\ & & & 1.000\,00 & 0.656\,20 & 0.322\,63 \\ & & & & (0.001\,7) & (0.165\,3) \\ & & & & 1.000\,00 & 0.695\,21 \\ & & & & & (0.000\,7) \\ & & & & & 1.000\,00 \end{bmatrix}.$$

(3) 由 Pearson 相关矩阵的输出结果看,若取显著水平 $\alpha=0.10$,则 $r_{13}, r_{16}, r_{23}, r_{26}, r_{34}, r_{35}, r_{36}$ 的 p 值皆大于 $\alpha=0.10$,故认为各相应随机变量对的相关性很小,相关系数可认为是 0.

由 Spearman 相关矩阵的输出结果看，取显著水平 $\alpha = 0.10$，则 $q_{13}, q_{16}, q_{23}, q_{26}, q_{34}, q_{35}, q_{36}, q_{46}$ 的 p 值皆大于 $\alpha = 0.10$，故和利用 Pearson 相关系数的检验结果一样，可认为相应随机变量对的相关性不显著.

习题1

1.1 某小学 60 名 11 岁学生的身高(单位:cm)数据如下:

126	149	143	141	127	123	137	132	135	134	146	142
135	141	150	137	144	137	134	139	148	144	142	137
147	138	140	132	149	131	139	142	138	145	147	137
135	142	151	146	129	120	143	145	142	136	147	128
142	132	138	139	147	128	139	146	139	131	138	149

(1) 计算均值、方差、标准差、变异系数、偏度、峰度;

(2) 计算中位数，上、下四分位数，四分位极差，三均值;

(3) 作出直方图;

(4) 作出茎叶图;

(5) 进行正态性 W 检验.

1.2 1949—1985 年全国历年人口数(单位:亿)如下:

5.416 7	5.519 6	5.630 0	5.748 2	5.879 6	6.026 6	6.146 5
6.282 8	6.465 3	6.599 4	6.720 7	6.620 7	6.585 9	6.729 5
6.917 2	7.049 9	7.253 8	7.454 2	7.636 8	7.853 4	8.067 1
8.299 2	8.522 9	8.717 7	8.921 1	9.085 9	9.242 0	9.371 7
9.497 4	9.625 9	9.754 2	9.870 5	10.007 2	10.154 1	10.249 5
10.347 5	10.453 2					

(1) 计算均值、方差、标准差、变异系数、偏度、峰度;

(2) 计算中位数，下、上四分位数，四分位极差，三均值;

(3) 作出直方图;

(4) 作出茎叶图.

1.3 1978 年至 1999 年我国居民消费(单位:元)数据如表 1.3 所示.

表 1.3 全国居民消费数据

年 份	全国居民	农村居民	城镇居民
1978	184	138	405
1979	207	158	434
1980	236	178	496
1981	262	199	562

续表

年　份	全国居民	农村居民	城镇居民
1982	284	221	576
1983	311	246	603
1984	354	283	662
1985	437	347	802
1986	485	376	920
1987	550	417	1 089
1988	693	508	1 431
1989	762	553	1 568
1990	803	571	1 686
1991	896	621	1 925
1992	1 070	718	2 356
1993	1 331	855	3 027
1994	1 746	1 118	3 891
1995	2 336	1 434	4 874
1996	2 641	1 768	5 430
1997	2 834	1 876	5 796
1998	2 972	1 895	6 217
1999	3 180	1 973	6 651

分别对全国居民、农村居民、城镇居民的消费数据计算以下各项：

(1) 均值、方差、标准差、变异系数、偏度、峰度；

(2) 中位数，上、下四分位数，四分位极差，三均值；

(3) 作出直方图；

(4) 作出茎叶图；

(5) 找出异常值.

1.4 2002 年 11 月以及 1 至 11 月全国省、直辖市、自治区财政预算收入(单位：亿元)数据(未计港澳台)如表 1.4 所示.

表 1.4 全国省、直辖市、自治区财政预算收入数据(未计港澳台)

序　号	省、直辖市、自治区	11 月	1—11 月
1	北京	35.22	499.80
2	天津	10.41	161.37
3	河北	17.22	273.29

续表

序 号	省、直辖市、自治区	11 月	1—11 月
4	山西	10.70	134.79
5	内蒙古	10.29	90.92
6	辽宁	18.66	348.99
7	吉林	4.41	106.89
8	黑龙江	6.24	196.44
9	上海	49.72	656.95
10	江苏	47.70	580.70
11	浙江	36.55	518.10
12	安徽	14.85	179.41
13	福建	19.46	250.16
14	江西	10.93	122.06
15	山东	40.26	552.74
16	河南	19.82	268.20
17	湖北	19.49	221.43
18	湖南	16.01	197.68
19	广东	99.32	1 080.26
20	广西	14.77	160.60
21	海南	3.96	39.51
22	重庆	10.49	111.76
23	四川	21.71	250.09
24	贵州	13.06	95.87
25	云南	20.34	183.62
26	西藏	0.77	6.08
27	陕西	11.38	133.50
28	甘肃	3.66	64.86
29	青海	1.21	18.30
30	宁夏	2.31	23.81
31	新疆	3.24	103.81

设 X_1 为 11 月预算收入，X_2 为 1 至 11 月预算收入. 分别对 X_1, X_2 的观测值计算：

(1) 均值、方差、标准差、变异系数、偏度、峰度；

(2) 中位数，上、下四分位数，四分位极差；

(3) 作出直方图；

(4) 作出经验分布函数图；

(5) X_1, X_2 的观测值的 Pearson 相关系数与 Spearman 相关系数.

1.5 对某地区的 21 人测量其血液中 4 种成分的含量.分别以 X_1, X_2, X_3, X_4 记这 4 种成分,观测数据如表 1.5 所示.求总体均值向量 $\boldsymbol{\mu}$ 及总体协方差矩阵 $\boldsymbol{\Sigma}$ 的估计.

表 1.5　血液中 4 种成分的含量数据

x_1	18.8	17.4	16.0	19.3	17.4	15.3	16.7	17.4	16.2	16.7	18.2
x_2	28.1	25.6	27.4	29.5	27.4	25.3	25.8	26.7	25.7	26.7	28.0
x_3	5.1	4.9	5.0	1.7	4.5	3.6	4.4	4.4	2.3	6.4	3.2
x_4	35.1	33.9	32.2	29.1	35.6	32.2	33.0	33.0	33.9	35.0	29.7
x_1	16.7	18.1	16.7	18.1	20.2	20.2	21.5	18.8	21.6	21.3	
x_2	26.7	26.7	26.0	30.2	30.5	29.5	31.5	30.6	27.8	29.5	
x_3	2.1	4.3	3.0	7.0	4.8	5.5	5.8	5.4	5.4	5.8	
x_4	34.9	31.5	32.7	34.9	34.4	36.2	36.5	35.4	34.1	35.8	

1.6 对表 1.5 的血液成分含量数据,计算中位数向量 $\boldsymbol{M}$, Pearson 相关矩阵 $\boldsymbol{R}$ 及 Spearman 相关矩阵 $\boldsymbol{Q}$,并分别对 $\boldsymbol{R}$ 的元素 r_{jk} 和 $\boldsymbol{Q}$ 的元素 $q_{jk}(j \neq k)$ 进行显著性检验.

1.7 表 1.6 是人体的胸部、腹部、手臂部分皮肤的有关数据,相应指标记为 X_1, X_2, X_3.

(1) 计算观测数据均值向量 $\bar{\boldsymbol{x}}$ 和中位数向量 $\boldsymbol{M}$;

(2) 计算观测数据的 Pearson 相关矩阵 $\boldsymbol{R}$,Spearman 相关矩阵 $\boldsymbol{Q}$ 及各元素对应的检验 p 值,并做相关性的显著性检验.

表 1.6　人体三个部位皮肤的有关数据

x_1	9.0	8.5	13.0	10.0	7.0	15.5	22.5	5.5	25.0	15.0
x_2	12.0	15.0	19.0	7.0	13.0	28.5	20.0	8.5	35.0	19.0
x_3	3.0	3.0	3.0	4.0	2.5	5.0	4.5	3.0	6.5	4.0
x_1	12.5	17.0	16.0	20.0	12.0	22.0	17.0	16.0	21.0	13.0
x_2	20.0	19.5	17.5	20.0	17.0	20.0	28.0	18.0	27.5	14.0
x_3	3.0	5.0	6.0	7.5	4.0	6.0	5.5	3.0	6.0	4.0
x_1	21.0	21.0	13.5	5.0	16.0	14.5	10.0	11.0	10.5	15.0
x_2	13.0	6.0	6.5	7.5	20.0	14.5	23.0	13.0	12.0	15.5
x_3	9.0	3.5	3.5	3.5	5.5	4.0	6.0	6.0	3.5	3.0
x_1	9.0	23.0	14.0	16.0	16.5	16.0	12.0	9.0	12.0	5.0
x_2	12.5	24.0	21.0	11.0	17.0	15.0	15.5	4.0	6.0	14.0
x_3	5.0	6.5	6.5	3.0	4.0	3.0	3.5	2.0	5.0	3.0
x_1	17.0	16.0	17.5	11.5	4.0	17.5	9.5	26.0	15.0	19.0
x_2	15.0	11.0	18.0	15.0	3.0	15.0	11.5	38.0	13.0	12.0
x_3	4.5	3.0	3.0	3.0	2.0	4.5	2.5	4.0	4.5	3.0

第 2 章 回归分析

回归分析是最为重要的数据分析方法之一,它提供了一套描述和分析变量间相关关系,揭示变量间的内在规律,并用于预测、控制等问题的行之有效的工具.回归分析模型众多,估计方法多样,有极其广泛的应用领域.

本章主要介绍线性回归模型和 Logistic 模型的基本内容,包括参数估计及其统计推断、残差分析和回归方程的选取等.

§2.1 线性回归模型及其参数估计

2.1.1 线性回归模型及其矩阵表示

在许多实际问题中,某个变量 Y 往往与另外一些变量 $X_1,X_2,\cdots,X_{p-1}$ 相关,但这种相关关系或者由于其机理不甚明确,或者由于问题的复杂性而不能确切知道,因此只能说由 $X_1,X_2,\cdots,X_{p-1}$ 的取值部分地决定 Y 的取值.如一个人的体重 Y 和身高 X 具有一定的相关关系,一般说来,身高较高时,体重也较重,但由身高 X 的值不能完全决定体重 Y 的值;又如,某种商品的销量 Y 与众多的社会经济学和人口统计学变量如消费者年龄 X_1,性别 X_2,经济收入 X_3 以及商品的价格 X_4 等有关,同样,由这些变量的取值不能完全决定该商品的销量.在这些情况下,我们可以认为 Y 的值由两部分构成,一部分是由 $X_1,X_2,\cdots,X_{p-1}$ 能够决定的部分,它是 $X_1,X_2,\cdots,X_{p-1}$ 的某个函数,记为 $f(X_1,X_2,\cdots,X_{p-1})$;另一部分是众多未加考虑的因素(包括随机因素)所产生的影响,被看作是随机误差,记为 ε.于是 Y 与 $X_1,X_2,\cdots,X_{p-1}$ 的关系可表示为

$$Y=f(X_1,X_2,\cdots,X_{p-1})+\varepsilon. \tag{2.1}$$

回归分析即是利用 Y 与 $X_1,X_2,\cdots,X_{p-1}$ 的观测数据,并在误差项的某些假定下确定 $f(X_1,X_2,\cdots,X_{p-1})$.利用统计推断方法对所确定的函数的合理性以及由此关系所揭示的 Y 与各 $X_1,X_2,\cdots,X_{p-1}$ 的关系作分析,进一步应用于预测、控制等问题.

特别,当 $f(X_1,X_2,\cdots,X_{p-1})$ 是 $X_1,X_2,\cdots,X_{p-1}$ 的线性函数时,我们有

$$Y = \beta_0 + \beta_1 X_1 + \cdots + \beta_{p-1} X_{p-1} + \varepsilon, \tag{2.2}$$

称此模型为**线性回归模型**，其中 $\beta_0, \beta_1, \cdots, \beta_{p-1}$ 是未知常数，称为回归参数或回归系数；Y 称为因变量或响应变量；$X_1, X_2, \cdots, X_{p-1}$ 称为自变量或回归变量；ε 称为随机误差项并假定 $E(\varepsilon) = 0$. ε 是不可观测的随机变量，而 Y 和 $X_1, X_2, \cdots, X_{p-1}$ 是可观测的变量. 本章只讨论自变量 $X_1, X_2, \cdots, X_{p-1}$ 是非随机变量的情形，而 Y 与 ε 有关，是随机变量，但它是可观测的.

这里需要指出的是线性回归分析就其分析方法本身并不要求 Y 与 $X_1, X_2, \cdots, X_{p-1}$ 之间呈线性关系，而只要求 Y 与未知参数 $\beta_0, \beta_1, \cdots, \beta_{p-1}$ 具有线性关系即可. 在此意义上，一个最一般的线性回归模型为

$$Y = \sum_{j=0}^{q-1} \beta_j f_j(X_1, X_2, \cdots, X_{p-1}) + \varepsilon, \tag{2.3}$$

其中 $f_j(X_1, X_2, \cdots, X_{p-1})$ $(j = 0, 1, \cdots, q-1)$ 是 q 个线性无关的已知函数，这时只要设置新的变量

$$Z_j = f_j(X_1, X_2, \cdots, X_{p-1}), \quad j = 0, 1, \cdots, q-1, \tag{2.4}$$

便可将模型(2.3)化为线性回归模型(2.2)，通过假定 $f_j(X_1, X_2, \cdots, X_{p-1})$ $(j = 0, 1, \cdots, q-1)$ 的不同形式，模型(2.3) 包含了十分广泛的一类回归模型. 特别，若取 $q = p$, $f_0(X_1, X_2, \cdots, X_{p-1}) = 1$, $f_j(X_1, X_2, \cdots, X_{p-1}) = X_j$, $j = 1, 2, \cdots, p-1$，则模型(2.3) 便是标准的线性回归模型(2.2). 因此，本章主要研究模型(2.2)，而其方法适合于一般线性回归模型(2.3).

为建立线性回归模型(2.2)，我们对 $Y, X_1, \cdots, X_{p-1}$ 进行 n $(n \geqslant p)$ 次独立观测，得到 n 组观测值(称为样本数据)

$$(y_i; x_{i1}, x_{i2}, \cdots, x_{i,p-1}), \quad i = 1, 2, \cdots, n,$$

它们满足关系式

$$y_i = \beta_0 + \beta_1 x_{i1} + \cdots + \beta_{p-1} x_{i,p-1} + \varepsilon_i, \quad i = 1, 2, \cdots, n. \tag{2.5}$$

利用矩阵记号，令

$$\boldsymbol{Y} = \begin{bmatrix} y_1 \\ y_2 \\ \vdots \\ y_n \end{bmatrix}_{n\times 1}, \quad \boldsymbol{X} = \begin{bmatrix} 1 & x_{11} & \cdots & x_{1,p-1} \\ 1 & x_{21} & \cdots & x_{2,p-1} \\ \vdots & \vdots & & \vdots \\ 1 & x_{n1} & \cdots & x_{n,p-1} \end{bmatrix}_{n\times p}, \quad \boldsymbol{\beta} = \begin{bmatrix} \beta_0 \\ \beta_1 \\ \vdots \\ \beta_{p-1} \end{bmatrix}_{p\times 1}, \quad \boldsymbol{\varepsilon} = \begin{bmatrix} \varepsilon_1 \\ \varepsilon_2 \\ \vdots \\ \varepsilon_n \end{bmatrix}_{n\times 1},$$

则(2.5)式可写为

$$\boldsymbol{Y} = \boldsymbol{X\beta} + \boldsymbol{\varepsilon}, \tag{2.6}$$

称此为**线性回归模型的矩阵形式**，其中 $\boldsymbol{Y}$ 称为观测向量；$\boldsymbol{X}$ 称为设计矩阵，并假定它是列满秩的，即 $\operatorname{rank}(\boldsymbol{X}) = p$. $\boldsymbol{Y}$ 和 $\boldsymbol{X}$ 由样本数据所决定，是已知的. $\boldsymbol{\beta}$ 是待估

计的回归参数向量;$\boldsymbol{\varepsilon}$ 是不可观测的随机误差向量,本章中恒假定其各分量相互独立,均服从均值为零,方差为 σ^2 的正态分布,即 $\boldsymbol{\varepsilon} \sim N(\boldsymbol{0},\sigma^2\boldsymbol{I})$.

2.1.2 参数估计及其性质

建立回归模型的第一步是利用观测数据对回归参数向量 $\boldsymbol{\beta}$ 作出估计.另外,为了了解误差的分散性并对有关问题进行统计推断,需要估计误差方差 σ^2.下面分别讨论 $\boldsymbol{\beta}$ 和 σ^2 的估计,并对估计量的性质作简单介绍.

1. 回归参数 $\boldsymbol{\beta}$ 的最小二乘估计

$\boldsymbol{\beta}$ 的最小二乘估计即选择 $\boldsymbol{\beta}$ 使误差平方和

$$S(\boldsymbol{\beta}) = \sum_{i=1}^{n} \varepsilon_i^2 = \boldsymbol{\varepsilon}^{\mathrm{T}}\boldsymbol{\varepsilon} = (\boldsymbol{Y} - \boldsymbol{X\beta})^{\mathrm{T}}(\boldsymbol{Y} - \boldsymbol{X\beta}) = \sum_{i=1}^{n} \left(y_i - \sum_{j=0}^{p-1} \beta_j x_{ij}\right)^2$$

达到最小,其中 $x_{i0} = 1(i = 1,2,\cdots,n)$.为此,将 $S(\boldsymbol{\beta})$ 分别对 $\beta_0,\beta_1,\cdots,\beta_{p-1}$ 求偏导数并令其等于零,得

$$\frac{\partial S(\boldsymbol{\beta})}{\partial \beta_k} = -2\sum_{i=1}^{n}\left(y_i - \sum_{j=0}^{p-1}\beta_j x_{ij}\right)x_{ik} = 0,\quad k = 0,1,\cdots,p-1, \tag{2.7}$$

即

$$\sum_{i=1}^{n} y_i x_{ik} = \sum_{i=1}^{n}\sum_{j=0}^{p-1}\beta_j x_{ij}x_{ik} = \sum_{j=0}^{p-1}\left(\sum_{i=1}^{n} x_{ij}x_{ik}\right)\beta_j,\quad k = 0,1,\cdots,p-1.$$

将此方程组写为矩阵形式,即

$$\boldsymbol{X}^{\mathrm{T}}\boldsymbol{X\beta} = \boldsymbol{X}^{\mathrm{T}}\boldsymbol{Y}, \tag{2.8}$$

称此方程为**正规方程**.

由于 $\mathrm{rank}(\boldsymbol{X}^{\mathrm{T}}\boldsymbol{X}) = \mathrm{rank}(\boldsymbol{X}) = p$,故 $(\boldsymbol{X}^{\mathrm{T}}\boldsymbol{X})^{-1}$ 存在,解正规方程即得回归参数 $\boldsymbol{\beta}$ 的最小二乘估计为

$$\hat{\boldsymbol{\beta}} = (\hat{\beta}_0,\hat{\beta}_1,\cdots,\hat{\beta}_{p-1})^{\mathrm{T}} = (\boldsymbol{X}^{\mathrm{T}}\boldsymbol{X})^{-1}\boldsymbol{X}^{\mathrm{T}}\boldsymbol{Y}. \tag{2.9}$$

进一步,$S(\boldsymbol{\beta})$ 在 $\hat{\boldsymbol{\beta}}$ 处的 Hessian 矩阵

$$\boldsymbol{H}_S(\hat{\boldsymbol{\beta}}) = \left[\frac{\partial^2 S(\hat{\boldsymbol{\beta}})}{\partial\beta_k\partial\beta_l}\right]_{p\times p} = 2\boldsymbol{X}^{\mathrm{T}}\boldsymbol{X}$$

为正定矩阵且正规方程(2.8)的解惟一,故 $\hat{\boldsymbol{\beta}}$ 是 $S(\boldsymbol{\beta})$ 的最小值点.

将 $\hat{\boldsymbol{\beta}} = (\hat{\beta}_0,\hat{\beta}_1,\cdots,\hat{\beta}_{p-1})^{\mathrm{T}}$ 代入模型(2.2)并略去误差项,则称

$$\hat{Y} = \hat{\beta}_0 + \hat{\beta}_1 X_1 + \cdots + \hat{\beta}_{p-1}X_{p-1} \tag{2.10}$$

为**经验回归方程**或简称**回归方程**.利用回归方程,可由自变量 $X_1,X_2,\cdots,X_{p-1}$ 的观测值求出 Y 的估计值或称为预测值.

2. 误差方差 σ^2 的估计

将自变量 $X_1,X_2,\cdots,X_{p-1}$ 的各组观测值 $(x_{i1},x_{i2},\cdots,x_{i,p-1})(i = 1,2,\cdots,n)$ 分

别代入回归方程(2.10)中,可得因变量 Y 的各估计值(或称为拟合值)为

$$\hat{\boldsymbol{Y}}=(\hat{y}_1,\hat{y}_2,\cdots,\hat{y}_n)^{\mathrm{T}}=\boldsymbol{X}\hat{\boldsymbol{\beta}}=\boldsymbol{X}(\boldsymbol{X}^{\mathrm{T}}\boldsymbol{X})^{-1}\boldsymbol{X}^{\mathrm{T}}\boldsymbol{Y}=\boldsymbol{H}\boldsymbol{Y}, \tag{2.11}$$

其中 $\boldsymbol{H}=\boldsymbol{X}(\boldsymbol{X}^{\mathrm{T}}\boldsymbol{X})^{-1}\boldsymbol{X}^{\mathrm{T}}$ 为 n 阶对称幂等矩阵.令 $\hat{\boldsymbol{\varepsilon}}$ 为 Y 的各观测值 y_i 与相应拟合值 $\hat{y}_i$ 之差所构成的向量,称为**残差向量**,则

$$\begin{aligned}\hat{\boldsymbol{\varepsilon}}&=(\hat{\varepsilon}_1,\hat{\varepsilon}_2,\cdots,\hat{\varepsilon}_n)^{\mathrm{T}}=\boldsymbol{Y}-\hat{\boldsymbol{Y}}=\boldsymbol{Y}-\boldsymbol{X}\hat{\boldsymbol{\beta}}\\&=[\boldsymbol{I}-\boldsymbol{X}(\boldsymbol{X}^{\mathrm{T}}\boldsymbol{X})^{-1}\boldsymbol{X}^{\mathrm{T}}]\boldsymbol{Y}=(\boldsymbol{I}-\boldsymbol{H})\boldsymbol{Y},\end{aligned} \tag{2.12}$$

其中 $\boldsymbol{I}$ 为 n 阶单位矩阵.由于 $\hat{\boldsymbol{\beta}}$ 为正规方程的解,故由(2.7)式中的第一个方程($k=0$)可得 $\sum\limits_{i=1}^{n}\hat{\varepsilon}_i=0$.将 $\hat{\varepsilon}_i$ 看成 ε_i 的一个估计,很自然我们用 $\hat{\varepsilon}_1,\hat{\varepsilon}_2,\cdots,\hat{\varepsilon}_n$ 的样本方差来衡量 σ^2 的大小.令

$$SSE=\sum_{i=1}^{n}\left(\hat{\varepsilon}_i-\frac{1}{n}\sum_{i=1}^{n}\hat{\varepsilon}_i\right)^2=\sum_{i=1}^{n}\hat{\varepsilon}_i^2=\hat{\boldsymbol{\varepsilon}}^{\mathrm{T}}\hat{\boldsymbol{\varepsilon}}=\boldsymbol{Y}^{\mathrm{T}}(\boldsymbol{I}-\boldsymbol{H})\boldsymbol{Y}, \tag{2.13}$$

称 SSE 为**残差平方和**.注意到 $(\boldsymbol{I}-\boldsymbol{H})\boldsymbol{X}=\boldsymbol{0}$,故

$$\hat{\boldsymbol{\varepsilon}}=(\boldsymbol{I}-\boldsymbol{H})\boldsymbol{Y}=(\boldsymbol{I}-\boldsymbol{H})(\boldsymbol{X}\boldsymbol{\beta}+\boldsymbol{\varepsilon})=(\boldsymbol{I}-\boldsymbol{H})\boldsymbol{\varepsilon}, \tag{2.14}$$

从而

$$SSE=\boldsymbol{\varepsilon}^{\mathrm{T}}(\boldsymbol{I}-\boldsymbol{H})\boldsymbol{\varepsilon}, \tag{2.15}$$

由此可得

$$\begin{aligned}\mathrm{E}(SSE)&=\mathrm{E}\{\mathrm{tr}[\boldsymbol{\varepsilon}^{\mathrm{T}}(\boldsymbol{I}-\boldsymbol{H})\boldsymbol{\varepsilon}]\}=\mathrm{E}\{\mathrm{tr}[(\boldsymbol{I}-\boldsymbol{H})\boldsymbol{\varepsilon}\boldsymbol{\varepsilon}^{\mathrm{T}}]\}\\&=\mathrm{tr}[(\boldsymbol{I}-\boldsymbol{H})\mathrm{E}(\boldsymbol{\varepsilon}\boldsymbol{\varepsilon}^{\mathrm{T}})]=\sigma^2\mathrm{tr}[\boldsymbol{I}-\boldsymbol{X}(\boldsymbol{X}^{\mathrm{T}}\boldsymbol{X})^{-1}\boldsymbol{X}^{\mathrm{T}}]\\&=\sigma^2\{n-\mathrm{tr}[(\boldsymbol{X}^{\mathrm{T}}\boldsymbol{X})^{-1}\boldsymbol{X}^{\mathrm{T}}\boldsymbol{X}]\}=\sigma^2(n-p),\end{aligned} \tag{2.16}$$

其中 $\mathrm{tr}(\cdot)$ 表示矩阵的迹.从而

$$\hat{\sigma}^2=\frac{SSE}{n-p}=\frac{1}{n-p}\boldsymbol{Y}^{\mathrm{T}}(\boldsymbol{I}-\boldsymbol{H})\boldsymbol{Y} \tag{2.17}$$

为 σ^2 的无偏估计.

例 2.1 对于只有一个自变量的线性回归模型 $Y=\beta_0+\beta_1X+\varepsilon$,利用观测值 $(y_i;x_i)(i=1,2,\cdots,n)$ 求 β_0,β_1 的最小二乘估计及 $\sigma^2=\mathrm{Var}(\varepsilon)$ 的估计,其中 $x_i(i=1,2,\cdots,n)$ 不全相同.

解 对此简单线性回归模型,有

$$\boldsymbol{X}^{\mathrm{T}}\boldsymbol{X}=\begin{bmatrix}1&1&\cdots&1\\x_1&x_2&\cdots&x_n\end{bmatrix}\begin{bmatrix}1&x_1\\1&x_2\\\vdots&\vdots\\1&x_n\end{bmatrix}=\begin{bmatrix}n&\sum\limits_{i=1}^{n}x_i\\\sum\limits_{i=1}^{n}x_i&\sum\limits_{i=1}^{n}x_i^2\end{bmatrix},$$

$$(\boldsymbol{X}^{\mathrm{T}}\boldsymbol{X})^{-1}=\frac{1}{n\sum_{i=1}^{n}x_i^2-\left(\sum_{i=1}^{n}x_i\right)^2}\begin{bmatrix}\sum_{i=1}^{n}x_i^2 & -\sum_{i=1}^{n}x_i\\ -\sum_{i=1}^{n}x_i & n\end{bmatrix}$$

$$=\frac{1}{n\sum_{i=1}^{n}(x_i-\bar{x})^2}\begin{bmatrix}\sum_{i=1}^{n}x_i^2 & -n\bar{x}\\ -n\bar{x} & n\end{bmatrix},$$

其中 $\bar{x}=\frac{1}{n}\sum_{i=1}^{n}x_i$.

$$\boldsymbol{X}^{\mathrm{T}}\boldsymbol{Y}=\begin{bmatrix}1 & 1 & \cdots & 1\\ x_1 & x_2 & \cdots & x_n\end{bmatrix}\begin{bmatrix}y_1\\ y_2\\ \vdots\\ y_n\end{bmatrix}=\begin{bmatrix}n\bar{y}\\ \sum_{i=1}^{n}x_iy_i\end{bmatrix},$$

其中 $\bar{y}=\frac{1}{n}\sum_{i=1}^{n}y_i$.故由(2.9)式可得 β_0 和 β_1 的最小二乘估计为

$$\begin{bmatrix}\hat{\beta}_0\\ \hat{\beta}_1\end{bmatrix}=\frac{1}{n\sum_{i=1}^{n}(x_i-\bar{x})^2}\begin{bmatrix}\sum_{i=1}^{n}x_i^2 & -n\bar{x}\\ -n\bar{x} & n\end{bmatrix}\begin{bmatrix}n\bar{y}\\ \sum_{i=1}^{n}x_iy_i\end{bmatrix}$$

$$=\frac{1}{n\sum_{i=1}^{n}(x_i-\bar{x})^2}\begin{bmatrix}n\bar{y}\sum_{i=1}^{n}x_i^2-n\bar{x}\sum_{i=1}^{n}x_iy_i\\ n\sum_{i=1}^{n}x_iy_i-n^2\bar{x}\bar{y}\end{bmatrix},$$

即

$$\hat{\beta}_0=\frac{\bar{y}\sum_{i=1}^{n}x_i^2-\bar{x}\sum_{i=1}^{n}x_iy_i}{\sum_{i=1}^{n}(x_i-\bar{x})^2},\quad \hat{\beta}_1=\frac{\sum_{i=1}^{n}x_iy_i-n\bar{x}\bar{y}}{\sum_{i=1}^{n}(x_i-\bar{x})^2},$$

σ^2 的无偏估计为

$$\hat{\sigma}^2=\frac{1}{n-2}\sum_{i=1}^{n}(y_i-\hat{\beta}_0-\hat{\beta}_1x_i)^2.$$

3. 估计量的基本性质

下面给出 $\hat{\boldsymbol{\beta}}$ 和 $\hat{\sigma}^2$ 的三条基本性质.第一条是有关 $\hat{\boldsymbol{\beta}}$ 和 $\hat{\sigma}^2$ 的矩性质;第二条是有关二者的分布性质;第三条是有关残差向量的矩及分布性质.这些性质是后面进行统计推断的基础.

性质 1 对于线性回归模型(2.6),$\boldsymbol{\beta}$ 的最小二乘估计 $\hat{\boldsymbol{\beta}}=(\boldsymbol{X}^{\mathrm{T}}\boldsymbol{X})^{-1}\boldsymbol{X}^{\mathrm{T}}\boldsymbol{Y}$ 和 σ^2 的估计 $\hat{\sigma}^2=\dfrac{1}{n-p}\boldsymbol{Y}^{\mathrm{T}}(\boldsymbol{I}-\boldsymbol{H})\boldsymbol{Y}$ 满足:

(i) $\mathrm{E}(\hat{\boldsymbol{\beta}})=\boldsymbol{\beta}$;

(ii) $\mathrm{Cov}(\hat{\boldsymbol{\beta}})=\mathrm{E}[(\hat{\boldsymbol{\beta}}-\boldsymbol{\beta})(\hat{\boldsymbol{\beta}}-\boldsymbol{\beta})^{\mathrm{T}}]=\sigma^2(\boldsymbol{X}^{\mathrm{T}}\boldsymbol{X})^{-1}$;

(iii) $\mathrm{E}(\hat{\sigma}^2)=\sigma^2$.

证明 (i) 因为 $\mathrm{E}(\boldsymbol{Y})=\boldsymbol{X\beta}$,故 $\mathrm{E}(\hat{\boldsymbol{\beta}})=(\boldsymbol{X}^{\mathrm{T}}\boldsymbol{X})^{-1}\boldsymbol{X}^{\mathrm{T}}\mathrm{E}(\boldsymbol{Y})=(\boldsymbol{X}^{\mathrm{T}}\boldsymbol{X})^{-1}\boldsymbol{X}^{\mathrm{T}}\boldsymbol{X\beta}=\boldsymbol{\beta}$.即 $\hat{\boldsymbol{\beta}}$ 为 $\boldsymbol{\beta}$ 的无偏估计.

(ii) 由于 $\hat{\boldsymbol{\beta}}=(\boldsymbol{X}^{\mathrm{T}}\boldsymbol{X})^{-1}\boldsymbol{X}^{\mathrm{T}}\boldsymbol{Y}=(\boldsymbol{X}^{\mathrm{T}}\boldsymbol{X})^{-1}\boldsymbol{X}^{\mathrm{T}}(\boldsymbol{X\beta}+\boldsymbol{\varepsilon})=\boldsymbol{\beta}+(\boldsymbol{X}^{\mathrm{T}}\boldsymbol{X})^{-1}\boldsymbol{X}^{\mathrm{T}}\boldsymbol{\varepsilon}$,故

$$\begin{aligned}\mathrm{Cov}(\hat{\boldsymbol{\beta}})&=\mathrm{E}[(\boldsymbol{X}^{\mathrm{T}}\boldsymbol{X})^{-1}\boldsymbol{X}^{\mathrm{T}}\boldsymbol{\varepsilon}\boldsymbol{\varepsilon}^{\mathrm{T}}\boldsymbol{X}(\boldsymbol{X}^{\mathrm{T}}\boldsymbol{X})^{-1}]\\&=(\boldsymbol{X}^{\mathrm{T}}\boldsymbol{X})^{-1}\boldsymbol{X}^{\mathrm{T}}\mathrm{E}(\boldsymbol{\varepsilon}\boldsymbol{\varepsilon}^{\mathrm{T}})\boldsymbol{X}(\boldsymbol{X}^{\mathrm{T}}\boldsymbol{X})^{-1}=\sigma^2(\boldsymbol{X}^{\mathrm{T}}\boldsymbol{X})^{-1}.\end{aligned}$$

(iii) 由(2.16)式和(2.17)式立得.

性质 2 对于线性回归模型(2.6),若 $\boldsymbol{\varepsilon}\sim N(\boldsymbol{0},\sigma^2\boldsymbol{I})$,则

(i) $\hat{\boldsymbol{\beta}}\sim N(\boldsymbol{\beta},\sigma^2(\boldsymbol{X}^{\mathrm{T}}\boldsymbol{X})^{-1})$;

(ii) $\dfrac{1}{\sigma^2}SSE=\dfrac{n-p}{\sigma^2}\hat{\sigma}^2\sim\chi^2_{n-p}$;

(iii) $\hat{\boldsymbol{\beta}}$ 与 SSE(或 $\hat{\sigma}^2$)相互独立.

证明 (i) 若 $\boldsymbol{\varepsilon}\sim N(\boldsymbol{0},\sigma^2\boldsymbol{I})$,而 $\hat{\boldsymbol{\beta}}=\boldsymbol{\beta}+(\boldsymbol{X}^{\mathrm{T}}\boldsymbol{X})^{-1}\boldsymbol{X}^{\mathrm{T}}\boldsymbol{\varepsilon}$ 为正态变量的线性变换,故由多元正态分布的性质(见第 1 章 1.3.3 节)及性质 1 知 $\hat{\boldsymbol{\beta}}\sim N(\boldsymbol{\beta},\sigma^2(\boldsymbol{X}^{\mathrm{T}}\boldsymbol{X})^{-1})$.

(ii) 由(2.15)式知,$SSE=\boldsymbol{\varepsilon}^{\mathrm{T}}(\boldsymbol{I}-\boldsymbol{H})\boldsymbol{\varepsilon}$.注意到 $\boldsymbol{I}-\boldsymbol{H}$ 为对称幂等矩阵,且 $\mathrm{rank}(\boldsymbol{I}-\boldsymbol{H})=n-p$,故存在正交矩阵 $\boldsymbol{P}$,使 $\boldsymbol{P}(\boldsymbol{I}-\boldsymbol{H})\boldsymbol{P}^{\mathrm{T}}=\mathrm{Diag}(1,\cdots,1,0,\cdots,0)$,其中 $\mathrm{Diag}(1,\cdots,1,0,\cdots,0)$ 表示对角矩阵,主对角线上有 $n-p$ 个 1,其余元素为零.作正交变换

$$\boldsymbol{\eta}=(\eta_1,\eta_2,\cdots,\eta_n)^{\mathrm{T}}=\boldsymbol{P\varepsilon},$$

则 $\boldsymbol{\eta}\sim N(\boldsymbol{0},\sigma^2\boldsymbol{I})$,且

$$SSE=\boldsymbol{\eta}^{\mathrm{T}}\boldsymbol{P}(\boldsymbol{I}-\boldsymbol{H})\boldsymbol{P}^{\mathrm{T}}\boldsymbol{\eta}=\eta_1^2+\eta_2^2+\cdots+\eta_{n-p}^2.$$

由于 $\eta_i\sim N(0,\sigma^2)(i=1,2,\cdots,n)$ 且相互独立,故 $\dfrac{1}{\sigma^2}SSE\sim\chi^2_{n-p}$.

(iii) 由于 $\hat{\boldsymbol{\beta}}=\boldsymbol{\beta}+(\boldsymbol{X}^{\mathrm{T}}\boldsymbol{X})^{-1}\boldsymbol{X}^{\mathrm{T}}\boldsymbol{\varepsilon}$,$SSE=\boldsymbol{\varepsilon}^{\mathrm{T}}(\boldsymbol{I}-\boldsymbol{H})\boldsymbol{\varepsilon}$,而 $(\boldsymbol{X}^{\mathrm{T}}\boldsymbol{X})^{-1}\boldsymbol{X}^{\mathrm{T}}(\boldsymbol{I}-\boldsymbol{H})=$

$\mathbf{0}$,故由多元正态分布的性质可知 $\hat{\boldsymbol{\beta}}$ 与 SSE 相互独立(详细证明可参见[16]第2章).

性质3 对于线性回归模型(2.6),若 $\boldsymbol{\varepsilon} \sim N(\mathbf{0},\sigma^2\boldsymbol{I})$,则残差向量 $\hat{\boldsymbol{\varepsilon}} = (\boldsymbol{I} - \boldsymbol{H})\boldsymbol{Y}$ 具有性质

(i) $\mathrm{E}(\hat{\boldsymbol{\varepsilon}}) = \mathbf{0}, \mathrm{Cov}(\hat{\boldsymbol{\varepsilon}}) = \sigma^2(\boldsymbol{I} - \boldsymbol{H})$;

(ii) $\hat{\boldsymbol{\varepsilon}} \sim N(\mathbf{0},\sigma^2(\boldsymbol{I} - \boldsymbol{H}))$.

证明 (i) 由(2.14)式知 $\hat{\boldsymbol{\varepsilon}} = (\boldsymbol{I} - \boldsymbol{H})\boldsymbol{\varepsilon}$,故 $\mathrm{E}(\hat{\boldsymbol{\varepsilon}}) = \mathbf{0}$ 且 $\mathrm{Cov}(\hat{\boldsymbol{\varepsilon}}) = (\boldsymbol{I} - \boldsymbol{H})\mathrm{E}(\boldsymbol{\varepsilon}\boldsymbol{\varepsilon}^{\mathrm{T}})(\boldsymbol{I} - \boldsymbol{H}) = \sigma^2(\boldsymbol{I} - \boldsymbol{H})$.

(ii) 由于 $\hat{\boldsymbol{\varepsilon}}$ 为正态变量 $\boldsymbol{\varepsilon}$ 的线性变换,故 $\hat{\boldsymbol{\varepsilon}}$ 服从多元正态分布.再由(i)立得(ii)成立.但值得注意的是,由于 $\boldsymbol{I} - \boldsymbol{H}$ 为对称幂等矩阵,故 $\mathrm{rank}(\boldsymbol{I} - \boldsymbol{H}) = \mathrm{tr}(\boldsymbol{I} - \boldsymbol{H}) = n - p < n$,因此,$\hat{\boldsymbol{\varepsilon}}$ 服从一个退化的多元正态分布.

§2.2 统计推断与预测

本节恒假定模型(2.6)的误差项 $\boldsymbol{\varepsilon} \sim N(\mathbf{0},\sigma^2\boldsymbol{I})$.

2.2.1 回归方程的显著性检验

对于线性回归模型(2.2),利用因变量 Y 与自变量 $X_1,X_2,\cdots,X_{p-1}$ 的 n 组观测数据$(y_i;x_{i1},\cdots,x_{i,p-1})(i=1,2,\cdots,n)$,可以得到未知参数 $\boldsymbol{\beta}$ 和 σ^2 的估计 $\hat{\boldsymbol{\beta}}$ 和 $\hat{\sigma}^2$,从而可得到回归方程(2.10),并以此可根据自变量的观测值对 Y 的取值作预测.但 Y 与 $X_1,X_2,\cdots,X_{p-1}$ 之间的线性关系的假定有很大的主观性,所求得的回归方程是否有意义,也就是说 Y 与 $X_1,X_2,\cdots,X_{p-1}$ 之间是否存在显著的线性关系,还需要对所建立的回归方程作进一步统计检验.

1. 离差平方和的分解与复相关系数

我们知道因变量 Y 的观测值 $y_1,y_2,\cdots,y_n$ 之所以有差异,是由下述两个原因引起的:一是通过线性函数 $\beta_0+\beta_1X_1+\cdots+\beta_{p-1}X_{p-1}$,当 $X_1,X_2,\cdots,X_{p-1}$ 取不同的值而引起 Y 的取值的变化;二是由其他未加考虑的因素及随机因素所产生的影响.下面将 $y_1,y_2,\cdots,y_n$ 的总变化量分解成上述两部分,通过比较这两部分的相对大小,分析 $X_1,X_2,\cdots,X_{p-1}$ 的线性函数所能反映 $y_1,y_2,\cdots,y_n$ 总变化量的程度,以考察 Y 与 $X_1,X_2,\cdots,X_{p-1}$ 之间的线性关系是否显著.

令 $\bar{y} = \dfrac{1}{n}\sum_{i=1}^{n} y_i$,则 $y_1,y_2,\cdots,y_n$ 的变化量可用所谓的**总离差平方和**(Total

Sum of Squares)度量,即用

$$SST = \sum_{i=1}^{n} (y_i - \bar{y})^2 \tag{2.18}$$

度量.

残差平方和或称为**误差平方和**(Error Sum of Squares)

$$SSE = \sum_{i=1}^{n} (y_i - \hat{y}_i)^2 \tag{2.19}$$

反映了除去 $X_1, X_2, \cdots, X_{p-1}$ 的线性拟合值 $\hat{y}_i = \hat{\beta}_0 + \hat{\beta}_1 x_{i1} + \cdots + \hat{\beta}_{p-1} x_{i,p-1}$ 以外的因素所引起 $y_1, y_2, \cdots, y_n$ 的变化.若 $SSE = 0$,则每个观测值 y_i 可由 $X_1, X_2, \cdots, X_{p-1}$ 的线性函数精确拟合.SSE 越大,则意味着 $X_1, X_2, \cdots, X_{p-1}$ 的各线性拟合值 $\hat{y}_i$ 与相应的 Y 的各观测值 y_i 之间的总体差别越大.

另一部分是**回归平方和**(Regression Sum of Squares)

$$SSR = \sum_{i=1}^{n} (\hat{y}_i - \bar{y})^2. \tag{2.20}$$

由于 $\sum_{i=1}^{n} \hat{\varepsilon}_i = \sum_{i=1}^{n} (y_i - \hat{y}_i) = 0$,故 $\bar{y} = \frac{1}{n} \sum_{i=1}^{n} \hat{y}_i$.因此,$SSR$ 反映了自变量的线性函数在各组观测值处取值的离差平方和.

下面我们进一步分析 SST, SSE 和 SSR 之间的关系.

利用矩阵记号,SST 可表示为

$$SST = \boldsymbol{Y}^{\mathrm{T}}\left(\boldsymbol{I} - \frac{1}{n}\boldsymbol{1}\boldsymbol{1}^{\mathrm{T}}\right)\boldsymbol{Y} = \boldsymbol{Y}^{\mathrm{T}}\left(\boldsymbol{I} - \frac{1}{n}\boldsymbol{J}\right)\boldsymbol{Y}, \tag{2.21}$$

其中 $\boldsymbol{1}$ 表示元素全为 1 的 n 维列向量,$\boldsymbol{J} = \boldsymbol{1}\boldsymbol{1}^{\mathrm{T}}$ 表示元素全为 1 的 n 阶方阵.同理可得

$$SSR = \sum_{i=1}^{n}\left(\hat{y}_i - \frac{1}{n}\sum_{i=1}^{n}\hat{y}_i\right)^2 = \hat{\boldsymbol{Y}}^{\mathrm{T}}\left(\boldsymbol{I} - \frac{1}{n}\boldsymbol{1}\boldsymbol{1}^{\mathrm{T}}\right)\hat{\boldsymbol{Y}} = \boldsymbol{Y}^{\mathrm{T}}\boldsymbol{H}\left(\boldsymbol{I} - \frac{1}{n}\boldsymbol{1}\boldsymbol{1}^{\mathrm{T}}\right)\boldsymbol{H}\boldsymbol{Y}.$$

再根据 $\sum_{i=1}^{n} \hat{\varepsilon}_i = \boldsymbol{1}^{\mathrm{T}}\hat{\boldsymbol{\varepsilon}} = \boldsymbol{1}^{\mathrm{T}}(\boldsymbol{I} - \boldsymbol{H})\boldsymbol{Y} = 0$,得 $\boldsymbol{1}^{\mathrm{T}}\boldsymbol{H}\boldsymbol{Y} = \boldsymbol{1}^{\mathrm{T}}\boldsymbol{Y}$.从而

$$SSR = \boldsymbol{Y}^{\mathrm{T}}\boldsymbol{H}\boldsymbol{Y} - \frac{1}{n}\boldsymbol{Y}^{\mathrm{T}}\boldsymbol{H}\boldsymbol{1}\boldsymbol{1}^{\mathrm{T}}\boldsymbol{H}\boldsymbol{Y} = \boldsymbol{Y}^{\mathrm{T}}\boldsymbol{H}\boldsymbol{Y} - \frac{1}{n}\boldsymbol{Y}^{\mathrm{T}}\boldsymbol{1}\boldsymbol{1}^{\mathrm{T}}\boldsymbol{Y} = \boldsymbol{Y}^{\mathrm{T}}\left(\boldsymbol{H} - \frac{1}{n}\boldsymbol{J}\right)\boldsymbol{Y}, \tag{2.22}$$

而由(2.13)式知 $SSE = \boldsymbol{Y}^{\mathrm{T}}(\boldsymbol{I} - \boldsymbol{H})\boldsymbol{Y}$,结合(2.21)及(2.22)式立得

$$SST = SSE + SSR. \tag{2.23}$$

由此可知, SSR 越大,$X_1, X_2, \cdots, X_{p-1}$ 的线性函数观测值所能描述的 SST 的比例就越大,即 Y 与 $X_1, X_2, \cdots, X_{p-1}$ 的线性关系就越显著.

基于关系式(2.23),定义

$$R^2 = \frac{SSR}{SST} = 1 - \frac{SSE}{SST} \tag{2.24}$$

以衡量线性回归模型的拟合优度.事实上，R^2 描述了由自变量的线性函数值所能反映的 Y 的总变化量的比例.进一步可证明 $R=\sqrt{R^2}$ 实际上是 Y 与 $\hat{Y}=\hat{\beta}_0+\hat{\beta}_1X_1+\cdots+\hat{\beta}_{p-1}X_{p-1}$ 的相关系数绝对值的估计值，称 R 为**复相关系数**.因此 R^2 越大，说明 Y 与 $X_1,X_2,\cdots,X_{p-1}$ 的线性关系越显著.

2. 线性回归关系的显著性检验

为检验 Y 与 $X_1,X_2,\cdots,X_{p-1}$ 之间是否存在显著的线性回归关系，即对模型(2.2)检验假设

$$H_0: \beta_1=\beta_2=\cdots=\beta_{p-1}=0 \quad \leftrightarrow \quad H_1: \text{存在 } 1\leqslant i\leqslant p-1, \text{使 } \beta_i\neq 0. \tag{2.25}$$

这是因为若 H_0 为真，则 $Y=\beta_0+\varepsilon$，即 $X_1,X_2,\cdots,X_{p-1}$ 的线性组合不能描述 Y 的任何变化，其变化均来自于误差项；相反若 H_1 为真，则 Y 至少与某个自变量 X_i 相关，从而误差项所描述的 Y 的变化会相对减小.根据总离差平方和的分解式(2.23)以及各项的意义，构造检验统计量

$$F=\frac{SSR/(p-1)}{SSE/(n-p)}=\frac{MSR}{MSE}, \tag{2.26}$$

其中 $MSR=\dfrac{SSR}{p-1}$，$MSE=\dfrac{SSE}{n-p}$ 分别称为均方回归和均方残差，$p-1$ 称为 SSR 的自由度，它等于回归模型中自变量的个数；$n-p$ 称为 SSE 的自由度，它等于样本容量 n 与回归模型中的未知参数个数 p 之差.进一步称 $(p-1)+(n-p)=n-1$ 为 SST 的自由度.可以证明（见参考文献[16]第4章）当 H_0 为真时，有

$$F\sim F(p-1,n-p), \tag{2.27}$$

其中 $F(p-1,n-p)$ 表示自由度为 $p-1$ 和 $n-p$ 的 F 分布.由以上分析可知，当 H_1 为真时，F 有偏大的趋势，即 F 取值越大，说明自变量的线性函数值所解释的 Y 的变化量越多，即 Y 与 $X_1,X_2,\cdots,X_{p-1}$ 的线性关系越显著.因此，设由样本数据所求得的统计量 F 的观测值为 F_0，则检验假设(2.25)的 p 值为

$$p_0=P_{H_0}(F\geqslant F_0)=P(F(p-1,n-p)\geqslant F_0). \tag{2.28}$$

在此，我们也以 $F(p-1,n-p)$ 表示服从自由度为 $p-1$ 和 $n-p$ 的 F 分布的随机变量.给定显著性水平 α，若 $p_0<\alpha$，则拒绝 H_0，认为 Y 与 $X_1,X_2,\cdots,X_{p-1}$ 间的线性回归关系显著；否则认为各回归变量通过线性形式对 Y 的影响不显著，从而建立 Y 与 $X_1,X_2,\cdots,X_{p-1}$ 的线性回归关系是没有实际意义的.

在 SAS 软件的 proc reg 过程中，线性关系的显著性检验以如下方差分析表的形式输出.同时输出拟合优度统计量 R^2 的值等.

表 2.1　方差分析表

方差来源	自由度	平方和(SS)	均方(MS)	F 值	p 值
回归(R)	$p-1$	SSR	$MSR=\dfrac{SSR}{p-1}$	$F_0=\dfrac{MSR}{MSE}$	p_0
误差(E)	$n-p$	SSE	$MSE=\dfrac{SSE}{n-p}$		
总和(T)	$n-1$	SST			

2.2.2　回归系数的统计推断

前述线性回归关系的显著性检验是对回归方程的一个整体性检验.如果检验结果是拒绝原假设 H_0,则意味着 Y 显著地相关于 $X_1,X_2,\cdots,X_{p-1}$ 的线性函数这个整体,但这并不意味着每个自变量 $X_k(1\leqslant k\leqslant p-1)$ 均通过其线性函数对 Y 产生显著影响.也就是说,自变量中的某些对 Y 的影响可能不显著,即某些回归系数 β_k 会等于零.因此,在线性回归关系检验中,若 H_0 被拒绝,我们还需要对每个自变量逐一作显著性检验,即对固定的 $k(1\leqslant k\leqslant p-1)$,检验假设

$$H_{0k}:\beta_k=0 \quad \leftrightarrow \quad H_{1k}:\beta_k\neq 0 \tag{2.29}$$

下面我们基于 β_k 的最小二乘估计构造适当的统计量检验上述假设.

由 2.1 节估计量的性质 2(i),$\boldsymbol{\beta}$ 的最小二乘估计 $\hat{\boldsymbol{\beta}}\sim N(\boldsymbol{\beta},\sigma^2(\boldsymbol{X}^{\mathrm{T}}\boldsymbol{X})^{-1})$.设 c_{kk} 为矩阵 $(\boldsymbol{X}^{\mathrm{T}}\boldsymbol{X})^{-1}$ 的主对角线上的第 k 个元素,则有 $\hat{\beta}_k\sim N(\beta_k,\sigma^2c_{kk})$,从而

$$\frac{\hat{\beta}_k-\beta_k}{\sigma\sqrt{c_{kk}}}\sim N(0,1).$$

又由 2.1 节的性质 2(ii)和(iii)知,$\dfrac{n-p}{\sigma^2}\hat{\sigma}^2\sim\chi^2_{n-p}$ 且 $\hat{\beta}_k$ 与 $\hat{\sigma}^2$ 相互独立,因此有

$$t_k=\frac{(\hat{\beta}_k-\beta_k)\Big/(\sigma\sqrt{c_{kk}})}{\sqrt{\dfrac{(n-p)\hat{\sigma}^2}{\sigma^2}\Big/(n-p)}}=\frac{\hat{\beta}_k-\beta_k}{\hat{\sigma}\sqrt{c_{kk}}}\sim t(n-p), \tag{2.30}$$

其中 $t(n-p)$ 表示自由度为 $n-p$ 的 t 分布,同时也表示服从自由度为 $n-p$ 的 t 分布的随机变量.进一步,由 2.1 节的性质 1(ii) 知,$\mathrm{Cov}(\hat{\boldsymbol{\beta}})=\sigma^2(\boldsymbol{X}^{\mathrm{T}}\boldsymbol{X})^{-1}$,因此 $\hat{\sigma}^2(\boldsymbol{X}^{\mathrm{T}}\boldsymbol{X})^{-1}=MSE\cdot(\boldsymbol{X}^{\mathrm{T}}\boldsymbol{X})^{-1}$ 是 $\mathrm{Cov}(\hat{\boldsymbol{\beta}})$ 的一个很自然的估计.由此可知,(2.30)式中 $\hat{\sigma}\sqrt{c_{kk}}$ 是 $\hat{\beta}_k$ 的标准差的估计,它是 $MSE\cdot(\boldsymbol{X}^{\mathrm{T}}\boldsymbol{X})^{-1}$ 的主对角线上的第 k 个元素的算术平方根,记此估计为 $s(\hat{\beta}_k)$,则(2.30)式变为

$$t_k=\frac{\hat{\beta}_k-\beta_k}{s(\hat{\beta}_k)}\sim t(n-p). \tag{2.31}$$

特别当 H_{0k} 为真时,有

$$t_k = \frac{\hat{\beta}_k}{s(\hat{\beta}_k)} \sim t(n-p). \tag{2.32}$$

这时 $\hat{\beta}_k$ 作为 $\beta_k=0$ 的无偏估计,$|\hat{\beta}_k|$ 的值不应过分偏大,即 $|t_k|$ 的值不应过分偏大.否则,若 H_{1k} 为真,则 $|t_k|$ 有偏大的趋势.设 t_{0k} 为由样本数据通过(2.32)式所求得的统计量 t_k 的观测值,则检验假设(2.29)的 p 值为

$$p_{0k} = P_{H_{0k}}(|t_k| > |t_{0k}|) = 2P(t(n-p) > |t_{0k}|). \tag{2.33}$$

对于给定的显著性水平 α,若 $p_{0k} < \alpha$,则拒绝 H_{0k},认为 X_k 对 Y 的影响显著;否则不能拒绝 H_{0k},认为 X_k 对 Y 的影响不显著.

SAS 软件的 proc reg 过程将参数估计值、标准差估计以及 t_k 的观测值和相应检验 $\beta_k=0$(包括 $k=0$)的 p 值以表 2.2 的形式给出.

表 2.2 参数估计表

变　量	参数估计值	标准差估计	统计量 t_k 值	检验 p 值
常数项(Intercept)	$\hat{\beta}_0$	$s(\hat{\beta}_0)$	t_{00}	p_{00}
X_1	$\hat{\beta}_1$	$s(\hat{\beta}_1)$	t_{01}	p_{01}
$\vdots$	$\vdots$	$\vdots$	$\vdots$	$\vdots$
X_{p-1}	$\hat{\beta}_{p-1}$	$s(\hat{\beta}_{p-1})$	$t_{0,p-1}$	$p_{0,p-1}$

另一方面,利用(2.31)式可以给出 β_k 的置信度为 $1-\alpha$ 的置信区间,我们将其简记为

$$\hat{\beta}_k \pm t_{1-\frac{\alpha}{2}}(n-p)s(\hat{\beta}_k), \tag{2.34}$$

其中 $t_{1-\frac{\alpha}{2}}(n-p)$ 表示自由度为 $n-p$ 的 t 分布的(下侧)$1-\frac{\alpha}{2}$分位数.

2.2.3 预测及其统计推断

利用回归方程除了对 Y 与自变量 $X_1,X_2,\cdots,X_{p-1}$ 的相关关系作分析,了解各自变量对 Y 的影响的显著性以外,另一个重要的应用就是对因变量取值的预测.

设$(x_{01},x_{02},\cdots,x_{0,p-1})$为自变量 $X_1,X_2,\cdots,X_{p-1}$ 的一组新的观测值,对应的因变量 Y 的取值记为 y_0,预测即是对 y_0 的值作出估计.令 $\boldsymbol{x}_0=(1,x_{01},\cdots,x_{0,p-1})^{\mathrm{T}}$,利用回归方程(2.10),$y_0$ 的一个自然的预测值为

$$\hat{y}_0 = \hat{\beta}_0 + \hat{\beta}_1 x_{01} + \cdots + \hat{\beta}_{p-1}x_{0,p-1} = \boldsymbol{x}_0^{\mathrm{T}}\hat{\boldsymbol{\beta}}. \tag{2.35}$$

$\hat{y}_0$ 是 y_0 的一个点估计,但在实际应用中,更感兴趣的是给出 y_0 的区间估计.由2.1节的性质 2(i) 知 $\hat{\boldsymbol{\beta}} \sim N(\boldsymbol{\beta},\sigma^2(\boldsymbol{X}^{\mathrm{T}}\boldsymbol{X})^{-1})$,故由(2.35)式知

$$\hat{y}_0 \sim N(\boldsymbol{x}_0^{\mathrm{T}}\boldsymbol{\beta}, \sigma^2\boldsymbol{x}_0^{\mathrm{T}}(\boldsymbol{X}^{\mathrm{T}}\boldsymbol{X})^{-1}\boldsymbol{x}_0),$$

而 $y_0 = \boldsymbol{x}_0^{\mathrm{T}}\boldsymbol{\beta} + \varepsilon_0$ 且 $\varepsilon_0 \sim N(0,\sigma^2)$，又 ε_0 与 $\hat{\boldsymbol{\beta}}$ 相互独立（因为 $\hat{\boldsymbol{\beta}} = (\boldsymbol{X}^{\mathrm{T}}\boldsymbol{X})^{-1}\boldsymbol{X}^{\mathrm{T}}\boldsymbol{Y} = \boldsymbol{\beta} + (\boldsymbol{X}^{\mathrm{T}}\boldsymbol{X})^{-1}\boldsymbol{X}^{\mathrm{T}}\boldsymbol{\varepsilon}$ 只与 $\varepsilon_1,\cdots,\varepsilon_n$ 有关），因此，y_0 与 $\hat{y}_0$ 相互独立.由此可得

$$\mathrm{E}(\hat{y}_0 - y_0) = 0, \quad \mathrm{Var}(\hat{y}_0 - y_0) = \sigma^2[1 + \boldsymbol{x}_0^{\mathrm{T}}(\boldsymbol{X}^{\mathrm{T}}\boldsymbol{X})^{-1}\boldsymbol{x}_0],$$

$$\hat{y}_0 - y_0 \sim N(0, \sigma^2[1 + \boldsymbol{x}_0^{\mathrm{T}}(\boldsymbol{X}^{\mathrm{T}}\boldsymbol{X})^{-1}\boldsymbol{x}_0]),$$

故有

$$\frac{\hat{y}_0 - y_0}{\sigma\sqrt{1 + \boldsymbol{x}_0^{\mathrm{T}}(\boldsymbol{X}^{\mathrm{T}}\boldsymbol{X})^{-1}\boldsymbol{x}_0}} \sim N(0,1). \tag{2.36}$$

由 2.1 节的性质 2(ii)和(iii)知，$\dfrac{n-p}{\sigma^2}\hat{\sigma}^2 = \dfrac{n-p}{\sigma^2}MSE \sim \chi^2_{n-p}$ 且 $\hat{\boldsymbol{\beta}}$ 与 $\hat{\sigma}^2 = MSE$ 相互独立，因此 $\hat{y}_0 - y_0$ 与 $\hat{\sigma}^2 = MSE$ 相互独立，且

$$\left.\frac{\hat{y}_0 - y_0}{\sigma\sqrt{1 + \boldsymbol{x}_0^{\mathrm{T}}(\boldsymbol{X}^{\mathrm{T}}\boldsymbol{X})^{-1}\boldsymbol{x}_0}}\right/\sqrt{\left.\frac{n-p}{\sigma^2}MSE\right/(n-p)}$$

$$= \frac{\hat{y}_0 - y_0}{\sqrt{MSE[1 + \boldsymbol{x}_0^{\mathrm{T}}(\boldsymbol{X}^{\mathrm{T}}\boldsymbol{X})^{-1}\boldsymbol{x}_0]}} \sim t(n-p). \tag{2.37}$$

对于给定的置信水平 α，由(2.37)式可得 Y 在 $(x_{01}, x_{02}, \cdots, x_{0,p-1})$ 处的取值 y_0 的置信度为 $1-\alpha$ 的置信区间为

$$\hat{y}_0 \pm t_{1-\frac{\alpha}{2}}(n-p)\sqrt{MSE[1 + \boldsymbol{x}_0^{\mathrm{T}}(\boldsymbol{X}^{\mathrm{T}}\boldsymbol{X})^{-1}\boldsymbol{x}_0]}. \tag{2.38}$$

例 2.2（续例 2.1）　对于例 2.1 中只有一个自变量的线性回归模型，由观测数据 $(y_i;x_i)(i=1,2,\cdots,n)$ 可得回归方程为 $\hat{Y} = \hat{\beta}_0 + \hat{\beta}_1 X$.求 X 的一个新的观测值 x_0 处因变量 Y 的对应值 y_0 的预测值及 y_0 的置信度为 $1-\alpha$ 的置信区间.

解　y_0 的预测值为 $\hat{y}_0 = \hat{\beta}_0 + \hat{\beta}_1 x_0$，其中 $\hat{\beta}_0$ 和 $\hat{\beta}_1$ 为回归系数的最小二乘估计（见例 2.1）.由于

$$\boldsymbol{x}_0^{\mathrm{T}}(\boldsymbol{X}^{\mathrm{T}}\boldsymbol{X})^{-1}\boldsymbol{x}_0 = (1, x_0) \cdot \frac{1}{n\sum_{i=1}^{n}(x_i - \bar{x})^2} \cdot \begin{bmatrix} \sum_{i=1}^{n} x_i^2 & -n\bar{x} \\ -n\bar{x} & n \end{bmatrix} \begin{bmatrix} 1 \\ x_0 \end{bmatrix}$$

$$= \frac{\sum_{i=1}^{n}(x_i - x_0)^2}{n\sum_{i=1}^{n}(x_i - \bar{x})^2} = \frac{1}{n} + \frac{(\bar{x} - x_0)^2}{\sum_{i=1}^{n}(x_i - \bar{x})^2},$$

故由(2.38)式知 y_0 的置信度为 $1-\alpha$ 的置信区间为

$$\hat{y}_0 \pm t_{1-\frac{\alpha}{2}}(n-p)\sqrt{MSE\left[1+\frac{1}{n}+(\bar{x}-x_0)^2\Big/\sum_{i=1}^{n}(x_i-\bar{x})^2\right]},$$

其中 $\bar{x}=\frac{1}{n}\sum_{i=1}^{n}x_i$ 为自变量观测数据的均值.由上式可知,置信区间的长度在 $x_0=\bar{x}$ 时达到最小,而当 x_0 离 $\bar{x}$ 越远,置信区间的长度就越长,即预测就越不准确.因此,为获得较精确的预测,自变量的取值不应过分偏离 $\bar{x}$ 值.

下面我们结合 SAS 软件的应用,给出一个线性回归分析的数值例子.

例 2.3 某科学基金会的管理人员欲了解从事研究工作的中、高水平的数学家的年工资额 Y 与他们的研究成果(论文、著作等)的质量指标 X_1,从事研究工作的时间 X_2 以及能成功获得资助的指标 X_3 之间的关系.为此按一定的设计方案调查了 24 位此类型的数学家,得数据如表 2.3 所示.

表 2.3 24 位数学家工资额及相关指标的调查数据

序号	y	x_1	x_2	x_3	序号	y	x_1	x_2	x_3
1	33.2	3.5	9	6.1	13	43.3	8.0	23	7.6
2	40.3	5.3	20	6.4	14	44.1	6.5	35	7.0
3	38.7	5.1	18	7.4	15	42.8	6.6	39	5.0
4	46.8	5.8	33	6.7	16	33.6	3.7	21	4.4
5	41.4	4.2	31	7.5	17	34.2	6.2	7	5.5
6	37.5	6.0	13	5.9	18	48.0	7.0	40	7.0
7	39.0	6.8	25	6.0	19	38.0	4.0	35	6.0
8	40.7	5.5	30	4.0	20	35.9	4.5	23	3.5
9	30.1	3.1	5	5.8	21	40.4	5.9	33	4.9
10	52.9	7.2	47	8.3	22	36.8	5.6	27	4.3
11	38.2	4.5	25	5.0	23	45.2	4.8	34	8.0
12	31.8	4.9	11	6.4	24	35.1	3.9	15	5.0

假设误差服从 $N(0,\sigma^2)$ 分布,建立 Y 与 X_1,X_2 和 X_3 之间的线性回归方程并研究相应的统计推断问题.假定某位数学家关于 X_1,X_2,X_3 的值为 $(x_{01},x_{02},x_{03})=(5.1,20,7.2)$,试预测他的年工资额并给出置信度为 95% 的置信区间.

解 设 Y 与 X_1,X_2,X_3 的观测值之间满足关系

$$y_i=\beta_0+\beta_1x_{i1}+\beta_2x_{i2}+\beta_3x_{i3}+\varepsilon_i,\quad i=1,2,\cdots,24,$$

其中 $\varepsilon_i(i=1,2,\cdots,24)$ 相互独立,均服从 $N(0,\sigma^2)$ 分布.利用 SAS 系统中的 proc reg 过程(见第 8 章)可得如下分析结果(已做了适当整理):

（1）方差分析表

表 2.4 方差分析的 SAS 输出结果

方差来源	自由度	平方和(SS)	均方(MS)	F 值	p 值
回归(R)	3	627.817 0	209.272 3	68.119	0.000 1
误差(E)	20	61.443 0	3.072 2		
总和(T)	23	689.260 0			

由此可知，σ^2 的估计值 $\hat{\sigma}^2 = MSE = 3.072\ 2$；线性回归关系显著性检验

$$H_0: \beta_1 = \beta_2 = \beta_3 = 0 \quad \leftrightarrow \quad H_1: \beta_1, \beta_2, \beta_3 \text{ 至少有一个非零}$$

的统计量(2.26)的观测值 $F_0 = 68.119$，检验的 p 值 $p_0 = P_{H_0}(F \geqslant F_0) = 0.000\ 1$（在 SAS 系统中，若 p 值小于或等于 0.000 1，则均输出 0.000 1）. 另外，在方差分析表之后，还输出 R^2 值，即 $R^2 = \frac{SSR}{SST} = \frac{627.817\ 0}{689.260\ 0} = 0.910\ 9$. 这些结果均表明 Y 与 X_1，X_2，X_3 之间的线性回归关系是高度显著的.

（2）参数估计的有关结果如表 2.5 所示.

表 2.5 参数估计的 SAS 输出结果

参　数	参数估计值	标准差估计值	t 值	p 值
β_0	17.846 9	2.001 9	8.915	0.000 1
β_1	1.103 1	0.329 6	3.347	0.003 2
β_2	0.321 5	0.037 1	8.664	0.000 1
β_3	1.288 9	0.298 5	4.318	0.000 3

这里需要指出的是SAS输出结果中第1列是用“INTERCEPT”表示常数项 β_0，而 β_1，β_2，β_3 分别用它们所对应的自变量 X_1，X_2，X_3 来表示. 为了明确起见，我们在此直接写出各参数. 由此输出结果立得回归方程为

$$\hat{Y} = 17.846\ 9 + 1.103\ 1X_1 + 0.321\ 5X_2 + 1.288\ 9X_3.$$

并且由最后一列的 p 值可知，研究成果的质量 X_1，从事研究工作的时间 X_2 以及能成功获得资助的指标 X_3 均对年工资 Y 有显著影响. $\hat{\beta}_0 = 17.846\ 9$ 可理解为这些研究人员的年基础工资. 当从事研究的时间 X_2 和成功获得资助的指标 X_3 固定时，研究成果的质量 X_1 每提高一个单位，年工资 Y 将增加 1.103 1 个单位. 类似可对其他两个回归系数的估计值作出解释.

进一步，若取置信水平 $\alpha = 0.05$，由于 $t_{1-\frac{\alpha}{2}}(n-p) = t_{0.975}(20) = 2.086$，利用表 2.5 中的参数估计值和相应的标准差估计按(2.34)式可求得 β_0，β_1，β_2，β_3 的置

信度为 95% 的置信区间分别为

对 β_0: $17.846\,9 \pm 2.086 \times 2.001\,9 = 17.846\,9 \pm 4.176\,0$,

即 $(13.670\,9, 22.022\,9)$;

对 β_1: $1.103\,1 \pm 2.086 \times 0.329\,6 = 1.103\,1 \pm 0.687\,5$, 即 $(0.415\,6, 1.790\,6)$;

对 β_2: $0.321\,5 \pm 2.086 \times 0.037\,1 = 0.321\,5 \pm 0.077\,4$, 即 $(0.244\,1, 0.398\,9)$;

对 β_3: $1.288\,9 \pm 2.086 \times 0.298\,5 = 1.288\,9 \pm 0.622\,7$, 即 $(0.666\,2, 1.911\,6)$.

(3) 关于 Y 的预测

对于给定的 X_1, X_2, X_3 的值 $(x_{01}, x_{02}, x_{03}) = (5.1, 20, 7.2)$,由回归方程可得相应 y_0 的预测值为

$\hat{y}_0 = 17.846\,9 + 1.103\,1 \times 5.1 + 0.321\,5 \times 20 + 1.288\,9 \times 7.2 = 39.182\,8.$

为了给出 y_0 的区间估计,我们需要知道 $(\boldsymbol{X}^{\mathrm{T}}\boldsymbol{X})^{-1}$.按相应选项从 proc reg 过程中输出 $(\boldsymbol{X}^{\mathrm{T}}\boldsymbol{X})^{-1}$ 为

$$(\boldsymbol{X}^{\mathrm{T}}\boldsymbol{X})^{-1} = \begin{bmatrix} 1.304\,46 & -0.101\,87 & 0.000\,44 & -0.121\,58 \\ -0.101\,87 & 0.035\,36 & -0.001\,67 & -0.007\,65 \\ 0.000\,44 & -0.001\,67 & 0.000\,45 & -0.000\,44 \\ -0.121\,58 & -0.007\,65 & -0.000\,44 & 0.029\,00 \end{bmatrix}.$$

令 $\boldsymbol{x}_0 = (1, 5.1, 20, 7.2)^{\mathrm{T}}$,由 $MSE = 3.072\,2$ 直接计算(或利用 SAS 系统中 proc iml 过程)可得

$$\sqrt{MSE[1 + \boldsymbol{x}_0^{\mathrm{T}}(\boldsymbol{X}^{\mathrm{T}}\boldsymbol{X})^{-1}\boldsymbol{x}_0]} = \sqrt{3.072\,2(1 + 0.103\,5)} = 1.841\,2.$$

由(2.38)式可得 y_0 的置信度为95%的置信区间为

$$\hat{y}_0 \pm t_{0.975}(20)\sqrt{MSE[1 + \boldsymbol{x}_0^{\mathrm{T}}(\boldsymbol{X}^{\mathrm{T}}\boldsymbol{X})^{-1}\boldsymbol{x}_0]}$$
$$= 39.182\,8 \pm 2.086 \times 1.841\,2 = 39.182\,8 \pm 3.840\,7,$$

即 $(35.342\,1, 43.023\,5)$,此预测区间的长度较小,因而对实际有较好的参考价值.

2.2.4 与回归系数有关的假设检验的一般方法

对于线性回归模型(2.2),前面我们仅对 $\beta_1, \beta_2, \cdots, \beta_{p-1}$ 中的全部或某个是否为零给出了统计检验方法.实用中经常还需要考虑更复杂的情况:例如,某几个回归系数是否同时为零或者彼此相等,更一般地,某些回归系数是否满足特定的线性关系等.下面将给出检验上述假设的一个统一方法.

1. 检验统计量的构造及其零分布

首先介绍全模型与约简模型的概念.

全模型 所谓全模型是指能够有效地拟合所给数据的线性回归模型.实际应用中,一般将回归关系显著且包含较多自变量的线性回归模型作为全模型.

约简模型 将回归系数所满足的线性关系假设代入全模型所得到的线性回归模型称为约简模型.

例如,若设模型(2.2)为全模型,对于假设$\beta_1=\beta_2=\cdots=\beta_{p-1}=0$,则相应的约简模型为$Y=\beta_0+\varepsilon$;对于假设$\beta_1=\beta_2$,则相应的约简模型为$Y=\beta_0+\beta_1(X_1+X_2)+\beta_3X_3+\cdots+\beta_{p-1}X_{p-1}+\varepsilon$,等等.

为检验假设

H_0:回归系数的某线性约束为真 $\leftrightarrow$ H_1:回归系数的该线性约束不真,

利用观测数据,分别拟合全模型和约简模型(即H_0为真时的回归模型),其残差平方和分别记为$SSE(F)$和$SSE(R)$,相应的自由度分别记为f_F和f_R,它们分别等于样本容量n减去全模型或约简模型中独立的回归系数个数.由于全模型中独立变化的回归系数的个数总比约简模型中的多,因而可证明总有

$$SSE(F)\leqslant SSE(R). \tag{2.39}$$

$SSE(F)$和$SSE(R)$分别度量了全模型和约简模型对给定数据的拟合优度,因此若差值$SSE(R)-SSE(F)$较小,则说明全模型和约简模型的拟合效果无显著差异,这时可认为原假设H_0是合理的,即可用较简单的约简模型描述回归关系;若$SSE(R)-SSE(F)$较大,则说明全模型的拟合效果显著地优于约简模型的拟合效果,因而拒绝H_0.

据此分析,构造检验统计量

$$F=\frac{[SSE(R)-SSE(F)]/(f_R-f_F)}{SSE(F)/f_F}. \tag{2.40}$$

可以证明(见参考文献[16]第4章),对于线性回归模型(2.2),当H_0为真时,$F\sim F(f_R-f_F,f_F)$.根据以上分析,检验的p值为

$$p_0=P_{H_0}(F\geqslant F_0)=P(F(f_R-f_F,f_F)\geqslant F_0), \tag{2.41}$$

其中F_0为利用观测数据通过(2.40)式所求得的统计量F的观测值.对于给定的显著水平α,若$p_0<\alpha$,则拒绝H_0,认为回归系数的相应线性约束不真;否则不能拒绝H_0,认为回归关系可用约简模型描述.

2. 回归系数一般检验方法举例

(1) 线性回归关系的显著性检验

对于假设(2.25)($H_0:\beta_1=\beta_2=\cdots=\beta_{p-1}=0\leftrightarrow H_1$,存在$1\leqslant i\leqslant p-1$,使$\beta_i\neq 0$),如前所述,约简模型为$Y=\beta_0+\varepsilon$,这时$\beta_0$的最小二乘估计为$\hat{\beta}_0=\frac{1}{n}\sum_{i=1}^{n}y_i=\bar{y}$,拟合值为$\hat{y}_i=\hat{\beta}_0=\bar{y}(i=1,2,\cdots,n)$.由此可得

$$SSE(R)=\sum_{i=1}^{n}(y_i-\hat{y}_i)^2=\sum_{i=1}^{n}(y_i-\bar{y})^2=SST,$$

其自由度$f_R = n-1$.而全模型为(2.2)，按照2.2.1节的记号,有

$$SSE(F)=SSE,$$

自由度$f_F = n-p$.这时统计量(2.40)及其零分布为

$$F=\frac{(SST-SSE)/(p-1)}{SSE/(n-p)}=\frac{MSR}{MSE}\sim F(p-1,n-p), \tag{2.42}$$

即与(2.26)式及(2.27)式一致.由此知2.2.1节中关于线性回归关系的显著性检验是本节一般检验法的一个特例.

(2) 检验某个回归系数是否为零

对于假设(2.29)($H_{0k}:\beta_k=0 \leftrightarrow H_{1k}:\beta_k\neq 0$),其约简模型为

$$Y=\beta_0+\beta_1X_1+\cdots+\beta_{k-1}X_{k-1}+\beta_{k+1}X_{k+1}+\cdots+\beta_{p-1}X_{p-1}+\varepsilon,$$

$f_R=n-(p-1)$.全模型为(2.2)，则$SSE(F)=SSE$,$f_F=n-p$,故统计量(2.40)及其零分布为

$$F_k=\frac{SSE(R)-SSE}{MSE}\sim F(1,n-p). \tag{2.43}$$

在此情况下,进一步可证明(证明较为复杂,从略)

$$SSE(R)-SSE=c_{kk}^{-1}\hat{\beta}_k^2,$$

其中c_{kk}为$(\boldsymbol{X}^{\mathrm{T}}\boldsymbol{X})^{-1}$主对角线上的第$k$个元素,$\hat{\beta}_k$为由全模型(2.2)所得到的最小二乘估计.又$MSE=\hat{\sigma}^2$,故由(2.32)式及(2.43)式可知

$$F_k=t_k^2\sim F(1,n-p), \tag{2.44}$$

从而检验p值为

$$p_{0k}=P_{H_0}(F_k\geqslant F_0)=P_{H_0}(t_k^2>t_{0k}^2)=P_{H_0}(|t_k|\geqslant|t_{0k}|),$$

即利用F_k和(2.32)式的t_k检验假设$H_{0k}:\beta_k=0\leftrightarrow H_{1k}:\beta_k\neq 0$是等价的.在回归分析中,称基于(2.44)式中$F_k$的检验为$\beta_k$的偏$F$检验.

(3) 检验几个回归系数是否同时为零

为叙述方便,我们假定在模型(2.2)中检验后$p-q$个回归系数是否同时为零,即检验假设

$$H_0:\beta_q=\beta_{q+1}=\cdots=\beta_{p-1}=0,$$

这时,约简模型为$Y=\beta_0+\beta_1X_1+\cdots+\beta_{q-1}X_{q-1}+\varepsilon$,$f_R=n-q$,$SSE(F)=SSE$,$f_F=n-p$.故检验统计量及其零分布为

$$F=\frac{[SSE(R)-SSE]/(p-q)}{MSE}\sim F(p-q,n-p). \tag{2.45}$$

(4) 其他一些检验

为简单起见,设全模型为

$$Y=\beta_0+\beta_1X_1+\beta_2X_2+\beta_3X_3+\varepsilon,$$

若检验假设

$$H_0: \beta_1 = \beta_2,$$

则约简模型为 $Y = \beta_0 + \beta_c(X_1 + X_2) + \beta_3 X_3 + \varepsilon = \beta_0 + \beta_c Z + \beta_3 X_3 + \varepsilon$,其中 β_c 为 β_1 和 β_2 的公共值,$Z = X_1 + X_2$ 为新的自变量,其观测值为 X_1 及 X_2 的对应观测值之和.$f_R = n - 3$,$f_F = n - 4$.这时检验统计量及其零分布为

$$F = \frac{SSE(R) - SSE(F)}{SSE(F)/(n-4)} \sim F(1, n-4). \tag{2.46}$$

再如,若检验假设

$$H_0: \beta_1 = 3 \text{ 且 } \beta_3 = 5,$$

则约简模型为 $Y = \beta_0 + 3X_1 + \beta_2 X_2 + 5X_3 + \varepsilon$,将其改写为

$$\tilde{Y} = Y - 3X_1 - 5X_3 = \beta_0 + \beta_2 X_2 + \varepsilon,$$

其中因变量 $\tilde{Y}$ 的观测值为 $\tilde{y}_i = y_i - 3x_{i1} - 5x_{i3}(i = 1, 2, \cdots, n)$.这时 $f_R = n - 2$,$f_F = n - 4$,则检验统计量及其零分布为

$$F = \frac{[SSE(R) - SSE(F)]/2}{SSE(F)/(n-4)} \sim F(2, n-4). \tag{2.47}$$

由以上讨论可知,利用统计量(2.40)可以解决广泛类型的有关回归系数的假设检验问题,其一般的检验步骤可归纳如下:

(i) 拟合全模型得残差平方和 $SSE(F)$;

(ii) 在 H_0 下,拟合相应的约简模型得残差平方和 $SSE(R)$;

(iii) 分别计算 $SSE(F)$ 和 $SSE(R)$ 的自由度 f_F 和 f_R,它们分别等于样本容量 n 减去全模型或约简模型中独立回归系数的个数;

(iv) 利用(2.40)式计算统计量 F 的观测值 F_0,并由(2.41)式计算检验 p 值 p_0.对于给定的显著水平 α,若 $p_0 < \alpha$,则拒绝 H_0,否则不能拒绝 H_0.

例 2.4(续例 2.3) 根据例 2.3 中关于数学家的年工资额 Y 以及研究成果的质量指标 X_1,从事研究工作的时间 X_2 和能成功获得资助的指标 X_3 的观测数据(见表 2.3),

(1) 对线性回归模型 $Y = \beta_0 + \beta_1 X_1 + \beta_2 X_2 + \beta_3 X_3 + \varepsilon$,检验是否有 $\beta_1 = \beta_3$;

(2) 检验 X_1, X_2 和 X_3 的交叉乘积项对 Y 的综合影响是否显著.

解 (1) 相应于假设 $\beta_1 = \beta_3$ 的约简模型为

$$Y = \beta_0 + \beta_c(X_1 + X_3) + \beta_2 X_2 + \varepsilon,$$

由观测数据并利用 proc reg 过程拟合此模型可求得

$$SSE(R) = 61.876, \qquad f_R = 24 - 3 = 21.$$

而由例 2.3 知

$$SSE(F) = 61.443, \qquad f_F = 24 - 4 = 20,$$

由(2.40)式求得检验统计量的观测值为

$$F_0 = \frac{61.876 - 61.443}{61.443/20} = 0.141,$$

从而检验 p 值为

$$p_0 = P_{H_0}(F \geqslant F_0) = P(F(1,20) \geqslant 0.141) = 0.711\,2,$$

由此可认为 $\beta_1 = \beta_3$.这时拟合的回归方程为

$$Y = 17.892\,9 + 1.203\,5X_1 + 0.318\,6X_2 + 1.203\,5X_3.$$

复相关系数的平方 $R^2 = 0.910\,2$.与例 2.3 所建立的回归方程相比,对应的回归系数估计值相差不大,且两回归方程对所给数据有几乎相同的拟合优度.但上述回归方程可使我们对 Y 与 X_1, X_2 和 X_3 的相关关系有更进一步的了解.

(2) 为检验 X_1, X_2 和 X_3 的交叉乘积项(即自变量交互作用)对 Y 的综合影响,我们的全模型为

$$Y = \beta_0 + \beta_1 X_1 + \beta_2 X_2 + \beta_3 X_3 + \beta_4 X_1 X_2 + \beta_5 X_1 X_3 + \beta_6 X_2 X_3 + \varepsilon.$$

利用表 2.3 中的观测数据拟合该模型可得

$$SSE(F) = 54.409, \qquad f_F = 24 - 7 = 17.$$

检验 X_1, X_2, X_3 的交互作用的综合影响是否显著即检验假设 $H_0: \beta_4 = \beta_5 = \beta_6 = 0$ 是否能被拒绝.这时,约简模型为

$$Y = \beta_0 + \beta_1 X_1 + \beta_2 X_2 + \beta_3 X_3 + \varepsilon,$$

由例 2.3 知

$$SSE(R) = 61.443, \qquad f_R = 24 - 4 = 20,$$

故检验统计量(2.40)的观测值为

$$F_0 = \frac{(61.443 - 54.409)/3}{54.409/17} = 0.732\,6,$$

检验 p 值为

$$p_0 = P_{H_0}(F \geqslant F_0) = P(F(3,17) \geqslant 0.732\,6) = 0.546\,7,$$

由此可认为 X_1, X_2, X_3 的交叉乘积项对 Y 的综合影响是不显著的,即模型中没有必要引入交叉乘积项.

§2.3 残差分析

前面我们讨论了线性回归模型(2.2)的参数估计和有关的统计推断问题.这些讨论都是在对模型作了一定的假设下进行的,其中最主要的假设是回归关系

的线性性以及在各次观测中误差项的独立同正态分布的假定.当给定了一批实际数据之后,如何考察这些数据满足以上假设是回归分析的一个重要而不可缺少的环节.另外,当数据不满足有关假设时,应如何对模型进行适当的修正或对数据作某些处理以使假设得以满足或近似地满足,也是需要讨论的一个重要问题.

由于这些假设主要涉及误差项,而误差 $\varepsilon_i(i=1,2,\cdots,n)$ 是不可观测的,是未知的,因此其估计量残差 $\hat{\varepsilon}_i=y_i-\hat{y}_i(i=1,2,\cdots,n)$ 对分析误差的性质起着十分重要的作用.从残差出发分析关于误差项假定的合理性以及线性回归关系假定的可行性称为残差分析.残差分析是一个较为复杂的问题,它与分析者的经验密切相关.本节主要讨论以残差为基础的误差项的正态性检验以及基于残差图的分析方法,并对常用的数据变换方法 Box-Cox 变换作简要介绍.

2.3.1 误差项的正态性检验

残差是误差的估计,在一定程度上反映了误差的特点.通过对残差的正态性检验可以了解对误差项的正态分布假定的合理性.SAS 系统的 proc reg 过程可按要求输出残差和学生化残差(即残差除以它的标准差的估计值).因此,以残差 $\hat{\varepsilon}_i(i=1,2,\cdots,n)$ 为新的数据,第一章所介绍的数据的正态性检验方法均可用于残差的正态性检验.这里我们针对线性回归模型,以学生化残差为基础,介绍简单常用的两种检验方法,即残差正态性的频率检验和正态 QQ 图检验.

1. 学生化残差

由本章 2.1 节性质 3 可知,若假设误差向量 $\boldsymbol{\varepsilon}\sim N(\mathbf{0},\sigma^2\boldsymbol{I})$,则残差向量 $\hat{\boldsymbol{\varepsilon}}\sim N(\mathbf{0},\sigma^2(\boldsymbol{I}-\boldsymbol{H}))$,其中 $\boldsymbol{H}=\boldsymbol{X}(\boldsymbol{X}^{\mathrm{T}}\boldsymbol{X})^{-1}\boldsymbol{X}^{\mathrm{T}}$,由此可知

$$\hat{\varepsilon}_i\sim N(0,\sigma^2(1-h_{ii})),\qquad i=1,2,\cdots,n, \tag{2.48}$$

其中 h_{ii} 为 $\boldsymbol{H}$ 的主对角线上的第 i 个元素,它可表示为

$$h_{ii}=\boldsymbol{x}_i^{\mathrm{T}}(\boldsymbol{X}^{\mathrm{T}}\boldsymbol{X})^{-1}\boldsymbol{x}_i, \tag{2.49}$$

其中 $\boldsymbol{x}_i^{\mathrm{T}}=(1,x_{i1},\cdots,x_{i,p-1})$ 为 $\boldsymbol{X}$ 的第 i 行.回归分析中称 $h_{ii}(i=1,2,\cdots,n)$ 为杠杆量.

由(2.48)式可知,$\mathrm{Var}(\hat{\varepsilon}_i)=\sigma^2(1-h_{ii})$.即一般情况下 $\hat{\varepsilon}_i(i=1,2,\cdots,n)$ 的方差不等,这不利于残差的应用.将 $\hat{\varepsilon}_i$ 标准化,再以 $\hat{\sigma}^2=MSE$ 代替 σ^2,则得到所谓的学生化残差

$$r_i=\frac{\hat{\varepsilon}_i}{\sqrt{MSE\cdot(1-h_{ii})}},\quad i=1,2,\cdots,n. \tag{2.50}$$

由于 $\hat{\varepsilon}_i$ 与 MSE 一般并不独立,因此 r_i 一般也不服从自由度为 $n-p$ 的 t 分布,且

一般 $r_i(i = 1,2,\cdots,n)$ 彼此也不独立，但相关性一般较弱（这些结论的详细讨论可参看参考文献[1]第2章）.而当 n 较大时，可认为 $r_i(i=1,2,\cdots,n)$ 近似地相互独立且均服从标准正态分布 $N(0,1)$，这点是检验误差项独立同正态分布的基础.

2. 残差正态性的频率检验

残差正态性的频率检验是一种很直观的检验方法，其基本思想是将学生化残差落在一些范围内的频率与标准正态分布在相应范围内的概率（或称为理论频率）作比较，若二者差异较大，则认为残差（从而模型的误差项）不服从正态分布，否则无理由拒绝误差项独立同正态分布的假定.

实际应用中，一般取几个具有代表性的区间比较学生化残差的频率与 $N(0,1)$ 分布的概率.例如，服从 $N(0,1)$ 分布的随机变量取值在 $(-1,1)$ 内的概率为 0.68；在 $(-1,5,1.5)$ 内的概率为 0.87；在 $(-2,2)$ 内的概率为 0.95，等等，因此若模型误差项独立同正态分布，则当 n 较大时，学生化残差 $r_i(i = 1,2,\cdots,n)$ 中应大约有 68% 在 $(-1,1)$ 内；大约 87% 在 $(-1.5,1.5)$ 内；大约 95% 在 $(-2,2)$ 内，等等.若在某个区间上二者有较大差异，则有理由怀疑误差独立同正态分布假定的合理性.

例 2.5（续例 2.3） 利用表 2.3 中的数据拟合线性回归模型 $Y=\beta_0+\beta_1X_1+\beta_2X_2+\beta_3X_3+\varepsilon$，计算学生化残差并利用频率检验法检验误差正态性假定的合理性.

解 由 proc reg 过程可根据要求输出学生化残差 $r_i(i = 1,2,\cdots,24)$.同时，为便于验证前述有关公式和以后的应用，我们同时输出了因变量 Y 的拟合值 $\hat{y}_i$，残差 $\hat{\varepsilon}_i$ 和杠杆量 $h_{ii}(i = 1,2,\cdots,24)$.其结果如表 2.6 所示.

表 2.6 有关残差的 SAS 输出结果（$MSE=3.072\ 2$）

序号	y_i	$\hat{y}_i$	$\hat{\varepsilon}_i$	h_{ii}	r_i
1	33.2	32.464 1	0.735 90	0.183 77	0.464 72
2	40.3	38.373 1	1.926 86	0.058 96	1.133 25
3	38.7	38.798 4	-0.098 41	0.131 87	-0.060 26
4	46.8	43.491 1	3.308 86	0.070 48	1.958 07
5	41.4	42.114 2	-0.714 25	0.213 92	-0.459 61
6	37.5	36.250 2	1.249 78	0.146 17	0.771 66
7	39.0	41.119 9	-2.119 85	0.114 68	-1.285 39
8	40.7	38.715 5	1.984 50	0.179 13	1.249 66
9	30.1	30.350 1	-0.250 09	0.240 82	-0.163 76
10	52.9	51.599 1	1.300 90	0.288 11	0.879 66

续表

序号	y_i	$\hat{y}_i$	$\hat{\varepsilon}_i$	h_{ii}	r_i
11	38.2	37.293 7	0.906 29	0.083 19	0.540 01
12	31.8	35.038 2	−3.238 21	0.127 94	−1.978 38
13	43.3	43.862 9	−0.562 88	0.320 49	−0.389 58
14	44.1	45.293 1	−1.193 05	0.097 58	−0.716 53
15	42.8	44.111 6	−1.311 56	0.185 5	−0.829 14
16	33.6	34.351 8	−0.751 77	0.151 18	−0.465 54
17	34.2	34.026 2	0.173 85	0.267 28	0.115 87
18	48.0	47.452 2	0.547 78	0.144 7	0.338 28
19	38.0	41.246 3	−3.246 29	0.197 93	−2.068 04
20	35.9	34.717 3	1.182 74	0.206 26	0.757 41
21	40.4	41.281 4	−0.881 36	0.117 51	−0.535 27
22	36.8	38.247 9	−1.447 94	0.135 82	−0.888 64
23	45.2	44.385 2	0.814 85	0.224 72	0.527 99
24	35.1	33.416 6	1.683 36	0.110 20	1.018 15

由表 2.6 最后一列可知，学生化残差$r_i(i=1,2,\cdots,24)$中有$\frac{17}{24}=70.8\%(\approx 0.68)$落在$(-1,1)$内；有$\frac{21}{24}=87.5\%(\approx 0.87)$落在$(-1.5,1.5)$内；有$\frac{23}{24}=95.8\%(\approx 0.95)$落在$(-2,2)$内.由此可见，学生化残差落在上述各区间内的频率与$N(0,1)$分布的相应概率相差均不大，因此对所给数据没有理由拒绝模型误差项服从正态分布的假定.

3. 残差的正态 QQ 图检验

关于数据的正态 QQ 图已在第 1 章作过介绍，下面我们针对学生化残差$r_i(i=1,2,\cdots,n)$，对其正态 QQ 图以及相应的检验法作简单描述.

(1) 学生化残差的正态 QQ 图的作法

(i) 将学生化残差$r_1,r_2,\cdots,r_n$按由小到大的顺序排列为$r_{(1)},r_{(2)},\cdots,r_{(n)}$；

(ii) 对每个$i=1,2,\cdots,n$，计算$q_{(i)}=\Phi^{-1}\left(\frac{i-0.375}{n+0.25}\right)$，其中$\Phi^{-1}(x)$为$N(0,1)$分布函数的反函数，常数 0.375 和 0.25 为修正量；

(iii) 在直角坐标系中描出点$(q_{(i)},r_{(i)})(i=1,2,\cdots,n)$，则此散点图称为学生化残差的正态 QQ 图.

(2) 直观检验法

理论上可证明，若$r_i(i=1,2,\cdots,n)$为来自正态总体的数据，则点$(q_{(i)},$

$r_{(i)}$)($i=1,2,\cdots,n$)应大致在一条直线上.因此,若学生化残差的正态QQ图中的散点明显地不在一条直线上,则有理由怀疑误差正态性假定的合理性.

(3)相关系数检验法

上述的直观检验法更多地依赖于数据分析者的经验.我们可以用 $r_{(i)}$ 和 $q_{(i)}$($i=1,2,\cdots,n$)之间的相关系数的估计来度量二者之间线性关系的强弱,其相关系数估计值为

$$\hat{\rho}=\frac{\sum_{i=1}^{n}(r_{(i)}-\bar{r})(q_{(i)}-\bar{q})}{\sqrt{\sum_{i=1}^{n}(r_{(i)}-\bar{r})^2\sum_{i=1}^{n}(q_{(i)}-\bar{q})^2}}, \tag{2.51}$$

其中 $\bar{r}=\frac{1}{n}\sum_{i=1}^{n}r_{(i)}$, $\bar{q}=\frac{1}{n}\sum_{i=1}^{n}q_{(i)}$.若 $\hat{\rho}$ 的值接近于1,则说明点($q_{(i)}, r_{(i)}$)($i=1,2,\cdots,n$)大致在一条直线上.

例2.6(续例2.5) 利用表2.6中所得到的学生化残差,作出其正态QQ图,并分析模型误差项分布的正态性假定的合理性.

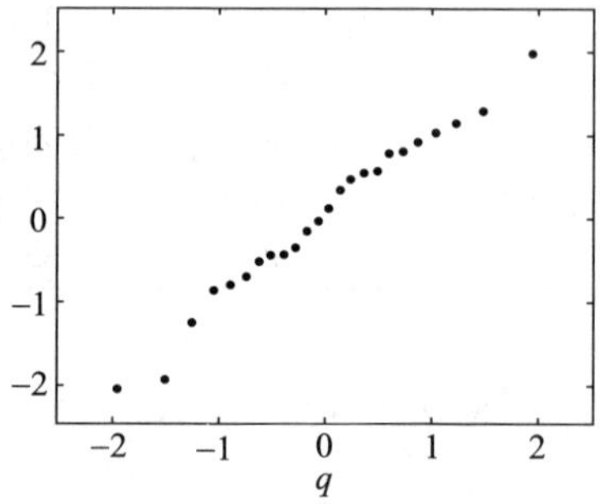

图2.1 学生化残差的正态QQ图

解 利用SAS系统中的probit函数可以求出 $q_{(i)}$,从而可作出学生化残差的正态QQ图.或利用proc capability过程可直接作出其正态QQ图.对于表2.6所求得的学生化残差 r_i($i=1,2,\cdots,24$),其正态QQ图如图2.1所示.

由图2.1可知,点($q_{(i)}, r_{(i)}$)($i=1,2,\cdots,24$)大致在一条直线上,且二者的相关系数估计值 $\hat{\rho}=0.989\,5$,非常接近于1.因此可认为例2.3中的线性回归模型中误差项正态分布的假定是合理的.

2.3.2 残差图分析

残差图是指以残差为纵坐标,以任何其他有关量的值为横坐标的散点图.主要包括(i)横坐标为因变量 Y 的拟合值;(ii)横坐标为某个自变量 X_j 的观测值;(iii)横坐标为取得观测值的时间或观测值的序号.通过考察各类残差图可以对误差项分布的正态性、等方差性以及回归关系的线性性等假定的合理性作出直观判断,还可以对回归方程中是否有必要引进自变量的高次项、交叉乘积项以及是否在确定自变量时遗漏了某些重要的自变量等提供一定的参考信息.利用SAS系统中的proc plot过程可以方便地作出各类残差图,也可以用proc gplot过程作出高分辨率的残差图.

1. 以因变量 Y 的拟合值为横坐标的残差图

若线性回归关系正确且误差向量 $\boldsymbol{\varepsilon} \sim N(\mathbf{0},\sigma^2\boldsymbol{I})$，则因变量 Y 的拟合值向量 $\hat{\boldsymbol{Y}} = \boldsymbol{HY}$ 与残差向量 $\hat{\boldsymbol{\varepsilon}} = (\boldsymbol{I} - \boldsymbol{H})\boldsymbol{Y}$ 不相关. 事实上，$\mathrm{Cov}(\hat{\boldsymbol{Y}},\hat{\boldsymbol{\varepsilon}}) = \mathrm{Cov}(\boldsymbol{HY},(\boldsymbol{I} - \boldsymbol{H})\boldsymbol{Y}) = \sigma^2\boldsymbol{H}(\boldsymbol{I} - \boldsymbol{H}) = \mathbf{0}$.其实进一步可证明 $\hat{\boldsymbol{Y}}$ 与 $\hat{\boldsymbol{\varepsilon}}$ 相互独立.这时残差图中的点 $(\hat{y}_i,\hat{\varepsilon}_i)(i = 1,2,\cdots,n)$ 应大致在一个水平的带状区域内，且不呈现任何明显的趋势.图 2.2 给出了几种利用模拟数据所产生的残差图，若残差图呈图 2.2(a) 的形状，则认为残差图未提供线性关系假设与 $\boldsymbol{\varepsilon} \sim N(\mathbf{0},\sigma^2\boldsymbol{I})$ 的假设不可行的证据，因此可认为相应假设是合理的；图 2.2(b) 表示误差方差随 y_i 的增加有变大的趋势，即误差的等方差性假定是不合理的；图 2.2(c) 说明回归函数可能是非线性的，需要引进某个或某些自变量的二次项或交叉乘积项；图 2.2(d) 说明拟合值的线性趋势未完全消除，可能遗漏了某个或某些与 Y 有线性关系的重要的自变量，等等.

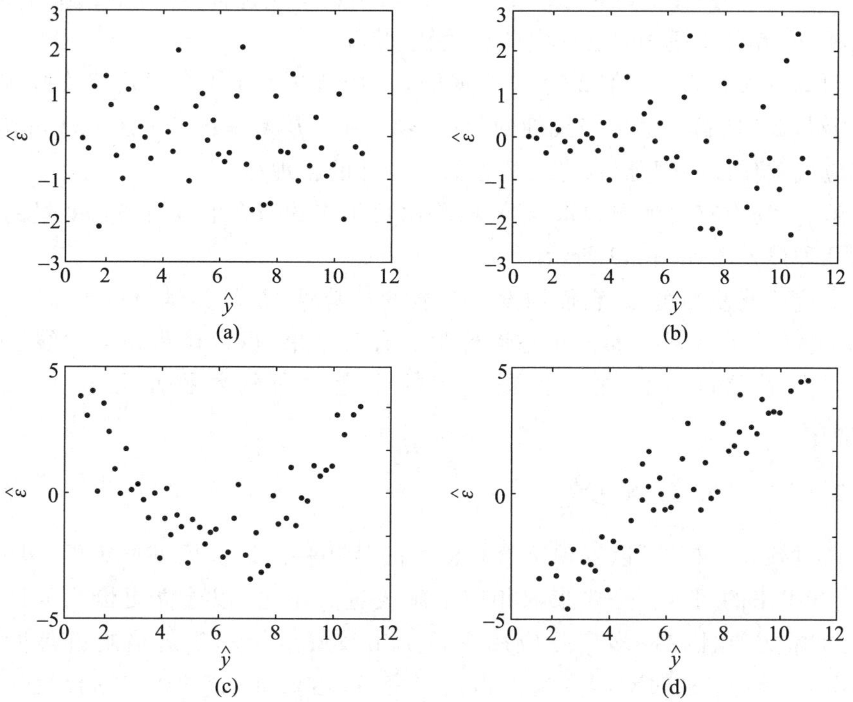

图 2.2 拟合值残差图的几种形式

2. 以自变量观测值为横坐标的残差图

以每个自变量 $X_j(1 \leqslant j \leqslant p - 1)$ 的观测值 $x_{ij}(i = 1,2,\cdots,n)$ 为横坐标的残差图也可提供关于模型及其假设的合理性的一些有用信息.例如，满意的残差图应呈图 2.2(a) 的形状;图 2.2(b) 的形状说明误差方差随 X_j 取值的增加有变大的趋势,即误差等方差的假定可能不合理;图 2.2(c) 说明回归方程中应引进 X_j 的二次项,即回归函数关于 X_j 不是线性的.进一步,我们还可作出以 $X_jX_k(j \neq k)$ 的观测值为横坐标的残差图,若呈图 2.2(d) 的形状,则说明新的自变量 $Z = X_jX_k$ 与 Y 存在线性关系.这时,应在回归函数中引入 X_j 与 X_k 的交叉乘积项,即其交互作用对 Y 的影响是值得考虑的.

3. 时序残差图

在许多实际问题中,样本数据$(y_i;x_{i1},\cdots,x_{i,p-1})$ $(i=1,2,\cdots,n)$ 是按时间顺序观测得到的.这时,以观测时间或观测值序号为横坐标的残差图称为时序残差图.同样,满意的时序残差图应呈现图 2.2(a) 的形状,否则说明回归函数或误差分布的假定存在一定的问题.例如,图 2.2(b) 的形状说明误差方差随时间的推移有变大的趋势;图 2.2(b) 或(d) 说明回归函数中应包含时间 t 的二次项或 t 的一次项,或者误差项之间有一定的相关性,等等.

例 2.7(续例 2.3 和例 2.5)　根据例 2.3 中数学家年工资额及相关指标的数据以及例 2.5 所得到的关于线性回归模型 $Y=\beta_0+\beta_1X_1+\beta_2X_2+\beta_3X_3+\varepsilon$ 拟合值和相应残差作残差图分析,考察模型假定条件的合理性.

解　利用有关观测和拟合数据,作出关于 Y 的拟合值以及各自变量的观测值的几种残差图如图 2.3 所示.

由这些残差图可知,它们均没有明显的趋势性,是较为满意的形式.再结合例 2.6 中有关误差项分布的正态性检验的有关结果,可以认为相应的线性回归模型以及误差项的独立同正态分布的假定对所给数据均是较为合理和可行的.

2.3.3 Box-Cox 变换

通过残差分析,可以发现所给数据集的某些特点以及模型假定的一些不足之处,接下来的问题就是要采取相应措施改进其不足,以建立更恰当的回归模型.一个常用的且在许多实际应用中显示出较好效果的改进措施就是所谓的 Box-Cox 变换,它通过对因变量 Y 做适当变换,达到对原数据的“综合治理”,使其尽可能地满足线性回归模型的假设条件.但值得指出的是,在实际应用中要紧密结合问题的实际背景,对具体问题具体分析和具体处理,与数据变换方法相结合,提出更有效的改进措施.

在大多数实际问题中,因变量的取值为正值,Box-Cox 变换是对取正值的因变量 Y 做如下变换:

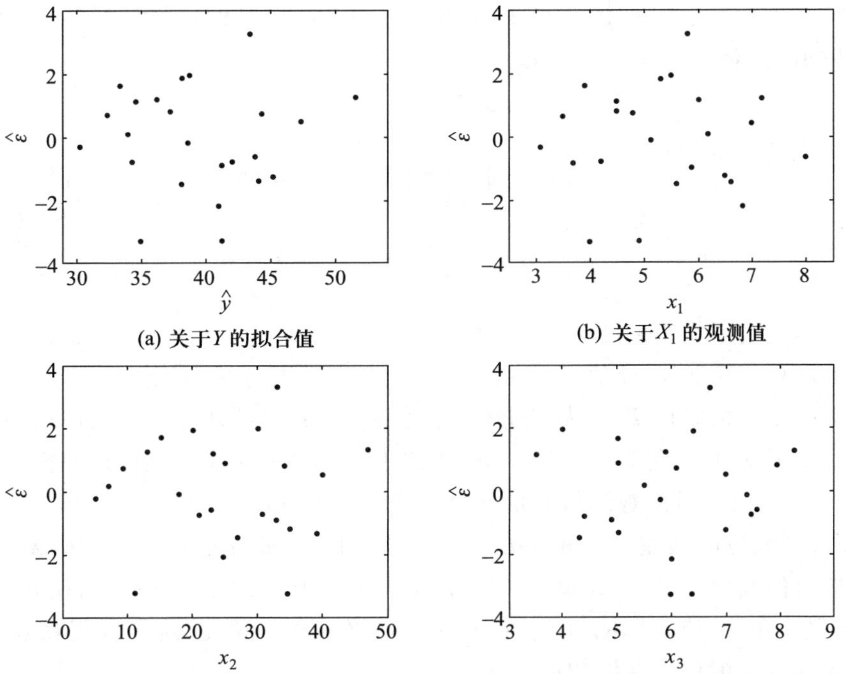

(a) 关于 Y 的拟合值 (b) 关于 X_1 的观测值

(c) 关于 X_2 的观测值 (d) 关于 X_3 的观测值

图 2.3 数学家年工资及相关指标数据拟合线性回归模型的几种残差图

$$Y^{(\lambda)}=\begin{cases}\dfrac{Y^{\lambda}-1}{\lambda}, & \lambda\neq 0,\\ \ln Y, & \lambda=0,\end{cases}\tag{2.52}$$

其中 λ 是一个待定的变换参数.对不同的 λ,所做的变换自然也不同,因此变换(2.52)为一族变换.对 Y 的 n 个观测值 $y_1,y_2,\cdots,y_n$,做上述变换,将变换后的观测值向量记为

$$\boldsymbol{Y}^{(\lambda)}=(y_1^{(\lambda)},y_2^{(\lambda)},\cdots,y_n^{(\lambda)})^{\mathrm{T}},$$

我们要确定 λ,使得 $\boldsymbol{Y}^{(\lambda)}$ 满足

$$\boldsymbol{Y}^{(\lambda)}=\boldsymbol{X\beta}+\boldsymbol{\varepsilon},\qquad \boldsymbol{\varepsilon}\sim N(\boldsymbol{0},\sigma^2\boldsymbol{I}),\tag{2.53}$$

这就是说,我们通过因变量的变换,使得变换后的观测向量 $\boldsymbol{Y}^{(\lambda)}$ 与自变量具有线性相关关系,误差向量的各分量相互独立且服从相同的正态分布 $N(0,\sigma^2)$.

(2.52)式中的 λ 可用最大似然方法确定,其基本思想是由(2.53)式写出 $\boldsymbol{Y}^{(\lambda)}$ 的似然函数(与 λ 有关),选择 λ 使对数似然函数(从而使似然函数)达到最大.经计算(限于本书要求,具体推导过程从略,可参见[16]第 3 章或[1]第 2 章),问题转化为选择 λ,使

$$SSE(\lambda;\boldsymbol{Z}^{(\lambda)})=(\boldsymbol{Z}^{(\lambda)})^{\mathrm{T}}(\boldsymbol{I}-\boldsymbol{X}(\boldsymbol{X}^{\mathrm{T}}\boldsymbol{X})^{-1}\boldsymbol{X}^{\mathrm{T}})\boldsymbol{Z}^{(\lambda)} \tag{2.54}$$

达到最小,其中

$$\boldsymbol{Z}^{(\lambda)}=(z_1^{(\lambda)},z_2^{(\lambda)},\cdots,z_n^{(\lambda)})^{\mathrm{T}}, \tag{2.55}$$

$$z_i^{(\lambda)}=\begin{cases} y_i^{(\lambda)}\Big/\left(\prod_{i=1}^{n}y_i\right)^{\frac{\lambda-1}{n}}, & \lambda\neq 0,\\ (\ln y_i)\left(\prod_{i=1}^{n}y_i\right)^{\frac{1}{n}}, & \lambda=0. \end{cases} \tag{2.56}$$

虽然我们不能得到使 $SSE(\lambda,\boldsymbol{Z}^{(\lambda)})$ 达到最小的 λ 的解析表达式,但上述公式为 Box-Cox 变换在计算机上的实现提供了很大方便. 注意到(2.54) 式的 $SSE(\lambda;\boldsymbol{Z}^{(\lambda)})$ 恰是以 $\boldsymbol{Z}^{(\lambda)}$ 为因变量观测值向量、$\boldsymbol{X}$ 为设计矩阵的线性回归模型的最小二乘估计下的残差平方和,因此,我们可以对一系列 λ 值,将变换后的数据 $\boldsymbol{Z}^{(\lambda)}$ 视为因变量的观测值向量,利用 SAS 系统 proc reg 过程拟合相应线性模型,便可得相应的残差平方和 $SSE(\lambda,\boldsymbol{Z}^{(\lambda)})$ 的值.从求得的一系列 $SSE(\lambda,\boldsymbol{Z}^{(\lambda)})$ 值中选出使其最小的 λ,或画出 $SSE(\lambda,\boldsymbol{Z}^{(\lambda)})$ 关于 λ 的曲线,以找出使 $SSE(\lambda,\boldsymbol{Z}^{(\lambda)})$ 最小的 λ 值. 另外,也可在 SAS 系统的 proc iml 过程下自行编程计算 $SSE(\lambda,\boldsymbol{Z}^{(\lambda)})$ 的值以确定相应的 λ 值.

例 2.8 为了对做过某种肝手术患者的术后生存时间作预测,某医院随机选取 54 位需作此类手术的患者. 手术前对每位患者化验和评估了如下四个指标:

X_1:凝血值; X_2:预后指数(与年龄有关);

X_3:酶化验值; X_4:肝功化验值.

手术后跟踪记录各位患者的生存时间 Y,得各变量的观测值如表 2.7 所示.

(1) 若拟合 Y 与 X_1,X_2,X_3,X_4 的线性回归模型,试利用残差分析方法考察模型假设及误差项正态分布的合理性;

(2) 利用 Box-Cox 变换对因变量 Y 作变换,确定变换参数 λ.若用变换后的因变量与 X_1,X_2,X_3,X_4 拟合线性回归模型,再利用残差分析考察模型的合理性,并给出拟合结果.

表 2.7 54 位肝手术患者的观测数据

凝血值 x_1	预后指数 x_2	酶值 x_3	肝功值 x_4	生存时间 y	Box-Cox 变换值 $z=(y^{0.07}-1)/0.07$
6.7	62	81	2.59	200	6.414 46
5.1	59	66	1.70	101	5.447 80
7.4	57	83	2.16	204	6.443 18

续表

凝血值 x_1	预后指数 x_2	酶值 x_3	肝功值 x_4	生存时间 y	Box-Cox 变换值 $z=(y^{0.07}-1)/0.07$
6.5	73	41	2.01	101	5.447 80
7.8	65	115	4.30	509	7.813 26
5.8	38	72	1.42	80	5.128 43
5.7	46	63	1.91	80	5.128 43
3.7	68	81	2.57	127	5.766 77
6.0	67	93	2.50	202	6.428 89
3.7	76	94	2.40	203	6.436 05
6.3	84	83	4.13	329	7.148 41
6.7	51	43	1.86	65	4.848 29
5.8	96	114	3.95	830	8.582 77
5.8	83	88	3.95	330	7.152 96
7.7	62	67	3.40	168	6.163 36
7.4	74	68	2.40	217	6.533 01
6.0	85	28	2.98	87	5.242 76
3.7	51	41	1.55	34	3.999 73
7.3	68	74	3.56	215	6.519 52
5.6	57	87	3.02	172	6.197 07
5.2	52	76	2.85	109	5.553 38
3.4	83	53	1.12	136	5.863 11
6.7	26	68	2.10	70	4.947 81
5.8	67	86	3.40	220	6.553 03
6.3	59	100	2.95	276	6.886 47
5.8	61	73	3.50	144	5.943 89
5.2	52	86	2.45	181	6.270 33
11.2	76	90	5.59	574	7.999 96
5.2	54	56	2.71	72	4.985 77
5.8	76	59	2.58	178	6.246 29
3.2	64	65	0.74	71	4.966 91
8.7	45	23	2.52	58	4.696 28
5.0	59	73	3.50	116	5.640 01

续表

凝血值 x_1	预后指数 x_2	酶值 x_3	肝功值 x_4	生存时间 y	Box-Cox 变换值 $z=(y^{0.07}-1)/0.07$
5.8	72	93	3.30	295	6.985 36
5.4	58	70	2.64	115	5.627 93
5.3	51	99	2.60	184	6.293 99
2.6	74	86	2.05	118	5.663 86
4.3	8	119	2.85	120	5.687 35
4.8	61	76	2.45	151	6.011 22
5.4	52	88	1.81	148	5.982 72
5.2	49	72	1.84	95	5.363 38
3.6	28	99	1.30	75	5.040 92
8.8	86	88	6.40	483	7.732 31
6.5	56	77	2.85	153	6.029 92
3.4	77	93	1.48	191	6.347 85
6.5	40	84	3.00	123	5.721 90
4.5	73	106	3.05	311	7.064 15
4.8	86	101	4.10	398	7.435 98
5.1	67	77	2.86	158	6.075 70
3.9	82	103	4.55	310	7.059 34
6.6	77	46	1.95	124	5.733 24
6.4	85	40	1.21	125	5.744 50
6.4	59	85	2.33	198	6.399 90
8.8	78	72	3.20	313	7.073 74

解 (1) 利用 Y 与 X_1,X_2,X_3,X_4 的观测数据,通过 SAS 系统 proc reg 过程拟合线性回归模型

$$Y=\beta_0+\beta_1X_1+\beta_2X_2+\beta_3X_3+\beta_4X_4+\varepsilon, \tag{2.57}$$

输出 Y 的拟合值 $\hat{y}_i$,残差 $\hat{\varepsilon}_i$ 及学生化残差 $r_i(i=1,2,\cdots,54)$.画出学生化残差的正态 QQ 图以及 Y 的拟合值的残差图如图 2.4 所示.

首先,由学生化残差的正态 QQ 图可知,其点明显地不在一条直线上.求得有序学生化残差 $r_{(i)}$ 与相应标准正态分布的分位数 $q_{(i)}(i=1,2,\cdots,54)$ 的相关系数 $\hat{\rho}=0.819\ 1$,与 1 相差较大.因此,若拟合线性回归模型(2.57),则误差分布与

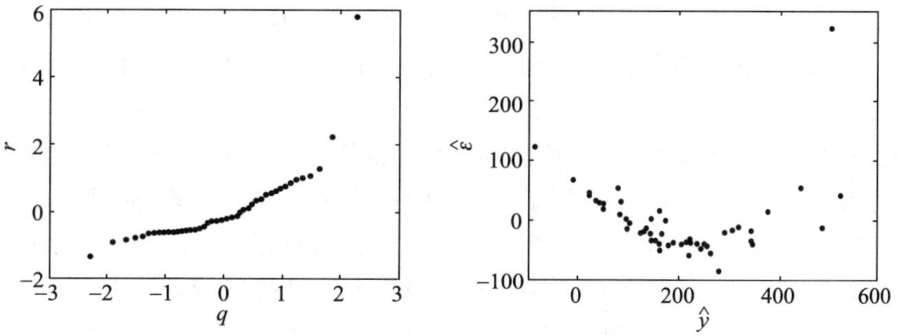

（a）学生化残差的正态 QQ 图　　（b）拟合值的残差图

图 2.4　肝手术数据的学生化残差的正态 QQ 图和 Y 的拟合值的残差图

正态分布有较大的偏离.另外,拟合值的残差图也表明 Y 与 X_1, X_2, X_3, X_4 不满足线性关系,而且两个拟合值还为负数.由此可知,直接假定生存时间与手术前所考察的各变量间的线性回归关系是不恰当的.

（2）鉴于（1）中的残差分析结果,对因变量 Y 作 Box-Cox 变换.对不同的 λ 值,由（2.54）—（2.56）式并利用 SAS 系统 proc iml 过程计算 $SSE(\lambda, \boldsymbol{Z}^{(\lambda)})$ 的值.图 2.5 给出了 $SSE(\lambda, \boldsymbol{Z}^{(\lambda)})$ 随 λ 的变化曲线.

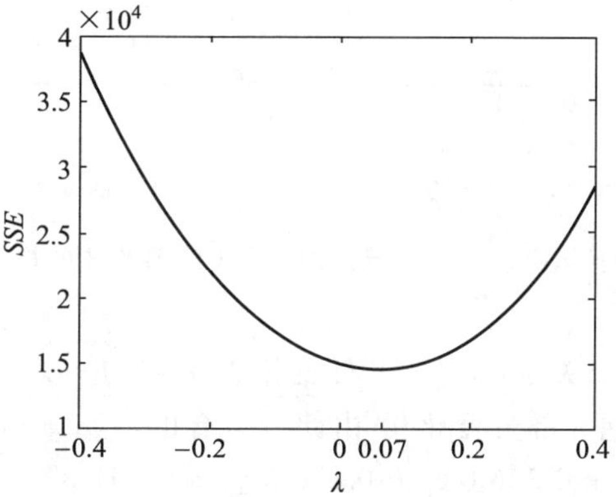

图 2.5　肝手术数据的 Box-Cox 变换的 $SSE(\lambda, \boldsymbol{Z}^{(\lambda)})$ 图

由图 2.5 知,$SSE(\lambda, \boldsymbol{Z}^{(\lambda)})$ 在 $\lambda = 0.07$ 时达到最小,因此在 Box-Cox 变换（2.52）式中取 $\lambda = 0.07$.记变换后的因变量为 Z,即

$$Z = \frac{Y^{0.07} - 1}{0.07} \tag{2.58}$$

其观测值我们列在表 2.7 的最后一列中.

对 Z 关于 X_1,X_2,X_3,X_4 拟合线性回归模型,求出残差 $\hat{\varepsilon}_i$ 与学生化残差 $r_i(i=1,2,\cdots,54)$. 做出学生化残差的正态 QQ 图以及 Z 的拟合值的残差图如图2.6 所示.

比较图 2.6 与图 2.4 可知,通过 Box-Cox 变换,无论是学生化残差的正态 QQ 图,还是变换后因变量 Z 的拟合值的残差图都有了明显的改善,而且是比较满意的残差图形式.变换数据的有序学生化残差 $r_{(i)}$ 与标准正态分布的相应分位数 $q_{(i)}(i=1,2,\cdots,54)$ 之间的相关系数达到 0.948 3,已相当接近于 1.另外,关于四个自变量的残差图也不呈现任何明显的趋势性(图略).因此,通过残差分析,我们认为假定 Z 与 X_1,X_2,X_3,X_4 之间的线性回归模型是较为合理的,且无明显证据表明误差项不服从正态分布.

拟合 Z 与 X_1,X_2,X_3,X_4 的线性回归模型,其方差分析及参数估计结果如表 2.8 所示.

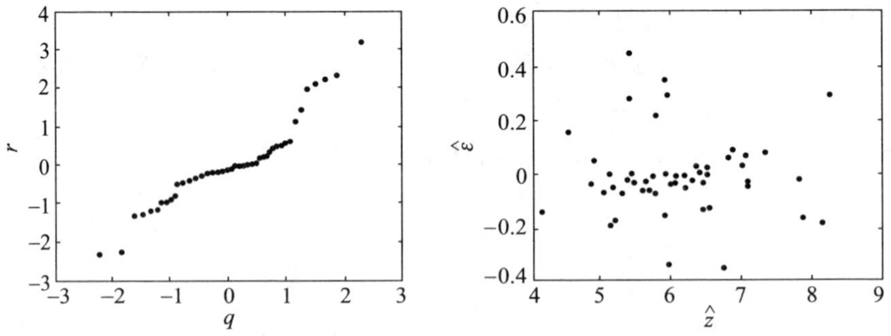

(a) 学生化残差的正态 QQ 图　　(b) Z 的拟合值的残差图

图 2.6　变换数据的学生化残差的正态 QQ 图及 Z 的拟合值残差图

由此知,线性回归关系高度显著且复相关系数的平方为 $R^2=0.973\,6$,即线性部分描述了 Z 的绝大部分变化量.由此得拟合的回归方程为

$$Z=0.452\,5+0.226\,0X_1+0.030\,5X_2+0.031\,0X_3+0.014\,9X_4.$$

其实, Box-Cox 变换只是数据变换的一种形式,实际应用中对 λ 的选取并不那么严格.只要 $SSE(\lambda,\boldsymbol{Z}^{(\lambda)})$ 的变化不大,可选择易于解释和计算的变换形式.如在上例中,由图 2.5 可见,$SSE(\lambda,\boldsymbol{Z}^{(\lambda)})$ 之值在 $\lambda=0.07$ 附近相对稳定,因而可选择更易于解释和处理的对数变换 $Z=\ln Y$(即 $\lambda=0$).作为练习,读者可将对数变换下的相应结果与上例作一比较.

表 2.8　变换数据的方差分析和参数估计的 SAS 输出结果

方差来源	自由度	平方和(SS)	均方(MS)	F 值	p 值
回归(R)	4	42.313 1	10.578 3	451.828	0.000 1
误差(E)	49	1.147 2	0.023 4		
总和(T)	53	43.460 3			

参数	参数估计值	标准差估计值	t 值	p 值
β_0	0.452 5	0.162 4	2.786	0.007 6
β_1	0.226 0	0.017 6	12.851	0.000 1
β_2	0.030 5	0.001 4	21.575	0.000 1
β_3	0.031 0	0.001 3	24.227	0.000 1
β_4	0.014 9	0.031 4	0.475	0.637 2

在本节最后我们指出,除残差分析外,对回归方程的诊断检查还包括另一部分重要内容——影响性分析,即探查观测数据中对参数估计或预测有强影响的数据.可以定义多种统计量(如 Cook 统计量,PRESS 统计量等)探查强影响数据,但对强影响数据的处理则要根据具体情况作具体处理.若是由于试验条件失控或记录错误则应将其从观测数据中删除,否则应考虑收集更多的观测数据或用所谓稳健估计方法以降低强影响数据对参数估计的影响,建立稳健的回归方程.另一方面,对于线性回归模型,当某些自变量之间存在近似的线性关系(称为复共线性)时,会出现某些参数估计值的绝对值异常大或者其估计值的符号与问题的实际意义相违背等不合理的现象.因此,对自变量的复共线性的诊断以及相应的处理措施(如岭回归、主成分回归等),也是回归分析研究的重要内容.限于本书要求,在此从略.以上内容的深入讨论可参看参考文献[16],[19],[24]有关章节或其他回归分析的专门书籍.

§ 2.4　回归方程的选取

回归方程的选取包括回归方程类型(线性或非线性等)的选取和回归方程类型确定后自变量的选取.前者超出了本书范围,本节主要讨论在线性回归模型之下自变量的选取问题.

为全面分析问题,人们往往会考虑许多与因变量有关或可能有关的因素作为自变量.当数据分析者根据经验的、专业的和统计的知识确定因变量和所有自变量间适合一个线性回归模型后,用全部可能的自变量建立的回归方程并不一定是最好的,因为这会将一些对因变量影响很小甚至根本无影响的自变量也包含在回归方程中,从而使计算量增加,并会导致回归参数估计和因变量预测值的精度下降.另外,自变量太多不利于利用回归方程对实际问题作出合理的解释,也会造成数据的收集和模型应用的费用不必要地加大.因此,在实际应用中,从与因变量有线性相关关系的自变量集合中,选择一个“最优”的自变量子集,以建立一个既合理又简单的回归方程是十分重要的.

本节主要介绍两种常用的回归方程的选取方法.一种是从所有可能的自变量子集中选取“最优”回归方程,在此我们称之为穷举法;另一种即逐步回归法.

2.4.1 穷举法

设与因变量有线性回归关系的所有可能的自变量有 $M-1$ 个,记为 X_1, $X_2,\cdots,X_{M-1}$,**穷举法**就是从这 $M-1$ 个自变量的所有可能的子集所拟合的回归方程中,按照一定准则选取最优的一个或几个.对于给定的 $p(1\leqslant p\leqslant M)$,拟合包含有 $p-1$ 个自变量(即 p 个回归系数)的所有回归方程共有 $\binom{M-1}{p-1}$ 个.因此,对有 $M-1$ 个自变量的情况,总共需要拟合 $\sum_{p=2}^{M}\binom{M-1}{p-1}=2^{M-1}-1$ 个回归方程以按照一定准则选取最优的.下面先介绍几种评价回归方程优良性的准则.

1. 修正的复相关系数准则或均方残差准则($R_a^2(p)$ 或 MSE_p 准则)

对一个含 $p-1$ 个自变量(即 p 个回归系数)的回归方程,记其复相关系数的平方为 R_p^2,由(2.24)式知 $R_p^2=1-SSE_p/SST$,其中 SSE_p 为相应回归方程的残差平方和,而 SST 为总离差平方和且与回归方程无关.如本章 2.2 节所述,R_p^2 越大,相应回归方程的拟合效果越好,即观测数据与理论模型的偏离程度就越小.因此,R_p^2 是评价回归方程的一个重要指标.但是,可证明(参见参考文献[16]第5章),当自变量子集扩大时,SSE_p 在减小,R_p^2 在增大,因此直接利用 R_p^2 达到最大选择回归方程是无意义的,所选取的只能是包含所有自变量的回归方程,达不到剔除影响不显著的自变量的目的.为此,将 p 的控制作用引入到 R_p^2 中即得到修正的复相关系数的平方为

$$R_a^2(p)=1-\left(\frac{n-1}{n-p}\right)\frac{SSE_p}{SST}=1-\frac{MSE_p}{SST/(n-1)}. \tag{2.59}$$

当自变量子集扩大时, $MSE_p=SSE_p/(n-p)$ 中的分子和分母均在减小,而

$SST/(n-1)$ 不随 p 变化，因此有可能对某个自变量子集，MSE_p 达到最小，即 $R_a^2(p)$ 达到最大. 以 $R_a^2(p)$ 达到最大（或等价地以 MSE_p 达到最小）作为回归方程的评选准则称为**修正的复相关系数准则**（或**均方残差准则**）.

实际应用中，利用观测数据拟合所有可能的 $2^{M-1}-1$ 个回归方程，从中选出使 $R_a^2(p)$ 达到最大或接近最大（或使 MSE_p 达到最小或接近最小）且包含较少自变量的回归方程作为最优回归方程.

2. C_p 准则

C_p **统计量** 的定义为

$$C_p = \frac{SSE_p}{MSE} - (n - 2p), \tag{2.60}$$

其中 SSE_p 为含有 $p-1$ 个自变量的回归方程的残差平方和，MSE 为利用全部 $M-1$ 个自变量拟合线性回归方程的均方残差. 理论上可以证明，当仅含某 $p-1$ 个自变量的回归方程和含全部 $M-1$ 个自变量的回归方程对观测数据的拟合效果无显著差异时，有 $\mathrm{E}(C_p) \approx (n-p)-(n-2p)=p$. 由此可知，拟合较好的回归方程，其 C_p 值应和 p 相差不大，由于恒有 $\mathrm{E}(C_M)=M$，故 C_p 准则选取使 C_p 最接近 p 的回归方程为最优回归方程.

实际应用中，尤其当自变量数目 $M-1$ 较大时，拟合所有可能的 $2^{M-1}-1$ 个回归方程，将相应的 (p, C_p) 描在以 C_p 为纵坐标，p 为横坐标的直角坐标系中，再画出参考直线 $C_p = p$，称之为 C_p 图. 在 C_p 图中选择最接近参考直线 $C_p = p$ 的点所对应的回归方程为最优方程.

3. 预测平方和准则（$PRESS_p$ 准则）

预测平方和准则的基本思想如下：对于给定的某 $p-1$ 个自变量，为叙述方便不妨设为 $X_1, X_2, \cdots, X_{p-1}$，在其 n 组观测数据中删除第 i 组观测值 $(y_i; x_{i1}, \cdots, x_{i,p-1})$，利用其余 $n-1$ 组观测值拟合因变量 Y 与 $X_1, X_2, \cdots, X_{p-1}$ 的线性回归模型，并利用拟合的回归方程对 y_i 作预测，记其预测值为 $\hat{y}_{(i)}(p)$，则预测误差为

$$d_i(p) = y_i - \hat{y}_{(i)}(p).$$

依次取 $i=1,2,\cdots,n$，则得 n 个预测误差 $d_1(p), d_2(p), \cdots, d_n(p)$. 若相应回归模型对观测数据拟合较好，则

$$PRESS_p = \sum_{i=1}^{n} d_i^2(p) = \sum_{i=1}^{n} [y_i - \hat{y}_{(i)}(p)]^2 \tag{2.61}$$

应较小. 因此预报平方和准则即拟合所有可能的回归方程并计算相应的 $PRESS_p$ 值，选取使 $PRESS_p$ 达到最小或接近最小的回归方程为最优回归方程.

值得指出的是，初看起来，对指定的某 $p-1$ 个自变量，如 $X_1, X_2, \cdots, X_{p-1}$，要拟合 n 次相应的回归模型才能得到 $PRESS_p$ 的值，但实际上，可证明（参见参考文

献[1]第3章)

$$d_i(p)=\frac{\hat{\varepsilon}_i(p)}{1-h_{ii}(p)},\qquad i=1,2,\cdots,n,$$

其中 $\hat{\varepsilon}_i(p)$ 是利用因变量 Y 与 $X_1,X_2,\cdots,X_{p-1}$ 的全部 n 组观测值拟合相应回归模型的残差,$h_{ii}(p)(i=1,2,\cdots,n)$ 是相应的杠杆量.因此,对指定的 $p-1$ 个自变量,只需拟合一次回归模型即可求得 $PRESS_p$ 的值为

$$PRESS_p=\sum_{i=1}^{n}d_i^2(p)=\sum_{i=1}^{n}\left(\frac{\hat{\varepsilon}_i(p)}{1-h_{ii}(p)}\right)^2. \tag{2.62}$$

SAS 系统的 proc reg 过程提供了利用 $R_a(p)$ 准则和 C_p 准则选取最优回归方程的选项,虽然没有提供 $PRESS_p$ 准则的选项,但可按要求对每个可能的回归方程输出$\frac{\hat{\varepsilon}_i(p)}{1-h_{ii}(p)}(i=1,2,\cdots,n)$,从而可容易地计算出 $PRESS_p$ 值.

例 2.9(续例 2.8) 由例 2.8 的分析知,病人生存时间的 Box-Cox 变换变量 Z 与 X_1,X_2,X_3,X_4 的线性回归模型是合理的.试分别用修正的复相关系数准则、C_p 准则和预报平方和准则选择最优回归方程.

解 利用 SAS 系统的 proc reg 过程通过相应选项可直接求得所有 $2^4-1=15$ 个线性回归方程的 $R_a^2(p)$ 值和 C_p 值.另外,通过拟合各个线性模型,输出 $d_i(p)(i=1,2,\cdots,54)$ 值,再由 proc means 过程可求得相应的 $PRESS_p$ 值.计算结果见表 2.9.

表 2.9 各回归方程的 $R_a^2(p)$,C_p 和 $PRESS_p$ 值

模型中的自变量	p	$R_a^2(p)$	C_p	$PRESS_p$
X_1	2	0.106 5	1 577.000 0	41.503 9
X_2	2	0.340 3	1 151.000 0	31.289 5
X_3	2	0.428 1	991.681 3	26.721 4
X_4	2	0.526 5	812.316 7	21.820 9
X_1,X_2	3	0.420 2	987.695 1	28.708 2
X_1,X_3	3	0.632 4	608.668 0	17.569 3
X_1,X_4	3	0.517 6	813.642 4	22.789 4
X_2,X_3	3	0.803 2	303.545 5	9.268 6
X_2,X_4	3	0.643 5	588.878 5	16.985 0
X_3,X_4	3	0.678 1	526.925 3	15.441 7
X_1,X_2,X_3	4	0.971 9	3.225 3	1.473 7
X_1,X_2,X_4	4	0.636 9	589.945 4	17.698 0

续表

模型中的自变量	p	$R_a^2(p)$	C_p	$PRESS_p$
X_1,X_3,X_4	4	0.706 2	468.471 6	14.307 3
X_2,X_3,X_4	4	0.877 7	168.158 1	5.942 4
X_1,X_2,X_3,X_4	5	0.971 4	5.000 0	1.519 3

由表 2.9 可知,在三个准则下选择的最优回归方程均为含自变量 X_1,X_2 和 X_3 的回归方程.拟合此回归方程得结果如表 2.10 所示.

表 2.10 Z 关于 X_1,X_2,X_3 的线性模型拟合结果

方差来源	自由度	平方和(SS)	均方(MS)	F 值	p 值
回归(R)	3	42.307 8	14.102 6	611.842	0.000 1
误差(E)	50	1.152 5	0.023 1		
总和(T)	53	43.460 3			

参数	参数估计值	标准差估计值	t 值	p 值
β_0	0.412 7	0.138 1	2.989	0.004 3
β_1	0.231 5	0.013 2	17.524	0.000 1
β_2	0.030 8	0.001 2	24.840	0.000 1
β_3	0.031 4	0.001 0	31.654	0.000 1

复相关系数的平方为 $R^2 = 0.973\ 5$.与表 2.8 的结果相比较,可见均方残差(即 σ^2 的估计值)、回归系数估计以及拟合优度的度量值 R^2 均变化很小,即当 X_1,X_2,X_3 在模型中时,X_4 对 Z 的影响是很小的.最优回归方程为

$$Z = 0.412\ 7 + 0.231\ 5X_1 + 0.030\ 8X_2 + 0.031\ 4X_3.$$

需要指出的是,对本例而言,各准则下选择的最优回归方程是相同的,但情况并非都如此.由于各准则的出发点不同,往往会对同一问题选出不同的最优回归方程.在实际应用中,需要对各准则下所选择的最优回归方程加以综合考虑,如进一步作残差分析及影响性分析,并结合各自变量的观测值所获取的代价及误差等实际情况最终选出一个或几个更合理且便于应用的回归方程.就本例而言,假如 X_4 的观测值比 X_1 的观测值更易获得且费用较低,我们有可能选择次优的包含 X_2,X_3,X_4 的回归方程应用于病人手术后生存时间的预测.

2.4.2 逐步回归法

理论上,穷举法是选择最优回归方程的最好方法.但是,穷举法所拟合的回

归方程个数随自变量数目的增加而成倍增加,因此当自变量数目较大时,其计算量是非常大的.目前,有另外一些计算量较小的选择回归方程的方法,在此我们主要介绍其中最常用的**逐步回归方法**.和穷举法相比,逐步回归法不需要拟合所有可能的回归方程,而且一般也能得到一个较合理的"最优"回归方程.其不足之处在于该方法最终只提供一个"最优"回归方程,而无其他选择的余地.

逐步回归法的基本思想是依次拟合一系列回归方程,后一个回归方程是在前一个的基础上添加或删除一个自变量,其添加或删除某个自变量的准则是用残差平方和的相对减少或增加量来衡量,即采用如下的偏 F 统计量:设在某一步已选入回归方程的自变量有 $l-1$ 个,记这 $l-1$ 个自变量的集合为 A,相应回归方程的残差平方和为 $SSE(A)$.当不在 A 中的一个自变量 X_k 被添加到这个回归方程中时,偏 F 统计量的一般形式为

$$F_k=\frac{SSE(A)-SSE(A,X_k)}{SSE(A,X_k)/(n-l-1)}=\frac{SSR(X_k\mid A)}{MSE(A,X_k)},\tag{2.63}$$

其中 $SSR(X_k\mid A)=SSE(A)-SSE(A,X_k)$ 称为额外回归平方和,它描述了将 X_k 添加到由 A 中各自变量所构成的回归方程中时,残差平方和的相对减少量,也可解释为在含 A 中各自变量及 X_k 的回归方程中删除 X_k 时残差平方和的相对增加量.类似于(2.44)式的结论,此处也可证明

$$F_k=\left(\frac{\hat{\beta}_k}{s(\hat{\beta}_k)}\right)^2=t_k^2,\tag{2.64}$$

其中 $t_k=\hat{\beta}_k/s(\hat{\beta}_k)$ 为(2.32)式中的用以检验 $\beta_k=0$ 的统计量,而 $\hat{\beta}_k$ 是在含 A 中各自变量及 X_k 的回归方程中关于 β_k 的最小二乘估计.当 A 中各自变量所构成的回归模型为真模型时(即 $\beta_k=0$ 时),有

$$F_k=t_k^2\sim F(1,n-l-1).\tag{2.65}$$

以上各式是逐步回归法中添加或剔除一个自变量的基本依据.下面详细叙述逐步回归法的基本步骤,其中设所有可能的自变量个数为 $M-1$.

首先给定两个显著水平,一个用作引入某个自变量,记为 α_E;另一个用作从回归方程中剔除某个自变量,记为 α_D.然后按下列步骤进行:

第1步 对每个自变量 $X_k(1\leqslant k\leqslant M-1)$,拟合仅包含 X_k 的回归模型

$$Y=\beta_0+\beta_kX_k+\varepsilon.$$

这时,统计量(2.63)中的集合 A 为空集(即 $l=1$),$SSE(A)=SST$,$SSR(X_k\mid A)=SST-SSE(X_k)=SSR(X_k)$,$MSE(A,X_k)=MSE(X_k)$.对每个 k,拟合相应模型并计算偏 F 统计量的值

$$F_k^{(1)}=\frac{SSR(X_k)}{MSE(X_k)},\qquad k=1,2,\cdots,M-1$$

及其 p 值

$$p_k^{(1)} = P(F(1,n-2) \geqslant F_k^{(1)}), \qquad k = 1,2,\cdots,M-1.$$

设 $\max\limits_{1\leqslant k\leqslant M-1}\{F_k^{(1)}\} = F_{k_1}^{(1)}$ 且其对应的 p 值为 $p_{k_1}^{(1)}$.若 $p_{k_1}^{(1)} \geqslant \alpha_E$,则所有自变量对 Y 的影响在水平 α_E 下均不显著,选择过程结束;若 $p_{k_1}^{(1)} < \alpha_E$,则选择含 X_{k_1} 的回归模型为当前模型,即

$$Y = \beta_0 + \beta_{k_1}X_{k_1} + \varepsilon. \tag{2.66}$$

第 2 步 若第 1 步选择的模型为(2.66),再将其余 $M-2$ 个自变量逐个添加到此模型中,拟合相应模型并计算

$$F_k^{(2)} = \frac{SSR(X_k \mid X_{k_1})}{MSE(X_{k_1},X_k)}, \qquad p_k^{(2)} = P(F(1,n-3) \geqslant F_k^{(2)}),k \neq k_1.$$

设 $F_{k_2}^{(2)} = \max\limits_{k\neq k_1}\{F_k^{(2)}\}$,且其对应的 p 值为 $p_{k_2}^{(2)}$.若 $p_{k_2}^{(2)} \geqslant \alpha_E$,则逐个添加这 $M-2$ 个自变量均使残差平方和的相对减少量在水平 α_E 下不显著,选择过程结束;若 $p_{k_2}^{(2)} < \alpha_E$,则将 X_{k_2} 添加到第 1 步所选出的模型中,即得到模型

$$Y = \beta_0 + \beta_{k_1}X_{k_1} + \beta_{k_2}X_{k_2} + \varepsilon. \tag{2.67}$$

进一步考察模型(2.67)中是否有自变量可被剔除.为此,拟合模型(2.67)并计算

$$F_{k_1}^{(2)} = \frac{SSR(X_{k_1} \mid X_{k_2})}{MSE(X_{k_1},X_{k_2})} = t_{k_1}^2, \qquad F_{k_2}^{(2)} = \frac{SSR(X_{k_2} \mid X_{k_1})}{MSE(X_{k_1},X_{k_2})} = t_{k_2}^2.$$

及其 p 值

$$p_{k_1}^{(2)} = P(F(1,n-3) \geqslant F_{k_1}^{(2)}), \quad p_{k_2}^{(1)} = P(F(1,n-3) \geqslant F_{k_2}^{(2)}).$$

设 $F_{k_1}^{(2)}$ 和 $F_{k_2}^{(2)}$ 最小者所对应的 p 值为 $p_{\min}^{(2)}$.若 $p_{\min}^{(2)} \geqslant \alpha_D$,则从模型(2.67)中剔除 $F_{k_1}^{(2)}$ 和 $F_{k_1}^{(2)}$ 最小者所对应的自变量.再进一步考察剩余的那个自变量可否能被剔除;若 $p_{\min}^{(2)} < \alpha_D$,则无自变量能被剔除,(2.67) 为当前模型.

第 3 步 在第 2 步所选出的模型的基础上,再将未在模型中的自变量逐个添加到该模型中,计算相应的偏 F 统计量的值及其 p 值.将这些偏 F 统计量值的最大者所对应的 p 值与 α_E 比较以决定是否还有其他自变量可引入到当前模型之中.若无自变量可被引入,则选择过程结束;若有新的自变量进入模型,再拟合相应的回归模型并计算在模型中的各自变量的偏 F 统计量的值及其 p 值,将这些偏 F 统计量值的最小者所对应的 p 值与 α_D 作比较以决定在模型中的某个自变量是否可被剔除.若某个自变量被剔除,重新拟合剔除那个自变量后的模型,按上述方式再考察是否还有其他的自变量可否被剔除,直到没有自变量可被剔除为止.

重复以上步骤，直到在 α_E 下没有新的自变量可进入模型，同时模型中的自变量在水平 α_D 下均不能被剔除，则选择过程结束.拟合最终模型便是逐步回归法所选出的最优回归方程.

SAS 中的 proc reg 过程具有逐步回归法的选项(参见第 8 章)，其中 α_E 和 α_D 的默认值为 $\alpha_E = \alpha_D = 0.15$.也可根据需要自行指定 α_E 和 α_D 的值，但应有 $\alpha_E \leqslant \alpha_D$，否则刚进入模型中的自变量有可能被立即剔除，刚刚剔除的自变量又可能会被立即选入模型而形成循环(在 proc reg 过程中，若出现此循环情况，则选择过程自动结束).

理论上，在逐步回归法中引入自变量时，可直接将各偏 F 统计量的 p 值中的最小者与 α_E 比较以决定有无自变量可进入模型；而在剔除变量时，可直接将各偏 F 统计量的 p 值中的最大值与 α_D 比较以决定某自变量是否可被剔除.实用中，这些 p 值可能都非常小，受所用软件输出值精度的限制，有时很难直接比较这些 p 值的大小.因此，在前述逐步回归方法中，我们同时参考偏 F 统计量值的大小.

下面利用例 2.8 的数据并结合 SAS 输出结果举例说明逐步回归方法.

例 2.10(续例 2.8)　根据例 2.8 的数据及其分析结果，因变量 Y 的 Box-Cox 变换 $Z = (Y^{0.07} - 1)/0.07$ 与 X_1, X_2, X_3, X_4 的线性回归关系是合理的.在此基础上，通过逐步回归法选择最优回归方程.

解　以 Z 为因变量，X_1, X_2, X_3, X_4 为自变量利用逐步回归法选择最优回归方程，表 2.11 给出了 SAS 系统 proc reg 过程下的逐步回归法各步骤的详细结果(为便于说明和理解，对输出结果作了适当整理，各步骤中只保留了与前述内容有关的量，且各量最多只保留了 4 位小数，但基本上保留了输出结果的格式以便于读者对照)，其中 $\alpha_E = \alpha_D = 0.05$.

表 2.11　Z 关于 X_1, X_2, X_3, X_4 的逐步回归的 SAS 输出结果

Stepwise Procedure for Dependent Variable Z

Statistics for Entry: Step 1

$DF = 1, 52$

Variable	F	Prob>F
X_1	7.314 6	0.009 2
X_2	28.340 1	0.000 1
X_3	40.665 7	0.000 1
X_4	59.940 5	0.000 1

Variable X_4 Entered

续表

Stepwise Procedure for Dependent Variable Z				
Variable	Parameter Estimate	Standard Error	F	Prob>F
INTERCEPT	4.420 9	0.235 3	353.16	0.000 1
X_4	0.619 1	0.078 0	59.94	0.000 1

Statistics for Entry: Step 2

$DF=1,51$

Variable	F	Prob>F
X_1	0.039 9	0.842 5
X_2	18.052 7	0.000 1
X_3	25.493 7	0.000 1

Variable X_3 Entered

Variable	Parameter Estimate	Standard Error	F	Prob>F
INTERCEPT	3.417 5	0.277 7	151.45	0.000 1
X_3	0.018 4	0.003 7	25.49	0.000 1
X_4	0.466 6	0.072 5	41.40	0.000 1

Statistics for Entry: Step 3

$DF=1,50$

Variable	F	Prob>F
X_1	5.875 3	0.019 0
X_2	84.229 2	0.000 1

Variable X_2 Entered

Variable	Parameter Estimate	Standard Error	F	Prob>F
INTERCEPT	1.948 3	0.234 4	69.10	0.000 1
X_2	0.026 0	0.002 8	84.23	0.000 1
X_3	0.022 9	0.002 3	98.69	0.000 1
X_4	0.278 5	0.049 2	32.08	0.000 1

Statistics for Entry: Step 4

$DF=1,49$

续表

Stepwise Procedure for Dependent Variable Z				
Variable		F		Prob>F
X_1		165.158 1		0.000 1
Variable X_1 Entered				
Variable	Parameter Estimate	Standard Error	F	Prob>F
INTERCEPT	0.452 5	0.162 4	7.76	0.007 6
X_1	0.226 0	0.017 6	165.16	0.000 1
X_2	0.030 5	0.001 4	465.47	0.000 1
X_3	0.031 0	0.001 3	586.95	0.000 1
X_4	0.014 9	0.031 4	0.23	0.637 2
Variable X_4 Removed				
Variable	Parameter Estimate	Standard Error	F	Prob>F
INTERCEPT	0.412 7	0.138 1	8.94	0.004 3
X_1	0.231 5	0.013 2	307.08	0.000 1
X_2	0.030 8	0.001 2	617.00	0.000 1
X_3	0.031 4	0.001 0	1 002.00	0.000 1
Statistics for Entry: Step 5				
$DF=1,49$				
Variable		F		Prob>F
X_4		0.225 3		0.637 2
All variables left in the model are significant at the 0.050 0 level.				
No other variable met the 0.050 0 significance level for entry into the model.				

下面我们对结果做详细解释.

在第 1 步中,“$DF=1,52$”给出了各自变量的偏 F 统计量的自由度,并在其后给出各变量的偏 F 统计量的值和相应的 p 值.由此知,变量 X_4 所对应的偏 F 统计量的值最大(为 59.940 5),且其 p 值为 $0.000\ 1<\alpha_E=0.05$,故 X_4 首先进入模型.接下来拟合以 X_4 为自变量的回归模型,给出了常数项和 X_4 的系数的估计值

和标准差估计,并在第 4,5 列给出了它们的偏 F 统计量的值和 p 值.由于 X_4 的偏 F 统计量的 p 值为 $0.000\ 1 < \alpha_D = 0.05$,故 X_4 不能被剔除,当前模型为含 X_4 的回归模型.

在第 2 步中,不在模型中的自变量为 X_1,X_2 和 X_3,计算各自的偏 F 统计量(自由度为"$DF = 1,51$")的值和 p 值.由于 X_3 所对应的偏 F 统计量的值最大(为 25.493 7),且其 p 值为 $0.000\ 1 < \alpha_E$,故 X_3 进入到含 X_4 的模型中.拟合含 X_3 和 X_4 的回归模型并给出参数估计值及标准差的估计,计算 X_3 和 X_4 的偏 F 统计量的值及 p 值.由于 X_3 的偏 F 统计量的值较小(为 25.49),且其 p 值为 $0.000\ 1 < \alpha_D$,故 X_3 和 X_4 均不能被剔除,当前模型为含 X_3 和 X_4 的回归模型.

第 3 步中,对不在模型中的自变量 X_1 和 X_2,由于 X_2 的偏 F 统计量的值较大(为 84.229 2),且其 p 值为 $0.000\ 1 < \alpha_E$,故 X_2 进入模型.拟合含 X_2,X_3 和 X_4 的回归模型,得各自的偏 F 值和 p 值.我们看到,X_4 的偏 F 统计量的值最小(为32.08),且其 p 值为$0.000\ 1 < \alpha_D$,故无自变量可被剔除,当前模型为含 X_2,X_3 和 X_4 的回归模型.

第 4 步中,计算不在当前模型中的惟一自变量 X_1 的偏 F 统计量的值(为 165.158 1) 和 p 值(为 0.000 1).由于其 p 值小于 α_E,故 X_1 进入模型中.拟合含全部四个自变量的回归模型,X_4 的偏 F 统计量的值最小(为 0.23), 其 p 值为 $0.637\ 2 > \alpha_D$,故将 X_4 剔除.重新拟合含 X_1,X_2 和 X_3 的回归模型,其中 X_1 的偏 F 统计量的值最小(为 307.08),其 p 值为 $0.000\ 1 < \alpha_D$,故再无其他自变量可被剔除,当前模型为含 X_1,X_2 和 X_3 的回归模型.

最后一步中,由于不在模型中的 X_4 的偏 F 统计量的值为 0.225 3,其 p 值为 $0.637\ 2 > \alpha_E$,故 X_4 不能进入模型.又由前一步知,当前模型中无变量可被剔除,至此选择过程结束,即含 X_1,X_2,X_3 的回归方程为所选出的最优回归方程.且在第 4 步末给出了该回归方程的参数估计值及相关量的值.

就此例而言,逐步回归法所选择的回归方程与例 2.9 中的穷举法选择结果相同,但这不是普遍成立的.

线性回归模型是数据分析的强有力的工具之一,但建立一个合理有效的线性回归模型是一个相当复杂的过程,这既需要科学的分析方法,又需要结合分析者的经验和对所分析问题的背景的充分了解.从数据的收集整理到最终模型的建立,每一步都需要仔细地分析和全面地考虑.

首先在收集数据时,要结合相应的专业知识对所研究的问题作全面分析,明确因变量和所有可能的自变量.尤其对自变量,应首先舍弃那些对所研究的问题不是十分重要的、并可能会带有较大的测量误差或者与某些自变量高度相关的变量.对所确定的变量,要收集足够的高质量的数据,一个经验的准则是数据量

(即样本容量 n) 至少应为可能的自变量数目的 6 至 10 倍.

接下来便可进行预建模分析.例如根据问题所涉及的专业知识和经验,大致判断建立线性回归模型的可行性.进一步,可首先拟合一个包含所有自变量的线性回归模型,检验线性回归关系是否显著,再利用残差分析等手段,考察误差分布的正态性、等方差性等假定是否合理,自变量的高次项及交叉乘积项等是否有必要引入到模型之中,自变量之间是否存在复共线性以及是否有必要对数据进行变换等等.

一旦确定了回归关系的形式,接下来便需要在众多自变量中选择对因变量有显著影响的自变量,以最终确定一个或几个"最优"回归方程.但值得注意的是,不同的模型选择准则或方法常常会得到不同的"最优"回归方程,不应机械地只使用某一个准则和方法,而应该尽可能使用几种方法选择模型,并结合问题的实际背景和应用目的综合加以考虑,才能得到更为合理的模型.

§2.5 Logistic 回归模型的估计与推断

2.5.1 Logistic 回归模型

线性回归模型适合于分析因变量为连续型随机变量的数据集,尤其是因变量服从正态分布的情况.在许多实际问题中,人们往往关心的是某个随机事件 A 发生的概率与某些因素(自变量) 的关系.如在工业生产中,要研究产品的正品率与生产该产品的原材料的质量指标之间的关系;在医学研究中,要考察某疾病的发病率与环境、生活习惯、职业等因素的关系;在教育学中,要研究某地区中、小学生的辍学率与家庭经济情况、家长受教育程度以及当地的经济发展水平等因素之间的关系,等等.一个随机事件 A 是否发生,可以用一个二值随机变量,不妨设为 $0-1$ 值随机变量 Y 来表征,即令

$$Y=\begin{cases}1, & \text{若 } A \text{ 发生},\\ 0, & \text{若 } A \text{ 不发生}.\end{cases}$$

这时,事件 A 发生的概率为 $P(A)=P(Y=1)=\mathrm{E}(Y)$.设影响事件 A 发生的因素有 $p-1$ 个,记为 $X_1,X_2,\cdots,X_{p-1}$,Logistic 回归模型旨在建立事件 A 发生的概率 $P(Y=1)$(或 $0-1$ 值随机变量 Y 的数学期望 $\mathrm{E}(Y)$)与 $X_1,X_2,\cdots,X_{p-1}$ 的适当关系,以分析因素(或称为因变量)$X_1,X_2,\cdots,X_{p-1}$ 对概率 $P(Y=1)$(或 $\mathrm{E}(Y)$)的影响规律.如同线性回归模型,首先考虑因变量的线性组合与 $\mathrm{E}(Y)$ 的关系,即

$$\mathrm{E}(Y)=\beta_0+\beta_1X_1+\cdots+\beta_{p-1}X_{p-1}=\beta_0+\sum_{j=1}^{p-1}\beta_jX_j. \tag{2.68}$$

虽然(2.68)式在形式上与线性回归模型(2.2)相同(在(2.2)式两边取数学期望),但此时 Y 是一个 0 - 1 值随机变量,$\mathrm{E}(Y)$ 的取值在 0 与 1 之间,而(2.68)式右端的线性函数的值域一般为 $(-\infty,+\infty)$,因此模型(2.68)显然是不合理的.为解决此问题,一种自然的想法是对 $\mathrm{E}(Y)$ 进行单调变换 $g(\mathrm{E}(Y))$,使得当 $0<\mathrm{E}(Y)<1$ 时,$g(\mathrm{E}(Y))$ 的取值范围也为 $(-\infty,+\infty)$,再建立 $g(\mathrm{E}(Y))$ 与自变量的线性函数 $\beta_0+\sum\limits_{j=1}^{p-1}\beta_jX_j$ 的关系.通常所用的变换为 Logit 函数变换,即

$$\mathrm{Logit}(\mathrm{E}(Y))=\ln\left(\frac{\mathrm{E}(Y)}{1-\mathrm{E}(Y)}\right), \tag{2.69}$$

由此即得到 Logistic 回归模型或简称 Logistic 模型:

$$\ln\left(\frac{\mathrm{E}(Y)}{1-\mathrm{E}(Y)}\right)=\beta_0+\sum_{j=1}^{p-1}\beta_jX_j \tag{2.70}$$

或

$$\mathrm{E}(Y)=\frac{\exp\left(\beta_0+\sum\limits_{j=1}^{p-1}\beta_jX_j\right)}{1+\exp\left(\beta_0+\sum\limits_{j=1}^{p-1}\beta_jX_j\right)}. \tag{2.71}$$

Logistic 模型是广义线性模型(见[24])的一种,在众多领域中有着极其广泛的应用.同线性回归模型一样,首先要基于 Y 和 $X_1,X_2,\cdots,X_{p-1}$ 的观测数据对未知参数 $\beta_0,\beta_1,\cdots,\beta_{p-1}$ 进行估计、对回归关系以及各自变量对 $\mathrm{E}(Y)$ 影响的显著性进行统计推断,最终建立一个恰当的模型描述 $X_1,X_2,\cdots X_{p-1}$ 与 $\mathrm{E}(Y)$ 的关系或对 $\mathrm{E}(Y)$ 进行预测.对于 Logistic 模型,由于因变量 Y 的分布类型已知,因此可用最大似然方法对未知参数进行估计.

2.5.2 参数的最大似然估计与 Newton-Raphson 迭代解法

1. 似然方程及 Fisher 信息矩阵

设在自变量 $X_1,X_2,\cdots,X_{p-1}$ 的 m 组取值 $\boldsymbol{x}_k=(x_{k1},x_{k2},\cdots,x_{k,p-1})^{\mathrm{T}}(k=1,2,\cdots,m)$ 下对事件 A(或 0 - 1 值随机变量 Y)进行独立观测,共观测了 n_k 次,以 Y_k 记这 n_k 次观测中事件 A(或 $Y=1$)发生的次数,以 $\pi(\boldsymbol{x}_k)$ 表示在自变量取值为 $\boldsymbol{x}_k$ 时,事件 A 发生的概率,则对每个 $k=1,2,\cdots,m$,Y_k 服从参数为 n_k 和 $\pi(\boldsymbol{x}_k)$ 的二项分布,即

$$Y_k\sim b(n_k,\pi(\boldsymbol{x}_k)),k=1,2,\cdots,m. \tag{2.72}$$

令

$$\tilde{\boldsymbol{x}}_k=(1,\boldsymbol{x}_k^{\mathrm{T}})^{\mathrm{T}}=(1,x_{k1},x_{k2},\cdots,x_{k,p-1})^{\mathrm{T}},k=1,2,\cdots,m,$$

$$\boldsymbol{\beta}=(\beta_0,\beta_1,\cdots,\beta_{p-1})^{\mathrm{T}},$$

则 Logistic 模型的样本形式为

$$\ln\left(\frac{\pi(\boldsymbol{x}_k)}{1-\pi(\boldsymbol{x}_k)}\right)=\tilde{\boldsymbol{x}}_k^{\mathrm{T}}\boldsymbol{\beta},k=1,2,\cdots,m \tag{2.73}$$

或

$$\pi(\boldsymbol{x}_k)=\frac{\exp(\tilde{\boldsymbol{x}}_k^{\mathrm{T}}\boldsymbol{\beta})}{1+\exp(\tilde{\boldsymbol{x}}_k^{\mathrm{T}}\boldsymbol{\beta})},k=1,2,\cdots,m. \tag{2.74}$$

设在自变量的第 k 组取值 $\boldsymbol{x}_k$ 下的 n_k 次观测中，事件 A 发生了 y_k 次($k=1,2,\cdots,m$)，则由(2.72)式和(2.74)式知，观测结果($Y_1=y_1,Y_2=y_2,\cdots,Y_m=y_m$)的似然函数为

$$\begin{aligned}
&L(\boldsymbol{\beta};y_1,y_2,\cdots,y_m)\\
&=P(Y_1=y_1,Y_2=y_2,\cdots,Y_m=y_m)\\
&=\prod_{k=1}^{m}P(Y_k=y_k)\\
&=\prod_{k=1}^{m}\binom{n_k}{y_k}[\pi(\boldsymbol{x}_k)]^{y_k}[1-\pi(\boldsymbol{x}_k)]^{n_k-y_k}\\
&=\prod_{k=1}^{m}\binom{n_k}{y_k}\cdot\prod_{k=1}^{m}[1+\exp(\tilde{\boldsymbol{x}}_k^{\mathrm{T}}\boldsymbol{\beta})]^{-n_k}[\exp(\tilde{\boldsymbol{x}}_k^{\mathrm{T}}\boldsymbol{\beta})]^{y_k}\\
&=\prod_{k=1}^{m}\binom{n_k}{y_k}\cdot\prod_{k=1}^{m}[1+\exp(\tilde{\boldsymbol{x}}_k^{\mathrm{T}}\boldsymbol{\beta})]^{-n_k}\cdot\exp\left(\sum_{k=1}^{m}y_k\tilde{\boldsymbol{x}}_k^{\mathrm{T}}\boldsymbol{\beta}\right),
\end{aligned}$$

对数似然函数为

$$\begin{aligned}
&\ln L(\boldsymbol{\beta};y_1,y_2,\cdots,y_m)\\
&=\sum_{k=1}^{m}\ln\binom{n_k}{y_k}-\sum_{k=1}^{m}n_k\ln[1+\exp(\tilde{\boldsymbol{x}}_k^{\mathrm{T}}\boldsymbol{\beta})]+\sum_{k=1}^{m}y_k\tilde{\boldsymbol{x}}_k^{\mathrm{T}}\boldsymbol{\beta}.
\end{aligned} \tag{2.75}$$

为便于表示，记 $x_{k0}=1(k=1,2,\cdots,m)$，由于

$$\tilde{\boldsymbol{x}}_k^{\mathrm{T}}\boldsymbol{\beta}=\sum_{j=0}^{p-1}x_{kj}\beta_j,$$

$$\sum_{k=1}^{m}y_k\tilde{\boldsymbol{x}}_k^{\mathrm{T}}\boldsymbol{\beta}=\sum_{k=1}^{m}y_k\left(\sum_{j=0}^{p-1}x_{kj}\beta_j\right)=\sum_{j=0}^{p-1}\beta_j\left(\sum_{k=1}^{m}y_kx_{kj}\right),$$

则对数似然函数关于各参数的偏导数为

$$\frac{\partial\ln L(\boldsymbol{\beta};y_1,y_2,\cdots,y_m)}{\partial\beta_j}$$

$$
\begin{aligned}
&= \sum_{k=1}^{m} y_k x_{kj} - \sum_{k=1}^{m} \frac{n_k x_{kj} \exp(\tilde{\boldsymbol{x}}_k^{\mathrm{T}} \boldsymbol{\beta})}{1+\exp(\tilde{\boldsymbol{x}}_k^{\mathrm{T}} \boldsymbol{\beta})} \\
&= \sum_{k=1}^{m} y_k x_{kj} - \sum_{k=1}^{m} n_k x_{kj} \pi(\boldsymbol{x}_k), j=0,1,\cdots,p-1.
\end{aligned} \tag{2.76}
$$

令(2.76)式中的各式等于零,则得似然方程为

$$
\sum_{k=1}^{m} n_k x_{kj} \pi(\boldsymbol{x}_k) = \sum_{k=1}^{m} y_k x_{kj}, j=0,1,\cdots,p-1. \tag{2.77}
$$

引入矩阵记号,令

$$
\boldsymbol{X} = \begin{bmatrix} \tilde{\boldsymbol{x}}_1^{\mathrm{T}} \\ \tilde{\boldsymbol{x}}_2^{\mathrm{T}} \\ \vdots \\ \tilde{\boldsymbol{x}}_m^{\mathrm{T}} \end{bmatrix} = \begin{bmatrix} 1 & x_{11} & \cdots & x_{1,p-1} \\ 1 & x_{21} & \cdots & x_{2,p-1} \\ \vdots & \vdots & & \vdots \\ 1 & x_{m1} & \cdots & x_{m,p-1} \end{bmatrix}, \quad \boldsymbol{Y} = \begin{bmatrix} y_1 \\ y_2 \\ \vdots \\ y_m \end{bmatrix}, \tag{2.78}
$$

$$
\boldsymbol{N} = \begin{bmatrix} n_1 \pi(\boldsymbol{x}_1) \\ n_2 \pi(\boldsymbol{x}_2) \\ \vdots \\ n_m \pi(\boldsymbol{x}_m) \end{bmatrix}, \text{其中 } \pi(\boldsymbol{x}_k) = \frac{\exp(\tilde{\boldsymbol{x}}_k^{\mathrm{T}} \boldsymbol{\beta})}{1+\exp(\tilde{\boldsymbol{x}}_k^{\mathrm{T}} \boldsymbol{\beta})}, k=1,2,\cdots,m, \tag{2.79}
$$

则似然方程(2.77)可表示为

$$
\boldsymbol{X}^{\mathrm{T}} \boldsymbol{N} = \boldsymbol{X}^{\mathrm{T}} \boldsymbol{Y}. \tag{2.80}
$$

关于 $\boldsymbol{\beta}$ 求解方程组(2.77)或(2.80),则得到 $\boldsymbol{\beta}$ 的最大似然估计 $\hat{\boldsymbol{\beta}} = (\hat{\beta}_0, \hat{\beta}_1, \cdots, \hat{\beta}_{p-1})^{\mathrm{T}}$.由于似然方程关于 $\boldsymbol{\beta}$ 是非线性的,因此需要用迭代方法求解 $\hat{\boldsymbol{\beta}}$, Newton-Raphson 迭代是最常用的求解 $\hat{\boldsymbol{\beta}}$ 的方法之一,我们将在后面予以详细介绍.下面先引入信息矩阵的概念并给出其估计,它在基于最大似然估计的统计推断中有重要作用.

基于(2.76)式,求对数似然函数关于各未知参数的二阶偏导数得

$$
\begin{aligned}
&\frac{\partial^2 \ln L(\boldsymbol{\beta}; y_1, y_2, \cdots, y_m)}{\partial \beta_l \partial \beta_j} \\
&= -\sum_{k=1}^{m} \frac{n_k x_{kj} x_{kl} \exp(\tilde{\boldsymbol{x}}_k^{\mathrm{T}} \boldsymbol{\beta})}{[1+\exp(\tilde{\boldsymbol{x}}_k^{\mathrm{T}} \boldsymbol{\beta})]^2} \\
&= -\sum_{k=1}^{m} x_{kj} x_{kl} n_k \pi(\boldsymbol{x}_k)[1-\pi(\boldsymbol{x}_k)], 0 \leqslant j, l \leqslant p-1.
\end{aligned} \tag{2.81}
$$

一般地讲,$\boldsymbol{\beta}$ 的 Fisher 信息矩阵是将以上 p^2 个二阶导数中的 $y_k(k=1,2,\cdots,m)$ 替换为 $Y_k(k=1,2,\cdots,m)$ 后,其所组成的 $p \times p$ 方阵的负矩阵的数学期望,记为

$\boldsymbol{I}(\boldsymbol{\beta})$. 由于(2.81) 式中的各元素与随机变量 $Y_k(k=1,2,\cdots,m)$ 无关, 故

$$\boldsymbol{I}(\boldsymbol{\beta})=\mathrm{E}\left(-\frac{\partial^2\ln L(\boldsymbol{\beta};Y_1,Y_2,\cdots,Y_m)}{\partial\beta_l\partial\beta_j}\right)_{0\leqslant j,l\leqslant p-1}$$
$$=\left(\sum_{k=1}^{m}x_{kj}x_{kl}n_k\pi(\boldsymbol{x}_k)[1-\pi(\boldsymbol{x}_k)]\right)_{0\leqslant j,l\leqslant p-1}.$$

若令 m 阶对角矩阵

$$\boldsymbol{W}=\mathrm{Diag}(n_1\pi(\boldsymbol{x}_1)[1-\pi(\boldsymbol{x}_1)],n_2\pi(\boldsymbol{x}_2)[1-\pi(\boldsymbol{x}_2)],\cdots,n_k\pi(\boldsymbol{x}_k)[1-\pi(\boldsymbol{x}_k)]),\tag{2.82}$$

则

$$\boldsymbol{I}(\boldsymbol{\beta})=\boldsymbol{X}^{\mathrm{T}}\boldsymbol{W}\boldsymbol{X}.\tag{2.83}$$

根据最大似然估计理论, $\boldsymbol{\beta}$ 的最大似然估计 $\hat{\boldsymbol{\beta}}$ 的渐近协方差矩阵为 $\boldsymbol{I}(\boldsymbol{\beta})$ 的逆矩阵, 即

$$\mathrm{Cov}(\hat{\boldsymbol{\beta}})=\boldsymbol{I}^{-1}(\boldsymbol{\beta})=(\boldsymbol{X}^{\mathrm{T}}\boldsymbol{W}\boldsymbol{X})^{-1}.\tag{2.84}$$

进一步将 $\boldsymbol{\beta}$ 的最大似然估计 $\hat{\boldsymbol{\beta}}$ 代入 $\pi(\boldsymbol{x}_k)$ 的表达式(2.74) 中, 则得 $\pi(\boldsymbol{x}_k)$ 的估计

$$\hat{\pi}(\boldsymbol{x}_k)=\frac{\exp(\tilde{\boldsymbol{x}}_k^{\mathrm{T}}\hat{\boldsymbol{\beta}})}{1+\exp(\tilde{\boldsymbol{x}}_k^{\mathrm{T}}\hat{\boldsymbol{\beta}})},k=1,2,\cdots,m$$

以及矩阵 $\boldsymbol{W}$ 的估计

$$\hat{\boldsymbol{W}}=\mathrm{Diag}(n_1\hat{\pi}(\boldsymbol{x}_1)[1-\hat{\pi}(\boldsymbol{x}_1)],n_2\hat{\pi}(\boldsymbol{x}_2)[1-\hat{\pi}(\boldsymbol{x}_2)],\cdots,n_k\hat{\pi}(\boldsymbol{x}_k)[1-\hat{\pi}(\boldsymbol{x}_k)]),$$

进而可得 $\mathrm{Cov}(\hat{\boldsymbol{\beta}})$ 的估计为

$$\widehat{\mathrm{Cov}}(\hat{\boldsymbol{\beta}})=(\boldsymbol{X}^{\mathrm{T}}\hat{\boldsymbol{W}}\boldsymbol{X})^{-1},\tag{2.85}$$

其中 $(\boldsymbol{X}^{\mathrm{T}}\hat{\boldsymbol{W}}\boldsymbol{X})^{-1}$ 主对角线上的第 j 个元素便是 $\hat{\beta}_j$ 的渐近方差的估计, 此估计将用于对参数向量 $\boldsymbol{\beta}$ 的推断.

2. 似然方程的 Newton-Raphson 迭代解法

(1) Newton-Raphson 迭代法的一般描述. 设 $g(\boldsymbol{\beta})$ 是 $\boldsymbol{\beta}=(\beta_0,\beta_1,\cdots,\beta_{p-1})^{\mathrm{T}}$ 的 p 元函数, 求 $\hat{\boldsymbol{\beta}}$ 使

$$g(\hat{\boldsymbol{\beta}})=\max_{\boldsymbol{\beta}}g(\boldsymbol{\beta}).\tag{2.86}$$

令

$$\boldsymbol{q}=(q_0,q_1,\cdots,q_{p-1})^{\mathrm{T}},\text{其中 }q_j=\frac{\partial g(\boldsymbol{\beta})}{\partial\beta_j},j=0,1,\cdots,p-1,$$
$$\boldsymbol{H}=(h_{jl})_{p\times p},\text{其中 }h_{jl}=\frac{\partial^2 g(\boldsymbol{\beta})}{\partial\beta_l\partial\beta_j},0\leqslant j,l\leqslant p-1.$$

设 $\boldsymbol{\beta}^{(t)}$ 为第 t 次迭代求得的 $\boldsymbol{\beta}$ 值, 代入上式可得 $\boldsymbol{q}^{(t)}$ 和 $\boldsymbol{H}^{(t)}$. 在 $\boldsymbol{\beta}^{(t)}$ 处将 $g(\boldsymbol{\beta})$ 按 p

元函数的 Taylor 公式展开,并取至二次项,记为 $Q^{(t)}(\boldsymbol{\beta})$,即

$$Q^{(t)}(\boldsymbol{\beta})=g(\boldsymbol{\beta}^{(t)})+(\boldsymbol{q}^{(t)})^{\mathrm{T}}(\boldsymbol{\beta}-\boldsymbol{\beta}^{(t)})+\frac{1}{2}(\boldsymbol{\beta}-\boldsymbol{\beta}^{(t)})^{\mathrm{T}}\boldsymbol{H}^{(t)}(\boldsymbol{\beta}-\boldsymbol{\beta}^{(t)}).$$

令

$$\frac{\partial Q^{(t)}(\boldsymbol{\beta})}{\partial\boldsymbol{\beta}}=\boldsymbol{q}^{(t)}+\boldsymbol{H}^{(t)}(\boldsymbol{\beta}-\boldsymbol{\beta}^{(t)})=\boldsymbol{0},$$

关于 $\boldsymbol{\beta}$ 求解上述方程组,得 $\boldsymbol{\beta}$ 的第 $t+1$ 次迭代值为

$$\boldsymbol{\beta}^{(t+1)}=\boldsymbol{\beta}^{(t)}-(\boldsymbol{H}^{(t)})^{-1}\boldsymbol{q}^{(t)},\tag{2.87}$$

上式即为求解优化问题(2.86)的 Newton-Raphson 迭代公式.

(2) Logistic 模型参数最大似然估计的 Newton-Raphson 迭代公式. 对于 Logistic 模型,相应于优化问题(2.86)的目标函数为(2.75)式中的对数似然函数,即

$$g(\boldsymbol{\beta})=\ln L(\boldsymbol{\beta};y_1,y_2,\cdots,y_m).$$

由(2.76)式和(2.81)式可得,当 $\boldsymbol{\beta}=\boldsymbol{\beta}^{(t)}$ 时

$$\begin{aligned}q_j^{(t)}&=\left.\frac{\partial\ln L(\boldsymbol{\beta};y_1,y_2,\cdots,y_m)}{\partial\beta_j}\right|_{\boldsymbol{\beta}=\boldsymbol{\beta}^{(t)}}\\&=\sum_{k=1}^{m}[y_k-n_k\pi^{(t)}(\boldsymbol{x}_k)]x_{kj},j=0,1,\cdots,p-1,\\h_{jl}^{(t)}&=\left.\frac{\partial^2\ln L(\boldsymbol{\beta};y_1,y_2,\cdots,y_m)}{\partial\beta_l\partial\beta_j}\right|_{\boldsymbol{\beta}=\boldsymbol{\beta}^{(t)}}\\&=-\sum_{k=1}^{m}x_{kj}x_{kl}n_k\pi^{(t)}(\boldsymbol{x}_k)[1-\pi^{(t)}(\boldsymbol{x}_k)],0\leqslant j,l\leqslant p-1,\end{aligned}$$

其中

$$\pi^{(t)}(\boldsymbol{x}_k)=\frac{\exp(\tilde{\boldsymbol{x}}_k^{\mathrm{T}}\boldsymbol{\beta}^{(t)})}{1+\exp(\tilde{\boldsymbol{x}}_k^{\mathrm{T}}\boldsymbol{\beta}^{(t)})},k=1,2,\cdots,m,$$

这时

$$\boldsymbol{q}^{(t)}=(q_0^{(t)},q_1^{(t)},\cdots,q_{p-1}^{(t)})^{\mathrm{T}}=\boldsymbol{X}^{\mathrm{T}}(\boldsymbol{Y}-\boldsymbol{N}^{(t)}),\tag{2.88}$$

$$\boldsymbol{H}^{(t)}=(h_{jl}^{(t)})_{p\times p}=-\boldsymbol{I}(\boldsymbol{\beta}^{(t)})=-\boldsymbol{X}^{\mathrm{T}}\boldsymbol{W}^{(t)}\boldsymbol{X},\tag{2.89}$$

其中 $\boldsymbol{X}$ 和 $\boldsymbol{Y}$ 如(2.78)式所示,$\boldsymbol{N}^{(t)}$ 和 $\boldsymbol{W}^{(t)}$ 分别为在(2.79)式的 $\boldsymbol{N}$ 以及(2.82)式的 $\boldsymbol{W}$ 中将 $\pi(\boldsymbol{x}_k)$ 换为 $\pi^{(t)}(\boldsymbol{x}_k)(k=1,2,\cdots,m)$ 所得的向量和矩阵.将(2.88)式和(2.89)式代入(2.87)式,得 Logistic 模型参数 $\boldsymbol{\beta}$ 的最大似然估计的 Newton-Raphson 迭代公式为

$$\boldsymbol{\beta}^{(t+1)}=\boldsymbol{\beta}^{(t)}+(\boldsymbol{X}^{\mathrm{T}}\boldsymbol{W}^{(t)}\boldsymbol{X})^{-1}\boldsymbol{X}^{\mathrm{T}}(\boldsymbol{Y}-\boldsymbol{N}^{(t)}),t=0,1,2,\cdots.\tag{2.90}$$

Logistic 模型的对数似然函数(2.75)是参数 $\boldsymbol{\beta}$ 的严格凸函数,由此可证明在

一般情况下，$\boldsymbol{\beta}$ 的最大似然估计存在且惟一. 根据(2.90) 式，具体迭代计算步骤如下：

1) 给定 $\boldsymbol{\beta}$ 的初值 $\boldsymbol{\beta}^{(0)}$，计算

$$\pi^{(0)}(\boldsymbol{x}_k)=\frac{\exp(\tilde{\boldsymbol{x}}_k^{\mathrm{T}}\boldsymbol{\beta}^{(0)})}{1+\exp(\tilde{\boldsymbol{x}}_k^{\mathrm{T}}\boldsymbol{\beta}^{(0)})},\tilde{\boldsymbol{x}}_k^{\mathrm{T}}=(1,x_{k1},\cdots,x_{k,p-1}),k=1,2,\cdots,m,$$

$$\boldsymbol{N}^{(0)}=(n_1\pi^{(0)}(\boldsymbol{x}_1),n_2\pi^{(0)}(\boldsymbol{x}_2),\cdots,n_m\pi^{(0)}(\boldsymbol{x}_m))^{\mathrm{T}},$$

$$\boldsymbol{W}^{(0)}=\mathrm{Diag}(n_1\pi^{(0)}(\boldsymbol{x}_1)[1-\pi^{(0)}(\boldsymbol{x}_1)],n_2\pi^{(0)}(\boldsymbol{x}_2)[1-\pi^{(0)}(\boldsymbol{x}_2)],\cdots,$$
$$n_k\pi^{(0)}(\boldsymbol{x}_k)[1-\pi^{(0)}(\boldsymbol{x}_k)]).$$

2) 将 $\boldsymbol{N}^{(0)},\boldsymbol{W}^{(0)}$ 及 $\boldsymbol{\beta}^{(0)}$ 代入迭代公式(2.90) 右端求得 $\boldsymbol{\beta}^{(1)}$. 由 $\boldsymbol{\beta}^{(1)}$ 的值按照步骤 1) 计算 $\boldsymbol{N}^{(1)}$ 和 $\boldsymbol{W}^{(1)}$，代入(2.90) 式右端得 $\boldsymbol{\beta}^{(2)}$.

3) 重复步骤 2) 直至 $t=T_0$，使对给定的误差限 ε，有

$$\|\boldsymbol{\beta}^{(T_0)}-\boldsymbol{\beta}^{(T_0-1)}\|=\left[\sum_{j=0}^{p-1}(\beta_j^{(T_0)}-\beta_j^{(T_0-1)})^2\right]^{\frac{1}{2}}\leqslant\varepsilon,$$

则 $\boldsymbol{\beta}$ 的最大似然估计为 $\hat{\boldsymbol{\beta}}=\boldsymbol{\beta}^{(T_0)}$.

基于迭代终止时的 $\boldsymbol{W}^{(T_0)}$ 矩阵，可得 Fisher 信息矩阵 $\boldsymbol{I}(\boldsymbol{\beta})$ 以及 $\hat{\boldsymbol{\beta}}$ 的协方差矩阵的估计分别为 $\hat{\boldsymbol{I}}(\boldsymbol{\beta})=\boldsymbol{X}^{\mathrm{T}}\boldsymbol{W}^{(T_0)}\boldsymbol{X}$ 和 $\widehat{\mathrm{Cov}}(\hat{\boldsymbol{\beta}})=(\boldsymbol{X}^{\mathrm{T}}\boldsymbol{W}^{(T_0)}\boldsymbol{X})^{-1}$.

3. 初值 $\boldsymbol{\beta}^{(0)}$ 的确定

虽然在理论上，迭代的初值 $\boldsymbol{\beta}^{(0)}$ 可以任意选取，但恰当的初值选取可以降低达到指定精度 ε 所需的迭代次数 T_0，从而节省计算时间. 在此介绍一种基于修正的经验 Logistic 变换确定 $\boldsymbol{\beta}$ 的初值 $\boldsymbol{\beta}^{(0)}$ 的方法. 令

$$z_k=\ln\left(\frac{y_k+0.5}{n_k-y_k+0.5}\right),k=1,2,\cdots,m,$$

$$v_k=\frac{(n_k+1)(n_k+2)}{n_k(y_k+1)(n_k-y_k+1)},k=1,2,\cdots,m,$$

$$\boldsymbol{Z}=(z_1,z_2,\cdots,z_m)^{\mathrm{T}},$$

$$\boldsymbol{D}=\mathrm{Diag}(v_1,v_2,\cdots,v_m),$$

则初值 $\boldsymbol{\beta}^{(0)}$ 取为

$$\boldsymbol{\beta}^{(0)}=(\boldsymbol{X}^{\mathrm{T}}\boldsymbol{D}^{-1}\boldsymbol{X})^{-1}\boldsymbol{X}^{\mathrm{T}}\boldsymbol{D}^{-1}\boldsymbol{Z}.$$

在许多实际问题中，当数据是在自然状态下观测得到且因变量 $X_1,X_2,\cdots,X_{p-1}$ 中有连续变量时，往往有 $n_k=1,y_k$ 为 0 或 1，因此 z_k 中加了修正量 0.5.

2.5.3 Logistic 回归模型的统计推断

同线性回归分析一样，对 Logistic 模型，需要检验哪些自变量对事件 A 发生

的概率有显著影响，其中两个重要情况是检验全局回归关系的显著性及各个自变量对 A 发生的概率是否有显著影响. 在此介绍一组自变量影响显著性的似然比检验以及单个自变量影响显著性的 Wald 检验.

1. 一组自变量影响显著性的似然比检验

将所有 $p-1$ 个自变量分为两组，一组含 r 个，另一组含 $p-r-1$ 个. 为便于叙述，不妨设这两组自变量分别为 $X_1, X_2, \cdots, X_r$ 和 $X_{r+1}, X_{r+2}, \cdots, X_{p-1}$，检验 X_1, $X_2, \cdots, X_r$ 对事件 A 发生的概率影响的显著性，即检验假设

$H_0: \beta_1 = \beta_2 = \cdots = \beta_r = 0 \leftrightarrow H_1: \beta_1, \beta_2, \cdots, \beta_r$ 中至少有一个不为零.

似然比检验即基于原假设和备择假设下，似然函数最大值的比值（或其对数值的差值）为统计量检验相关假设. 具体检验方法如下：

（1）拟合含所有自变量 $X_1, X_2, \cdots, X_{p-1}$ 的 Logistic 模型，求出参数向量 $\boldsymbol{\beta} = (\beta_0, \beta_1, \cdots, \beta_{p-1})^{\mathrm{T}}$ 的最大似然估计 $\hat{\boldsymbol{\beta}}$，代入对数似然函数(2.75)，得其最大值

$$\begin{aligned} L(H_1) &= \ln L(\hat{\boldsymbol{\beta}}; y_1, y_2, \cdots, y_m) \\ &= \sum_{k=1}^{m} \ln \binom{n_k}{y_k} - \sum_{k=1}^{m} n_k \ln[1 + \exp(\tilde{\boldsymbol{x}}_k^{\mathrm{T}} \hat{\boldsymbol{\beta}})] + \sum_{k=1}^{m} y_k \tilde{\boldsymbol{x}}_k^{\mathrm{T}} \hat{\boldsymbol{\beta}}. \end{aligned} \tag{2.91}$$

（2）假设 H_0 为真，拟合仅含自变量 $X_{r+1}, X_{r+2}, \cdots, X_{p-1}$ 的 Logistic 模型，求参数向量 $\boldsymbol{\beta}_{H_0} = (\beta_0, \beta_{r+1}, \cdots, \beta_{p-1})^{\mathrm{T}}$ 的最大似然估计 $\hat{\boldsymbol{\beta}}_{H_0}$，并求相应对数似然函数的最大值

$$\begin{aligned} L(H_0) &= \ln L(\hat{\boldsymbol{\beta}}_{H_0}; y_1, y_2, \cdots, y_m) \\ &= \sum_{k=1}^{m} \ln \binom{n_k}{y_k} - \sum_{k=1}^{m} n_k \ln[1 + \exp((\tilde{\boldsymbol{x}}_k^{(0)})^{\mathrm{T}} \hat{\boldsymbol{\beta}}_{H_0})] + \sum_{k=1}^{m} y_k (\tilde{\boldsymbol{x}}_k^{(0)})^{\mathrm{T}} \hat{\boldsymbol{\beta}}_{H_0}, \end{aligned} \tag{2.92}$$

其中 $\hat{\boldsymbol{x}}_k^{(0)} = (1, x_{k,r+1}, \cdots, x_{k,p-1}), k = 1, 2, \cdots, m$.

（3）构造统计量

$$K^2 = 2[L(H_1) - L(H_0)] = 2\ln\left[\frac{L(\hat{\boldsymbol{\beta}}; y_1, y_2, \cdots, y_m)}{L(\hat{\boldsymbol{\beta}}_{H_0}; y_1, y_2, \cdots, y_m)}\right]. \tag{2.93}$$

可以证明，当 $m \to \infty$ 时，K^2 渐近服从自由度为 r 的 χ^2 分布，即 $K^2 \overset{A}{\sim} \chi^2(r)$，且过分偏大的 K^2 值支持拒绝原假设 H_0，因此检验 p 值为

$$p_0 = P_{H_0}(K^2 \geqslant K_0^2) = P(\chi^2(r) \geqslant K_0^2), \tag{2.94}$$

其中 K_0^2 为由(2.93)式计算的 K^2 的观测值，在计算 K_0^2 时，(2.91)式和(2.92)式中的共同因子 $\sum_{k=1}^{m} \ln \binom{n_k}{y_k}$ 可略去.

在上述检验中，取 $r = p-1$，则是回归关系全局显著性的似然比检验；取

$r=1$ 且对应的自变量为 $X_j(1\leqslant j\leqslant p-1)$，则是单个自变量 X_j 影响显著性的似然比检验.

2. 单个自变量影响显著性的 Wald 检验

检验某个自变量 $X_j(1\leqslant j\leqslant p-1)$ 对事件 A 发生的概率影响的显著性，即检验假设

$$H_0: \beta_j=0 \leftrightarrow H_1: \beta_j\neq 0.$$

在此简单情况下，基于参数向量 $\boldsymbol{\beta}$ 的最大似然估计 $\hat{\boldsymbol{\beta}}$ 的渐近正态性，可建立一个计算量较小的检验方法，即 Wald 检验，该检验是 SAS 软件中 Logistic 回归分析过程的默认输出结果.

在一些正则条件下可以证明，$\boldsymbol{\beta}$ 的最大似然估计 $\hat{\boldsymbol{\beta}}$ 具有渐近正态性，即

$$\hat{\boldsymbol{\beta}}-\boldsymbol{\beta} \overset{A}{\sim} N(\boldsymbol{0},\boldsymbol{I}^{-1}(\boldsymbol{\beta})), \tag{2.95}$$

其中 $\boldsymbol{I}(\boldsymbol{\beta})$ 为 $\boldsymbol{\beta}$ 的 Fisher 信息矩阵.由(2.85)式知,$\boldsymbol{I}^{-1}(\boldsymbol{\beta})$(即 $\hat{\boldsymbol{\beta}}$ 的协方差矩阵 $\mathrm{Cov}(\hat{\boldsymbol{\beta}})$)的估计为$\widehat{\mathrm{Cov}}(\hat{\boldsymbol{\beta}})=(\boldsymbol{X}^{\mathrm{T}}\hat{\boldsymbol{W}}\boldsymbol{X})^{-1}$,可由 Newton-Raphson 迭代过程得到.这样,$(\boldsymbol{X}^{\mathrm{T}}\hat{\boldsymbol{W}}\boldsymbol{X})^{-1}$ 的主对角线上的第 $j+1$ 个元素就是 $\hat{\beta}_j$ 的方差的估计,记为 $s^2(\hat{\beta}_j)$.由(2.95)式可得,当 $m\to\infty$ 时,

$$\frac{\hat{\beta}_j-\beta_j}{s(\hat{\beta}_j)} \overset{A}{\sim} N(0,1). \tag{2.96}$$

构造统计量

$$W_j=\left(\frac{\hat{\beta}_j}{s(\hat{\beta}_j)}\right)^2, \tag{2.97}$$

则当 H_0 为真时，由(2.96)式可知 W_j 渐近服从$\chi^2(1)$分布，且大的 W_j 值支持拒绝原假设 H_0，因此检验的 p 值为

$$p_{0j}=P_{H_0}(W_j\geqslant W_{0j})=P(\chi^2(1)\geqslant W_{0j}), \tag{2.98}$$

其中 W_{0j} 是由(2.97)式计算的统计量 W_j 的观测值.

Wald 检验也适用于检验 β_0 是否等于零的假设，但此假设对解释自变量的重要性并不起作用，因此在实际数据的分析中，人们一般并不关心对此假设的检验结果. 另外，基于(2.96)式，可以得到 $\beta_j(0\leqslant j\leqslant p-1)$ 的置信度为 $1-\alpha$ 的渐近置信区间为

$$\hat{\beta}_j \pm u_{1-\frac{\alpha}{2}}s(\hat{\beta}_k), \tag{2.99}$$

其中 $u_{1-\frac{\alpha}{2}}$ 为标准正态分布 $N(0,1)$ 的 $1-\dfrac{\alpha}{2}$ 分位数.

SAS 软件中的 proc logistic 过程专用于拟合 Logistic 模型，该过程的分析内容和基本语句与 proc reg 过程十分相似，除输出检验回归关系全局显著性的似

然比统计量 K^2 的观测值及检验 p 值，参数 $\boldsymbol{\beta}$ 的最大似然估计值和标准差以及检验各参数是否为零的统计量 W_j 的观测值及检验 p 值外，还具有变量选择、计算各 $\pi(\boldsymbol{x}_k)$ 的拟合值、置信区间等众多功能.

例 2.11 表 2.12 是 40 位肺癌患者在六个变量上的观测值，这六个变量分别是生活能力评分 X_1（取值为 1 ~ 100），患者年龄 X_2，由确诊到进入观测研究的时间 X_3（单位：月），肿瘤类型 X_4（0：磷癌；1：小型细胞癌；2：腺癌；3：大型细胞癌），化疗方法 X_5（0：新方法；1：常规方法），自观测研究之日起患者的生存时间 Y（$Y = 0$ 表示生存时间不超过 200 天，$Y = 1$ 表示生存时间超过 200 天）. 试用 Logistic 模型分析患者生存时间长短的概率与其他五个变量之间的关系.

表 2.12 40 位肺癌患者的生存数据

序号	x_1	x_2	x_3	x_4	x_5	y	序号	x_1	x_2	x_3	x_4	x_5	y
1	70	64	5	1	1	1	21	60	37	13	1	1	0
2	60	63	9	1	1	0	22	90	54	12	1	0	1
3	70	65	11	1	1	0	23	50	52	8	1	0	1
4	40	69	10	1	1	0	24	70	50	7	1	0	1
5	40	63	58	1	1	0	25	20	65	21	1	0	0
6	70	48	9	1	1	0	26	80	52	28	1	0	1
7	70	48	11	1	1	0	27	60	70	13	1	0	0
8	80	63	4	2	1	0	28	50	40	13	1	0	0
9	60	63	14	2	1	0	29	70	36	22	2	0	0
10	30	53	4	2	1	0	30	40	44	36	2	0	0
11	80	43	12	2	1	0	31	30	54	9	2	0	0
12	40	55	2	2	1	0	32	30	59	87	2	0	0
13	60	66	25	2	1	1	33	40	69	5	3	0	0
14	40	67	23	2	1	0	34	60	50	22	3	0	0
15	20	61	19	3	1	0	35	80	62	4	3	0	0
16	50	63	4	3	1	0	36	70	68	15	0	0	0
17	50	66	16	0	1	0	37	30	39	4	0	0	0
18	40	68	12	0	1	0	38	60	49	11	0	0	0
19	80	41	12	0	1	1	39	80	64	10	0	0	1
20	70	53	8	0	1	1	40	70	67	18	0	0	1

解 建立 $P(Y = 1)$ 与变量 $X_1, X_2, \cdots, X_5$ 的 Logistic 模型

$$\ln\left(\frac{P(Y=1)}{1-P(Y=1)}\right) = \beta_0 + \sum_{j=1}^{5} \beta_j X_j,$$

基于表 2.12 中的数据，利用 SAS 系统中的 proc logistic 过程拟合此模型，相关结果如下：

检验全局回归关系显著性的似然比统计量 K^2 的观测值

$$K_0^2 = 16.594\ 8,$$

自由度为 $r = 5$,检验 p 值为

$$p_0 = P_{H_0}(K^2 \geqslant K_0^2) = P(\chi^2(5) > 16.594\ 8) = 0.005\ 3,$$

即全局回归关系显著.

关于参数的最大似然估计值、标准差、Wald 统计量观测值及检验 p 值的输出结果如表 2.13 所示.

表 2.13 参数的最大似然估计及 Wald 检验结果

参数	估计值	标准差	Wald 值	p 值
β_0	- 7.011 4	4.475 3	2.454 4	0.117 2
β_1	0.099 9	0.043 0	5.391 0	0.020 2
β_2	0.014 2	0.047 0	0.090 8	0.763 1
β_3	0.017 5	0.054 6	0.102 7	0.748 6
β_4	- 1.083 0	0.587 2	3.401 3	0.065 1
β_5	- 0.613 1	0.960 7	0.407 3	0.523 3

根据参数估计结果，可得患者生存时间超过 200 天的概率与自变量的关系为

$$P(Y=1) \\ = \frac{\exp(-7.011\ 4+0.099\ 9X_1+0.014\ 2X_2+0.017\ 5X_3-1.083\ 0X_4-0.613\ 1X_5)}{1+\exp(-7.011\ 4+0.099\ 9X_1+0.014\ 2X_2+0.017\ 5X_3-1.083\ 0X_4-0.613\ 1X_5)},$$

再结合各参数 Wald 检验 p 值可知，生活能力评分(X_1)以及肿瘤类型(X_4)对生存时间超过 200 天的概率有重要影响，二者均在 $\alpha = 0.10$ 的水平下显著. 患者的生活能力评分越高，生存超过 200 天的概率越大；而肿瘤类型分类越高，生存时间超过 200 天的概率越小. 其他三个指标对生存时间的影响均不显著.

如果按照 Wald 检验 p 值从大到小的顺序逐个删除在 $\alpha = 0.10$ 水平下不显著的变量(即利用向后剔除法选择自变量)，则最终选择的变量为 X_1 和 X_4，全局回归关系显著性检验统计量 K^2 的值为 15.913 3，与含所有自变量时的 K^2 值 16.594 8 相比，减少量很小，检验 p 值为 0.000 4(此时自由度为 2)，全局回归关系仍显著. 参数估计及其 Wald 检验结果如表 2.14 所示.

表 2.14 基于向后剔除法选择模型的参数估计结果

参数	估计值	标准差	Wald 值	p 值
β_0	-6.137 5	2.738 4	5.023 2	0.025 0

续表

参数	估计值	标准差	Wald 值	p 值
β_1	0.097 6	0.040 8	5.724 1	0.016 7
β_4	-1.125 2	0.602 4	3.489 2	0.061 8

由此得到一个更为紧凑的 Logistic 回归方程

$$P(Y=1)=\frac{\exp(-6.137\,5+0.097\,6X_1-1.125\,2X_4)}{1+\exp(-6.137\,5+0.097\,6X_1-1.125\,2X_4)}, \tag{2.100}$$

若用向前添加及逐步回归法选择变量，就此例而言，均与向后剔除法结果相同.

由所选模型，计算各患者生存时间超过 200 天的概率的拟合值如表 2.15 所示.

表 2.15　40 位患者生存概率 $P(Y=1)$ 的拟合值及 Y 的观测值

序号	$\hat{P}(Y=1)$	y	序号	$\hat{P}(Y=1)$	y	序号	$\hat{P}(Y=1)$	y	序号	$\hat{P}(Y=1)$	y
1	0.393 7*	1	11	0.358 7	0	21	0.196 6	0	31	0.004 2	0
2	0.196 6	0	12	0.011 2	0	22	0.820 5	1	32	0.004 2	0
3	0.393 7	0	13	0.073 6*	1	23	0.084 4*	1	33	0.003 7	0
4	0.033 6	0	14	0.011 2	0	24	0.393 7*	1	34	0.025 1	0
5	0.033 6	0	15	0.000 5	0	25	0.004 9	0	35	0.153 6	0
6	0.393 7	0	16	0.009 6	0	26	0.632 8	1	36	0.666 8*	0
7	0.393 7	0	17	0.221 3	0	27	0.196 6	0	37	0.038 8	0
8	0.358 7	0	18	0.096 7	0	28	0.084 4	0	38	0.429 9	0
9	0.073 6	0	19	0.841 5	1	29	0.174 1	0	39	0.841 5	1
10	0.004 2	0	20	0.666 8	1	30	0.011 2	0	40	0.666 8	1

由表 2.15 知，对生存时间超过 200 天($Y=1$)的患者，其概率的拟合值一般较大，而对生存时间不超过 200 天($Y=0$)的患者，其概率的拟合值普遍较小. 如果以概率 $P=0.5$ 为临界值，基于概率的拟合值对各患者进行分类，则除第 1，13，23，24 和 36 号患者(对应表中带“ * ”号的概率拟合值)分错外，其余均分对，正确率达 80%，说明模型(2.100)有较好的预测能力. 例如，若一位新患者的生活能力评分 $x_1=85$，患小型细胞癌($x_4=1$)，则该患者生存时间超过 200 天的概率为

$$P(Y=1)=\frac{\exp(-6.137\,5+0.097\,6\times85-1.125\,2\times1)}{1+\exp(-6.137\,5+0.097\,6\times85-1.125\,2\times1)}=0.737\,9.$$

作为本章的结束，我们指出，回归分析由于其广泛的应用背景，一直都是数据分析的重要工具之一，也是统计领域一个热点研究方向. 对于线性回归模型，已建立起了有效的估计和统计推断方法，形成了完整的理论体系，是回归分析的

首选模型之一.但线性回归模型及其统计推断理论主要建立在因变量为连续型随机变量,特别为正态分布随机变量的基础之上,而广义线性模型将因变量的分布推广到指数族分布,可以处理因变量服从诸如二项分布、Poisson 分布、负二项分布等离散型分布和正态分布、Γ 分布等一些连续型分布的回归分析问题,Logistic回归模型是简单且应用最广泛的广义线性模型.线性回归模型和广义线性模型均属于参数回归模型,其中对回归函数线性形式的假定仍具有很大的主观性.近几十年来,借助计算机的强大计算能力,非参数回归分析得到飞速发展.非参数回归模型不假定回归函数的具体形式,充分依靠数据本身的信息对回归函数进行估计,是探索和分析回归关系更为复杂结构的有效方法,也可为参数回归模型的建立提供有用的诊断方法.参数和非参数回归模型的结合,又形成了诸如部分线性模型、变系数模型、半变系数模型、广义变系数及广义半变系数模型等一系列回归模型,为利用回归方法分析数据提供了丰富多彩的模型形式和模型的估计及统计推断方法.

习题2

2.1 写出下列回归模型的矩阵形式.

(1) $y_i = \beta_1 x_{i1} + \beta_2 x_{i1}^2 + \varepsilon_i, i = 1,2,\cdots,n$;

(2) $\sqrt{y_i} = \beta_0 + \beta_1 \ln x_{i1} + \beta_2 x_{i2} + \beta_3(x_{i1} + \sin x_{i2}) + \varepsilon_i, i = 1,2,\cdots,n.$

2.2 对于过原点的简单线性回归模型

$$y_i = \beta x_i + \varepsilon_i, i = 1,2,\cdots,n,$$

设 $\varepsilon_i(i = 1,2,\cdots,n)$ 相互独立且均服从 $N(0,\sigma^2)$ 分布.

(1) 求 β 的最小二乘估计,它是否是 β 的无偏估计?

(2) 求出误差方差 σ^2 的一个无偏估计;

(3) 写出回归关系显著性检验的统计量及其零分布,相应的方差分析表,它和具有常数项的简单线性回归模型的相应结果有何区别?

(4) 给出检验假设 $H_0:\beta = 0$ 的 t 统计量及其零分布,它和(3)中的假设检验有何关系?

(5) 对于自变量的新的观测值 x_0,给出相应的因变量取值 y_0 的预测值及其置信度为 $1-\alpha$ 的置信区间.

2.3 考察下列回归模型

$$y_i = \beta_0 + \beta_1 x_{i1} + \beta_2 x_{i2} + \beta_3 x_{i1} x_{i2} + \beta_4 \sqrt{x_{i3}} + \varepsilon_i, i = 1,2,\cdots,n,$$

并假定误差项独立同分布于 $N(0,\sigma^2)$.在下列情况下,写出约简模型、相应的检验统计量及其零分布:

(1) $\beta_3 = \beta_4 = 0$;

(2) $\beta_1 = \beta_2$;

(3) $\beta_4 = 1$.

2.4 某公司管理人员为了解某化妆品在一个城市的月销售量 Y(单位:箱)与该城市中适合使用该化妆品的人数 X_1(单位:万人)以及他们人均月收入 X_2(单位:元)之间的关系,在某个月中对 15 个城市作了调查,得上述各量的观测值如表 2.16 所示.

表 2.16 化妆品销售数据

城市	销量(y)	人数(x_1)	收入(x_2)	城市	销量(y)	人数(x_1)	收入(x_2)
1	162	27.4	2 450	9	116	19.5	2 137
2	120	18.0	3 254	10	55	5.3	2 560
3	223	37.5	3 802	11	252	43.0	4 020
4	131	20.5	2 838	12	232	37.2	4 427
5	67	8.6	2 347	13	144	23.6	2 660
6	169	26.5	3 782	14	103	15.7	2 088
7	81	9.8	3 008	15	212	37.0	2 605
8	192	33.0	2 450				

假设 Y 与 X_1, X_2 之间满足线性回归关系

$$y_i = \beta_0 + \beta_1 x_{i1} + \beta_2 x_{i2} + \varepsilon_i,\ i = 1,2,\cdots,15,$$

其中 $\varepsilon_i(i = 1,2,\cdots,15)$ 独立同分布于 $N(0,\sigma^2)$.

(1) 求回归系数 β_0,β_1,β_2 的最小二乘估计和误差方差 σ^2 的估计,写出回归方程并对回归系数作解释;

(2) 给出方差分析表,解释对线性回归关系显著性检验的结果,求复相关系数的平方 R^2 的值并解释其意义;

(3) 分别求 β_1 和 β_2 的置信度为 95% 的置信区间;

(4) 对 $\alpha = 0.05$,分别检验人数 X_1 及收入 X_2 对销量 Y 的影响是否显著,利用与回归系数有关的一般假设检验方法检验 X_1 和 X_2 的交互作用(即 X_1X_2)对 Y 的影响是否显著;

(5) 该公司欲在一个适宜使用该化妆品的人数 $x_{01} = 220$,人均月收入 $x_{02} = 2\,500$ 的新的城市中销售该化妆品,求其销量的预测值及其置信度为 95% 的置信区间;

(6) 求 Y 的拟合值、残差及学生化残差,根据对学生化残差正态性的频率检验及正态 QQ 图检验说明模型误差项的正态性假定是否合理,有序学生化残差与相应标准正态分布的分位数的相关系数是多少? 作出各种残差图,分析模型有关假定的合理性.

2.5 表 2.17 中的数据是由某特定模型 $Y=f(X)+\varepsilon$ 产生的 20 组模拟数据.

表 2.17 模 拟 数 据

x	y	x	y
0.05	5.942 1	0.45	5.195 5
0.15	5.469 1	0.55	5.248 7
0.25	5.872 4	0.65	5.135 6
0.35	5.181 5	0.75	5.226 0

续表

x	y	x	y
0.85	5.081 3	1.45	5.344 8
0.95	5.223 6	1.55	5.146 2
1.05	4.734 9	1.65	5.409 1
1.15	4.594 9	1.75	5.650 0
1.25	5.154 3	1.85	6.025 6
1.35	5.284 4	1.95	5.535 0

(1) 首先拟合Y关于X的线性回归模型，结果如何？通过残差分析（尤其是残差图分析）并参考Y与X的散点图，选择你认为合理的回归函数形式.拟合你所选择的回归模型，再通过残差分析考察所设定的模型的合理性.最后，将所拟合的回归方程与真实模型（$Y=5+(X-1)^2+\varepsilon,\varepsilon\sim N(0,0.625)$）比较，你是否给出了正确的模型形式.

(2) 如果对因变量作 Box-Cox 变换，求变换参数λ的值.拟合变换后的变量关于X的简单线性回归模型，结果如何？你对 Box-Cox 变换有何新的认识？

2.6 在林业工程中，研究树干的体积Y与离地面一定高度的树干直径X_1和树干高度X_2之间的关系具有重要的实用意义.表 2.18 给出了 31 棵树的相关数据.

表 2.18 树干直径、高度与体积数据

直径(x_1)	高度(x_2)	体积(y)	直径(x_1)	高度(x_2)	体积(y)
8.3	70	10.3	12.9	85	33.8
8.6	65	10.3	13.3	86	27.4
8.8	63	10.2	13.7	71	25.7
10.5	72	16.4	13.8	64	24.9
10.7	81	18.8	14.0	78	34.5
10.8	83	19.7	14.2	80	31.7
11.0	66	15.6	14.5	74	36.3
11.0	75	18.2	16.0	72	38.3
11.1	80	22.6	16.3	77	42.6
11.2	75	19.9	17.3	81	55.4
11.3	79	24.2	17.5	82	55.7
11.4	76	21.0	17.9	80	58.3
11.4	76	21.4	18.0	80	51.5
11.7	69	21.3	18.0	80	51.0
12.0	75	19.1	20.6	87	77.0
12.9	74	22.2			

(1) 首先拟合线性回归模型$Y=\beta_0+\beta_1X_1+\beta_2X_2+\varepsilon$，通过残差分析考察模型的合理性，是否需要对数据作变换？

(2) 对因变量 Y 作 Box-Cox 变换,确定变换参数 λ 的值.对变换后的因变量重新拟合与 X_1,X_2 的线性回归模型并作残差分析,Box-Cox 变换的效果如何?

2.7 在上题中,由于树干可近似地看成圆柱或圆台,于是考虑线性回归模型 $Y = \beta_0 + \beta_1 X_1^2 + \beta_2 X_2 + \varepsilon$ 可能更为合理.利用表 2.18 数据拟合此模型,进行 2.6 题同样的分析,并与2.6 题结果作比较.

2.8 对于例 2.8 中肝手术患者的生存时间及相关指标数据(见表 2.7),在对数变换 $Z = \ln Y$ 之下,进行例 2.8(2) 及例 2.9、例 2.10 类似的分析,并对两种变换下的结果作比较和评述.

2.9 某医院为了解患者对医院工作的满意程度 Y 和患者的年龄 X_1,病情的严重程度 X_2 和患者的忧虑程度 X_3 之间的关系,随机调查了该医院的 23 位患者,得数据如表 2.19 所示.

表 2.19 患者满意程度的调查数据

年龄 (x_1)	病情程度 (x_2)	忧虑程度 (x_3)	满意程度 (y)	年龄 (x_1)	病情程度 (x_2)	忧虑程度 (x_3)	满意程度 (y)
50	51	2.3	48	38	55	2.2	47
36	46	2.3	57	34	51	2.3	51
40	48	2.2	66	53	54	2.2	57
41	44	1.8	70	36	49	2.0	66
28	43	1.8	89	33	56	2.5	79
49	54	2.9	36	29	46	1.9	88
42	50	2.2	46	33	49	2.1	60
45	48	2.4	54	55	51	2.4	49
52	62	2.9	26	29	52	2.3	77
29	50	2.1	77	44	58	2.9	52
29	48	2.4	89	43	50	2.3	60
43	53	2.4	67				

(1) 拟合线性回归模型 $Y = \beta_0 + \beta_1 X_1 + \beta_2 X_2 + \beta_3 X_3 + \varepsilon$,通过残差分析考察模型及有关误差分布正态性假定的合理性;

(2) 若(1) 中模型合理,分别在(i) $R_a^2(p)$、(ii) C_p 和(iii) $PRESS_p$ 准则下选择最优回归方程,各准则下的选择结果是否一致?

(3) 对 $\alpha_E = \alpha_D = 0.10$,用逐步回归法选择最优回归方程,其结果和(2)中的是否一致?

(4) 对选择的最优回归方程作残差分析,与(1)中的相应结果比较,有何变化?

2.10 表 2.20 是 66 家金融公司当时在财务运营指标 X_1,X_2 和 X_3 上的数据以及标示两年后各公司是否破产的变量 Y 的取值, 其中

$$X_1 = \frac{\text{留存收益}}{\text{总资产}},X_2 = \frac{\text{扣除利息和税收前的收益}}{\text{总资产}},X_3 = \frac{\text{销售额}}{\text{总资产}},$$

$$Y = \begin{cases} 0, & \text{若公司在 2 年后破产}, \\ 1, & \text{若公司在 2 年后未破产}, \end{cases}$$

表 2.20 66 家金融公司的财务运营数据

序号	x_1	x_2	x_3	y	序号	x_1	x_2	x_3	y
1	-62.8	-89.5	1.7	0	34	43.0	16.4	1.3	1
2	3.3	-3.5	1.1	0	35	47.0	16.0	1.9	1
3	-120.8	-103.2	2.5	0	36	-3.3	4.0	2.7	1
4	-18.1	-28.8	1.1	0	37	35.0	20.8	1.9	1
5	-3.8	-50.6	0.9	0	38	46.7	12.6	0.9	1
6	-61.2	-56.2	1.7	0	39	20.8	12.5	2.4	1
7	-20.3	-17.4	1.0	0	40	33.0	23.6	1.5	1
8	-194.5	-25.8	0.5	0	41	26.1	10.4	2.1	1
9	20.8	-4.3	1.0	0	42	68.6	13.8	1.6	1
10	-106.1	-22.9	1.5	0	43	37.3	33.4	3.5	1
11	-39.4	-35.7	1.2	0	44	59.0	23.1	5.5	1
12	-164.1	-17.7	1.3	0	45	49.6	23.8	1.9	1
13	-308.9	-65.8	0.8	0	46	12.5	7.0	1.8	1
14	7.2	-22.6	2.0	0	47	37.3	34.1	1.5	1
15	-118.3	-34.2	1.5	0	48	35.3	4.2	0.9	1
16	-185.9	-280.0	6.7	0	49	48.5	25.1	2.6	1
17	-34.6	-19.4	3.4	0	50	18.1	13.5	4.0	1
18	-27.9	6.3	1.3	0	51	31.4	15.7	1.9	1
19	-48.2	6.8	1.6	0	52	21.5	-14.4	1.0	1
20	-49.2	-17.2	0.3	0	53	8.5	5.8	1.5	1
21	-19.2	-36.7	0.8	0	54	40.6	5.8	1.8	1
22	-18.1	-6.5	0.9	0	55	34.6	26.4	1.8	1
23	-98.0	-20.8	1.7	0	56	19.9	26.7	2.3	1
24	-129.0	-14.2	1.3	0	57	17.4	12.6	1.3	1
25	-4.0	-15.8	2.1	0	58	54.7	14.6	1.7	1
26	-8.7	-36.3	2.8	0	59	53.5	20.6	1.1	1
27	-59.2	-12.8	2.1	0	60	35.9	26.4	2.0	1
28	-13.1	-17.6	0.9	0	61	39.4	30.5	1.9	1
29	-38.0	1.6	1.2	0	62	53.1	7.1	1.9	1
30	-57.9	0.7	0.8	0	63	39.8	13.8	1.2	1
31	-8.8	-9.1	0.9	0	64	59.5	7.0	2.0	1
32	-64.7	-0.4	0.1	0	65	16.3	20.4	1.0	1
33	-11.4	4.8	0.9	0	66	21.7	-7.8	1.6	1

(1) 建立 $P(Y=1)$ 与 X_1,X_2 和 X_3 的 Logistic 模型,分析全局回归关系的显著性及各自变量对概率 $P(Y=1)$ 的影响;

(2) 利用似然比检验方法在显著性水平 $\alpha=0.05$ 下,检验自变量 X_3 对 $P(Y=1)$ 的影响是否显著.若 X_3 的影响不显著,建立仅含 X_1 和 X_2 的 Logistic 模型,分析全局回归关系的显著性,给出各公司关于概率 $P(Y=1)$ 的拟合值并分析有关结果;

(3) 假设某金融公司在 X_1,X_2 和 X_3 三个指标上的当前值为 $x_1=48.8$,$X_2=-10.5$ 及 $x_3=1.8$,分别利用(1)和(2)所建立的模型预测该公司两年后不会破产的概率,二者的概率差别如何?

2.11 对 50 位急性淋巴细胞性白血病患者,在入院治疗时得到其外周血中的细胞数 X_1(千个/mm^3)和淋巴浸润等级 X_2(分为 0,1,2,3 级)两个指标值,出院后通过随访获得各患者是否有巩固性治疗 X_3(0:无巩固治疗,1:有巩固治疗)以及各患者的生存时间 Y($Y=0$ 表示生存时间在 1 年以内,$Y=1$ 表示生存时间在 1 年或以上)的观察值.50 位患者在各指标上的取值如表 2.21 所示.建立 $P(Y=1)$ 与 X_1,X_2 和 X_3 的 Logistic 模型,仿照例 2.10 的步骤进行分析.

表 2.21　50 位急性淋巴细胞性白血病患者数据

序号	x_1	x_2	x_3	y	序号	x_1	x_2	x_3	y
1	2.5	0	0	0	26	6.1	0	1	0
2	173.0	2	0	0	27	2.7	2	1	0
3	119.0	2	0	0	28	4.7	0	0	0
4	10.0	2	0	0	29	128.0	2	1	0
5	502.2	2	0	0	30	35.0	0	0	0
6	4.0	0	0	0	31	62.2	0	0	1
7	14.4	0	1	0	32	10.8	0	1	1
8	2.0	2	0	0	33	21.6	0	1	1
9	40.0	2	0	0	34	2.0	0	1	1
10	6.6	0	0	0	35	3.4	2	1	1
11	21.4	2	1	0	36	5.1	0	1	1
12	2.8	0	0	0	37	2.4	0	0	1
13	2.5	0	0	0	38	1.7	0	1	1
14	6.0	0	0	0	39	1.1	0	1	1
15	3.5	0	1	0	40	12.8	0	1	1
16	1.2	2	0	0	41	2.0	0	0	1
17	3.5	0	0	0	42	8.5	0	1	1
18	39.7	0	0	0	43	2.0	2	1	1
19	62.4	0	0	0	44	2.0	0	1	1
20	2.4	0	0	0	45	4.3	0	1	1
21	34.7	0	0	0	46	244.8	2	1	1
22	28.4	2	0	0	47	4.0	0	1	1
23	0.9	0	1	0	48	5.1	0	1	1
24	30.6	2	0	0	49	32.0	0	1	1
25	5.8	0	1	0	50	1.4	0	1	1

第 3 章 方差分析

数据分析中所涉及的变量大致可以分为两大类,定量变量和定性变量.简单地说,定量变量就是它的取值可以量化,定量变量又分为取值连续的计量变量(如人的身高、体重,气象中的温度、湿度等)和计数变量(如一批产品中的次品数,某时间段内到达某服务台的顾客人数等).而定性变量的取值只能用语言或代号标明它的属性(如人的性别、患者病情的轻重、植物的品种等),或者即使给这些变量赋予数值,也只是为标记方便,本身并无数量意义(如将产品划分为一、二、三等品,给不同类型的书籍赋予代码等).有时,基于不同的数据分析目的,也可将定量变量转化为定性变量(如将职工的年收入划分为不同档次表示高收入、中等收入和低收入水平等).

当影响一个连续型随机变量(通常假定其服从正态分布)的因素全为定性变量,研究的主要目的是了解这些因素在不同状态下对该连续变量的取值是否有显著影响,对这类数据的一个重要且有效的分析方法是方差分析.

本章主要介绍单因素及两因素的方差分析方法,内容包括各因素对其中的连续变量影响的显著性检验以及对各因素在不同状态下影响的差异性作出估计.

§3.1 单因素方差分析

在方差分析中,设变量 Y 是人们所关心的某个数量指标,是连续的计量变量.而对 Y 的取值可能会产生影响的定性变量称为因素,通常用 A,B,C 等表示,各因素所处的不同状态称为相应因素的水平,通常用 $A_1,A_2,\cdots,A_a$ 表示因素 A 的 a 个水平,以 $B_1,B_2,\cdots,B_b$ 表示因素 B 的 b 个水平等.例如,欲研究某农作物品种和化肥种类对该农作物产量的影响,这里,产量就是我们所关心的数量指标,称为因变量 Y,而品种和化肥是两个因素,记为 A 和 B.若考虑三个不同品种和四种不同的化肥,则因素 A 有三个水平,分别对应这三个不同的品种,记为 A_1,A_2,A_3;因素 B 有四个水平,分别对应这四种不同的化肥,记为 B_1,B_2,B_3,B_4.方差分析的基本思想与第 2 章中线性回归关系的显著性检验方法类似,即将变量 Y 的总变化量分解为各因素的不同水平及其交互作用的影响部分和随机误差的影响部分,通过比较二者的相对大小来推断各因素及其交互作用对 Y 的影响是否显著.

3.1.1 单因素方差分析模型

在仅考虑一个因素情况下的方差分析方法称为单因素方差分析.设所感兴趣的连续计量变量为 Y,影响 Y 的因素为 A,它有 a 个水平 $A_1,A_2,\cdots,A_a$.设计适当的试验,在 A 的各个水平上对 Y 的取值进行独立观测,设在水平 A_i 上对 Y 独立观测了 n_i 次,观测值为 $y_{i1},y_{i2},\cdots,y_{in_i}$,并假定其独立同分布于某个正态分布,这里,$i=1,2,\cdots,a$,即不同水平上的各组观测值被认为是来自不同正态总体的一个样本(本章中,为避免记号上过于复杂,我们不区分样本和它的观测值).除因素 A 可在其水平上变动外,尽可能控制试验的其他条件相同,即进一步可假定各总体具有相同的方差,因素 A 的各水平的影响只体现在各总体均值的差异上.根据以上假定,即对 $i=1,2,\cdots,a$,有

$$y_{ij} \sim N(\mu_i,\sigma^2), \qquad j=1,2,\cdots,n_i.$$

为清楚起见,将单因素方差分析的假设及观测数据总结在表 3.1 中.

表 3.1 单因素方差分析问题的有关假定及观测数据

因素 A 的水平	总体	样本			
A_1	$N(\mu_1,\sigma^2)$	y_{11}	y_{12}	$\cdots$	y_{1n_1}
A_2	$N(\mu_2,\sigma^2)$	y_{21}	y_{22}	$\cdots$	y_{2n_2}
$\vdots$	$\vdots$	$\vdots$	$\vdots$		$\vdots$
A_a	$N(\mu_a,\sigma^2)$	y_{a1}	y_{a2}	$\cdots$	y_{an_a}

令 $\varepsilon_{ij}=y_{ij}-\mu_i,j=1,2,\cdots,n_i,i=1,2,\cdots,a$,称 ε_{ij} 为随机误差,则 $\varepsilon_{ij}\sim N(0,\sigma^2)$ 且相互独立.这时单因素方差分析模型为

$$\begin{cases} y_{ij}=\mu_i+\varepsilon_{ij}, \qquad j=1,2,\cdots,n_i, \quad i=1,2,\cdots,a, \\ \varepsilon_{ij} \sim N(0,\sigma^2) \text{ 且诸 } \varepsilon_{ij} \text{ 相互独立}. \end{cases} \tag{3.1}$$

进一步令

$$n=\sum_{i=1}^{a} n_i, \quad \mu=\frac{1}{n}\sum_{i=1}^{a} n_i\mu_i, \quad \delta_i=\mu_i-\mu, \quad i=1,2,\cdots,a,$$

通常称 μ 为总平均,δ_i 为水平 A_i 的效应,δ_i 反映了因素 A 的第 i 个水平 A_i 对 Y 的影响的差异,且满足 $\sum\limits_{i=1}^{a} n_i\delta_i=0$.这时,单因素方差分析模型(3.1)可进一步改写为

$$\begin{cases} y_{ij}=\mu+\delta_i+\varepsilon_{ij}, & j=1,2,\cdots,n_i, \quad i=1,2,\cdots,a, \\ \varepsilon_{ij}\sim N(0,\sigma^2) \text{ 且诸 } \varepsilon_{ij} \text{ 相互独立}, \\ \sum_{i=1}^{a} n_i\delta_i=0. \end{cases} \tag{3.2}$$

3.1.2 因素效应的显著性检验

单因素方差分析的主要目的之一就是根据观测数据推断因素 A 对指标 Y 的影响是否显著,换句话说,就是除去随机因素的干扰,在因素 A 的各水平下,Y 的取值是否有显著差异.从统计假设检验的观点看,就是对模型(3.1)检验如下假设

$$H_0: \mu_1=\mu_2=\cdots=\mu_a \quad \leftrightarrow \quad H_1: \mu_i(i=1,2,\cdots,a) \text{ 不全相等} \tag{3.3}$$

或等价地,对模型(3.2)检验假设

$$H_0: \delta_1=\delta_2=\cdots=\delta_a=0 \quad \leftrightarrow \quad H_1: \text{至少有某个 } \delta_i\neq 0. \tag{3.4}$$

下面我们通过将 Y 的观测数据的总变化量分解为由各 μ_i 的不同所引起的变化与随机误差所引起的变化之和,以二者的相对大小为统计量检验假设(3.3)或(3.4).

为便于讨论,令

$$\bar{\varepsilon}_{i\cdot}=\frac{1}{n_i}\sum_{j=1}^{n_i}\varepsilon_{ij}, \text{则 } \bar{\varepsilon}_{i\cdot}\sim N\left(0,\frac{\sigma^2}{n_i}\right), \ i=1,2,\cdots,a;$$

$$\bar{\varepsilon}=\frac{1}{n}\sum_{i=1}^{a}\sum_{j=1}^{n_i}\varepsilon_{ij}=\frac{1}{n}\sum_{i=1}^{a}n_i\bar{\varepsilon}_{i\cdot}, \text{则 } \bar{\varepsilon}\sim N\left(0,\frac{\sigma^2}{n}\right);$$

$$\bar{y}_{i\cdot}=\frac{1}{n_i}\sum_{j=1}^{n_i}y_{ij}, \text{则 } \bar{y}_{i\cdot}=\frac{1}{n_i}\sum_{j=1}^{n_i}(\mu+\delta_i+\varepsilon_{ij})=\mu+\delta_i+\bar{\varepsilon}_{i\cdot}, i=1,2,\cdots,a;$$

$$\bar{y}=\frac{1}{n}\sum_{i=1}^{a}\sum_{j=1}^{n_i}y_{ij}=\frac{1}{n}\sum_{i=1}^{a}n_i\bar{y}_{i\cdot}, \text{则 } \bar{y}=\mu+\bar{\varepsilon}.$$

考虑观测数据的总变化量

$$SS_T=\sum_{i=1}^{a}\sum_{j=1}^{n_i}(y_{ij}-\bar{y})^2,$$

称其为总平方和.将 SS_T 进行如下的分解

$$\begin{aligned} SS_T &= \sum_{i=1}^{a}\sum_{j=1}^{n_i}(y_{ij}-\bar{y}_{i\cdot}+\bar{y}_{i\cdot}-\bar{y})^2 \\ &= \sum_{i=1}^{a}\sum_{j=1}^{n_i}(y_{ij}-\bar{y}_{i\cdot})^2+\sum_{i=1}^{a}n_i(\bar{y}_{i\cdot}-\bar{y})^2+2\sum_{i=1}^{a}\sum_{j=1}^{n_i}(y_{ij}-\bar{y}_{i\cdot})(\bar{y}_{i\cdot}-\bar{y}). \end{aligned}$$

由于 $\sum_{i=1}^{a}\sum_{j=1}^{n_i}(y_{ij}-\bar{y}_{i\cdot})(\bar{y}_{i\cdot}-\bar{y})=\sum_{i=1}^{a}(\bar{y}_{i\cdot}-\bar{y})\sum_{j=1}^{n_i}(y_{ij}-\bar{y}_{i\cdot})=\sum_{i=1}^{a}(\bar{y}_{i\cdot}-\bar{y})(n_i\bar{y}_{i\cdot}-n_i\bar{y}_{i\cdot})=0$,从而

$$SS_T = SS_E + SS_A, \tag{3.5}$$

其中

$$SS_E = \sum_{i=1}^{a}\sum_{j=1}^{n_i}(y_{ij}-\bar{y}_{i\cdot})^2, \tag{3.6}$$

$$SS_A = \sum_{i=1}^{a} n_i(\bar{y}_{i\cdot}-\bar{y})^2. \tag{3.7}$$

根据(3.6)式,对于固定的 i,由于观测值 $y_{i1},y_{i2},\cdots,y_{in_i}$ 是来自同一总体 $N(\mu_i,\sigma^2)$ 的样本数据,而样本均值 $\bar{y}_{i\cdot}$ 是 μ_i 的一个良好的估计,因此 y_{ij} 与 $\bar{y}_{i\cdot}$ 之间的差异 $y_{ij}-\bar{y}_{i\cdot}\approx y_{ij}-\mu_i=\varepsilon_{ij}$,即主要来自于随机误差的影响,这说明 SS_E 反映的是由误差所引起的观测数据的变化量,通常称 SS_E 为**误差平方和**.

由(3.7)式,若 $\bar{y}_{1\cdot},\bar{y}_{2\cdot},\cdots,\bar{y}_{a\cdot}$ 间的差异越小,则 SS_A 就越小,特别,当 $\bar{y}_{1\cdot}=\bar{y}_{2\cdot}=\cdots=\bar{y}_{a\cdot}$ 时,$SS_A=0$;反之,$\bar{y}_{1\cdot},\bar{y}_{2\cdot},\cdots,\bar{y}_{a\cdot}$ 之间的差异越大,SS_A 就愈大,而 $\bar{y}_{1\cdot},\bar{y}_{2\cdot},\cdots,\bar{y}_{a\cdot}$ 分别是 $\mu_1,\mu_2,\cdots,\mu_a$ 的估计,因此,$\mu_1,\mu_2,\cdots,\mu_a$ 间的差异越大,$\bar{y}_{1\cdot},\bar{y}_{2\cdot},\cdots,\bar{y}_{a\cdot}$ 间的差异趋于增大,即 SS_A 有变大的趋势.由此可见,SS_A 的大小反映了 $\mu_1,\mu_2,\cdots,\mu_a$ 之间的差异程度,即描述了由于因素各水平效应的不同而引起的 Y 的观测值的变化量,通常称 SS_A 为**因素 A 的平方和**.

为进一步了解 SS_E 和 SS_A 的统计性质,分别计算它们的数学期望.

注意到 $s_i^2=\dfrac{1}{n_i-1}\sum_{j=1}^{n_i}(y_{ij}-\bar{y}_{i\cdot})^2$ 为来自总体 $N(\mu_i,\sigma^2)$ 的样本 $y_{i1},y_{i2},\cdots,y_{in_i}$ 的样本方差,故有 $\mathrm{E}(s_i^2)=\sigma^2$,从而

$$\mathrm{E}(SS_E)=\sum_{i=1}^{a}\mathrm{E}((n_i-1)s_i^2)=\sum_{i=1}^{a}(n_i-1)\sigma^2=(n-a)\sigma^2, \tag{3.8}$$

即无论 H_0 是否成立,$\dfrac{SS_E}{n-a}$ 总是 σ^2 的一个无偏估计.

另一方面,由于

$$\begin{aligned}SS_A &= \sum_{i=1}^{a} n_i(\mu+\delta_i+\bar{\varepsilon}_{i\cdot}-\mu-\bar{\varepsilon})^2\\ &= \sum_{i=1}^{a} n_i\delta_i^2+\sum_{i=1}^{a} n_i(\bar{\varepsilon}_{i\cdot}-\bar{\varepsilon})^2+2\sum_{i=1}^{a} n_i\delta_i(\bar{\varepsilon}_{i\cdot}-\bar{\varepsilon}),\end{aligned}$$

注意到 ε_{ij} 独立同分布于 $N(0,\sigma^2)$,则

$$\mathrm{E}\left(\sum_{i=1}^{a} n_i(\bar{\varepsilon}_{i\cdot} - \bar{\varepsilon})^2\right) = \mathrm{E}\left(\sum_{i=1}^{a} n_i\bar{\varepsilon}_{i\cdot}^2 - n\bar{\varepsilon}^2\right) = \sum_{i=1}^{a} n_i \mathrm{E}(\bar{\varepsilon}_{i\cdot}^2) - \frac{1}{n}\mathrm{E}\left(\sum_{i=1}^{a} n_i\bar{\varepsilon}_{i\cdot}\right)^2 =$$

$$a\sigma^2 - \frac{1}{n}\sum_{i=1}^{a} n_i^2 \mathrm{E}(\bar{\varepsilon}_{i\cdot}^2) = (a-1)\sigma^2.$$

而 $\mathrm{E}\left(\sum_{i=1}^{a} n_i\delta_i(\bar{\varepsilon}_{i\cdot} - \bar{\varepsilon})\right) = 0$，故

$$\mathrm{E}(SS_A) = (a-1)\sigma^2 + \sum_{i=1}^{a} n_i\delta_i^2, \tag{3.9}$$

从而有

$$\mathrm{E}\left(\frac{SS_A}{a-1}\right) = \sigma^2 + \frac{1}{a-1}\sum_{i=1}^{a} n_i\delta_i^2.$$

由此可知，当 $H_0: \delta_1 = \delta_2 = \cdots = \delta_a = 0$ 为真时，$\frac{SS_A}{a-1}$ 为 σ^2 的一个无偏估计；否则，统计量 $\frac{SS_A}{a-1}$ 有偏大的趋势.这就启发我们通过比较 SS_A 和 SS_E 来构造统计量检验假设(3.3)或(3.4)，为此令

$$F = \frac{SS_A/(a-1)}{SS_E/(n-a)} = \frac{MS_A}{MS_E}, \tag{3.10}$$

其中 $MS_A = \frac{1}{a-1}SS_A$ 和 $MS_E = \frac{1}{n-a}SS_E$ 分别称为**因素 A 的均方**和**误差均方**，$a-1$ 和 $n-a$ 分别为 SS_A 和 SS_E 的**自由度**，而称 $(a-1)+(n-a)=n-1$ 为总平方和 SS_T 的**自由度**.由以上分析，当 H_0 为真时，F 的值应在 1 的周围波动；反之，F 的值有增大的趋势.

下面我们来讨论 F 的分布问题. 注意到 $\frac{n_i - 1}{\sigma^2}s_i^2 = \frac{1}{\sigma^2}\sum_{z=1}^{n_i}(y_{ij} - \bar{y}_{i\cdot})^2 \sim \chi^2(n_i - 1)$，$i = 1,2,\cdots,a$.又由各总体样本的相互独立性及 χ^2 分布的可加性可得

$$\frac{1}{\sigma^2}SS_E = \sum_{i=1}^{a} \frac{n_i - 1}{\sigma^2}s_i^2 \sim \chi^2\left(\sum_{i=1}^{a}(n_i - 1)\right) = \chi^2(n-a), \tag{3.11}$$

再由著名的 Cochran 定理（见[4]第 29 页）可以证明，当 H_0 为真时，$\frac{1}{\sigma^2}SS_A \sim \chi^2(a-1)$，且与 SS_E 相互独立.因此，当 H_0 为真时，

$$F = \frac{MS_A}{MS_E} \sim F(a-1, n-a), \tag{3.12}$$

其中 $F(a-1,n-a)$ 表示自由度为 $a-1$ 和 $n-a$ 的 F 分布，在不致混淆的情况下也表示服从该分布的随机变量.由于过大的 F 值意味着 H_0 不真，因此检验的 p

值为

$$p = P_{H_0}(F \geqslant f) = P(F(a-1, n-a) \geqslant f), \tag{3.13}$$

其中 f 为由观测数据求得的统计量 F 的观测值.对于给定的显著水平 α,若 $p<\alpha$,则拒绝 H_0,认为各水平的效应有显著差异;否则,不能拒绝 H_0,认为各水平的效应无显著差异.

SAS 系统的 proc anova 过程可用于单因素的方差分析,其输出结果以表 3.2 的形式给出.

表 3.2 单因素方差分析表

方差来源	自由度	平方和	均方	F 值	p 值
因素 A	$a-1$	SS_A	$MS_A = \dfrac{SS_A}{a-1}$	$f = \dfrac{MS_A}{MS_E}$	p
误差	$n-a$	SS_E	$MS_E = \dfrac{SS_E}{n-a}$		
总和	$n-1$	SS_T			

例 3.1 为比较同一类型的三种不同食谱的营养效果,将 19 只幼鼠随机地分为三组,每组分别为 8 只、4 只、7 只,各用这三种食谱喂养.假定其他条件均保持相同,12 周后测得其体重(单位:g)增加量如表 3.3 所示,设体重增加数据服从方差分析模型(3.1)或(3.2),试比较这三种食谱的营养效果是否有显著差异.

表 3.3 三种食谱下各幼鼠的体重增加量

食谱	体重增加量							
甲	164	190	203	205	206	214	228	257
乙	185	197	201	231				
丙	187	212	215	220	248	265	281	

解 此例中所考虑的因素只有一个,即食谱,它有三个水平,即甲、乙、丙食谱,故 $a=3$,并且 $n_1=8, n_2=4, n_3=7$.利用 SAS 系统 proc anova 过程,可得其方差分析表如表 3.4 所示.

表 3.4 食谱营养效果的方差分析表

方差来源	自由度	平方和	均方	F 值	p 值
因素 A	2	3 011.094 9	1 505.547 5	1.87	0.186 3
误差	16	12 882.589 3	805.161 8		
总和	18	15 893.684 2			

由计算结果可知,检验假设 H_0(即三种食谱的营养效果无显著差异)的 p 值为 0.186 3,该值较大,因此可认为这三种食谱的营养效果无显著差异.

例 3.2 有四个不同的实验室试制同一型号的纸张,为比较各实验室生产的纸张的光滑度,测量了每个实验室生产的 8 张纸,得其光滑度如表 3.5 所示.

表 3.5 四个实验室生产的纸张的光滑度

实验室	纸张光滑度							
A_1	38.7	41.5	43.8	44.5	45.5	46.0	47.7	58.0
A_2	39.2	39.3	39.7	41.4	41.8	42.9	43.3	45.8
A_3	34.0	35.0	39.0	40.0	43.0	43.0	44.0	45.0
A_4	34.0	34.8	34.8	35.4	37.2	37.8	41.2	42.8

假设上述数据服从方差分析模型,对显著水平 $\alpha=0.05$,检验各实验室生产的纸张的光滑度是否有显著差异.

解 此问题为单因素四水平方差分析问题,且 $n_1=n_2=n_3=n_4=8$, $n=32$. 利用 proc anova 过程可得其方差分析表如表 3.6 所示.

表 3.6 纸张光滑度的方差分析表

方差来源	自由度	平方和	均方	F 值	p 值
因素 A	3	294.880 9	98.293 6	6.03	0.002 7
误差	28	456.598 8	16.307 1		
总和	31	751.479 7			

由于检验 p 值为 $0.002\ 7<\alpha=0.05$,故拒绝原假设 H_0,即认为这四个实验室生产的纸张光滑度在水平 0.05 下显著不同.

3.1.3 因素各水平均值的估计与比较

如例 3.2 的结果所示,当因素效应的显著性检验的结论是拒绝原假设 H_0,则表明从现有数据所提供的信息看,我们有理由认为因素 A 的 a 个水平的均值有显著的差异,即 $\mu_1,\mu_2,\cdots,\mu_a$ 不完全相同. 这时,我们需要进一步研究两方面的问题:第一,对各水平的均值作出估计;第二,比较各水平的均值的差异,即对每一对 μ_i 与 $\mu_j(i\neq j)$ 的差异程度作出估计,以便为实际应用选择最优的因素水平.

1. 各水平均值的估计及其置信区间

根据方差分析模型(3.1),对于每个因素水平 $A_i(i=1,2,\cdots,a)$, $(y_{i1}, y_{i2},\cdots,y_{in_i})$ 为来自正态总体 $N(\mu_i,\sigma^2)$ 的一个样本,因此样本均值 $\bar{y}_{i\cdot}=\dfrac{1}{n_i}\sum\limits_{j=1}^{n_i}y_{ij}$ 就是 μ_i 的一个无偏估计,且 $\bar{y}_{i\cdot}\sim N\left(\mu_i,\dfrac{\sigma^2}{n_i}\right)$,从而

$$\frac{\bar{y}_{i\cdot}-\mu_i}{\sqrt{\sigma^2/n_i}}=\frac{\sqrt{n_i}(\bar{y}_{i\cdot}-\mu_i)}{\sigma}\sim N(0,1). \tag{3.14}$$

为进一步给出 μ_i 的区间估计，由正态分布的性质知，第 i 个总体的样本均值 $\bar{y}_{i\cdot}$ 与样本方差 $s_i^2=\frac{1}{n_i-1}\sum_{j=1}^{n_i}(y_{ij}-\bar{y}_{i\cdot})^2$ 相互独立，从而 $\bar{y}_{i\cdot}$ 与 $SS_E=\sum_{i=1}^{a}(n_i-1)s_i^2$ 相互独立.而由(3.11)式知，无论 H_0 是否为真，均有 $\frac{1}{\sigma^2}SS_E\sim\chi^2(n-a)$，结合(3.14)式可得

$$\frac{\sqrt{n_i}(\bar{y}_{i\cdot}-\mu_i)/\sigma}{\sqrt{\frac{1}{\sigma^2}SS_E\Big/(n-a)}}=\frac{\sqrt{n_i}(\bar{y}_{i\cdot}-\mu_i)}{\sqrt{MS_E}}\sim t(n-a). \tag{3.15}$$

对给定的置信水平 α，由

$$P\left(\left|\frac{\sqrt{n_i}(\bar{y}_{i\cdot}-\mu_i)}{\sqrt{MS_E}}\right|\leqslant t_{1-\frac{\alpha}{2}}(n-a)\right)=1-\alpha$$

可得 μ_i 的置信度为 $1-\alpha$ 的置信区间为

$$\left(\bar{y}_{i\cdot}-t_{1-\frac{\alpha}{2}}(n-a)\sqrt{\frac{MS_E}{n_i}},\quad \bar{y}_{i\cdot}+t_{1-\frac{\alpha}{2}}(n-a)\sqrt{\frac{MS_E}{n_i}}\right),\quad i=1,2,\cdots,a, \tag{3.16}$$

这里 $t_{1-\frac{\alpha}{2}}(n-a)$ 表示自由度为 $n-a$ 的 t 分布的(下侧) $1-\frac{\alpha}{2}$ 分位数.

2. 各对均值差异的置信区间

对于任何一对固定的 $i,j\ (1\leqslant i\neq j\leqslant a)$，下面讨论因素水平 A_i 和 A_j 下的均值之差 $\mu_i-\mu_j$ 的点估计及其区间估计.

很显然，$\bar{y}_{i\cdot}-\bar{y}_{j\cdot}$ 是 $\mu_i-\mu_j$ 的一个无偏估计，为进一步得到其区间估计，注意到 $\bar{y}_{i\cdot}$ 与 $\bar{y}_{j\cdot}$ 相互独立且

$$\bar{y}_{i\cdot}-\bar{y}_{j\cdot}\sim N\left(\mu_i-\mu_j,\left(\frac{1}{n_i}+\frac{1}{n_j}\right)\sigma^2\right),$$

从而

$$\frac{\bar{y}_{i\cdot}-\bar{y}_{j\cdot}-(\mu_i-\mu_j)}{\sqrt{\left(\frac{1}{n_i}+\frac{1}{n_j}\right)\sigma^2}}\sim N(0,1). \tag{3.17}$$

注意到 $\bar{y}_{i\cdot}-\bar{y}_{j\cdot}$ 与 SS_E 相互独立，结合(3.11)式及(3.17)式可得

$$\frac{\bar{y}_{i\cdot}-\bar{y}_{j\cdot}-(\mu_i-\mu_j)}{\sqrt{\left(\frac{1}{n_i}+\frac{1}{n_j}\right)\sigma^2}}\Bigg/\sqrt{\frac{SS_E}{\sigma^2}\Big/(n-a)}$$

$$=\frac{\bar{y}_{i\cdot}-\bar{y}_{j\cdot}-(\mu_i-\mu_j)}{\sqrt{\left(\frac{1}{n_i}+\frac{1}{n_j}\right)MS_E}}\sim t(n-a),\tag{3.18}$$

由此可得 $\mu_i-\mu_j$ 的置信度为 $1-\alpha$ 的置信区间为

$$\left(\bar{y}_{i\cdot}-\bar{y}_{j\cdot}-t_{1-\frac{\alpha}{2}}(n-a)\sqrt{\left(\frac{1}{n_i}+\frac{1}{n_j}\right)MS_E},\right.$$
$$\left.\bar{y}_{i\cdot}-\bar{y}_{j\cdot}+t_{1-\frac{\alpha}{2}}(n-a)\sqrt{\left(\frac{1}{n_i}+\frac{1}{n_j}\right)MS_E}\right).\tag{3.19}$$

如果此置信区间包含零,则表明根据所给观测数据,我们可以以 $1-\alpha$ 的置信度断言 μ_i 与 μ_j 没有差异;如果整个区间在零的左边,则以 $1-\alpha$ 的置信度断言 μ_i 小于 μ_j;若整个区间在零的右边,则以 $1-\alpha$ 置信度断言 μ_i 大于 μ_j.

例 3.3(续例 3.2) 根据表 3.5 所给的四个实验室生产的纸张光滑度数据,求各实验室生产的纸张光滑度的均值及其两两之差的置信度为 95%的置信区间.

解 根据例 3.2 的结果,四个实验室生产的纸张光滑度的均值在显著水平 $\alpha=0.05$ 下可认为是显著不同的,因此有必要对各实验室生产的纸张光滑度的均值及其差异给出其区间估计.

根据所给数据可求得

$$\bar{y}_{1\cdot}=45.712\,5,\quad \bar{y}_{2\cdot}=41.675\,0,\quad \bar{y}_{3\cdot}=40.375\,0,\quad \bar{y}_{4\cdot}=37.250\,0.$$

由表 3.6 知 $MS_E=16.307\,1$,而 $t_{1-\frac{\alpha}{2}}(n-a)=t_{0.975}(28)=2.048\,4$,且 $n_1=n_2=n_3=n_4=8$,故由(3.16)式可得这四个实验室生产的纸张光滑度的均值 μ_1,μ_2,μ_3 和 μ_4 的置信度为 95%的置信区间分别为

$$(42.788,48.637),\ (38.750,44.600),\ (37.450,43.300),\ (34.325,40.175).$$

再由(3.19)式可得两两均值之差 $\mu_i-\mu_j$ 的置信度为 95%的置信区间分别为

$$\mu_1-\mu_2:\ (-0.098,8.173);\quad \mu_1-\mu_3:\ (1.202,9.473);$$
$$\mu_1-\mu_4:\ (4.327,12.598);\quad \mu_2-\mu_3:\ (-2.836,5.436);$$
$$\mu_2-\mu_4:\ (0.289,8.561);\quad \mu_3-\mu_4:\ (-1.011,7.261).$$

因此,就两两比较而言,可以 95%的置信度断言:μ_1 与 μ_2,μ_2 与 μ_3,μ_3 与 μ_4 之间无差异;但 μ_1 大于 μ_3,μ_1 大于 μ_4,μ_2 大于 μ_4.

3. 多重比较及 Bonferroni 同时置信区间

对于每一对固定的 i,j,(3.19) 式给出了 $\mu_i - \mu_j$ 的置信度为 $1-\alpha$ 的置信区间,若因素 A 有 a 个水平,则总共涉及 $\binom{a}{2} = \frac{1}{2}a(a-1)$ 对均值的比较,即一般需构造 $\frac{1}{2}a(a-1)$ 个置信度为 $1-\alpha$ 的形如(3.19)式的置信区间.如果 a 较大,则涉及的相互比较就非常多,这不仅很不方便,而且理论上也存在一定的问题,因为虽然对一对固定的 i 和 j,置信区间(3.19) 的置信度为 $1-\alpha$,但多个这样的置信区间联合起来的置信度就不再是 $1-\alpha$,而且要比 $1-\alpha$ 小,置信区间数越多,这种差距就越大.换句话说,对于固定的 i,j,虽然每个随机区间(3.19) 包含未知参数 $\mu_i - \mu_j$ 的概率为 $1-\alpha$,但这 $\frac{1}{2}a(a-1)$ 个随机区间同时都包含所估计参数的概率就会比 $1-\alpha$ 小许多.该问题可由如下的 Bonferroni 不等式得到进一步说明.

设 $E_i(i=1,2,\cdots,m)$ 为 m 个随机事件,$P(E_i)=1-\alpha, i=1,2,\cdots,m$,则

$$P\left(\bigcap_{i=1}^{m} E_i\right) = 1 - P\left(\bigcup_{i=1}^{m} \bar{E}_i\right) \geqslant 1 - \sum_{i=1}^{m} P(\bar{E}_i) = 1 - m\alpha.$$

此不等式说明,m 个事件单独发生的概率为 $1-\alpha$,则它们同时发生的概率不再是 $1-\alpha$,而是大于或等于 $1-m\alpha$,当 m 较大时,它会比 $1-\alpha$ 小很多.但是,由此不等式我们看到,为了使 $E_1,E_2,\cdots,E_m$ 同时发生的概率不小于 $1-\alpha$,一个简单的办法是将每个 E_i 发生的概率提高到 $1-\frac{\alpha}{m}$,即 $P(E_i)=1-\frac{\alpha}{m}$,这时就有

$$P\left(\bigcap_{i=1}^{m} E_i\right) \geqslant 1 - \alpha.$$

应用这个思想,将 E_i 看作随机事件

$$\left(\frac{|\bar{y}_{i\cdot} - \bar{y}_{j\cdot} - (\mu_i - \mu_j)|}{\sqrt{\left(\frac{1}{n_i} + \frac{1}{n_j}\right) MS_E}} \leqslant t\right),$$

选择 $t = t_{1-\frac{\alpha}{2m}}(n-a)$,则有

$$P\left(\frac{|\bar{y}_{i\cdot} - \bar{y}_{j\cdot} - (\mu_i - \mu_j)|}{\sqrt{\left(\frac{1}{n_i} + \frac{1}{n_j}\right) MS_E}} \leqslant t_{1-\frac{\alpha}{2m}}(n-a)\right) = 1 - \frac{\alpha}{m}.$$

此时,这 m 个随机事件同时发生的概率就会大于或等于 $1-\alpha$.由此可知,为了构造 m 个均值之差 $\mu_i - \mu_j$ 的置信度不小于 $1-\alpha$ 的同时置信区间,我们只需要对每个 $\mu_i - \mu_j$ 求其置信度为 $1-\frac{\alpha}{m}$ 的置信区间,即

$$\left(\bar{y}_{i\cdot} - \bar{y}_{j\cdot} - t_{1-\frac{\alpha}{2m}}(n-a)\sqrt{\left(\frac{1}{n_i}+\frac{1}{n_j}\right)MS_E}\,,\right.$$

$$\left.\bar{y}_{i\cdot} - \bar{y}_{j\cdot} + t_{1-\frac{\alpha}{2m}}(n-a)\sqrt{\left(\frac{1}{n_i}+\frac{1}{n_j}\right)MS_E}\right). \qquad (3.20)$$

由此而得的置信区间称之为 Bonferroni **同时置信区间**.在具有 a 个因素水平的单因素方差分析中,若要求出所有不同水平上的均值之差的置信度不小于 $1-\alpha$ 的同时置信区间,则取 $m=\frac{1}{2}a(a-1)$.SAS 系统的 proc anova 过程中有求 Bonferroni 同时置信区间的选项(具体可参见本书第 8 章),由此可容易地求出同时置信区间.

值得注意的是,Bonferroni 同时置信区间的同时置信度只能保证不小于 $1-\alpha$,因此得到的同时置信区间会显得比较保守(即得到的置信度为 $1-\alpha$ 的同时置信区间的长度往往要比实际上的置信度为 $1-\alpha$ 的同时置信区间的长度大).有许多改进的求同时置信区间的方法,如 Tukey 方法、Scheffé 方法,等等.限于本书范围,在此不作详述,有兴趣的读者可参见参考文献[25]第 15 章或[23]第 17 章.另外,SAS 系统的 proc anova 过程也提供了其他几种求同时置信区间(或多重比较)的选项.

例 3.4(续例 3.3) 根据表 3.5 的数据,求四个实验室生产的纸张光滑度的均值的两两之差的置信度至少为 95%的 Bonferroni 同时置信区间.

解 由于因素水平数 $a=4$,因此共需求 $\frac{1}{2}a(a-1)=6$ 个形如 $\mu_i-\mu_j$ 的同时置信区间.由于 $\alpha=0.05$,故按 Bonferroni 方法,应将各区间的置信水平调整为 $\frac{\alpha}{m}=\frac{0.05}{6}=0.0083$,而 $t_{1-\frac{\alpha}{2m}}(n-1)=t_{0.9958}(28)=2.839$,故由例 3.3 所得的 $\bar{y}_{i\cdot}$ $(i=1,2,3,4)$ 值及 $MS_E=16.3071$,根据(3.20)式(或直接由 proc anova 过程)可求得各 $\mu_i-\mu_j$ 的置信度不小于 95%的同时置信区间分别为

$\mu_1-\mu_2$: $(-1.695, 9.770)$; $\mu_1-\mu_3$: $(-0.395, 11.070)$;

$\mu_1-\mu_4$: $(2.730, 14.195)$; $\mu_2-\mu_3$: $(-4.432, 7.032)$;

$\mu_2-\mu_4$: $(-1.307, 10.157)$; $\mu_3-\mu_4$: $(-2.607, 8.857)$.

显然,上述置信区间的长度均比例 3.3 中的相应置信区间的长度大,而且由同时置信区间在至少 95%置信度下,只可断言 μ_1 大于 μ_4,而其余各对之间无差异.

§3.2 两因素等重复试验下的方差分析

3.2.1 统计模型

设影响变量 Y 的因素有两个，分别记为 A 和 B，其中因素 A 有 a 个不同水平 $A_1,A_2,\cdots,A_a$，因素 B 有 b 个不同水平 $B_1,B_2,\cdots,B_b$. 在因素 A 和 B 的各水平组合下均做 $c(c>1)$ 次试验，以 y_{ijk} 记在水平组合 (A_i,B_j) 下第 k 次试验的 Y 的观测值，则两因素等重复试验下的方差分析数据可表示为表 3.7 的形式.

表 3.7 两因素等重复方差分析数据

因素 A	因素 B			
	B_1	B_2	$\cdots$	B_b
A_1	$y_{111}\ y_{112}\ \cdots\ y_{11c}$	$y_{121}\ y_{122}\ \cdots\ y_{12c}$	$\cdots$	$y_{1b1}\ y_{1b2}\ \cdots\ y_{1bc}$
A_2	$y_{211}\ y_{212}\ \cdots\ y_{21c}$	$y_{221}\ y_{222}\ \cdots\ y_{22c}$	$\cdots$	$y_{2b1}\ y_{2b2}\ \cdots\ y_{2bc}$
$\vdots$	$\vdots$	$\vdots$		$\vdots$
A_a	$y_{a11}\ y_{a12}\ \cdots\ y_{a1c}$	$y_{a21}\ y_{a22}\ \cdots\ y_{a2c}$	$\cdots$	$y_{ab1}\ y_{ab2}\ \cdots\ y_{abc}$

对于任一水平组合 (A_i,B_j)，假设 $y_{ij1},y_{ij2},\cdots,y_{ijc}$ 为来自正态总体 $N(\mu_{ij},\sigma^2)$ 的一个样本，即

$$y_{ijk}\sim N(\mu_{ij},\sigma^2),\qquad k=1,2,\cdots,c,$$

且各样本之间相互独立. 令 $\varepsilon_{ijk}=y_{ijk}-\mu_{ij}$，则两因素等重复试验下的方差分析模型可表示为

$$\begin{cases} y_{ijk}=\mu_{ij}+\varepsilon_{ijk},\ i=1,2,\cdots,a,\ j=1,2,\cdots,b,k=1,2,\cdots,c, \\ \varepsilon_{ijk}\sim N(0,\sigma^2)\ \text{且诸}\ \varepsilon_{ijk}\ \text{相互独立}. \end{cases} \tag{3.21}$$

为进行统计分析，我们需要对水平组合 (A_i,B_j) 上的样本均值 μ_{ij} 做进一步分解，为此引入如下记号：

$$\mu=\frac{1}{ab}\sum_{i=1}^{a}\sum_{j=1}^{b}\mu_{ij},$$

$$\mu_{i\cdot}=\frac{1}{b}\sum_{j=1}^{b}\mu_{ij},\quad \alpha_i=\mu_{i\cdot}-\mu,\quad i=1,2,\cdots,a,$$

$$\mu_{\cdot j}=\frac{1}{a}\sum_{i=1}^{a}\mu_{ij},\quad \beta_j=\mu_{\cdot j}-\mu,\quad j=1,2,\cdots,b,$$

$$\gamma_{ij}=\mu_{ij}-\mu_{i\cdot}-\mu_{\cdot j}+\mu,\quad i=1,2,\cdots,a,\quad j=1,2,\cdots,b,$$

其中 μ 称为总平均，α_i 为因素 A 的水平 A_i 的效应，β_j 为因素 B 的水平 B_j 的效应. 为

分析 γ_{ij} 的意义,将其改写为

$$\gamma_{ij} = \mu_{ij} - \mu - (\mu_{i\cdot} - \mu) - (\mu_{\cdot j} - \mu) = (\mu_{ij} - \mu) - (\alpha_i + \beta_j),$$

其中 $\mu_{ij} - \mu$ 反映了水平组合 (A_i, B_j) 对 Y 的效应,在一般情况下,它并不等于水平 A_i 的效应 α_i 与水平 B_j 的效应 β_j 之和.我们将 (A_i, B_j) 的效应 $\mu_{ij} - \mu$ 减去 A_i 的效应 α_i 与 B_j 的效应 β_j 所得到的差 γ_{ij} 称为 A_i 与 B_j 的交互效应,将全体 γ_{ij} 称为 **A 与 B 的交互效应**.在前述记号下,μ_{ij} 可分解为

$$\mu_{ij} = \mu + \alpha_i + \beta_j + \gamma_{ij}, \qquad i = 1,2,\cdots,a, \quad j = 1,2,\cdots,b,$$

并且易证

$$\sum_{i=1}^{a} \alpha_i = 0, \quad \sum_{j=1}^{b} \beta_j = 0, \quad \sum_{i=1}^{a} \gamma_{ij} = \sum_{j=1}^{b} \gamma_{ij} = 0. \tag{3.22}$$

因此两因素等重复试验下的方差分析模型(3.21)也可等价地写为如下形式:

$$\begin{cases} y_{ijk} = \mu + \alpha_i + \beta_j + \gamma_{ij} + \varepsilon_{ijk}, \\ \qquad i = 1,2,\cdots,a,\ j = 1,2,\cdots,b,\ k = 1,2,\cdots,c, \\ \varepsilon_{ijk} \sim N(0,\sigma^2) \text{ 且诸 } \varepsilon_{ijk} \text{ 相互独立}, \\ \sum\limits_{i=1}^{a} \alpha_i = 0, \quad \sum\limits_{j=1}^{b} \beta_j = 0, \quad \sum\limits_{i=1}^{a} \gamma_{ij} = 0, \quad \sum\limits_{j=1}^{b} \gamma_{ij} = 0. \end{cases} \tag{3.23}$$

3.2.2 交互效应及因素效应的显著性检验

对两因素的情况,方差分析的主要目的之一仍然是考察因素 A 或 B 的各水平对变量 Y 的影响有无显著差异,即检验是否有 $\mu_{1\cdot} = \mu_{2\cdot} = \cdots = \mu_{a\cdot}$ 或 $\mu_{\cdot 1} = \mu_{\cdot 2} = \cdots = \mu_{\cdot b}$,或等价地检验是否有 $\alpha_1 = \alpha_2 = \cdots = \alpha_a = 0$ 或 $\beta_1 = \beta_2 = \cdots = \beta_b = 0$.另外,对两因素的情况,我们还关心 A 与 B 之间是否存在交互作用,即检验是否所有的 $\gamma_{ij} = 0$,因为交互作用的存在会直接影响对前述两个检验的结果的解释,我们将在稍后详细阐述这一问题.因此在两因素方差分析中,涉及如下三个假设检验问题:

$$H_{A0}: \alpha_1 = \alpha_2 = \cdots = \alpha_a = 0 \quad \leftrightarrow \quad H_{A1}: \text{至少有某个 } \alpha_i \neq 0; \tag{3.24}$$

$$H_{B0}: \beta_1 = \beta_2 = \cdots = \beta_b = 0 \quad \leftrightarrow \quad H_{B1}: \text{至少有某个 } \beta_j \neq 0; \tag{3.25}$$

$$H_{AB0}: \gamma_{ij} = 0,\ i = 1,2,\cdots,a,\ j = 1,2,\cdots,b \leftrightarrow H_{AB1}: \text{至少有某个 } \gamma_{ij} \neq 0. \tag{3.26}$$

此时仍然通过对 Y 的观测的总平方和进行分解构造适当的统计量检验上述假设.为此,引入如下一系列记号:

$$\bar{\varepsilon} = \frac{1}{abc} \sum_{i=1}^{a} \sum_{j=1}^{b} \sum_{k=1}^{c} \varepsilon_{ijk}, \text{则 } \bar{\varepsilon} \sim N\left(0, \frac{\sigma^2}{abc}\right);$$

$$\bar{\varepsilon}_{ij\cdot}=\frac{1}{c}\sum_{k=1}^{c}\varepsilon_{ijk},\text{则 }\bar{\varepsilon}_{ij\cdot}\sim N\left(0,\frac{\sigma^2}{c}\right),i=1,2,\cdots,a,j=1,2,\cdots,b;$$

$$\bar{\varepsilon}_{i\cdot\cdot}=\frac{1}{bc}\sum_{j=1}^{b}\sum_{k=1}^{c}\varepsilon_{ijk},\text{则 }\bar{\varepsilon}_{i\cdot\cdot}\sim N\left(0,\frac{\sigma^2}{bc}\right),i=1,2,\cdots,a;$$

$$\bar{\varepsilon}_{\cdot j\cdot}=\frac{1}{ac}\sum_{i=1}^{a}\sum_{k=1}^{c}\varepsilon_{ijk},\text{则 }\bar{\varepsilon}_{\cdot j\cdot}\sim N\left(0,\frac{\sigma^2}{ac}\right),j=1,2,\cdots,b;$$

$$\bar{y}=\frac{1}{abc}\sum_{i=1}^{a}\sum_{j=1}^{b}\sum_{k=1}^{c}y_{ijk},\text{则 }\bar{y}=\mu+\bar{\varepsilon};$$

$$\bar{y}_{ij\cdot}=\frac{1}{c}\sum_{k=1}^{c}y_{ijk},\text{则 }\bar{y}_{ij\cdot}=\mu+\alpha_i+\beta_j+\gamma_{ij}+\bar{\varepsilon}_{ij\cdot},$$

$$i=1,2,\cdots,a,j=1,2,\cdots,b;$$

$$\bar{y}_{i\cdot\cdot}=\frac{1}{bc}\sum_{j=1}^{b}\sum_{k=1}^{c}y_{ijk},\text{则 }\bar{y}_{i\cdot\cdot}=\mu+\alpha_i+\bar{\varepsilon}_{i\cdot\cdot},\ i=1,2,\cdots,a;$$

$$\bar{y}_{\cdot j\cdot}=\frac{1}{ac}\sum_{i=1}^{a}\sum_{k=1}^{c}y_{ijk},\text{则 }\bar{y}_{\cdot j\cdot}=\mu+\beta_j+\bar{\varepsilon}_{\cdot j\cdot},\ j=1,2,\cdots,b.$$

观测数据的总平方和为

$$SS_T=\sum_{i=1}^{a}\sum_{j=1}^{b}\sum_{k=1}^{c}(y_{ijk}-\bar{y})^2,$$

对其作如下分解

$$\begin{aligned}SS_T&=\sum_{i=1}^{a}\sum_{j=1}^{b}\sum_{k=1}^{c}[(\bar{y}_{i\cdot\cdot}-\bar{y})+(\bar{y}_{\cdot j\cdot}-\bar{y})+\\&\quad(\bar{y}_{ij\cdot}-\bar{y}_{i\cdot\cdot}-\bar{y}_{\cdot j\cdot}+\bar{y})+(y_{ijk}-\bar{y}_{ij\cdot})]^2\\&=bc\sum_{i=1}^{a}(\bar{y}_{i\cdot\cdot}-\bar{y})^2+ac\sum_{j=1}^{b}(\bar{y}_{\cdot j\cdot}-\bar{y})^2+\\&\quad c\sum_{i=1}^{a}\sum_{j=1}^{b}(\bar{y}_{ij\cdot}-\bar{y}_{i\cdot\cdot}-\bar{y}_{\cdot j\cdot}+\bar{y})^2+\\&\quad\sum_{i=1}^{a}\sum_{j=1}^{b}\sum_{k=1}^{c}(y_{ijk}-\bar{y}_{ij\cdot})^2\\&=SS_A+SS_B+SS_{AB}+SS_E,\end{aligned}\tag{3.27}$$

其中

$$SS_A=bc\sum_{i=1}^{a}(\bar{y}_{i\cdot\cdot}-\bar{y})^2,$$

$$SS_B=ac\sum_{j=1}^{b}(\bar{y}_{\cdot j\cdot}-\bar{y})^2,$$

$$SS_{AB} = c\sum_{i=1}^{a}\sum_{j=1}^{b}(\bar{y}_{ij\cdot} - \bar{y}_{i\cdot\cdot} - \bar{y}_{\cdot j\cdot} + \bar{y})^2,$$

$$SS_E = \sum_{i=1}^{a}\sum_{j=1}^{b}\sum_{k=1}^{c}(y_{ijk} - \bar{y}_{ij\cdot})^2.$$

注意到 $\mathrm{E}(\bar{y}_{i\cdot\cdot} - \bar{y}) = \alpha_i$，$\mathrm{E}(\bar{y}_{\cdot j\cdot} - \bar{y}) = \beta_j$，$\mathrm{E}(\bar{y}_{ij\cdot} - \bar{y}_{i\cdot\cdot} - \bar{y}_{\cdot j\cdot} + \bar{y}) = \gamma_{ij}$，即 $\bar{y}_{i\cdot\cdot} - \bar{y}$，$\bar{y}_{\cdot j\cdot} - \bar{y}$ 和 $\bar{y}_{ij\cdot} - \bar{y}_{i\cdot\cdot} - \bar{y}_{\cdot j\cdot} + \bar{y}$ 分别是 α_i，β_j 和 γ_{ij} 的无偏估计，因此 SS_A，SS_B 和 SS_{AB} 分别度量了因素 A 的各水平效应的估计量、因素 B 的各水平效应的估计量以及交互效应的估计量的变化，分别称为**因素 A 的平方和**，**因素 B 的平方和**以及**交互效应平方和**. 而 SS_E 度量了来自各总体的观测值与其样本均值的差异，它反映了误差的变化，因此称 SS_E 为**误差平方和**. 为进一步了解 SS_A，SS_B，SS_{AB} 和 SS_E 的统计性质，分别求其数学期望. 为此先将它们分别表示为

$$SS_A = bc\sum_{i=1}^{a}(\alpha_i + \bar{\varepsilon}_{i\cdot\cdot} - \bar{\varepsilon})^2,$$

$$SS_B = ac\sum_{j=1}^{b}(\beta_j + \bar{\varepsilon}_{\cdot j\cdot} - \bar{\varepsilon})^2,$$

$$SS_{AB} = c\sum_{i=1}^{a}\sum_{j=1}^{b}(\gamma_{ij} + \bar{\varepsilon}_{ij\cdot} - \bar{\varepsilon}_{i\cdot\cdot} - \bar{\varepsilon}_{\cdot j\cdot} + \bar{\varepsilon})^2,$$

$$SS_E = \sum_{i=1}^{a}\sum_{j=1}^{b}\sum_{k=1}^{c}(\varepsilon_{ijk} - \bar{\varepsilon}_{ij\cdot})^2.$$

由 $\varepsilon_{ijk} \sim N(0,\sigma^2)$ 且相互独立，可求得

$$\begin{cases} \mathrm{E}(SS_A) = (a-1)\sigma^2 + bc\sum_{i=1}^{a}\alpha_i^2, \\ \mathrm{E}(SS_B) = (b-1)\sigma^2 + ac\sum_{j=1}^{b}\beta_j^2, \\ \mathrm{E}(SS_{AB}) = (a-1)(b-1)\sigma^2 + c\sum_{i=1}^{a}\sum_{j=1}^{b}\gamma_{ij}^2, \\ \mathrm{E}(SS_E) = ab(c-1)\sigma^2. \end{cases} \tag{3.28}$$

令

$$MS_A = \frac{SS_A}{a-1},$$

$$MS_B = \frac{SS_B}{b-1},$$

$$MS_{AB} = \frac{SS_{AB}}{(a-1)(b-1)},$$

$$MS_E = \frac{SS_E}{ab(c-1)},$$

则它们分别称为**因素 A 的均方**、**因素 B 的均方**、**交互效应的均方**以及**误差均方**，而 $a-1, b-1, (a-1)(b-1)$ 以及 $ab(c-1)$ 分别称为 SS_A, SS_B, SS_{AB} 和 SS_E 的**自由度**，进一步称$(a-1)+(b-1)+(a-1)(b-1)+ab(c-1)=abc-1$ 为总平方和 SS_T 的**自由度**.这时

$$\begin{cases} \mathrm{E}(MS_A) = \sigma^2 + \dfrac{bc}{a-1}\sum_{i=1}^{a}\alpha_i^2, \\ \mathrm{E}(MS_B) = \sigma^2 + \dfrac{ac}{b-1}\sum_{j=1}^{b}\beta_j^2, \\ \mathrm{E}(MS_{AB}) = \sigma^2 + \dfrac{c}{(a-1)(b-1)}\sum_{i=1}^{a}\sum_{j=1}^{b}\gamma_{ij}^2, \\ \mathrm{E}(MS_E) = \sigma^2. \end{cases}$$

由此知，无论各因素效应或交互效应如何，MS_E 总是 σ^2 的无偏估计；而分别当假设(3.24) 中 H_{A1}，假设(3.25) 中的 H_{B1} 和假设(3.26) 中的 H_{AB1} 为真时，MS_A, MS_B 和 MS_{AB} 分别有偏大的趋势.因此，构造统计量

$$F_A = \frac{MS_A}{MS_E},\quad F_B = \frac{MS_B}{MS_E},\quad F_{AB} = \frac{MS_{AB}}{MS_E}, \tag{3.29}$$

分别用以检验假设(3.24)，(3.25)和(3.26).可证明对于两因素等重复试验的方差分析模型(3.23)，当上述各假设中的原假设 H_{A0}, H_{B0} 或 H_{AB0} 成立时，分别有

$$F_A \sim F(a-1, ab(c-1)),\quad F_B \sim F(b-1, ab(c-1)),$$
$$F_{AB} \sim F((a-1)(b-1), ab(c-1)),$$

故各检验的 p 值分别为

$$p_A = P_{H_{A0}}(F_A \geqslant f_A) = P(F(a-1, ab(c-1)) \geqslant f_A), \tag{3.30}$$
$$p_B = P_{H_{B0}}(F_B \geqslant f_B) = P(F(b-1, ab(c-1)) \geqslant f_B), \tag{3.31}$$
$$p_{AB} = P_{H_{AB0}}(F_{AB} \geqslant f_{AB}) = P(F((a-1)(b-1), ab(c-1)) \geqslant f_{AB}), \tag{3.32}$$

其中 f_A, f_B 和 f_{AB} 分别为由观测数据通过(3.29) 式所求得的各检验统计量的观测值.对于给定的显著水平 α，若 $p_A < \alpha$，则拒绝 H_{A0}，否则不能拒绝 H_{A0}.类似可决定是拒绝 H_{B0}(或 A_{AB0}) 还是不能拒绝 H_{B0}(或 H_{AB0}).以上内容可总结在如表 3.8 所示的方差分析表中.

表 3.8 两因素等重复试验下的方差分析表

方差来源	自由度	平方和	均方	F 值	p 值
因素 A	$a-1$	SS_A	$MS_A=\dfrac{SS_A}{a-1}$	$f_A=\dfrac{MS_A}{MS_E}$	p_A
因素 B	$b-1$	SS_B	$MS_B=\dfrac{SS_B}{b-1}$	$f_B=\dfrac{MS_B}{MS_E}$	p_B
交互效应	$(a-1)(b-1)$	SS_{AB}	$MS_{AB}=\dfrac{SS_{AB}}{(a-1)(b-1)}$	$f_{AB}=\dfrac{MS_{AB}}{MS_E}$	p_{AB}
误差	$ab(c-1)$	SS_E	$MS_E=\dfrac{SS_E}{ab(c-1)}$		
总和	$abc-1$	SS_T			

需要指出的是,对于两因素等重复试验下的方差分析问题,虽然上述三个假设检验问题是同时讨论的,但它们的地位有所不同.在具体应用中,首先应考察有无交互作用的检验,若检验的结论是不能拒绝 H_{AB0}(即交互作用不显著),接下来再考察因素 A 或 B 的效应的显著性(即检验假设(3.24)或(3.25))才有意义.下面我们以因素 A 为例说明其原因,如果 A 与 B 之间存在交互作用,即 $\gamma_{ij}(i=1,2,\cdots,a,j=1,2,\cdots,b)$ 不全为零,则对于 A 的两个水平 A_{i_1} 和 A_{i_2},它们在 B 的第 j 个水平 B_j 上的两个组合 (A_{i_1},B_j) 和 (A_{i_2},B_j) 下的均值之差为

$$\begin{aligned}\mu_{i_1j}-\mu_{i_2j}&=(\mu+\alpha_{i_1}+\beta_j+\gamma_{i_1j})-(\mu+\alpha_{i_2}+\beta_j+\gamma_{i_2j})\\&=(\alpha_{i_1}-\alpha_{i_2})+(\gamma_{i_1j}-\gamma_{i_2j}),\end{aligned}$$

由此可知,当 $\gamma_{ij}(i=1,2,\cdots,a,j=1,2,\cdots,b)$ 不全为零时,差值 $\mu_{i_1j}-\mu_{i_2j}$ 可能会与 B 所处的水平有关,即在 B 的不同水平上,差值 $\mu_{i_1j}-\mu_{i_2j}$ 可能会有所不同.为直观起见,我们在 A 有 2 个水平 A_1,A_2 以及 B 有 2 个水平 B_1,B_2 时用图示形式给出可能的两种情况(见图 3.1(a),(b)).

对于图 3.1(a) 的情况,虽然检验假设(3.24)的结论可能是拒绝 H_{A0}(即 $\mu_{1\cdot}\neq\mu_{2\cdot}$ 或等价地 α_1 与 α_2 不全为零),但这只能说明综合了在 B 的各水平上的差异后,A 的两个水平上均值的综合差异是显著的,并不能简单地不考虑 B 的具体水平而解释为由 A 的不同水平对 Y 的影响显著不同.另外,由此检验结果人们还并不清楚在 B 的各水平上 A 的效应的差异如何.事实上,如图 3.1(a) 所示,A 的两个水平上的均值在 B_1 上还是相等的,而差异仅在 B_2 水平上.对于图 3.1(b) 的情形,有 $\mu_{1\cdot}=\mu_{2\cdot}$(或等价地有 $\alpha_1=\alpha_2=0$),因此检验假设(3.24)的结果可能会是不拒绝 H_{A0},但实际上,A 对 Y 的影响在 B 的两个水平上均是有明显差异的,由于 A 在 B 的两个水平上的均值差异的绝对值相等,符号相反,故在综合了 B 的两个水平上的差异后,使 A 的各水平的综合差异消失,此时,假设检验的结论并不能完

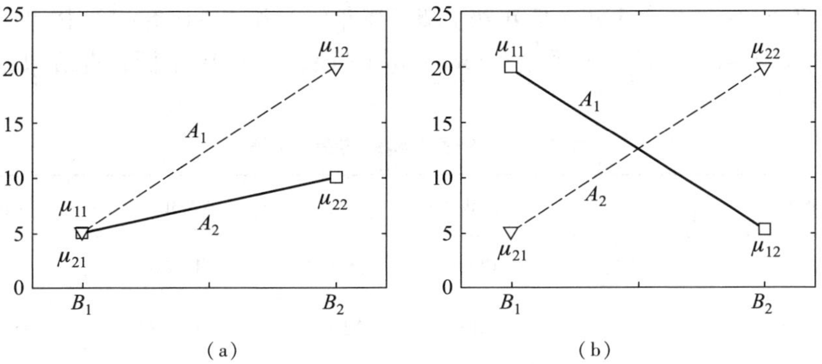

图 3.1 有交互效应时 A 的各水平均值在 B 的不同水平上的差异

全反映实际情况.综上所述,在有交互效应时,检验假设(3.24)和(3.25)的实际意义并不大,尤其是当交互效应显著,而 A 或 B 的效应不显著时,对结果的解释更应慎重.相反,如果 A 与 B 之间无交互作用,则在 B 的任何水平 B_j 上,均有

$$\mu_{i_1 j}-\mu_{i_2 j}=\alpha_{i_1}-\alpha_{i_2},$$

这时,$\mu_{i_1 j}-\mu_{i_2 j}$ 在 B 的各水平 $B_j(j=1,2,\cdots,b)$ 上均相等且完全由 A 在水平 A_{i_1} 和 A_{i_2} 上的效应之差 $\alpha_{i_1}-\alpha_{i_2}$ 所确定,从而 $\mu_{i_1\cdot}-\mu_{i_2\cdot}=\alpha_{i_1}-\alpha_{i_2}$ 也真实地反映了 A 的水平 A_{i_1} 和 A_{i_2} 对因变量 Y 的影响的差异,即检验假设(3.24)的结论真实地反映了仅由 A 的各水平对 Y 的影响是否显著.以上分析对因素 B 也完全适用.

那么,在有交互效应时如何进一步考察各因素对 Y 的影响的显著性呢?一般将一个因素的各水平逐个给定,在各给定的水平上考察另一因素的各水平均值之间的差异来了解该因素对 Y 的影响(具体可参见例 3.6 和例 3.8).

例 3.5 某高校为了解数学专业和计算机科学专业的低年级学生、高年级学生及研究生在人文社科知识方面的差异,从不同专业和不同级别的学生中各任选四名学生参加有关考试,其成绩如表 3.9 所示.假设考试成绩服从两因素的方差分析模型(3.23),对其作方差分析.

表 3.9 人文社科知识的考试成绩

专业	级别		
	低年级	高年级	研究生
数学	81 78 79 78	75 80 78 73	82 80 85 88
计算机	89 82 77 90	79 80 75 78	93 93 86 95

解 记专业为因素 A,它有两个水平 A_1(数学),A_2(计算机科学);学生级别

为因素 B,它有三个水平 B_1(低年级),B_2(高年级) 和 B_3(研究生),因此,$a=2$,$b=3$,而 $c=4$. 利用 SAS 系统 proc anova 过程作方差分析,其结果总结在表3.10 中.

表 3.10 考试成绩的方差分析表

方差来源	自由度	平方和	均方	F 值	p 值
专业(A)	1	150.000	150.000	11.00	0.003 8
级别(B)	2	444.000	222.000	16.28	0.000 1
交互效应	2	43.000	21.500	1.58	0.234 0
误差	18	245.500	13.639		
总和	23	882.500			

由此结果可知,专业与学生级别的交互效应是不显著的,即两专业学生的人文社科知识水平的差异在各级别的学生中可认为是相同的.同时,数学专业中各级别学生的人文社科知识水平的差异与计算机科学专业中相应级别学生的知识水平差异可认为相同.而由因素 A 和因素 B 对成绩的影响均显著(检验 p 值分别为 0.003 8 和 0.000 1) 说明,两个专业学生的人文社科知识水平是有显著差异的,不同级别的学生的人文社科知识水平也有显著差异.但要进一步了解哪个专业学生以及哪个级别的学生的知识水平的高低还需要对其平均成绩作比较,这将在下一小节中加以讨论.

例 3.6 某计算机修理公司有三名修理工专长于修理三种类型的计算机磁盘驱动系统.为了解这三名修理工对不同类型磁盘驱动系统修理的工作效率,每位修理工被随机地指定修理三种类型的磁盘驱动系统各 5 个,其完成修理工作的时间(单位:min) 如表 3.11 所示. 假设修理时间服从两因素方差分析模型(3.23),试对此数据作方差分析.

表 3.11 三名修理工修理三种类型磁盘驱动系统的时间

修理工(A)	类型(B)		
	B_1	B_2	B_3
A_1	62 48 63 57 69	57 45 39 54 44	59 53 67 66 47
A_2	51 57 45 50 39	61 58 70 66 51	55 58 50 69 49
A_3	59 65 55 52 70	58 63 70 53 60	47 56 51 44 50

解　此例中, $a=b=3, c=5$. 利用 proc anova 过程, 关于此数据的方差分析结果如表 3.12 所示.

表 3.12　修理时间的方差分析表

方差来源	自由度	平方和	均方	F 值	p 值
修理工(A)	2	24.577 8	12.288 9	0.24	0.790 8
类型(B)	2	28.311 1	14.155 6	0.27	0.763 3
交互效应	4	1 215.288 9	303.822 2	5.84	0.001 0
误差	36	1 872.400 0	52.011 1		
总和	44	3 140.577 8			

由此结果可知, 修理工与磁盘驱动系统的类型之间的交互效应是十分显著的, 而不同的修理工与不同类型的驱动器对修理时间的影响均不显著. 由于有显著的交互效应, 即不同的修理工修理不同类型的驱动系统所花费的时间是显著不同的, 因此关于因素 A 或因素 B 的效应的检验结果并无多大实际参考价值. 为进一步了解交互效应的本质, 对每一个组合水平 (A_i, B_j) 上的观测数据, 求其样本均值作为每个组合水平上的总体均值的估计值, 这里 $i, j=1,2,3$, 其结果如表 3.13 所示.

表 3.13　各组合水平上的样本均值

A	B			$\bar{y}_{i\cdot\cdot}$
	B_1	B_2	B_3	
A_1	59.8	47.8	58.4	55.33
A_2	48.4	61.2	56.2	55.27
A_3	60.2	60.8	49.6	56.87
$y_{\cdot j\cdot}$	56.13	56.60	54.73	

为直观起见, 我们将表中数据描在图 3.2 中.

由图可见, 不同修理工修理不同类型的驱动系统所花时间确有较大差异. 就所给数据而言, 修理工 A_1 修理 B_2 类型驱动系统所花的平均时间最短, A_2 修理 B_1 类型驱动系统的平均时间最短, A_3 修理 B_3 类型驱动系统的平均时间最短. 而由于 $\bar{y}_{i\cdot\cdot}(i=1,2,3)$ 之间的差异不大导致因素 A 的影响不显著的检验结果; 同样, 由于 $\bar{y}_{\cdot j\cdot}(j=1,2,3)$ 之间差异不大导致因素 B 的影响不显著的检验结果. 因此, 交互效应可能会掩盖各因素对因变量 Y 的某些本质影响. 我们将在下一节给出

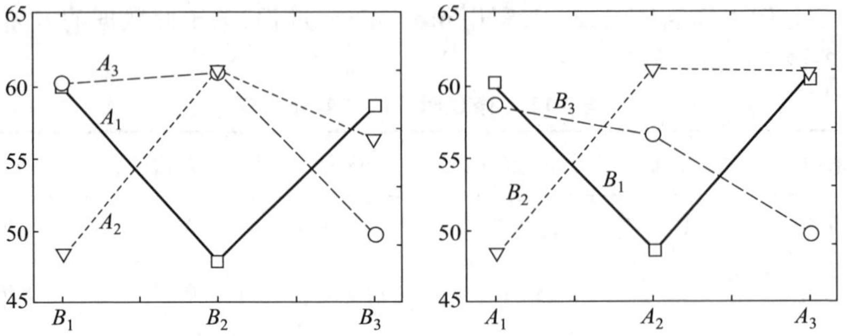

图 3.2　各水平组合(A_i, B_j)上的样本均值 $\bar{y}_{ij.}$

μ_{ij} 及其差值的置信区间.

3.2.3　无交互效应时各因素均值的估计与比较

在给定的显著水平 α 下,若前述假设检验的结论是因素 A 与 B 之间的交互效应不显著,并且因素 A 或 B 至少有一个对变量 Y 的影响是显著的,则我们可进一步对影响显著的因素 A 或 B 在它的各水平下的均值 $\mu_{i.}(i=1,2,\cdots,a)$ 或 $\mu_{.j}(j=1,2,\cdots,b)$ 作出估计,并给出其本身及任两个之差的置信区间.

若因素 A 的影响显著,则对其任一个水平 A_i,由于 $\mathrm{E}(\bar{y}_{i..})=\mathrm{E}(\mu+\alpha_{i.}+\bar{\varepsilon}_{i..})=\mu+\alpha_{i.}=\mu_{i.}$,因此

$$\hat{\mu}_{i.}=\bar{y}_{i..} \tag{3.33}$$

为 $\mu_{i.}$ 的一个无偏估计,由于 $\bar{\varepsilon}_{i..}\sim N\left(0,\dfrac{\sigma^2}{bc}\right)$,故

$$\hat{\mu}_{i.}=\bar{y}_{i..}\sim N\left(\mu_{i.},\frac{\sigma^2}{bc}\right),$$

而 $MS_E=\dfrac{1}{ab(c-1)}\sum_{i=1}^{a}\sum_{j=1}^{b}\sum_{k=1}^{c}(y_{ijk}-\bar{y}_{ij.})^2$ 是 σ^2 的无偏估计,且在方差分析模型(3.23)之下可证明

$$\frac{ab(c-1)}{\sigma^2}MS_E=\frac{1}{\sigma^2}SS_E\sim\chi^2(ab(c-1)),$$

同时 MS_E 与 $\bar{y}_{i..}$ 相互独立,从而可得

$$\frac{\sqrt{bc}\,(\bar{y}_{i..}-\mu_{i.})}{\sqrt{MS_E}}\sim t(ab(c-1)),$$

由此可得到 $\mu_{i.}$ 的置信度为 $1-\alpha$ 的置信区间为

$$\left(\bar{y}_{i\cdot\cdot} - t_{1-\frac{\alpha}{2}}(ab(c-1))\sqrt{\frac{MS_E}{bc}},\quad \bar{y}_{i\cdot\cdot} + t_{1-\frac{\alpha}{2}}(ab(c-1))\sqrt{\frac{MS_E}{bc}}\right). \tag{3.34}$$

对于给定的一对 i_1 和 $i_2(1 \leqslant i_1 < i_2 \leqslant a)$，同上理可得到 A 在两个水平 A_{i_1} 和 A_{i_2} 的均值之差 $\mu_{i_1\cdot} - \mu_{i_2\cdot}$ 的置信度为 $1-\alpha$ 的置信区间为

$$\left(\bar{y}_{i_1\cdot\cdot} - \bar{y}_{i_2\cdot\cdot} - t_{1-\frac{\alpha}{2}}(ab(c-1))\sqrt{\frac{2MS_E}{bc}},\quad \bar{y}_{i_1\cdot\cdot} - \bar{y}_{i_2\cdot\cdot} + t_{1-\frac{\alpha}{2}}(ab(c-1))\sqrt{\frac{2MS_E}{bc}}\right). \tag{3.35}$$

若有 m 个差值 $\mu_{i_1\cdot} - \mu_{i_2\cdot}$ 作同时比较，则它们的置信度不小于 $1-\alpha$ 的 Bonferroni 同时置信区间为

$$\begin{aligned}&\left(\bar{y}_{i_1\cdot\cdot} - \bar{y}_{i_2\cdot\cdot} - t_{1-\frac{\alpha}{2m}}(ab(c-1))\sqrt{\frac{2MS_E}{bc}},\right.\\ &\left.\bar{y}_{i_1\cdot\cdot} - \bar{y}_{i_2\cdot\cdot} + t_{1-\frac{\alpha}{2m}}(ab(c-1))\sqrt{\frac{2MS_E}{bc}}\right).\end{aligned} \tag{3.36}$$

同理，若因素 B 的影响显著，则对其任一个水平 B_j，可得 $\hat{\mu}_{\cdot j} = \bar{y}_{\cdot j\cdot}$ 为 $\mu_{\cdot j}$ 的一个无偏估计. 而 $\mu_{\cdot j}$ 的置信度为 $1-\alpha$ 的置信区间为

$$\left(\bar{y}_{\cdot j\cdot} - t_{1-\frac{\alpha}{2}}(ab(c-1))\sqrt{\frac{MS_E}{ac}},\quad \bar{y}_{\cdot j\cdot} + t_{1-\frac{\alpha}{2}}(ab(c-1))\sqrt{\frac{MS_E}{ac}}\right). \tag{3.37}$$

对给定的一对 j_1 和 $j_2(1 \leqslant j_1 < j_2 \leqslant b)$，$\mu_{\cdot j_1} - \mu_{\cdot j_2}$ 的置信度为 $1-\alpha$ 的置信区间为

$$\begin{aligned}&\left(\bar{y}_{\cdot j_1\cdot} - \bar{y}_{\cdot j_2\cdot} - t_{1-\frac{\alpha}{2}}(ab(c-1))\sqrt{\frac{2MS_E}{ac}},\right.\\ &\left.\bar{y}_{\cdot j_1\cdot} - \bar{y}_{\cdot j_2\cdot} + t_{1-\frac{\alpha}{2}}(ab(c-1))\sqrt{\frac{2MS_E}{ac}}\right).\end{aligned} \tag{3.38}$$

将上式中的 $\dfrac{\alpha}{2}$ 换为 $\dfrac{\alpha}{2m}$，则可得 m 个 $\mu_{\cdot j_1} - \mu_{\cdot j_2}$ 的置信度不小于 $1-\alpha$ 的 Bonferroni 同时置信区间.

例 3.7(续例 3.5)　根据表 3.9 中的数据，试给出两专业之间学生成绩的均值之差和各级别学生之间成绩的均值之差的置信度不小于 95% 的 Bonferroni 同时置信区间.

解　由例 3.5 结果可知，专业 A 与学生级别 B 之间无显著的交互效应，而因素 A 和 B 均对成绩的影响显著，因此可进一步通过比较 A 的各水平均值的差异及 B 的各水平均值的差异了解各专业与各级别学生的人文社科知识的差异情

况.由例 3.5 知 $MS_E = 13.639$,此时 $\alpha = 0.05$.

对于专业因素 A,由表 3.9 中数据可求得

$$\bar{y}_{1\cdot\cdot} = 79.75, \qquad \bar{y}_{2\cdot\cdot} = 84.75,$$

由于仅有一个差值 $\mu_{1\cdot} - \mu_{2\cdot}$,即(3.36)式中 $m = 1$.而 $t_{1-\frac{\alpha}{2m}}(ab(c-1)) = t_{0.975}(18) = 2.101$,因此由(3.36)式可求得 $\mu_{1\cdot} - \mu_{2\cdot}$ 的置信度为 95%的置信区间为

$$(-8.168,\ -1.832).$$

由此可知,在 95%的置信度下可认为 $\mu_{2\cdot} > \mu_{1\cdot}$,即数学专业学生的人文社科知识差于计算机科学专业的学生.

对于学生级别因素 B,由表 3.9 中数据可求得

$$\bar{y}_{\cdot 1\cdot} = 81.75, \quad \bar{y}_{\cdot 2\cdot} = 77.25, \quad \bar{y}_{\cdot 3\cdot} = 87.75,$$

这时共有 $m = 3$ 个差值 $\mu_{\cdot 1} - \mu_{\cdot 2}$,$\mu_{\cdot 1} - \mu_{\cdot 3}$ 和 $\mu_{\cdot 2} - \mu_{\cdot 3}$ 需要考虑,由于 $t_{1-\frac{\alpha}{2m}}(ab(c-1)) = t_{0.9917}(18) = 2.639$,取(3.38)式中的 $t_{1-\frac{\alpha}{2}}(ab(c-1))$ 为 2.639,可求得这三个差值的置信度不小于 95% 的 Bonferroni 同时置信区间分别为

$$\mu_{\cdot 1} - \mu_{\cdot 2}:(-0.373, 9.373),$$
$$\mu_{\cdot 1} - \mu_{\cdot 3}:(-10.873,\ -1.127),$$
$$\mu_{\cdot 2} - \mu_{\cdot 3}:(-15.373,\ -5.627).$$

由此结果知,在至少 95%的置信度下可断言两个专业的研究生的人文社科知识强于低年级和高年级学生,而高年级学生与低年级学生的人文社科知识无差异.以上同时置信区间也可通过在 proc anova 过程中添加适当选项而直接求得.

3.2.4 有交互效应时因素各水平组合(A_i,B_j)上的均值估计与比较

如果因素 A 与 B 之间有显著的交互效应,由前述分析知,这时单独考虑 A 或 B 各水平上均值的差异可能并无实际意义.这时,可通过直接比较因素各水平组合(A_i,B_j)上的均值 $\mu_{ij\cdot}$ 来了解其差异.

对于给定的因素 B 的某个水平 B_j,由于对一切 $i = 1, 2, \cdots, a$,有 $\mathrm{E}(\bar{y}_{ij\cdot}) = \mu_{ij}$,因此我们以 $\bar{y}_{ij\cdot}(i = 1, 2, \cdots, a)$ 分别作为 $\mu_{ij}(i = 1, 2, \cdots, a)$ 的估计,则有

$$\bar{y}_{ij\cdot} \sim N\left(\mu_{ij}, \frac{\sigma^2}{c}\right), \qquad i = 1, 2 \cdots, a.$$

这时,可证明

$$\frac{\sqrt{c}(\bar{y}_{ij\cdot} - \mu_{ij})}{\sqrt{MS_E}} \sim t(ab(c-1)), \quad i = 1, 2, \cdots, a.$$

由此可得对每个 $i = 1, 2, \cdots, a$,μ_{ij} 的置信度为 $1-\alpha$ 的置信区间为

$$\left(\bar{y}_{ij\cdot}-t_{1-\frac{\alpha}{2}}(ab(c-1))\sqrt{\frac{MS_E}{c}},\ \bar{y}_{ij\cdot}+t_{1-\frac{\alpha}{2}}(ab(c-1))\sqrt{\frac{MS_E}{c}}\right) \tag{3.39}$$

这时,更感兴趣的是成对比较 μ_{ij}.可证明

$$\frac{\sqrt{c}\left[\bar{y}_{i_1j\cdot}-\bar{y}_{i_2j\cdot}-(\mu_{i_1j}-\mu_{i_2j})\right]}{\sqrt{2MS_E}}\sim t(ab(c-1)),\quad 1\leqslant i_1<i_2\leqslant a.$$

由此可得,若同时比较 m 个差值 $\mu_{i_1j}-\mu_{i_2j}$,则其置信度不小于 $1-\alpha$ 的 Bonferroni 同时置信区间为

$$\left(\bar{y}_{i_1j\cdot}-\bar{y}_{i_2j\cdot}-t_{1-\frac{\alpha}{2m}}(ab(c-1))\sqrt{\frac{2MS_E}{c}},\right.$$
$$\left.\bar{y}_{i_1j\cdot}-\bar{y}_{i_2j\cdot}+t_{1-\frac{\alpha}{2m}}(ab(c-1))\sqrt{\frac{2MS_E}{c}}\right). \tag{3.40}$$

对于给定的因素 A 的某个水平 A_i,关于 B 的各水平上,Y 的均值的估计和成对比较有如上类似的结果.

例 3.8(续例 3.6) 根据表 3.11 数据,试对每一类型的磁盘驱动系统,给出三名修理工修理时间均值两两之差的置信度不小于 90%的 Bonferroni 同时置信区间.

解 由例 3.6 可知 $MS_E=52.011$,$a=b=3$,$c=5$,此题中 $\alpha=0.10$.

对于 B_1 类型的磁盘驱动系统,由表 3.13 可知

$$\bar{y}_{11\cdot}=59.8,\quad \bar{y}_{21\cdot}=48.4,\quad \bar{y}_{31\cdot}=60.2.$$

对于 $m=3$,可求得 $t_{1-\frac{\alpha}{2m}}(ab(c-1))=t_{0.9833}(36)=2.213$,由(3.40)式知,在 B_1 水平上,$\mu_{11}-\mu_{21}$,$\mu_{11}-\mu_{31}$ 和 $\mu_{21}-\mu_{31}$ 的置信度不小于 90%的 Bonferroni 同时置信区间分别为

$$\mu_{11}-\mu_{21}:(1.306,21.494),$$
$$\mu_{11}-\mu_{31}:(-10.494,9.694),$$
$$\mu_{21}-\mu_{31}:(-21.894,-1.706).$$

由此可知,对于 B_1 类型的磁盘驱动系统,我们能以至少 90% 的置信度断言,修理工 A_3 与 A_1 的平均修理时间无差异,而 A_2 的平均修理时间小于 A_1 和 A_3 的平均修理时间,即修理工 A_2 最擅长于修理 B_1 类型的磁盘驱动系统.

对于 B_2 类型的磁盘驱动系统,由表 3.13 可知

$$\bar{y}_{12\cdot}=47.8,\quad \bar{y}_{22\cdot}=61.2,\quad \bar{y}_{32\cdot}=60.8.$$

同上可得 $\mu_{12}-\mu_{22}$,$\mu_{12}-\mu_{32}$ 和 $\mu_{22}-\mu_{32}$ 的置信度不小于 90%的 Bonferroni 同时置信区间分别为

$$\mu_{12}-\mu_{22}:(-23.494,-3.306),$$
$$\mu_{12}-\mu_{32}:(-23.094,-2.906),$$
$$\mu_{22}-\mu_{32}:(-9.694,10.494).$$

由此可至少以90%的置信度断言,修理工 A_1 最擅长于修理 B_2 类型的磁盘驱动系统,而修理工 A_2 与 A_3 对修理 B_2 类型的磁盘驱动系统的平均时间无差异.

对于 B_3 类型的磁盘驱动系统,同理可求得 $\mu_{13}-\mu_{23}$,$\mu_{13}-\mu_{33}$ 和 $\mu_{23}-\mu_{33}$ 的置信度不小于90%的 Bonferroni 同时置信区间分别为

$$\mu_{13}-\mu_{23}:(-7.894,12.294),$$
$$\mu_{13}-\mu_{33}:(-1.294,18.894),$$
$$\mu_{23}-\mu_{33}:(-3.494,16.694).$$

由此可至少以90%的置信度断言,三个修理工修理 B_3 类型的磁盘驱动系统的平均时间均无差异.

为便于应用,我们将两因素等重复试验下的方差分析的基本步骤总结为如下的流程图(图3.3).

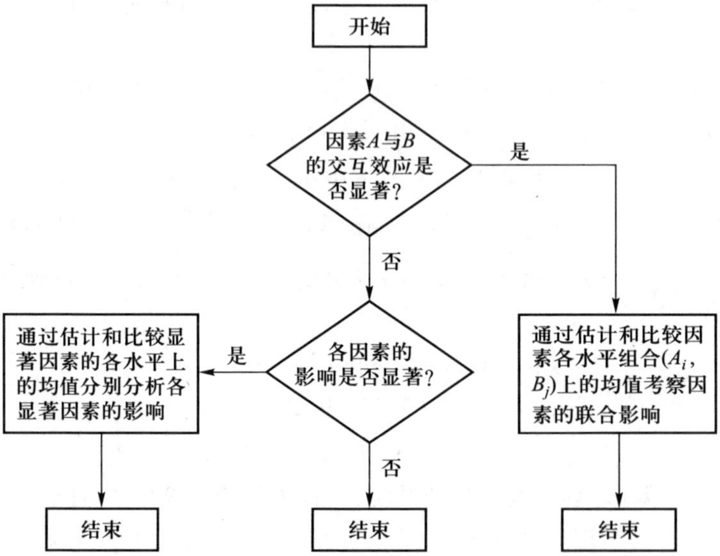

图3.3 两因素等重复试验的方差分析流程图

§3.3 两因素非重复试验下的方差分析

在 3.2 节的方差分析模型中，若在因素 A 和 B 的每个水平组合 (A_i,B_j) 上仅做一次试验，从而仅有一个观测数据，即在数据表 3.7 和模型(3.21)中 $c=1$，此时省去观测值中的第三个下标，模型(3.21)可简单写为

$$\begin{cases} y_{ij}=\mu_{ij}+\varepsilon_{ij}, & i=1,2,\cdots,a,\ j=1,2,\cdots,b, \\ \varepsilon_{ij}\sim N(0,\sigma^2)\text{ 且诸 }\varepsilon_{ij}\text{ 相互独立}. \end{cases} \tag{3.41}$$

此时，由于 $\bar{y}_{ij\cdot}=y_{ij}$，故 $SS_E\equiv 0$. 这说明当每个组合水平仅有一个观测值时，我们不能由 SS_E 得到 σ^2 的估计，因而前节的分析方法不能直接用于模型(3.41)的分析. 但是，由(3.28)式可知，如果假定 A 与 B 之间无交互效应，则可以通过 SS_{AB} 构造 σ^2 的一个无偏估计. 在此假定下，模型(3.41)可进一步表示为

$$\begin{cases} y_{ij}=\mu+\alpha_i+\beta_j+\varepsilon_{ij}, & i=1,2,\cdots,a,\ j=1,2,\cdots,b, \\ \varepsilon_{ij}\sim N(0,\sigma^2)\text{ 且诸 }\varepsilon_{ij}\text{ 相互独立}, \\ \sum_{i=1}^{a}\alpha_i=0,\ \sum_{j=1}^{b}\beta_j=0, \end{cases} \tag{3.42}$$

这里，μ,α_i,β_j 的意义与前节相同，我们的目的是检验假设(3.24)和(3.25)，即因素 A 或 B 的各水平对变量 Y 的影响是否有显著差异. 而检验统计量此时分别为

$$\widetilde{F}_A=\frac{MS_A}{MS_{AB}},\qquad \widetilde{F}_B=\frac{MS_B}{MS_{AB}}, \tag{3.43}$$

这里，$MS_A=\dfrac{1}{a-1}SS_A$，$MS_B=\dfrac{1}{b-1}SS_B$，$MS_{AB}=\dfrac{1}{(a-1)(b-1)}SS_{AB}$，而

$$\begin{cases} SS_A=b\sum_{i=1}^{a}(\bar{y}_{i\cdot}-\bar{y})^2, \\ SS_B=a\sum_{j=1}^{b}(\bar{y}_{\cdot j}-\bar{y})^2, \\ SS_{AB}=\sum_{i=1}^{a}\sum_{j=1}^{b}(y_{ij}-\bar{y}_{i\cdot}-\bar{y}_{\cdot j}+\bar{y})^2, \end{cases} \tag{3.44}$$

其中 $\bar{y}=\dfrac{1}{ab}\sum_{i=1}^{a}\sum_{j=1}^{b}y_{ij}$，$\bar{y}_{i\cdot}=\dfrac{1}{b}\sum_{j=1}^{b}y_{ij}$，$y_{\cdot j}=\dfrac{1}{a}\sum_{i=1}^{a}y_{ij}$. 在模型(3.42)下，同样可证明

$$\widetilde{F}_A\sim F(a-1,(a-1)(b-1)),\qquad \widetilde{F}_B\sim F(b-1,(a-1)(b-1)),$$

因此检验假设(3.24)或(3.25)的 p 值分别为

$$\tilde{p}_A = P_{H_{A0}}(\tilde{F}_A \geqslant \tilde{f}_A) = P(F(a-1,(a-1)(b-1)) \geqslant \tilde{f}_A), \quad (3.45)$$

$$\tilde{p}_B = P_{H_{B0}}(\tilde{F}_B \geqslant \tilde{f}_B) = P(F(b-1,(a-1)(b-1)) \geqslant \tilde{f}_B), \quad (3.46)$$

其中 $\tilde{f}_A$ 和 $\tilde{f}_B$ 分别是由观测数据通过(3.43)求得的统计量 $\tilde{F}_A$ 和 $\tilde{F}_B$ 的观测值.

同样,可将如上分析总结在表 3.14 中.

表 3.14 两因素非重复试验下的方差分析表

方差来源	自由度	平方和	均方	F 值	p 值
因素 A	$a-1$	SS_A	$MS_A = \dfrac{SS_A}{a-1}$	$\tilde{f}_A = \dfrac{MS_A}{MS_{AB}}$	$\tilde{p}_A$
因素 B	$b-1$	SS_B	$MS_B = \dfrac{SS_B}{b-1}$	$\tilde{f}_B = \dfrac{MS_B}{MS_{AB}}$	$\tilde{p}_B$
误差	$(a-1)(b-1)$	SS_{AB}	$MS_{AB} = \dfrac{SS_{AB}}{(a-1)(b-1)}$		
总和	$ab-1$	SS_T			

需要强调的是,利用模型(3.42)进行方差分析,实际上已经隐含了 A 与 B 之间无交互效应的假定,若 A 与 B 之间确有交互效应,则 MS_{AB} 的值就会趋于变大,因而利用上述方法作分析是不合适的.但在一个具体问题中,交互效应是否需要考虑,在很大程度上取决于问题的实际背景和经验.如果根据问题的实际背景和经验认为 A 与 B 的交互效应不显著,则可在每个水平组合上只做一次试验,便可用上述方法进行分析.若分析的结果是在一定显著水平下,因素 A 或 B 至少有一个对因变量 Y 的影响显著,则可完全类似于3.1节单因素方差分析方法分别讨论显著因素 A 或 B 的各水平下的均值的估计和比较问题.

在本章最后,我们需要指出如下两个方面的问题.

首先,和第2章中的线性回归分析一样,需要针对所给的数据考察方差分析模型的合理性,其中主要包括误差的正态性和等方差性的假定是否合理,其主要方法仍然是对残差作分析.对于单因素情况,y_{ij} 的拟合值为 $\hat{y}_{ij} = \bar{y}_{i\cdot}$,其残差为

$$\hat{\varepsilon}_{ij} = y_{ij} - \bar{y}_{i\cdot}, \qquad j = 1,2,\cdots,n_i, i = 1,2,\cdots,a;$$

对于两因素等重复试验情况,y_{ijk} 的拟合值为 $\bar{y}_{ij\cdot}$,其残差为

$$\hat{\varepsilon}_{ijk} = y_{ijk} - \bar{y}_{ij\cdot}, \qquad i = 1,2,\cdots,a, \quad j = 1,2,\cdots,b, \quad k = 1,2,\cdots,c;$$

而对于两因素非重复试验的情形,y_{ij} 的拟合值为 $\hat{y}_{ij} = \bar{y}_{i\cdot} + \bar{y}_{\cdot j} - \bar{y}$,其残差为

$$\hat{\varepsilon}_{ij} = y_{ij} - (\bar{y}_{i\cdot} + \bar{y}_{\cdot j} - \bar{y}), \quad i = 1,2,\cdots,a, \quad j = 1,2,\cdots,b.$$

将残差除以各模型下误差标准差的估计(即 $\sqrt{MS_E}$ 或 $\sqrt{MS_{AB}}$)得标准化残差,同回归分析中的残差分析方法,通过标准化残差的正态 QQ 图或标准化残差关于

拟合值的残差图考察误差正态性及等方差性假定的合理性.另外,也可通过第 1 章正态性检验方法检验残差分布的正态性.若分析结果表明方差分析模型不合适,则可采用数据变换的方法改善模型假定的合理性.如果数据变换仍无助于问题的解决,则可采用某些非参数方法(如可参见[11]第 5 章)分析所给数据,在此不再作进一步介绍.

另外,非重复试验下的两因素方差分析问题比较复杂,一般说来,它可转化为带有约束条件的线性回归问题来分析.SAS 系统的 proc glm 过程提供了两因素甚至多因素非重复试验下的方差分析功能(见[6]第 25 章),该过程也适用于等重复试验下的方差分析,其主要语句形式与 proc anova 基本相同,但该过程可用于更广泛类型的统计模型的分析.还有,本章讨论的均是固定效应的方差分析模型,即假定 $\alpha_i, \beta_j, \gamma_{ij}$ 等均为非随机的,如果这些量中的全部或部分视为随机变量,则有所谓的随机效应方差分析模型,虽然该模型的分析方法与固定效应模型类似,但其解释有所不同.再有,两因素方差分析方法原则上可推广到多因素的情况,但随着因素个数的增加,若要在每个因素组合水平上均有数据,则试验次数会非常大以致无法实现,而因素个数增多时,各种交互效应会使得对结果的解释相当困难.解决此问题的方法之一是选择一部分因素组合水平进行试验,这将涉及试验设计问题,即选择合理的试验方案,使试验次数并不太多,但能得到比较满意的分析结果.限于本书范围,以上问题在此不作进一步讨论,有兴趣的读者可参考有关专著,如[25]等.

习题 3

3.1　对于两因素等重复试验下的方差分析模型(3.23),证明(3.22)式中的四个等式成立.

3.2　对方差分析模型(3.23),试推导(3.28)式.

3.3　对于两因素非重复试验的方差分析模型(3.42),若假设检验的结论为因素 A 的影响显著,试给出 A 的各水平下均值 $\mu_{i\cdot}$ 的点估计以及两两之差的置信度为 $1-\alpha$ 的置信区间.若要同时考虑各水平均值的 m 对两两之差的比较,给出其置信度不小于 $1-\alpha$ 的 Bonferroni 同时置信区间.

3.4　考察四种不同催化剂对某一化工产品得率的影响,在四种不同催化剂下分别做了 6 次试验,得数据如表 3.15 所示.

表 3.15　四种不同催化剂下某化工产品的得率

催化剂	产品得率					
A_1	0.88	0.85	0.79	0.86	0.85	0.83
A_2	0.87	0.92	0.85	0.83	0.90	0.80

续表

催化剂	产品得率					
A_3	0.84	0.78	0.81	0.80	0.85	0.83
A_4	0.81	0.86	0.90	0.87	0.78	0.79

假定各种催化剂下产品的得率服从同方差的正态分布,试在 $\alpha=0.05$ 下,检验四种不同催化剂对该化工产品的得率有无显著影响.

3.5 为了了解生产某种电子设备的公司在过去三年中的科研经费投入(分为低、中、高三档)对当年生产能力提高的影响,调查了共计 27 家生产该设备的公司,对当年生产能力较之三年前的提高量作评估,得数据如表 3.16 所示:

表 3.16 不同科研经费投入下生产能力的提高量

科研经费投入	生产能力提高量											
低	7.6	8.2	6.8	5.8	6.9	6.6	6.3	7.7	6.0			
中	6.7	8.1	9.4	8.6	7.8	7.7	8.9	7.9	8.3	8.7	7.1	8.4
高	8.5	9.7	10.1	7.8	9.6	9.5						

假定生产能力提高量服从方差分析模型.

(1) 建立方差分析表,在显著水平 $\alpha=0.05$ 下检验过去三年科研经费投入的不同是否对当年生产力的提高有显著影响.

(2) 分别以 μ_L,μ_M 和 μ_H 记在过去三年科研经费投入为低、中、高情况下当年生产能力提高量的均值,分别给出 μ_L,μ_M 和 μ_H 的置信度为 95% 的置信区间以及差值 $\mu_L-\mu_M$,$\mu_L-\mu_H$ 和 $\mu_M-\mu_H$ 的置信度不小于 95% 的 Bonferroni 同时置信区间.是否过去三年科研经费投入越高,当年生产能力的改善越显著?

3.6 为研究两种形式的铁离子(Fe^{3+} 和 Fe^{2+})的不同剂量下在动物体内的存留量是否有显著不同,进行了如下试验:将 108 只小白鼠随机地分为 6 组,每组均为 18 只,其中 3 组分别给以三种不同剂量(高剂量,中剂量和低剂量)的三价铁 Fe^{3+};另 3 组给以相应剂量的二价铁 Fe^{2+}.经过一段时间后,测量各小白鼠体内两种铁离子的残留量关于最初服用剂量的百分比,其数据如表 3.17 所示.

表 3.17 不同剂量下的两种铁离子在小白鼠体内存留量的百分比 单位:%

Fe^{3+}			Fe^{2+}		
高剂量	中剂量	低剂量	高剂量	中剂量	低剂量
0.71	2.20	2.25	2.20	4.04	2.71
1.66	2.93	3.93	2.69	4.16	5.43
2.01	3.08	5.08	3.54	4.42	6.38
2.16	3.49	5.82	3.75	4.93	6.38
2.42	4.11	5.84	3.83	5.49	8.32

续表

Fe^{3+}			Fe^{2+}		
高剂量	中剂量	低剂量	高剂量	中剂量	低剂量
2.42	4.95	6.89	4.08	5.77	9.04
2.56	5.16	8.50	4.27	5.86	9.56
2.60	5.54	8.56	4.53	6.28	10.01
3.31	5.68	9.44	5.32	6.97	10.08
3.64	6.25	10.52	6.18	7.06	10.62
3.74	7.25	13.46	6.22	7.78	13.80
3.74	7.90	13.57	6.33	9.23	15.99
4.39	8.85	14.76	6.97	9.34	17.90
4.50	11.96	16.41	6.97	9.91	18.25
5.07	15.54	16.96	7.52	13.46	19.32
5.26	15.89	17.56	8.36	18.40	19.87
8.15	18.30	22.82	11.65	23.89	21.60
8.24	18.59	29.13	12.45	26.39	22.25

(1) 由 SAS 系统 proc anova 过程的“means”语句(或者其他方法)求出各组合水平上的观测值的样本均值和标准差.各水平组合上的标准差(从而样本方差)差异是否明显？你认为假定误差的等方差性是否合理？

(2) 对观测数据作自然对数变换,再进行(1)中分析.此时,各组合水平上的标准差是否趋于一致？

(3) 对变换后的数据进行方差分析,建立方差分析表.在显著水平 $\alpha=0.05$ 下,因素的交互效应是否显著？各因素的影响是否显著？

(4) 根据(3)中分析,分别求各因素在其不同水平上的均值的置信度为 95%的置信区间以及两两均值之差的置信度不小于 95%的 Bonferroni 同时置信区间,并解释其结果.

3.7 为研制一种治疗枯草热病的药物,将两种成分(A 和 B)各按三种不同剂量(低、中、高)混合,将 36 位自愿受试患者随机分为 9 组,每组 4 人服用各种剂量混合下的药物,记录其病情缓解的时间(单位:h)如表 3.18 所示.

表 3.18 不同剂量组合下病情缓解的时间

成分 A	成分 B											
	低剂量				中剂量				高剂量			
低剂量	2.4	2.7	2.3	2.5	4.6	4.2	4.9	4.7	4.8	4.5	4.4	4.6
中剂量	5.8	5.2	5.5	5.3	8.9	9.1	8.7	9.0	9.1	9.3	8.7	9.4
高剂量	6.1	5.7	5.9	6.2	9.9	10.5	10.6	10.1	13.5	13.0	13.3	13.2

(1) 计算每个水平组合(A_i,B_j)上的均值 μ_{ij}的估计值 $\bar{y}_{ij\cdot}$ $(i,j=1,2,3)$,做出形如图 3.2

的图形,判断 A 与 B 的交互效应是否显著.

(2) 假设所给数据服从方差分析模型,建立方差分析表,A 与 B 的交互效应在显著性水平 $\alpha=0.05$ 下是否显著?

(3) 若 A 与 B 的交互效应显著,分别就 A 的各水平 $A_i(i=1,2,3)$,给出在 B 的各水平 B_j 上的均值 μ_{ij} 的置信度为 95% 的置信区间以及两两之差的置信度不小于 95% 的 Bonferroni 同时置信区间.固定 B 的各水平 B_j,关于因素 A 作类似分析,你能否选出最佳的水平组合?

3.8 有四名工人 $W_i, i=1,2,3,4$,分别操作机床 A_1,A_2,A_3 各一天,生产同样产品,其日产量(单位:件)如表 3.19 所示.

表 3.19 四名工人操作不同机床的产品日产量

机床	工人			
	W_1	W_2	W_3	W_4
A_1	50	47	47	53
A_2	63	54	57	58
A_3	52	42	41	48

假设此数据服从两因素非重复试验下的方差分析模型(3.42).

(1) 建立方差分析表,在显著性水平 $\alpha=0.05$ 下,四名工人的日产量有无显著差异?各台机床对日产量有无显著影响?

(2) 分别求各工人的平均日产量的两两之差以及各台机床平均日产量两两之差的置信度不小于 90% 的 Bonferroni 同时置信区间,并对结果作解释.

第 4 章

主成分分析与典型相关分析

在实际问题中,为了尽可能完整地获取有关的信息,往往需要考虑众多的变量,这虽然可以避免重要信息的遗漏,但增加了分析的复杂性.一般说来,同一问题所涉及的众多变量之间会存在一定的相关性,这种相关性会使各变量的信息有所“重叠”.于是,人们希望对这些彼此相关的变量加以“改造”,用为数较少的、信息互不重叠的新变量来反映原变量提供的大部分信息,从而通过对为数较少的新变量的分析达到解决问题的目的.主成分分析和典型相关分析便是在这种降维的思想下产生的处理高维数据的统计方法.二者均是通过构造原变量的适当的线性组合提取不同信息,主成分分析着眼于考虑变量的“分散性”信息,而典型相关分析则立足于识别和量化两组变量的统计相关性.

本章主要介绍主成分分析和典型相关分析的基本概念和方法.

§4.1 主成分分析

4.1.1 引言

主成分分析的主要目的就是对原变量加以“改造”,在不致损失原变量太多信息的条件下尽可能地降低原变量的维数,即用为数较少的“新变量”代替原来的各变量.我们以二维变量为例来直观说明主成分分析的思想.设有二维随机向量 $\boldsymbol{X}=(X_1,X_2)^{\mathrm{T}}$ 且 $\mathrm{E}(\boldsymbol{X})=\boldsymbol{0}$,对其进行 n 次观测得数据 $\boldsymbol{x}_i=(x_{i1},x_{i2})^{\mathrm{T}}(i=1,2,\cdots,n)$.首先考虑如下的一种极端情形,即 X_1 和 X_2 的相关系数的绝对值为 1,则作为平面上的点,$(x_{i1},x_{i2})(i=1,2,\cdots,n)$ 基本分布在某条直线 l 上(如图 4.1(a) 所示),若将原坐标系 x_1Ox_2 逆时针旋转一个角度 θ 得到新的坐标系 y_1Oy_2,使坐标轴 Oy_1 与 l 重合,这时观测点 $(x_{i1},x_{i2})(i=1,2,\cdots,n)$ 基本上可由它们在 Oy_1 上的坐标

$$y_{i1}=x_{i1}\cos\theta+x_{i2}\sin\theta,\qquad i=1,2,\cdots,n$$

所决定.我们看到,$y_{i1}(i=1,2,\cdots,n)$ 是原数据的线性组合且在 Oy_1 轴上的分散性(即样本方差)达到最大.这相当于对原变量 X_1,X_2 做线性变换

$$Y_1=X_1\cos\theta+X_2\sin\theta$$

得新变量 Y_1,其中 θ 的选择使 $\mathrm{Var}(Y_1)$ 最大,这时 Y_1 的相应观测值 $y_{i1}(i=1,2,\cdots,n)$ 就基本上反映了原来二维随机变量 $(X_1,X_2)^{\mathrm{T}}$ 的观测值 $(x_{i1},x_{i2})^{\mathrm{T}}(i=1,2,\cdots,n)$ 变化的基本情况.因此我们便可用一维随机变量 Y_1 来代替原来的二维随机变量 $(X_1,X_2)^{\mathrm{T}}$.

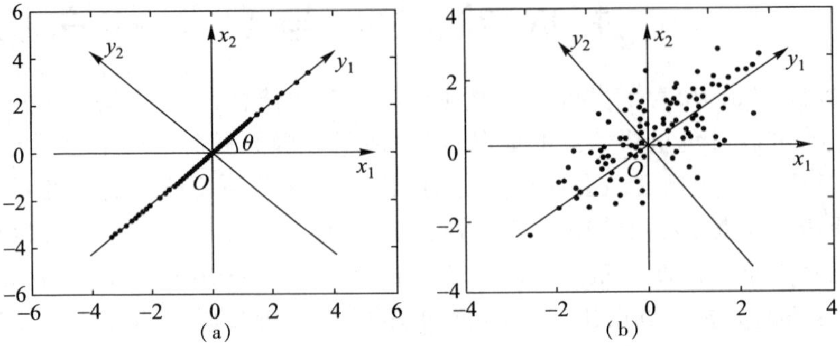

图 4.1 二维随机变量的观测值在不同坐标系下的表示

一般情况下(如图 4.1(b) 所示),我们将 Ox_1 轴逆时针旋转至观测点 $(x_{i1},x_{i2})(i=1,2,\cdots,n)$ 具有最大分散性的方向上(即图 4.1(b) 中的 Oy_1 方向),即该方向所反映的数据间差异的信息最多,相应地,Ox_2 转至 Oy_2 方向.设转过的角度为 θ,则原观测点 $(x_{i1},x_{i2})(i=1,2,\cdots,n)$ 在新坐标系下可表示为

$$\begin{cases} y_{i1}=x_{i1}\cos\theta+x_{i2}\sin\theta, \\ y_{i2}=-x_{i1}\sin\theta+x_{i2}\cos\theta, \end{cases} \quad i=1,2,\cdots,n.$$

而 $y_{i1}(i=1,2,\cdots,n)$ 和 $y_{i2}(i=1,2,\cdots,n)$ 分别反映了彼此垂直的两个方向上数据的分散性信息.令新变量 Y_1 和 Y_2 为

$$\begin{cases} Y_1=X_1\cos\theta+X_2\sin\theta, \\ Y_2=-X_1\sin\theta+X_2\cos\theta, \end{cases}$$

则它们均为原变量 X_1 和 X_2 的线性组合,且 $\mathrm{Var}(Y_1)$ 达到最大,我们分别称 Y_1 和 Y_2 为 X_1,X_2 的第一和第二主成分.如果数据在 Oy_2 方向上的分散性很小,则可近似地用 Y_1 的相应观测值代替原二维变量 $(X_1,X_2)^{\mathrm{T}}$ 的观测值,达到降低数据维数的目的.

综上可知,主成分分析即构造原变量的一系列线性组合,使其方差(或观测值的样本方差)达到最大.下面分别讨论总体主成分和样本主成分的定义及求法.

4.1.2 总体主成分

1. 总体主成分的定义

设 $\boldsymbol{X}=(X_1,X_2,\cdots,X_p)^{\mathrm{T}}$ 为 p 维随机向量,其协方差矩阵(记为 $\mathrm{Cov}(\boldsymbol{X})$)为

$$\mathrm{Cov}(\boldsymbol{X})=\boldsymbol{\Sigma}=(\sigma_{ij})_{p\times p}=\mathrm{E}[(\boldsymbol{X}-\mathrm{E}(\boldsymbol{X}))(\boldsymbol{X}-\mathrm{E}(\boldsymbol{X}))^{\mathrm{T}}], \tag{4.1}$$

它是一个 p 阶非负定方阵.按照主成分分析的思想,我们首先构造 $X_1,X_2,\cdots,X_p$ 的线性组合

$$Y_1=\boldsymbol{a}_1^{\mathrm{T}}\boldsymbol{X}=a_{11}X_1+a_{12}X_2+\cdots+a_{1p}X_p,$$

确定 $\boldsymbol{a}_1=(a_{11},a_{12},\cdots,a_{1p})^{\mathrm{T}}$,使得

$$\mathrm{Var}(Y_1)=\mathrm{Var}(\boldsymbol{a}_1^{\mathrm{T}}\boldsymbol{X})=\boldsymbol{a}_1^{\mathrm{T}}\boldsymbol{\Sigma}\boldsymbol{a}_1$$

达到最大.但必须对 $\boldsymbol{a}_1$ 加以限制,否则 $\mathrm{Var}(Y_1)$ 无界.由引言部分可知,在坐标旋转之下相应的组合系数向量具有单位长度,因此一个自然的约束条件是要求 $\boldsymbol{a}_1$ 的长度为1,即在约束条件 $\boldsymbol{a}_1^{\mathrm{T}}\boldsymbol{a}_1=1$ 之下,求 $\boldsymbol{a}_1$ 使得 $\mathrm{Var}(Y_1)=\boldsymbol{a}_1^{\mathrm{T}}\boldsymbol{\Sigma}\boldsymbol{a}_1$ 达到最大.由此 $\boldsymbol{a}_1$ 所确定的随机变量 $Y_1=\boldsymbol{a}_1^{\mathrm{T}}\boldsymbol{X}$ 称为 $\boldsymbol{X}$ 的第一主成分.

如果第一主成分 Y_1 在 $\boldsymbol{a}_1$ 方向上的分散性还不足以反映原变量的分散性(或称为信息),则再构造 $X_1,X_2,\cdots,X_p$ 的线性组合

$$Y_2=\boldsymbol{a}_2^{\mathrm{T}}\boldsymbol{X}=a_{21}X_1+a_{22}X_2+\cdots+a_{2p}X_p,$$

为使 Y_1 和 Y_2 所反映的原变量的信息不相重叠,要求 Y_1 与 Y_2 不相关,即

$$\mathrm{Cov}(Y_2,Y_1)=\mathrm{Cov}(\boldsymbol{a}_2^{\mathrm{T}}\boldsymbol{X},\boldsymbol{a}_1^{\mathrm{T}}\boldsymbol{X})=\boldsymbol{a}_2^{\mathrm{T}}\boldsymbol{\Sigma}\boldsymbol{a}_1=0.$$

按主成分分析思想,问题转化为在约束条件 $\boldsymbol{a}_2^{\mathrm{T}}\boldsymbol{a}_2=1$ 及 $\boldsymbol{a}_2^{\mathrm{T}}\boldsymbol{\Sigma}\boldsymbol{a}_1=0$ 之下,求 $\boldsymbol{a}_2$ 使得 $\mathrm{Var}(Y_2)=\boldsymbol{a}_2^{\mathrm{T}}\boldsymbol{\Sigma}\boldsymbol{a}_2$ 达到最大.由此 $\boldsymbol{a}_2$ 所确定的随机变量 $Y_2=\boldsymbol{a}_2^{\mathrm{T}}\boldsymbol{X}$ 称为 $\boldsymbol{X}$ 的第二主成分.

一般地,若 $Y_1,Y_2,\cdots,Y_{k-1}$ 还不足以反映原变量的信息,则进一步构造 $X_1,X_2,\cdots,X_p$ 的线性组合

$$Y_k=\boldsymbol{a}_k^{\mathrm{T}}\boldsymbol{X}=a_{k1}X_1+a_{k2}X_2+\cdots+a_{kp}X_p.$$

在约束条件 $\boldsymbol{a}_k^{\mathrm{T}}\boldsymbol{a}_k=1$ 及 $\mathrm{Cov}(Y_k,Y_i)=\boldsymbol{a}_k^{\mathrm{T}}\boldsymbol{\Sigma}\boldsymbol{a}_i=0\ (i=1,2,\cdots,k-1)$ 之下,求 $\boldsymbol{a}_k$ 使 $\mathrm{Var}(Y_k)=\boldsymbol{a}_k^{\mathrm{T}}\boldsymbol{\Sigma}\boldsymbol{a}_k$ 达到最大.由此 $\boldsymbol{a}_k$ 所确定的随机变量 $Y_k=\boldsymbol{a}_k^{\mathrm{T}}\boldsymbol{X}$ 称为 $\boldsymbol{X}$ 的第 k 个主成分.

按上述方法,最多可以构造出 p 个方差大于零的主成分.事实上,若有 $p+1$ 个主成分 $Y_1,\cdots,Y_{p+1}$,其方差均大于零,则由于 $\boldsymbol{a}_1,\boldsymbol{a}_2,\cdots,\boldsymbol{a}_{p+1}$ 这 $p+1$ 个 p 维单位向量必线性相关,从而不妨设 $\boldsymbol{a}_{p+1}=l_1\boldsymbol{a}_1+l_2\boldsymbol{a}_2+\cdots+l_p\boldsymbol{a}_p$ 且 $l_1\neq 0$,则有 $\mathrm{Cov}(Y_{p+1},Y_1)=(l_1\boldsymbol{a}_1+l_2\boldsymbol{a}_2+\cdots+l_p\boldsymbol{a}_p)^{\mathrm{T}}\boldsymbol{\Sigma}\boldsymbol{a}_1=l_1\boldsymbol{a}_1^{\mathrm{T}}\boldsymbol{\Sigma}\boldsymbol{a}_1=l_1\mathrm{Var}(Y_1)\neq 0$,这与主成分的要求相矛盾.

2. 总体主成分的求法

求总体主成分归结为求 $\boldsymbol{X}$ 的协方差矩阵 $\boldsymbol{\Sigma}$ 的特征值和特征向量问题,具体有如下结论:

设 $\boldsymbol{\Sigma}$ 是 $\boldsymbol{X}=(X_1,X_2,\cdots,X_p)^{\mathrm{T}}$ 的协方差矩阵,其特征值按大小顺序排列为 λ_1

$\geqslant \lambda_2 \geqslant \cdots \geqslant \lambda_p \geqslant 0$,相应的正交单位化特征向量为 $\boldsymbol{e}_1, \boldsymbol{e}_2, \cdots, \boldsymbol{e}_p$,则 $\boldsymbol{X}$ 的第 k 个主成分可表示为

$$Y_k = \boldsymbol{e}_k^{\mathrm{T}} \boldsymbol{X} = e_{k1} X_1 + e_{k2} X_2 + \cdots + e_{kp} X_p, \quad k = 1, 2, \cdots, p, \tag{4.2}$$

其中 $\boldsymbol{e}_k = (e_{k1}, e_{k2}, \cdots, e_{kp})^{\mathrm{T}}$.这时有

$$\begin{cases} \mathrm{Var}(Y_k) = \boldsymbol{e}_k^{\mathrm{T}} \boldsymbol{\Sigma} \boldsymbol{e}_k = \lambda_k \boldsymbol{e}_k^{\mathrm{T}} \boldsymbol{e}_k = \lambda_k, & k = 1, 2, \cdots, p, \\ \mathrm{Cov}(Y_j, Y_k) = \boldsymbol{e}_j^{\mathrm{T}} \boldsymbol{\Sigma} \boldsymbol{e}_k = \lambda_k \boldsymbol{e}_j^{\mathrm{T}} \boldsymbol{e}_k = 0, & j \neq k. \end{cases}$$

事实上,令 $\boldsymbol{P} = (\boldsymbol{e}_1, \boldsymbol{e}_2, \cdots, \boldsymbol{e}_p)$,则 $\boldsymbol{P}$ 为正交矩阵,且

$$\boldsymbol{P}^{\mathrm{T}} \boldsymbol{\Sigma} \boldsymbol{P} = \boldsymbol{\Lambda} = \mathrm{Diag}(\lambda_1, \lambda_2, \cdots, \lambda_p),$$

其中 $\mathrm{Diag}(\lambda_1, \lambda_2, \cdots, \lambda_p)$ 表示对角矩阵.

若 $Y_1 = \boldsymbol{a}_1^{\mathrm{T}} \boldsymbol{X}$ 为 $\boldsymbol{X}$ 的第一主成分,其中 $\boldsymbol{a}_1^{\mathrm{T}} \boldsymbol{a}_1 = 1$,令

$$\boldsymbol{z}_1 = (z_{11}, z_{12}, \cdots, z_{1p})^{\mathrm{T}} = \boldsymbol{P}^{\mathrm{T}} \boldsymbol{a}_1,$$

则 $\boldsymbol{z}_1^{\mathrm{T}} \boldsymbol{z}_1 = \boldsymbol{a}_1^{\mathrm{T}} \boldsymbol{P} \boldsymbol{P}^{\mathrm{T}} \boldsymbol{a}_1 = \boldsymbol{a}_1^{\mathrm{T}} \boldsymbol{a}_1 = 1$,且

$$\mathrm{Var}(Y_1) = \boldsymbol{a}_1^{\mathrm{T}} \boldsymbol{\Sigma} \boldsymbol{a}_1 = \boldsymbol{z}_1^{\mathrm{T}} \boldsymbol{P}^{\mathrm{T}} \boldsymbol{\Sigma} \boldsymbol{P} \boldsymbol{z}_1 = \lambda_1 z_{11}^2 + \lambda_2 z_{12}^2 + \cdots + \lambda_p z_{1p}^2 \leqslant \lambda_1 \boldsymbol{z}_1^{\mathrm{T}} \boldsymbol{z}_1 = \lambda_1,$$

并且当 $\boldsymbol{z}_1 = (1, 0, \cdots, 0)^{\mathrm{T}}$ 时,等号成立,这时

$$\boldsymbol{a}_1 = \boldsymbol{P} \boldsymbol{z}_1 = \boldsymbol{e}_1,$$

由此可知,在约束条件 $\boldsymbol{a}_1^{\mathrm{T}} \boldsymbol{a}_1 = 1$ 之下,当 $\boldsymbol{a}_1 = \boldsymbol{e}_1$ 时,$\mathrm{Var}(Y_1)$ 达到最大,且

$$\max_{\boldsymbol{a}_1^{\mathrm{T}} \boldsymbol{a}_1 = 1} \{\mathrm{Var}(Y_1)\} = \mathrm{Var}(\boldsymbol{e}_1^{\mathrm{T}} \boldsymbol{X}) = \boldsymbol{e}_1^{\mathrm{T}} \boldsymbol{\Sigma} \boldsymbol{e}_1 = \lambda_1.$$

设 $Y_2 = \boldsymbol{a}_2^{\mathrm{T}} \boldsymbol{X}$ 为 $\boldsymbol{X}$ 的第二主成分,则应有

$$\boldsymbol{a}_2^{\mathrm{T}} \boldsymbol{a}_2 = 1 \text{ 且 } \mathrm{Cov}(Y_2, Y_1) = \boldsymbol{a}_2^{\mathrm{T}} \boldsymbol{\Sigma} \boldsymbol{e}_1 = \lambda_1 \boldsymbol{a}_2^{\mathrm{T}} \boldsymbol{e}_1 = 0,$$

即 $\boldsymbol{a}_2^{\mathrm{T}} \boldsymbol{e}_1 = 0$.令

$$\boldsymbol{z}_2 = (z_{21}, z_{22}, \cdots, z_{2p})^{\mathrm{T}} = \boldsymbol{P}^{\mathrm{T}} \boldsymbol{a}_2,$$

则 $\boldsymbol{z}_2^{\mathrm{T}} \boldsymbol{z}_2 = 1$,而由 $\boldsymbol{a}_2^{\mathrm{T}} \boldsymbol{e}_1 = 0$ 即有

$$\boldsymbol{a}_2^{\mathrm{T}} \boldsymbol{e}_1 = \boldsymbol{z}_2^{\mathrm{T}} \boldsymbol{P}^{\mathrm{T}} \boldsymbol{e}_1 = z_{21} \boldsymbol{e}_1^{\mathrm{T}} \boldsymbol{e}_1 + z_{22} \boldsymbol{e}_2^{\mathrm{T}} \boldsymbol{e}_1 + \cdots + z_{2p} \boldsymbol{e}_p^{\mathrm{T}} \boldsymbol{e}_1 = z_{21} = 0,$$

故

$$\begin{aligned} \mathrm{Var}(Y_2) &= \boldsymbol{a}_2^{\mathrm{T}} \boldsymbol{\Sigma} \boldsymbol{a}_2 = \boldsymbol{z}_2^{\mathrm{T}} \boldsymbol{P}^{\mathrm{T}} \boldsymbol{\Sigma} \boldsymbol{P} \boldsymbol{z}_2 = \boldsymbol{z}_2^{\mathrm{T}} \boldsymbol{\Lambda} \boldsymbol{z}_2 \\ &= \lambda_1 z_{21}^2 + \lambda_2 z_{22}^2 + \cdots + \lambda_p z_{2p}^2 \\ &= \lambda_2 z_{22}^2 + \cdots + \lambda_p z_{2p}^2 \leqslant \lambda_2 \boldsymbol{z}_2^{\mathrm{T}} \boldsymbol{z}_2 = \lambda_2, \end{aligned} \tag{4.3}$$

当 $\boldsymbol{z}_2 = (0, 1, 0, \cdots, 0)^{\mathrm{T}}$ 时,即 $\boldsymbol{a}_2 = \boldsymbol{P} \boldsymbol{z}_2 = \boldsymbol{e}_2$ 时,满足 $\boldsymbol{a}_2^{\mathrm{T}} \boldsymbol{a}_2 = 1$,且 $\mathrm{Cov}(Y_2, Y_1) = \lambda_1 \boldsymbol{a}_2^{\mathrm{T}} \boldsymbol{e}_1 = 0$,并且使 $\mathrm{Var}(Y_2) = \lambda_2$ 达到最大.

类似可证 $\boldsymbol{X}$ 的各主成分均可表示为(4.2)的形式.

上述结果表明,求 $\boldsymbol{X}$ 的主成分等价于求它的协方差矩阵 $\boldsymbol{\Sigma}$ 的所有特征值及相应的正交单位化特征向量.按特征值由大到小所对应的正交单位化特征向量

为组合系数的 $X_1, X_2, \cdots, X_p$ 的线性组合分别为 $\boldsymbol{X}$ 的第一、第二,直至第 p 个主成分,而各主成分的方差等于相应的特征值.

3. 总体主成分的性质

(1) 主成分的协方差矩阵及总方差

记 $\boldsymbol{Y}=(Y_1, Y_2, \cdots, Y_p)^{\mathrm{T}}$ 为 p 个主成分构成的随机向量,则 $\boldsymbol{Y}=\boldsymbol{P}^{\mathrm{T}}\boldsymbol{X}$,其中 $\boldsymbol{P}=(\boldsymbol{e}_1, \boldsymbol{e}_2, \cdots, \boldsymbol{e}_p)$ 为 $\boldsymbol{\Sigma}$ 的 p 个正交单位化特征向量构成的正交矩阵.$\boldsymbol{Y}$ 的协方差矩阵为

$$\mathrm{Cov}(\boldsymbol{Y})=\mathrm{Cov}(\boldsymbol{P}^{\mathrm{T}}\boldsymbol{X})=\boldsymbol{P}^{\mathrm{T}}\boldsymbol{\Sigma}\boldsymbol{P}=\mathrm{Diag}(\lambda_1, \lambda_2, \cdots, \lambda_p), \tag{4.4}$$

各主成分的总方差为

$$\sum_{k=1}^{p}\mathrm{Var}(Y_k)=\sum_{k=1}^{p}\lambda_k=\mathrm{tr}(\boldsymbol{\Sigma})=\sum_{k=1}^{p}\mathrm{Var}(X_k), \tag{4.5}$$

即主成分分析把 p 个原始变量 $X_1, X_2, \cdots, X_p$ 的总方差 $\sum\limits_{k=1}^{p}\mathrm{Var}(X_k)$ 分解成 p 个不相关变量 $Y_1, Y_2, \cdots, Y_p$ 的方差和,且使得 $\mathrm{Var}(Y_k)=\lambda_k(k=1,2,\cdots,p)$.

(2) 主成分的贡献率与累计贡献率

由(4.5)式可知,$\lambda_k \Big/ \sum\limits_{i=1}^{p}\lambda_i=\mathrm{Var}(Y_k) \Big/ \sum\limits_{i=1}^{p}\mathrm{Var}(X_i)$ 描述了第 k 个主成分提取的 $X_1, X_2, \cdots, X_p$ 的总(分散性)信息的份额,我们称此为第 k 个主成分 Y_k 的**贡献率**.第一主成分的贡献率最大,表明 Y_1 综合原始变量信息的能力最强,其他主成分综合原始变量信息的能力依次减弱.

前 m 个主成分的贡献率之和 $\sum\limits_{k=1}^{m}\lambda_k \Big/ \sum\limits_{k=1}^{p}\lambda_k$ 称为 $Y_1, Y_2, \cdots, Y_m$ 的**累计贡献率**,它表明前 m 个主成分综合 $X_1, X_2, \cdots, X_p$ 的信息的能力.实际应用中,通常选取 $m<p$,使前 m 个主成分的累计贡献率达到一定的比例(如80%到90%),这样用前 m 个主成分 $Y_1, Y_2, \cdots, Y_m$ 代替原始变量 $X_1, X_2, \cdots, X_p$,不但可使原变量的维数降低,而且也不至于损失原始变量中的太多信息.

例 4.1 设随机向量 $\boldsymbol{X}=(X_1, X_2, X_3)^{\mathrm{T}}$ 的协方差矩阵为

$$\boldsymbol{\Sigma}=\begin{bmatrix}1 & -2 & 0\\ -2 & 5 & 0\\ 0 & 0 & 2\end{bmatrix},$$

求 $\boldsymbol{X}$ 的各主成分.

解 不难求得 $\boldsymbol{\Sigma}$ 的特征值及相应的正交单位化特征向量分别为

$$\lambda_1=5.83, \quad \boldsymbol{e}_1^{\mathrm{T}}=(-0.383, 0.924, 0);$$

$$\lambda_2=2.00, \quad \boldsymbol{e}_2^{\mathrm{T}}=(0, 0, 1);$$

$$\lambda_3=0.17, \quad \boldsymbol{e}_3^{\mathrm{T}}=(0.924, 0.383, 0),$$

因此 $\boldsymbol{X}$ 的三个主成分为

$$Y_1 = \boldsymbol{e}_1^{\mathrm{T}}\boldsymbol{X} = -0.383X_1 + 0.924X_2;$$

$$Y_2 = \boldsymbol{e}_2^{\mathrm{T}}\boldsymbol{X} = X_3;$$

$$Y_3 = \boldsymbol{e}_3^{\mathrm{T}}\boldsymbol{X} = 0.924X_1 + 0.383X_2,$$

这里 X_3 是一个主成分是因为 X_3 与 X_1 和 X_2 均不相关.

由上述结果可知,第一主成分的贡献率为

$$\frac{5.83}{5.83 + 2.00 + 0.17} = 73\%,$$

前两个主成分的累计贡献率为

$$\frac{5.83 + 2.00}{5.83 + 2.00 + 0.17} = 98\%,$$

因此,若用前两个主成分代替原来三个变量,其信息损失仅为 2%,是很小的.

4. 标准化变量的主成分

在实际问题中,不同的变量往往有不同的量纲,由于不同的量纲会引起各变量取值的分散程度差异较大,这时变量的总方差则主要受方差较大的变量控制,若由原变量的协方差矩阵出发进行主成分分析,则优先照顾了方差较大的变量,这不但会给主成分变量的解释带来困难,有时还会造成不合理的结果.为了消除原变量彼此方差差异过大的影响,通常将原变量进行标准化再作主成分分析.

对于 $\boldsymbol{X} = (X_1, X_2, \cdots, X_p)^{\mathrm{T}}$,设 $\mu_k = \mathrm{E}(X_k)$,$\sigma_{kk} = \mathrm{Var}(X_k)$,$k = 1, 2, \cdots, p$,则其标准化变量为

$$X_k^* = \frac{X_k - \mu_k}{\sqrt{\sigma_{kk}}}, \qquad k = 1, 2, \cdots, p. \tag{4.6}$$

这时,对于一切 $1 \leqslant k \leqslant p$,均有 $\mathrm{Var}(X_k^*) = 1$.令

$$\boldsymbol{X}^* = (X_1^*, X_2^*, \cdots, X_p^*)^{\mathrm{T}},$$

则其协方差矩阵

$$\boldsymbol{\rho} = (\rho_{ij})_{p \times p} = \mathrm{Cov}(\boldsymbol{X}^*) \tag{4.7}$$

便是 $\boldsymbol{X}$ 的相关系数矩阵,其中

$$\rho_{ij} = \mathrm{E}(X_i^* X_j^*) = \frac{\mathrm{Cov}(X_i, X_j)}{\sqrt{\sigma_{ii}\sigma_{jj}}}. \tag{4.8}$$

对标准化向量 $\boldsymbol{X}^*$ 作主成分分析即求 $\boldsymbol{X}$ 的相关系数矩阵 $\boldsymbol{\rho}$ 的特征值及相应的正交单位化特征向量,从而有如下结论:

标准化随机向量 $\boldsymbol{X}^* = (X_1^*, X_2^*, \cdots, X_p^*)^{\mathrm{T}}$ 的第 k 个主成分可表示为

$$Y_k^* = (\boldsymbol{e}_k^*)^{\mathrm{T}}\boldsymbol{X}^* = e_{k1}^* X_1^* + e_{k2}^* X_2^* + \cdots + e_{kp}^* X_p^*, \quad k = 1, 2, \cdots, p, \tag{4.9}$$

并且有

$$\sum_{k=1}^{p}\mathrm{Var}(Y_k^*)=\sum_{k=1}^{p}\lambda_k^*=\sum_{k=1}^{p}\mathrm{Var}(X_k^*)=p,$$

其中 $\lambda_1^*\geqslant\lambda_2^*\geqslant\cdots\geqslant\lambda_p^*\geqslant 0$ 为 $\boldsymbol{X}=(X_1,X_2,\cdots X_p)^{\mathrm{T}}$ 的相关系数矩阵 $\boldsymbol{\rho}$ 的特征值，$\boldsymbol{e}_k^*=(e_{k1}^*,e_{k2}^*,\cdots,e_{kp}^*)^{\mathrm{T}}$ 为相应于 λ_k^* 的正交单位化特征向量($k=1,2,\cdots,p$). 这时，第 k 个主成分 Y_k^* 的贡献率为 λ_k^*/p，前 m 个主成分 $Y_1^*,Y_2^*,\cdots,Y_m^*$ 的累计贡献率为 $\sum_{k=1}^{m}\lambda_k^*\Big/p$.

下面举例说明从 $\boldsymbol{X}$ 的协方差矩阵和相关系数矩阵(即 $\boldsymbol{X}^*$ 的协方差矩阵)求主成分的差异情况.

例 4.2 设 $\boldsymbol{X}=(X_1,X_2)^{\mathrm{T}}$ 的协方差矩阵为

$$\boldsymbol{\Sigma}=\begin{bmatrix}1 & 4\\ 4 & 100\end{bmatrix},$$

相应的相关系数矩阵为

$$\boldsymbol{\rho}=\begin{bmatrix}1 & 0.4\\ 0.4 & 1\end{bmatrix},$$

分别从 $\boldsymbol{\Sigma}$ 和 $\boldsymbol{\rho}$ 出发进行主成分分析.

解 首先，求得 $\boldsymbol{\Sigma}$ 的特征值和相应的正交单位化特征向量为

$$\lambda_1=100.16,\qquad \boldsymbol{e}_1=(0.040,0.999)^{\mathrm{T}},$$

$$\lambda_2=0.84,\qquad \boldsymbol{e}_2=(0.999,\ -0.040)^{\mathrm{T}},$$

$\boldsymbol{X}$ 的两个主成分分别为

$$Y_1=0.040X_1+0.999X_2,\qquad Y_2=0.999X_1-0.040X_2,$$

第一主成分的贡献率为

$$\frac{\lambda_1}{\lambda_1+\lambda_2}=\frac{100.16}{101}=99.2\%.$$

由此看到，当 X_2 的方差比 X_1 的方差大很多时，X_2 在第一主成分中的权系数也比 X_1 的权系数大许多，因而 X_2 完全控制了提取信息量占 99.2% 的第一主成分，淹没了 X_1 的作用.

如果从 $\boldsymbol{\rho}$ 出发作主成分分析，即求标准化向量 $\boldsymbol{X}^*$ 的主成分，则可求得 $\boldsymbol{\rho}$ 的特征值和相应的正交单位化特征向量为

$$\lambda_1^*=1.4,\qquad \boldsymbol{e}_1^*=(0.707,0.707)^{\mathrm{T}},$$

$$\lambda_2^*=0.6,\qquad \boldsymbol{e}_2^*=(0.707,\ -0.707)^{\mathrm{T}},$$

$\boldsymbol{X}^*$ 的两个主成分分别为

$$Y_1^* = 0.707X_1^* + 0.707X_2^* = 0.707(X_1 - \mu_1) + 0.0707(X_2 - \mu_2),$$

$$Y_2^* = 0.707X_1^* - 0.707X_2^* = 0.707(X_1 - \mu_1) - 0.0707(X_2 - \mu_2),$$

此时第一主成分 Y_1^* 的贡献率下降为

$$\frac{\lambda_1^*}{p} = \frac{1.4}{2} = 70\%.$$

由此看到，原变量在第一主成分中的相对重要性由于变量的标准化而有很大的变化：在由 $\boldsymbol{\Sigma}$ 所求得的第一主成分中，X_1 和 X_2 的权系数分别为0.040和0.999，即第一主成分主要由方差较大的变量 X_2 所控制；而在由 $\boldsymbol{\rho}$ 所求得的第一主成分中，X_1 和 X_2 的权系数反而成了0.707和0.070 7，即 X_1 的相对重要性得到提升.

此例也表明，由 $\boldsymbol{\Sigma}$ 和 $\boldsymbol{\rho}$ 所求得的主成分一般是不同的.在实际应用中，当涉及的变量的量纲不同或各变量的方差差异较大时，应考虑从相关系数矩阵出发进行主成分分析.

4.1.3 样本主成分

在实际问题中，总体 $\boldsymbol{X} = (X_1, X_2, \cdots, X_p)^{\mathrm{T}}$ 的协方差矩阵 $\boldsymbol{\Sigma}$（或相关系数矩阵 $\boldsymbol{\rho}$）一般是未知的，具有的资料只是来自于 $\boldsymbol{X}$ 的一个容量为 n 的样本观测数据

$$\boldsymbol{x}_i = (x_{i1}, x_{i2}, \cdots, x_{ip})^{\mathrm{T}}, \qquad i = 1, 2, \cdots, n.$$

这时，我们便可用其样本协方差矩阵 $\boldsymbol{S}$ 或样本相关系数矩阵 $\boldsymbol{R}$ 分别作为 $\boldsymbol{\Sigma}$ 或 $\boldsymbol{\rho}$ 的估计进行主成分分析，而由 $\boldsymbol{S}$ 或 $\boldsymbol{R}$ 求得的主成分称为样本主成分.由第1章知，

$$\boldsymbol{S} = (s_{jk})_{p \times p} = \frac{1}{n-1} \sum_{i=1}^{n} (\boldsymbol{x}_i - \bar{\boldsymbol{x}})(\boldsymbol{x}_i - \bar{\boldsymbol{x}})^{\mathrm{T}}, \tag{4.10}$$

$$\boldsymbol{R} = (r_{jk})_{p \times p} = \left(\frac{s_{jk}}{\sqrt{s_{jj} s_{kk}}} \right)_{p \times p}, \tag{4.11}$$

其中

$$\bar{\boldsymbol{x}} = (\bar{x}_1, \bar{x}_2, \cdots, \bar{x}_p)^{\mathrm{T}}, \qquad \bar{x}_j = \frac{1}{n} \sum_{i=1}^{n} x_{ij}, \quad j = 1, 2, \cdots, p,$$

$$s_{jk} = \frac{1}{n-1} \sum_{i=1}^{n} (x_{ij} - \bar{x}_j)(x_{ik} - \bar{x}_k), \quad j, k = 1, 2, \cdots, p.$$

关于 $\boldsymbol{S}$ 的样本主成分，有如下结论：

设 $\boldsymbol{S} = (s_{ij})_{p \times p}$ 为样本协方差矩阵，其特征值为 $\hat{\lambda}_1 \geqslant \hat{\lambda}_2 \geqslant \cdots \geqslant \hat{\lambda}_p \geqslant 0$，相应的正交单位化特征向量为 $\hat{\boldsymbol{e}}_1, \hat{\boldsymbol{e}}_2, \cdots, \hat{\boldsymbol{e}}_p$，这里 $\hat{\boldsymbol{e}}_i = (\hat{e}_{i1}, \hat{e}_{i2}, \cdots, \hat{e}_{ip})^{\mathrm{T}} (i = 1, 2, \cdots, p)$.则第 k 个样本主成分可表示为

$$y_k = \hat{\boldsymbol{e}}_k^{\mathrm{T}}\boldsymbol{x} = \hat{e}_{k1}x_1 + \hat{e}_{k2}x_2 + \cdots + \hat{e}_{kp}x_p, \quad k = 1,2,\cdots,p, \tag{4.12}$$

其中 $\boldsymbol{x} = (x_1, x_2, \cdots, x_p)^{\mathrm{T}}$ 表示 $\boldsymbol{X} = (X_1, X_2, \cdots, X_p)^{\mathrm{T}}$ 的观测值.当依次代入观测值 $\boldsymbol{x}_i = (x_{i1}, x_{i2}, \cdots, x_{ip})^{\mathrm{T}}(i = 1,2,\cdots,n)$ 时,便得到第 k 个样本主成分 y_k 的 n 个观测值 $y_{ik}(i = 1,2,\cdots,n)$,我们称之为第 k 个样本主成分的**得分**.这时容易证明

$$\begin{cases} y_k \text{ 得分的样本方差} = \hat{\boldsymbol{e}}_k^{\mathrm{T}}\boldsymbol{S}\hat{\boldsymbol{e}}_k = \hat{\lambda}_k, \ k = 1,2,\cdots,p, \\ y_j \text{ 与 } y_k \text{ 得分的样本协方差} = \hat{\boldsymbol{e}}_j^{\mathrm{T}}\boldsymbol{S}\hat{\boldsymbol{e}}_k = 0, 1 \leqslant j \neq k \leqslant p, \\ \text{样本总方差} = \sum_{k=1}^{p} s_{kk} = \sum_{k=1}^{p}\hat{\lambda}_k. \end{cases}$$

第 k 个样本主成分的贡献率为 $\hat{\lambda}_k \Big/ \sum_{j=1}^{p}\hat{\lambda}_j$,前 m 个样本主成分的累计贡献率为 $\sum_{k=1}^{m}\hat{\lambda}_k \Big/ \sum_{k=1}^{p}\hat{\lambda}_k$.

从样本相关系数矩阵 $\boldsymbol{R}$ 出发进行主成分分析,即相当于从标准化样本

$$\boldsymbol{x}_i^* = \left(\frac{x_{i1} - \bar{x}_1}{\sqrt{s_{11}}}, \frac{x_{i2} - \bar{x}_2}{\sqrt{s_{22}}}, \cdots, \frac{x_{ip} - \bar{x}_p}{\sqrt{s_{pp}}}\right)^{\mathrm{T}}, i = 1,2,\cdots,n \tag{4.13}$$

的样本协方差矩阵出发进行主成分分析,只要求出 $\boldsymbol{R}$ 的特征值及相应的正交单位化特征向量,则类似于上述的结果均成立,这时标准化样本的样本总方差为 p.

实际应用中,将样本观测值 $\boldsymbol{x}_i(i=1,2,\cdots,n)$ 逐个代入各主成分中,可得到各样本主成分的相应观测值 $y_{ik}(i=1,2,\cdots,n;k=1,2,\cdots,p)$,即各主成分的得分.为便于理解和对照,我们用表 4.1 的形式给出原始数据及其主成分得分.

表 4.1 原始数据及其主成分得分

序 号	原变量				主成分			
	X_1	X_2	$\cdots$	X_p	Y_1	Y_2	$\cdots$	Y_p
1	x_{11}	x_{12}	$\cdots$	x_{1p}	y_{11}	y_{12}	$\cdots$	y_{1p}
2	x_{21}	x_{22}	$\cdots$	x_{2p}	y_{21}	y_{22}	$\cdots$	y_{2p}
$\vdots$	$\vdots$	$\vdots$		$\vdots$	$\vdots$	$\vdots$		$\vdots$
n	x_{n1}	x_{n2}	$\cdots$	x_{np}	y_{n1}	y_{n2}	$\cdots$	y_{np}

选取前 $m(m<p)$ 个样本主成分,使其累计贡献率达到一定的要求(如 80%到 90%),以前 m 个主成分的得分代替原始数据,这样便可达到降低原始数据维数的目的,同时也不致损失原始数据的太多信息.

例 4.3 对 10 名男中学生的身高(X_1),胸围(X_2)和体重(X_3)进行测量,得数据如表 4.2 所示,对其作主成分分析.

表 4.2 10 名男中学生的身高、胸围及体重数据

序号	身高 x_1/cm	胸围 x_2/cm	体重 x_3/kg
1	149.5	69.5	38.5
2	162.5	77.0	55.5
3	162.7	78.5	50.8
4	162.2	87.5	65.5
5	156.5	74.5	49.0
6	156.1	74.5	45.5
7	172.0	76.5	51.0
8	173.2	81.5	59.5
9	159.5	74.5	43.5
10	157.7	79.0	53.5

解 利用 SAS proc corr 过程,求得样本协方差矩阵为

$$\boldsymbol{S}=\begin{bmatrix}51.745\ 4 & 18.986\ 7 & 34.419\ 2\\ 18.986\ 7 & 23.455\ 6 & 36.195\ 6\\ 34.419\ 2 & 36.195\ 6 & 61.695\ 7\end{bmatrix}.$$

由于各变量的样本方差差异不大,我们直接从 $\boldsymbol{S}$ 出发作主成分分析.由 SAS proc princomp 过程求得 $\boldsymbol{S}$ 的特征值与正交单位化特征向量为

$$\hat{\lambda}_1=110.004,\quad \hat{\boldsymbol{e}}_1^{\mathrm{T}}=(0.559\ 2,0.421\ 3,0.714\ 0);$$

$$\hat{\lambda}_2=25.324,\quad \hat{\boldsymbol{e}}_2^{\mathrm{T}}=(0.827\ 7,-0.333\ 5,-0.451\ 4);$$

$$\hat{\lambda}_3=1.568,\quad \hat{\boldsymbol{e}}_3^{\mathrm{T}}=(0.048\ 0,0.843\ 4,-0.535\ 2).$$

各样本主成分的贡献率分别为

$$\frac{110.004}{136.896}=80.36\%,\quad \frac{25.324}{136.896}=18.50\%,\quad \frac{1.568}{136.896}=1.15\%.$$

因此前两个主成分的累计贡献率已达 98.86%, 实际应用中可只取前两个主成分,即

$$y_1=0.559\ 2x_1+0.421\ 3x_2+0.714\ 0x_3,$$

$$y_2=0.827\ 7x_1-0.333\ 5x_2-0.451\ 4x_3,$$

其中 $(x_1,x_2,x_3)^{\mathrm{T}}$ 表示$(X_1,X_2,X_3)^{\mathrm{T}}$ 的观测值.

第一主成分 y_1 是身高值(x_1),胸围值(x_2) 和体重值(x_3) 的加权和,当一个学生的 y_1 值较大时,可以推断他较高或较胖或又高又胖;反之,当一个学生比较

魁梧时，所对应的 y_1 值也较大，故第一主成分是反映学生身材是否魁梧的综合指标，我们一般称之为“大小”因子. 而在第二主成分的表达式中，身高 (x_1) 前的系数为正，而胸围 (x_2) 和体重 (x_3) 前的系数为负，当一个学生的 y_2 值较大时，说明 x_1 的值较大，而 x_2, x_3 的值相对较小，即该生较高且瘦；反之，瘦高型学生的 y_2 值会较大，故 y_2 是反映学生体型特征的综合指标，我们一般称之为“形状”因子.

例 4.4 为全面了解我国西北某省的十家上市公司的获利能力和经营发展能力，特选取各公司如下六个指标进行分析：

X_1：每股净收益；　　X_2：净资产收益率；

X_3：主营业务收益率；　　X_4：主营业务增长率；

X_5：净资产增长率；　　X_6：总资产增长率.

其中前三个变量反映了上市公司的获利能力，后三个变量反映了公司的经营发展能力. 表 4.3 给出了这 10 家公司关于以上六个指标在过去三年取值的加权平均，对其作主成分分析，并按第一主成分得分对这 10 家公司的综合能力进行排序.

表 4.3　10 家上市公司的获利和发展能力数据

公司编号	x_1	x_2	x_3	x_4	x_5	x_6
1	0.021	26.806	57.311	- 39.819	- 39.819	8.819
2	- 0.142	- 7.179	16.335	- 11.359	- 4.766	- 4.626
3	- 0.737	- 62.417	7.359	- 18.378	- 19.165	12.289
4	0.320	7.276	17.372	39.506	19.858	41.939
5	0.160	4.820	38.323	37.113	23.744	34.063
6	0.351	11.842	23.118	14.725	11.616	9.516
7	0.243	5.173	17.515	14.435	123.101	79.489
8	- 0.190	- 10.912	8.236	- 2.746	- 7.439	- 10.502
9	0.173	7.543	23.978	17.122	21.318	25.701
10	0.367	9.352	16.048	55.621	27.861	18.918

解 首先由 SAS proc corr 过程求得六个变量的观测数据的样本协方差矩阵（仅列出下三角部分的值）为

$$\boldsymbol{S}=\begin{bmatrix}0.1159 & & & & & \\ 7.0381 & 574.0725 & & & & \\ 1.4696 & 227.7623 & 225.3553 & & & \\ 6.6069 & 181.9627 & -112.9742 & 853.5283 & & \\ 7.1765 & 202.1297 & -161.1813 & 653.3790 & 1\,896.1390 & \\ 3.8325 & 127.4554 & 15.0992 & 323.8963 & 972.8524 & 673.1718\end{bmatrix}.$$

由此看出,各指标的样本方差差异很大,因此从样本相关系数矩阵出发作主成分分析(即求标准化指标的样本主成分).

由 SAS proc princomp 过程可求得其样本相关系数矩阵(仅列出下三角部分的值)为

$$R=\begin{bmatrix} 1.0000 & & & & & \\ 0.8630 & 1.0000 & & & & \\ 0.2876 & 0.6332 & 1.0000 & & & \\ 0.6644 & 0.2600 & -0.2576 & 1.0000 & & \\ 0.4842 & 0.1937 & -0.2466 & 0.5136 & 1.0000 & \\ 0.4340 & 0.2050 & 0.0388 & 0.4273 & 0.8611 & 1.0000 \end{bmatrix}.$$

同时求得 $\boldsymbol{R}$ 的特征值 $\hat{\lambda}_k^*(k=1,2,\cdots,6)$ 以及各样本主成分的贡献率、累计贡献率如表 4.4 所示.

表 4.4 R 的特征值、各主成分贡献率及累计贡献率

k	$\hat{\lambda}_k^*$	贡献率/%	累计贡献率/%
1	3.011 1	50.18	50.18
2	1.807 8	30.13	80.31
3	0.834 6	13.91	94.22
4	0.280 2	4.67	98.89
5	0.052 3	0.87	99.77
6	0.014 1	0.23	100.00

由表 4.4 知,前两个样本主成分的累计贡献率已达 80.31%,在此我们只取前两个样本主成分作进一步分析.为此给出相应于 $\hat{\lambda}_1^*$ 和 $\hat{\lambda}_2^*$ 的正交单位化特征向量 $\hat{\boldsymbol{e}}_1^*$ 和 $\hat{\boldsymbol{e}}_2^*$ 如表 4.5 所示.

由此得标准化指标的前两个样本主成分为

$$\begin{aligned} y_1^* &= 0.5228x_1^* + 0.3968x_2^* + 0.1003x_3^* + \\ &\quad 0.4168x_4^* + 0.4440x_5^* + 0.4339x_6^*, \\ y_2^* &= 0.2138x_1^* + 0.5087x_2^* + 0.6553x_3^* - \\ &\quad 0.2437x_4^* - 0.3765x_5^* - 0.2549x_6^*. \end{aligned}$$

表 4.5 $\hat{\lambda}_1^*$ 和 $\hat{\lambda}_2^*$ 的正交单位化特征向量

标准化指标值	$\hat{\boldsymbol{e}}_1^*$	$\hat{\boldsymbol{e}}_2^*$
x_1^*	0.522 8	0.213 8

续表

标准化指标值	$\hat{e}_1^*$	$\hat{e}_2^*$
x_2^*	0.396 8	0.508 7
x_3^*	0.100 3	0.655 3
x_4^*	0.416 8	−0.243 7
x_5^*	0.444 0	−0.376 5
x_6^*	0.433 9	−0.254 9

由于 y_1^* 是六个标准化指标值的加权和,因此它反映了各上市公司在获利能力和经营发展能力的综合实力,y_1^* 的值越大,表明公司的获利能力和经营发展能力越强.y_2^* 中关于获利能力的三个指标值的系数为正,而经营发展能力的三个指标值的系数为负,它反映了各上市公司在获利和发展能力上的对比,y_2^* 的绝对值越大,表明公司在获利和发展能力上的差异越大.

由于 y_1^* 的贡献率高达50%,因此可按第一主成分的得分对各公司的综合能力进行排序.通过 proc princomp 过程输出 y_1^* 的得分,再按由大到小排序,其结果见表 4.6.

表 4.6 各公司按第一主成分得分的排序结果

公司编号	y_1^* 的得分	排　名
7	2.470 1	1
10	1.323 4	2
4	1.299 1	3
5	1.026 4	4
9	0.545 9	5
6	0.481 0	6
1	− 0.864 0	7
2	− 1.412 3	8
8	− 1.604 6	9
3	− 3.265 1	10

由此知,7 号公司的综合能力最强,10 号公司次之,而 3 号公司的综合能力最差.

在本节最后需要指出的是,关于主成分的实际意义,要结合具体问题和有关的专业知识才能给出合理的解释.虽然利用主成分本身可对所研究的问题在一定程度上进行分析,但主成分分析往往并不是最终目的,通常是利用主成分综合原始数据的信息,达到降低原始数据维数的目的,进而利用少数几个主成分的得分为新数据,对其再做进一步分析,如基于主成分的回归分析,聚类分析,等等.

§4.2 典型相关分析

4.2.1 引言

典型相关分析着眼于识别和量化两组随机变量之间的相关性，它是两个随机变量之间的相关性在两组变量之下的推广.

我们知道，两个随机变量 X 和 Y 的相关性可用它们之间的相关系数

$$\rho_{X,Y}=\frac{\mathrm{Cov}(X,Y)}{\sqrt{\mathrm{Var}(X)\cdot\mathrm{Var}(Y)}} \tag{4.14}$$

来度量，但在许多实际问题中，需要研究两组随机变量之间的相关性.例如，工厂质量管理人员需要了解原料的主要质量指标 $X_1,X_2,\cdots,X_p$ 和产品的主要质量指标 $Y_1,Y_2,\cdots,Y_q$ 之间的相关性，以采取措施提高产品质量；在生物学中，常常需要了解某生物种群状况（用一组变量 $X_1,X_2,\cdots,X_p$ 描述）与其生活环境状况（用另一组变量 $Y_1,Y_2,\cdots,Y_q$ 描述）之间的相关性，这对于保持生态平衡具有指导意义；在流行病学研究中，需要了解某种传染病的传染情况（用一组变量 $X_1,X_2,\cdots,X_p$ 刻画）和自然环境及社会环境（用另一组变量 $Y_1,Y_2,\cdots,Y_q$ 刻画）之间的相关性，以便制订有效的控防策略，等等.总之，了解两组变量的相关性有广泛的应用背景.虽然利用(4.14)式可以了解每对变量 X_i 和 Y_j 之间的相关性，但不能全面反映两组变量间的整体相关性，尤其当两组变量的维数均较大时，只孤立地了解各对变量 X_i 和 Y_j 之间的相关性，也不利于实际问题的全面分析和解决.

受主成分分析思想的启发，我们可以分别构造各组变量的适当线性组合，将两组变量的相关性转化为两个变量的相关性来考虑.具体说，设 $X_1,X_2,\cdots,X_p$ 和 $Y_1,Y_2,\cdots,Y_q$ 为感兴趣的两组变量，令

$$U=a_1X_1+a_2X_2+\cdots+a_pX_p,\qquad V=b_1Y_1+b_2Y_2+\cdots+b_qY_q,$$

确定向量 $\boldsymbol{a}=(a_1,a_2,\cdots,a_p)^{\mathrm{T}}$ 与 $\boldsymbol{b}=(b_1,b_2,\cdots,b_q)^{\mathrm{T}}$，使 U,V 最大可能地提取 $X_1,X_2,\cdots,X_p$ 与 $Y_1,Y_2,\cdots,Y_q$ 之间的相关性，即使 $\rho_{U,V}$ 达到最大，我们称 (U,V) 为一对典型变量.若只有一对典型变量还不足以提取所给两组变量的相关性，再考虑构造第二对，第三对，等等，并使各对典型变量所提取的相关性不相重叠（即不同对典型变量之间互不相关）.这样，我们就将两组变量间的相关性凝结为少数几对典型变量间的相关性，通过对相关性较大的少数几对典型变量的研究来了解原来的两组变量相关性，从而容易抓住问题的本质.

4.2.2 总体的典型变量与典型相关

1. 总体的典型变量的定义

设有两组随机变量

$$\boldsymbol{X}=(X_1,X_2,\cdots,X_p)^{\mathrm{T}},\qquad \boldsymbol{Y}=(Y_1,Y_2,\cdots,Y_q)^{\mathrm{T}},$$

$(\boldsymbol{X}^{\mathrm{T}},\boldsymbol{Y}^{\mathrm{T}})^{\mathrm{T}}=(X_1,\cdots,X_p,Y_1,\cdots,Y_q)^{\mathrm{T}}$ 的协方差矩阵为

$$\boldsymbol{\Sigma}=\begin{bmatrix}\boldsymbol{\Sigma}_{11} & \boldsymbol{\Sigma}_{12}\\ \boldsymbol{\Sigma}_{21} & \boldsymbol{\Sigma}_{22}\end{bmatrix},\tag{4.15}$$

其中

$$\boldsymbol{\Sigma}_{11}=\mathrm{Cov}(\boldsymbol{X})=\mathrm{E}[\boldsymbol{X}-\mathrm{E}(\boldsymbol{X})][\boldsymbol{X}-\mathrm{E}(\boldsymbol{X})]^{\mathrm{T}},$$

$$\boldsymbol{\Sigma}_{22}=\mathrm{Cov}(\boldsymbol{Y})=\mathrm{E}[\boldsymbol{Y}-\mathrm{E}(\boldsymbol{Y})][\boldsymbol{Y}-\mathrm{E}(\boldsymbol{Y})]^{\mathrm{T}},$$

$$\boldsymbol{\Sigma}_{21}^{\mathrm{T}}=\boldsymbol{\Sigma}_{12}=\mathrm{Cov}(\boldsymbol{X},\boldsymbol{Y})=\mathrm{E}[\boldsymbol{X}-\mathrm{E}(\boldsymbol{X})][\boldsymbol{Y}-\mathrm{E}(\boldsymbol{Y})]^{\mathrm{T}},$$

并假定 $\boldsymbol{\Sigma}_{11}$ 和 $\boldsymbol{\Sigma}_{22}$ 为满秩矩阵(从而是正定矩阵),且不失一般性可设 $p\leqslant q$.

根据典型相关分析的思想,分别考虑 $\boldsymbol{X}$ 和 $\boldsymbol{Y}$ 的线性组合

$$\begin{cases}U_1=\boldsymbol{a}_1^{\mathrm{T}}\boldsymbol{X}=a_{11}X_1+a_{12}X_2+\cdots+a_{1p}X_p,\\ V_1=\boldsymbol{b}_1^{\mathrm{T}}\boldsymbol{Y}=b_{11}Y_1+b_{12}Y_2+\cdots+b_{1q}Y_q,\end{cases}\tag{4.16}$$

其中 $\boldsymbol{a}_1=(a_{11},a_{12},\cdots,a_{1p})^{\mathrm{T}},\boldsymbol{b}_1=(b_{11},b_{12},\cdots,b_{1q})^{\mathrm{T}}$.由于

$$\begin{cases}\mathrm{Var}(U_1)=\mathrm{Var}(\boldsymbol{a}_1^{\mathrm{T}}\boldsymbol{X})=\boldsymbol{a}_1^{\mathrm{T}}\boldsymbol{\Sigma}_{11}\boldsymbol{a}_1,\\ \mathrm{Var}(V_1)=\mathrm{Var}(\boldsymbol{b}_1^{\mathrm{T}}\boldsymbol{Y})=\boldsymbol{b}_1^{\mathrm{T}}\boldsymbol{\Sigma}_{22}\boldsymbol{b}_1,\\ \mathrm{Cov}(U_1,V_1)=\mathrm{Cov}(\boldsymbol{a}_1^{\mathrm{T}}\boldsymbol{X},\boldsymbol{b}_1^{\mathrm{T}}\boldsymbol{Y})=\boldsymbol{a}_1^{\mathrm{T}}\boldsymbol{\Sigma}_{12}\boldsymbol{b}_1,\end{cases}$$

则 U_1 和 V_1 的相关系数为

$$\rho_{U_1,V_1}=\frac{\boldsymbol{a}_1^{\mathrm{T}}\boldsymbol{\Sigma}_{12}\boldsymbol{b}_1}{\sqrt{\boldsymbol{a}_1^{\mathrm{T}}\boldsymbol{\Sigma}_{11}\boldsymbol{a}_1}\sqrt{\boldsymbol{b}_1^{\mathrm{T}}\boldsymbol{\Sigma}_{22}\boldsymbol{b}_1}}.\tag{4.17}$$

典型相关分析即确定 $\boldsymbol{a}_1$ 和 $\boldsymbol{b}_1$,使得 ρ_{U_1,V_1} 达到最大.但由(4.17)式知,给 $\boldsymbol{a}_1$ 和 $\boldsymbol{b}_1$ 乘常数时,ρ_{U_1,V_1} 不变,故可对 $\boldsymbol{a}_1$ 和 $\boldsymbol{b}_1$ 加以适当约束以简化目标函数的表达式.由(4.17)式可见,使 ρ_{U_1,V_1} 有简单表示的约束条件可为

$$\boldsymbol{a}_1^{\mathrm{T}}\boldsymbol{\Sigma}_{11}\boldsymbol{a}_1=\boldsymbol{b}_1^{\mathrm{T}}\boldsymbol{\Sigma}_{22}\boldsymbol{b}_1=1,\tag{4.18}$$

其等价于 $\mathrm{Var}(U_1)=\mathrm{Var}(V_1)=1$.

于是,典型相关分析的第一步即是在约束条件(4.18)之下,求 $\boldsymbol{a}_1$ 和 $\boldsymbol{b}_1$,使得 $\rho_{U_1,V_1}=\boldsymbol{a}_1^{\mathrm{T}}\boldsymbol{\Sigma}_{12}\boldsymbol{b}_1$ 达到最大.如此确定的 (U_1,V_1) 称为 $\boldsymbol{X}$ 和 $\boldsymbol{Y}$ 的第一对典型变量,而相应的相关系数 ρ_{U_1,V_1} 称为第一典型相关系数.

如果 (U_1,V_1) 还不足以反映 $\boldsymbol{X}$ 和 $\boldsymbol{Y}$ 之间的相关性,可进一步构造第二对线

性组合

$$\begin{cases}U_2 = \boldsymbol{a}_2^{\mathrm{T}}\boldsymbol{X} = a_{21}X_1 + a_{22}X_2 + \cdots + a_{2p}X_p,\\ V_2 = \boldsymbol{b}_2^{\mathrm{T}}\boldsymbol{Y} = b_{21}Y_1 + b_{22}Y_2 + \cdots + b_{2q}Y_q,\end{cases}$$

其中 $\boldsymbol{a}_2 = (a_{21}, a_{22}, \cdots, a_{2p})^{\mathrm{T}}, \boldsymbol{b}_2 = (b_{21}, b_{22}, \cdots, b_{2q})^{\mathrm{T}}$,除要求 U_2 和 V_2 具有单位方差,即

$$\boldsymbol{a}_2^{\mathrm{T}}\boldsymbol{\Sigma}_{11}\boldsymbol{a}_2 = \boldsymbol{b}_2^{\mathrm{T}}\boldsymbol{\Sigma}_{22}\boldsymbol{b}_2 = 1, \tag{4.19}$$

为使 (U_2, V_2) 反映的 $\boldsymbol{X}$ 与 $\boldsymbol{Y}$ 的相关性与 (U_1, V_1) 的相关性不重叠,要求 (U_2, V_2) 与 (U_1, V_1) 不相关,即

$$\mathrm{Cov}(U_2, U_1) = \mathrm{Cov}(V_2, V_1) = \mathrm{Cov}(U_2, V_1) = \mathrm{Cov}(V_2, U_1) = 0$$

或

$$\boldsymbol{a}_2^{\mathrm{T}}\boldsymbol{\Sigma}_{11}\boldsymbol{a}_1 = \boldsymbol{b}_2^{\mathrm{T}}\boldsymbol{\Sigma}_{22}\boldsymbol{b}_1 = \boldsymbol{a}_2^{\mathrm{T}}\boldsymbol{\Sigma}_{12}\boldsymbol{b}_1 = \boldsymbol{b}_2^{\mathrm{T}}\boldsymbol{\Sigma}_{21}\boldsymbol{a}_1 = 0. \tag{4.20}$$

在约束条件(4.19)和(4.20)之下,求 $\boldsymbol{a}_2, \boldsymbol{b}_2$,使 $\rho_{U_2,V_2} = \boldsymbol{a}_2^{\mathrm{T}}\boldsymbol{\Sigma}_{12}\boldsymbol{b}_2$ 达到最大.如此确定的 (U_2, V_2) 称为 $\boldsymbol{X}$ 和 $\boldsymbol{Y}$ 的第二对典型变量,相应的 ρ_{U_2,V_2} 称为第二典型相关系数.

一般地,若前 $k-1$ 对典型变量还不足以反映 $\boldsymbol{X}$ 与 $\boldsymbol{Y}$ 的相关性信息,构造第 $k(k \leqslant p \leqslant q)$ 对线性组合

$$\begin{cases}U_k = \boldsymbol{a}_k^{\mathrm{T}}\boldsymbol{X} = a_{k1}X_1 + a_{k2}X_2 + \cdots + a_{kp}X_p,\\ V_k = \boldsymbol{b}_k^{\mathrm{T}}\boldsymbol{Y} = b_{k1}Y_1 + b_{k2}Y_2 + \cdots + b_{kq}Y_q,\end{cases} \tag{4.21}$$

其中 $\boldsymbol{a}_k = (a_{k1}, a_{k2}, \cdots, a_{kp})^{\mathrm{T}}, \boldsymbol{b}_k = (b_{k1}, b_{k2}, \cdots, b_{kq})^{\mathrm{T}}$.在约束条件

$$\mathrm{Var}(U_k) = \mathrm{Var}(V_k) = 1$$

及

$$\mathrm{Cov}(U_k, U_j) = \mathrm{Cov}(V_k, V_j) = \mathrm{Cov}(U_k, V_j) = \mathrm{Cov}(V_k, U_j) = 0, \quad 1 \leqslant j < k$$

下,求 $\boldsymbol{a}_k, \boldsymbol{b}_k$ 使得 $\rho_{U_k,V_k} = \boldsymbol{a}_k^{\mathrm{T}}\boldsymbol{\Sigma}_{12}\boldsymbol{b}_k$ 达到最大.如此确定的 (U_k, V_k) 称为 $\boldsymbol{X}$ 和 $\boldsymbol{Y}$ 的第 k 对典型变量,相应的 ρ_{U_k,V_k} 称为第 k 个典型相关系数.

2. 总体典型变量与典型相关系数的求法

利用推导主成分的类似方法,可以给出各典型变量对的具体表达式和相应的典型相关系数,由于证明过程比较冗长,在此予以省略.有兴趣的读者可参见参考文献[13]第11章或[20]第10章.下面直接给出有关结果.

设 $\boldsymbol{X} = (X_1, X_2, \cdots, X_p)^{\mathrm{T}}, \boldsymbol{Y} = (Y_1, Y_2, \cdots, Y_q)^{\mathrm{T}}, \mathrm{Cov}(\boldsymbol{X}) = \boldsymbol{\Sigma}_{11}, \mathrm{Cov}(\boldsymbol{Y}) = \boldsymbol{\Sigma}_{22}$, $\boldsymbol{\Sigma}_{12} = \mathrm{Cov}(\boldsymbol{X}, \boldsymbol{Y}), \boldsymbol{\Sigma}_{21} = \mathrm{Cov}(\boldsymbol{Y}, \boldsymbol{X}) = \boldsymbol{\Sigma}_{12}^{\mathrm{T}}$,其中 $\boldsymbol{\Sigma}_{11}$ 和 $\boldsymbol{\Sigma}_{22}$ 均为满秩矩阵且 $p \leqslant q$.令

$$\boldsymbol{A} = \boldsymbol{\Sigma}_{11}^{-\frac{1}{2}}\boldsymbol{\Sigma}_{12}\boldsymbol{\Sigma}_{22}^{-1}\boldsymbol{\Sigma}_{21}\boldsymbol{\Sigma}_{11}^{-\frac{1}{2}}, \qquad \boldsymbol{B} = \boldsymbol{\Sigma}_{22}^{-\frac{1}{2}}\boldsymbol{\Sigma}_{21}\boldsymbol{\Sigma}_{11}^{-1}\boldsymbol{\Sigma}_{12}\boldsymbol{\Sigma}_{22}^{-\frac{1}{2}}. \tag{4.22}$$

设 $\rho_1^2 \geqslant \rho_2^2 \geqslant \cdots \geqslant \rho_p^2$ 为 p 阶矩阵 $\boldsymbol{A}$ 的特征值,$\boldsymbol{e}_1, \boldsymbol{e}_2, \cdots, \boldsymbol{e}_p$ 为相应的正交单位化特征向量;$\boldsymbol{f}_1, \boldsymbol{f}_2, \cdots, \boldsymbol{f}_p$ 为 q 阶矩阵 $\boldsymbol{B}$ 的相应于前 p 个最大特征值(按由大到小的次序排列)的正交单位化特征向量,则 $\boldsymbol{X}$ 和 $\boldsymbol{Y}$ 的第 k 对典型相关变量为

$$U_k = \boldsymbol{a}_k^{\mathrm{T}}\boldsymbol{X} = \boldsymbol{e}_k^{\mathrm{T}}\boldsymbol{\Sigma}_{11}^{-\frac{1}{2}}\boldsymbol{X}, \quad V_k = \boldsymbol{b}_k^{\mathrm{T}}\boldsymbol{Y} = \boldsymbol{f}_k^{\mathrm{T}}\boldsymbol{\Sigma}_{22}^{-\frac{1}{2}}\boldsymbol{Y}, k = 1,2,\cdots,p, \tag{4.23}$$

其典型相关系数为

$$\rho_{U_k,V_k} = \rho_k, \qquad k = 1,2,\cdots,p, \tag{4.24}$$

其中 $\boldsymbol{\Sigma}_{11}^{-\frac{1}{2}}$ 和 $\boldsymbol{\Sigma}_{22}^{-\frac{1}{2}}$ 分别为 $\boldsymbol{\Sigma}_{11}$ 和 $\boldsymbol{\Sigma}_{22}$ 的平方根矩阵的逆矩阵,ρ_k 为 ρ_k^2 的正平方根.

以上结果表明,求 $\boldsymbol{X}$ 和 $\boldsymbol{Y}$ 的典型相关变量和典型相关系数归结为求矩阵 $\boldsymbol{A}$ 的特征值和矩阵 $\boldsymbol{A}$ 及 $\boldsymbol{B}$ 的对应于前 p 个最大特征值的正交单位化特征向量.由线性代数知识,矩阵 $\boldsymbol{A}$ 与矩阵 $\boldsymbol{B}$ 有相同的非零特征值,且二者均为半正定矩阵,其特征值非负,因此 $\boldsymbol{A}$ 的 p 个特征值可设为$\rho_1^2 \geqslant \rho_2^2 \geqslant \cdots \geqslant \rho_p^2$,它们也是 $\boldsymbol{B}$ 的前 p 个最大特征值,而 $\boldsymbol{B}$ 的其余 $q-p$ 个特征值均为零.若 $\rho_1^2,\rho_2^2,\cdots,\rho_p^2$ 中有零值,则相应典型变量对的相关系数为零,该对典型变量则不能提取 $\boldsymbol{X}$ 与 $\boldsymbol{Y}$ 的相关性信息,因而在典型相关分析中可不予考虑这些典型变量对.

以上讨论的是从$(\boldsymbol{X}^{\mathrm{T}},\boldsymbol{Y}^{\mathrm{T}})^{\mathrm{T}}$ 的协方差矩阵出发求 $\boldsymbol{X}$ 与 $\boldsymbol{Y}$ 的典型相关变量与典型相关系数,这样求得的典型变量与 $\boldsymbol{X}$ 和 $\boldsymbol{Y}$ 的各分量的量纲有关.为便于典型变量的解释,通常从标准化变量的协方差矩阵(即原变量的相关系数矩阵)出发作典型相关分析.将 $\boldsymbol{X}$ 和 $\boldsymbol{Y}$ 的各分量标准化,得

$$\boldsymbol{X}^* = (X_1^*,X_2^*,\cdots,X_p^*)^{\mathrm{T}}, \qquad \boldsymbol{Y}^* = (Y_1^*,Y_2^*,\cdots,Y_q^*)^{\mathrm{T}},$$

其中

$$X_j^* = \frac{X_j - \mathrm{E}(X_j)}{\sqrt{\mathrm{Var}(X_j)}},\ j = 1,2,\cdots,p;\quad Y_k^* = \frac{Y_k - \mathrm{E}(Y_k)}{\sqrt{\mathrm{Var}(Y_k)}},\ k = 1,2,\cdots,q,$$

则 $(X_1^*,\cdots,X_p^*,Y_1^*,\cdots,Y_q^*)^{\mathrm{T}}$ 的协方差矩阵(即$(X_1,\cdots,X_p,Y_1,\cdots,Y_q)^{\mathrm{T}}$ 的相关系数矩阵)为

$$\boldsymbol{\rho} = \begin{bmatrix} \boldsymbol{\rho}_{11} & \boldsymbol{\rho}_{12} \\ \boldsymbol{\rho}_{21} & \boldsymbol{\rho}_{22} \end{bmatrix},$$

其中 $\boldsymbol{\rho}_{11} = \mathrm{Cov}(\boldsymbol{X}^*)$,$\boldsymbol{\rho}_{22} = \mathrm{Cov}(\boldsymbol{Y}^*)$,$\boldsymbol{\rho}_{21}^{\mathrm{T}} = \boldsymbol{\rho}_{12} = \mathrm{Cov}(\boldsymbol{X}^*,\boldsymbol{Y}^*)$.从 $\boldsymbol{\rho}$ 出发作典型相关分析,有类似于前述的结果,即 $\boldsymbol{X}^*$ 和 $\boldsymbol{Y}^*$ 的第 k 对典型变量为

$$\begin{aligned} U_k^* &= (\boldsymbol{a}_k^*)^{\mathrm{T}}\boldsymbol{X}^* = (\boldsymbol{e}_k^*)^{\mathrm{T}}\boldsymbol{\rho}_{11}^{-\frac{1}{2}}\boldsymbol{X}^*, \\ V_k &= (\boldsymbol{b}_k^*)^{\mathrm{T}}\boldsymbol{Y}^* = (\boldsymbol{f}_k^*)^{\mathrm{T}}\boldsymbol{\rho}_{22}^{-\frac{1}{2}}\boldsymbol{Y}^*, \quad k = 1,2,\cdots,p. \end{aligned} \tag{4.25}$$

典型相关系数为

$$\rho_{U_k^*,V_k^*} = \rho_k^*, \qquad k = 1,2,\cdots,p, \tag{4.26}$$

其中 $\rho_1^{*2} \geqslant \rho_2^{*2} \geqslant \cdots \geqslant \rho_p^{*2}$ 为矩阵 $\boldsymbol{A}^* = \boldsymbol{\rho}_{11}^{-\frac{1}{2}}\boldsymbol{\rho}_{12}\boldsymbol{\rho}_{22}^{-1}\boldsymbol{\rho}_{21}\boldsymbol{\rho}_{11}^{-\frac{1}{2}}$ 的 p 个特征值(从而也是 $\boldsymbol{B}^* = \boldsymbol{\rho}_{22}^{-\frac{1}{2}}\boldsymbol{\rho}_{21}\boldsymbol{\rho}_{11}^{-1}\boldsymbol{\rho}_{12}\boldsymbol{\rho}_{22}^{-\frac{1}{2}}$ 的前 p 个最大特征值),$\boldsymbol{e}_k^*$ 和 $\boldsymbol{f}_k^*$ 分别为 $\boldsymbol{A}^*$ 和 $\boldsymbol{B}^*$ 对应

于特征值 ρ_k^{*2} 的正交单位化特征向量，ρ_k^* 为 ρ_k^{*2} 的正平方根.

如果令

$$\boldsymbol{D}_1 = \mathrm{Diag}\left(\sqrt{\mathrm{Var}(X_1)},\cdots,\sqrt{\mathrm{Var}(X_p)}\right),$$

$$\boldsymbol{D}_2 = \mathrm{Diag}\left(\sqrt{\mathrm{Var}(Y_1)},\cdots,\sqrt{\mathrm{Var}(Y_q)}\right),$$

则 $\boldsymbol{\rho}_{11}=\boldsymbol{D}_1^{-1}\boldsymbol{\Sigma}_{11}\boldsymbol{D}_1^{-1}$， $\boldsymbol{\rho}_{22}=\boldsymbol{D}_2^{-1}\boldsymbol{\Sigma}_{22}\boldsymbol{D}_2^{-1}$， $\boldsymbol{\rho}_{21}^{\mathrm{T}}=\boldsymbol{\rho}_{12}=\boldsymbol{D}_1^{-1}\boldsymbol{\Sigma}_{12}\boldsymbol{D}_2^{-1}$，从而

$$\boldsymbol{\rho}_{11}^{-1}\boldsymbol{\rho}_{12}\boldsymbol{\rho}_{22}^{-1}\boldsymbol{\rho}_{21} = \boldsymbol{D}_1\boldsymbol{\Sigma}_{11}^{-1}\boldsymbol{\Sigma}_{12}\boldsymbol{\Sigma}_{22}^{-1}\boldsymbol{\Sigma}_{21}\boldsymbol{D}_1^{-1},$$

即 $\boldsymbol{\rho}_{11}^{-1}\boldsymbol{\rho}_{12}\boldsymbol{\rho}_{22}^{-1}\boldsymbol{\rho}_{21}$ 与 $\boldsymbol{\Sigma}_{11}^{-1}\boldsymbol{\Sigma}_{12}\boldsymbol{\Sigma}_{22}^{-1}\boldsymbol{\Sigma}_{21}$ 有相同的特征值，又 $\boldsymbol{A}^*$ 与 $\boldsymbol{\rho}_{11}^{-1}\boldsymbol{\rho}_{12}\boldsymbol{\rho}_{22}^{-1}\boldsymbol{\rho}_{21}$ 以及 $\boldsymbol{A}$ 与 $\boldsymbol{\Sigma}_{11}^{-1}\boldsymbol{\Sigma}_{12}\boldsymbol{\Sigma}_{22}^{-1}\boldsymbol{\Sigma}_{21}$ 有相同的特征值，故 $\boldsymbol{A}^*$ 与 $\boldsymbol{A}$ 有相同的特征值，从而 (U_k^*, V_k^*) 和 (U_k, V_k) 的典型相关系数相同，即典型相关系数不随变量的标准化而改变，但典型变量的系数会随变量的标准化而改变.

例 4.5 设 $\boldsymbol{X}=(X_1,X_2)^{\mathrm{T}}$，$\boldsymbol{Y}=(Y_1,Y_2)^{\mathrm{T}}$，$(X_1,X_2,Y_1,Y_2)^{\mathrm{T}}$ 的相关系数矩阵为

$$\boldsymbol{\rho} = \begin{bmatrix} \boldsymbol{\rho}_{11} & \boldsymbol{\rho}_{12} \\ \boldsymbol{\rho}_{21} & \boldsymbol{\rho}_{22} \end{bmatrix} = \left[\begin{array}{cc:cc} 1 & \alpha & \beta & \beta \\ \alpha & 1 & \beta & \beta \\ \hdashline \beta & \beta & 1 & \gamma \\ \beta & \beta & \gamma & 1 \end{array}\right],$$

其中 $|\alpha| < 1$，$|\gamma| < 1$，$\beta > 0$. 求标准化随机向量 $\boldsymbol{X}^*$ 和 $\boldsymbol{Y}^*$ 的典型相关变量及典型相关系数.

解 注意到 $\boldsymbol{\rho}_{12} = \boldsymbol{\rho}_{21} = \beta\boldsymbol{1}\boldsymbol{1}^{\mathrm{T}}$，其中 $\boldsymbol{1} = (1,1)^{\mathrm{T}}$，故当 $|\alpha| < 1$ 时，

$$\boldsymbol{\rho}_{11}^{-1}\boldsymbol{\rho}_{12} = \frac{\beta}{1-\alpha^2}\begin{bmatrix} 1 & -\alpha \\ -\alpha & 1 \end{bmatrix}\boldsymbol{1}\boldsymbol{1}^{\mathrm{T}} = \frac{\beta}{1+\alpha}\boldsymbol{1}\boldsymbol{1}^{\mathrm{T}}.$$

同理，当 $|\alpha| < 1$ 时

$$\boldsymbol{\rho}_{22}^{-1}\boldsymbol{\rho}_{21} = \frac{\beta}{1+\gamma}\boldsymbol{1}\boldsymbol{1}^{\mathrm{T}}.$$

另外可求得

$$\boldsymbol{\rho}_{11}^{-\frac{1}{2}} = \frac{1}{2}\begin{bmatrix} \dfrac{1}{\sqrt{1+\alpha}} + \dfrac{1}{\sqrt{1-\alpha}} & \dfrac{1}{\sqrt{1+\alpha}} - \dfrac{1}{\sqrt{1-\alpha}} \\ \dfrac{1}{\sqrt{1+\alpha}} - \dfrac{1}{\sqrt{1-\alpha}} & \dfrac{1}{\sqrt{1+\alpha}} + \dfrac{1}{\sqrt{1-\alpha}} \end{bmatrix},$$

故

$$\boldsymbol{A}^* = \boldsymbol{\rho}_{11}^{-\frac{1}{2}}\boldsymbol{\rho}_{12}\boldsymbol{\rho}_{22}^{-1}\boldsymbol{\rho}_{21}\boldsymbol{\rho}_{11}^{-\frac{1}{2}} = \frac{2\beta^2}{(1+\alpha)(1+\gamma)}\boldsymbol{1}\boldsymbol{1}^{\mathrm{T}},$$

而 $\boldsymbol{1}\boldsymbol{1}^{\mathrm{T}}$ 的特征值为 2 和 0，故 $\boldsymbol{A}^*$ 只有一个非零特征值为

$$\rho_1^{*2} = \frac{4\beta^2}{(1+\alpha)(1+\gamma)},$$

相应的正交单位化特征向量为 $\boldsymbol{e}_1^* = \frac{1}{\sqrt{2}}\mathbf{1}$.同理可得 $\boldsymbol{B}^* = \boldsymbol{\rho}_{22}^{-\frac{1}{2}}\boldsymbol{\rho}_{21}\boldsymbol{\rho}_{11}^{-1}\boldsymbol{\rho}_{12}\boldsymbol{\rho}_{22}^{-\frac{1}{2}}$ 的相应于 ρ_1^{*2} 的正交单位化特征向量也为 $\boldsymbol{f}_1^* = \frac{1}{\sqrt{2}}\mathbf{1}$,因此可得

$$(\boldsymbol{a}_1^*)^{\mathrm{T}} = (\boldsymbol{e}_1^*)^{\mathrm{T}}\boldsymbol{\rho}_{11}^{-\frac{1}{2}} = \frac{1}{\sqrt{2(1+\alpha)}}\mathbf{1}^{\mathrm{T}}, \quad (\boldsymbol{b}_1^*)^{\mathrm{T}} = (\boldsymbol{f}_1^*)^{\mathrm{T}}\boldsymbol{\rho}_{22}^{-\frac{1}{2}} = \frac{1}{\sqrt{2(1+\gamma)}}\mathbf{1}^{\mathrm{T}},$$

从而 $\boldsymbol{X}^*$ 和 $\boldsymbol{Y}^*$ 的第一对典型相关变量为

$$U_1^* = \frac{1}{\sqrt{2(1+\alpha)}}(X_1^* + X_2^*), \qquad V_1^* = \frac{1}{\sqrt{2(1+\gamma)}}(Y_1^* + Y_2^*),$$

其中 X_1^*, X_2^* 及 Y_1^*, Y_2^* 分别为 X_1, X_2 和 Y_1, Y_2 的标准化随机变量.第一典型相关系数为

$$\rho_{U_1^*, V_1^*} = \rho_1^* = \frac{2\beta}{\sqrt{(1+\alpha)(1+\gamma)}}. \tag{4.27}$$

第二对典型变量的典型相关系数为零,已无必要求出.

由于 $|\alpha| < 1, |\gamma| < 1$,故由(4.27)式知 $\rho_{U_1^*, V_1^*} > \beta$,而 β 为 $\boldsymbol{X} = (X_1, X_2)^{\mathrm{T}}$ 和 $\boldsymbol{Y} = (Y_1, Y_2)^{\mathrm{T}}$ 中任两个分量之间的相关系数,即第一对典型变量之间的相关性大于 $\boldsymbol{X}$ 与 $\boldsymbol{Y}$ 的任两个分量之间的相关性,可见典型相关变量 U_1^*, V_1^* 的确综合了 $\boldsymbol{X}$ 与 $\boldsymbol{Y}$ 之间的相关性.

4.2.3 样本的典型变量与典型相关

在实际问题中,$(\boldsymbol{X}^{\mathrm{T}}, \boldsymbol{Y}^{\mathrm{T}})^{\mathrm{T}}$ 的协方差矩阵 $\boldsymbol{\Sigma}$(或相关系数矩阵 $\boldsymbol{\rho}$)一般是未知的,我们所具有的资料通常是关于 $\boldsymbol{X}$ 和 $\boldsymbol{Y}$ 的 n 组观测数据:

$$\boldsymbol{x}_i = (x_{i1}, x_{i2}, \cdots, x_{ip})^{\mathrm{T}}, \qquad \boldsymbol{y}_i = (y_{i1}, y_{i2}, \cdots, y_{iq})^{\mathrm{T}}, \quad i = 1, 2, \cdots, n.$$

同主成分分析一样,利用这些观测数据的样本协方差矩阵

$$\boldsymbol{S} = \begin{bmatrix} \boldsymbol{S}_{11} & \boldsymbol{S}_{12} \\ \boldsymbol{S}_{21} & \boldsymbol{S}_{22} \end{bmatrix}$$

作为 $\boldsymbol{\Sigma}$ 的估计,其中

$$\begin{cases} \boldsymbol{S}_{11} = \dfrac{1}{n-1}\sum\limits_{i=1}^{n}(\boldsymbol{x}_i - \bar{\boldsymbol{x}})(\boldsymbol{x}_i - \bar{\boldsymbol{x}})^{\mathrm{T}}, & \bar{\boldsymbol{x}} = \dfrac{1}{n}\sum\limits_{i=1}^{n}\boldsymbol{x}_i, \\ \boldsymbol{S}_{22} = \dfrac{1}{n-1}\sum\limits_{i=1}^{n}(\boldsymbol{y}_i - \bar{\boldsymbol{y}})(\boldsymbol{y}_i - \bar{\boldsymbol{y}})^{\mathrm{T}}, & \bar{\boldsymbol{y}} = \dfrac{1}{n}\sum\limits_{i=1}^{n}\boldsymbol{y}_i, \\ \boldsymbol{S}_{21}^{\mathrm{T}} = \boldsymbol{S}_{12} = \dfrac{1}{n-1}\sum\limits_{i=1}^{n}(\boldsymbol{x}_i - \bar{\boldsymbol{x}})(\boldsymbol{y}_i - \bar{\boldsymbol{y}})^{\mathrm{T}}. & \end{cases}$$

以 $\boldsymbol{S}$ 代替 $\boldsymbol{\Sigma}$ 所求得的典型变量和典型相关系数分别称为样本典型变量和样本典型相关系数.具体地,第 k 对样本典型相关变量为

$$\hat{U}_k = \hat{\boldsymbol{a}}_k^{\mathrm{T}}\boldsymbol{x} = \hat{\boldsymbol{e}}_k^{\mathrm{T}}\boldsymbol{S}_{11}^{-\frac{1}{2}}\boldsymbol{x},\quad \hat{V}_k = \hat{\boldsymbol{b}}_k^{\mathrm{T}}\boldsymbol{y} = \hat{\boldsymbol{f}}_k^{\mathrm{T}}\boldsymbol{S}_{22}^{-\frac{1}{2}}\boldsymbol{y},\ k = 1,2,\cdots,p, \tag{4.28}$$

样本典型相关系数为

$$\rho_{\hat{U}_k,\hat{V}_k} = \hat{\rho}_k,\qquad k = 1,2,\cdots,p, \tag{4.29}$$

其中 $\hat{\rho}_1^2 \geqslant \hat{\rho}_2^2 \geqslant \cdots \geqslant \hat{\rho}_p^2$ 为 $\hat{\boldsymbol{A}} = \boldsymbol{S}_{11}^{-\frac{1}{2}}\boldsymbol{S}_{12}\boldsymbol{S}_{22}^{-1}\boldsymbol{S}_{21}\boldsymbol{S}_{11}^{-\frac{1}{2}}$ 的特征值(从而也是 $\hat{\boldsymbol{B}} = \boldsymbol{S}_{22}^{-\frac{1}{2}}\boldsymbol{S}_{21}\boldsymbol{S}_{11}^{-1}\boldsymbol{S}_{12}\boldsymbol{S}_{22}^{-\frac{1}{2}}$ 的前 p 个最大特征值),$\hat{\boldsymbol{e}}_1,\hat{\boldsymbol{e}}_2,\cdots,\hat{\boldsymbol{e}}_p$ 和 $\hat{\boldsymbol{f}}_1,\hat{\boldsymbol{f}}_2,\cdots,\hat{\boldsymbol{f}}_p$ 分别为 $\hat{\boldsymbol{A}}$ 和 $\hat{\boldsymbol{B}}$ 的相应于特征值 $\hat{\rho}_1^2 \geqslant \hat{\rho}_2^2 \geqslant \cdots \geqslant \hat{\rho}_p^2$ 的正交单位化特征向量;$\boldsymbol{x} = (x_1,x_2,\cdots,x_p)^{\mathrm{T}}$ 和 $\boldsymbol{y} = (y_1,y_2,\cdots,y_q)^{\mathrm{T}}$ 分别代表 $\boldsymbol{X}$ 和 $\boldsymbol{Y}$ 的观测值;$\hat{\rho}_k$ 为 $\hat{\rho}_k^2$ 的正平方根.

同样,我们也可以求标准化样本的样本典型变量与样本典型相关系数,这等价于从观测数据 $\boldsymbol{x}_i = (x_{i1},x_{i2},\cdots,x_{ip})^{\mathrm{T}},\boldsymbol{y}_i = (y_{i1},y_{i2},\cdots,y_{iq})^{\mathrm{T}}(i = 1,2,\cdots,n)$ 的样本相关系数矩阵

$$\boldsymbol{R} = \begin{bmatrix} \boldsymbol{R}_{11} & \boldsymbol{R}_{12} \\ \boldsymbol{R}_{21} & \boldsymbol{R}_{22} \end{bmatrix}$$

出发作典型相关分析.与总体情况类似,标准化样本的样本典型相关系数与(4.29)式相同,而样本典型变量只需在(4.28)式中以 $\boldsymbol{R}_{11}^{-\frac{1}{2}}$ 和 $\boldsymbol{R}_{22}^{-\frac{1}{2}}$ 分别代替 $\boldsymbol{S}_{11}^{-\frac{1}{2}}$ 和 $\boldsymbol{S}_{22}^{-\frac{1}{2}}$,以 $\boldsymbol{R}_{11}^{-\frac{1}{2}}\boldsymbol{R}_{12}\boldsymbol{R}_{22}^{-1}\boldsymbol{R}_{21}\boldsymbol{R}_{11}^{-\frac{1}{2}}$ 和 $\boldsymbol{R}_{22}^{-\frac{1}{2}}\boldsymbol{R}_{21}\boldsymbol{R}_{11}^{-1}\boldsymbol{R}_{12}\boldsymbol{R}_{22}^{-\frac{1}{2}}$ 的相应正交单位化特征向量分别代替 $\hat{\boldsymbol{e}}_k$ 和 $\hat{\boldsymbol{f}}_k$ 即可.

在实际应用中,为使典型变量易于解释,通常从 $\boldsymbol{R}$ 出发进行典型相关分析,选择样本典型相关系数较大的少数几对样本典型变量,以反映原来两组变量间的相关性.那么,样本典型相关系数多大时,才可认为相应的一对典型相关变量之间具有显著的相关性呢?下面将介绍有关的一种统计检验方法.

4.2.4 典型相关系数的显著性检验

设总体 $\boldsymbol{X}$ 和 $\boldsymbol{Y}$ 的各对典型相关系数已排序为 $\rho_1 \geqslant \rho_2 \geqslant \cdots \geqslant \rho_p \geqslant 0$.首先检验假设

$$H_0^{(1)}: \rho_1 = 0 \quad \leftrightarrow \quad H_1^{(1)}: \rho_1 \neq 0,$$

若不能拒绝 $H_0^{(1)}$,则认为 $\rho_1 = \rho_2 = \cdots = \rho_p = 0$.这时 $\boldsymbol{X}$ 与 $\boldsymbol{Y}$ 的各典型变量对不提供 $\boldsymbol{X}$ 与 $\boldsymbol{Y}$ 的任何相关性信息,因此对 $\boldsymbol{X}$ 与 $\boldsymbol{Y}$ 作典型相关分析是无实际意义的.若 $H_0^{(1)}$ 被拒绝,可进一步检验假设

$$H_0^{(2)}: \rho_2 = 0 \quad \leftrightarrow \quad H_1^{(2)}: \rho_2 \neq 0,$$

若不能拒绝 $H_0^{(2)}$，则认为除第一对典型变量显著相关外，其余各对典型变量的相关性均不显著，因而在实际应用中，可只考虑第一对典型变量.若 $H_0^{(2)}$ 被拒绝，则需进一步检验 ρ_3 是否为零.以此类推，若假设 $H_0^{(k-1)}: \rho_{k-1}=0$ 被拒绝，则进一步检验假设

$$H_0^{(k)}: \rho_k = 0 \quad \leftrightarrow \quad H_1^{(k)}: \rho_k \neq 0, \tag{4.30}$$

若不能拒绝 $H_0^{(k)}$，则只需考虑前 $k-1$ 对典型相关变量.若拒绝 $H_0^{(k)}$，则继续检验 ρ_{k+1} 是否为零，直到最终检验 ρ_p 是否为零.

在总体 $(\boldsymbol{X}^{\mathrm{T}}, \boldsymbol{Y}^{\mathrm{T}})^{\mathrm{T}}$ 服从 $p+q$ 维正态分布 $N_{p+q}(\boldsymbol{\mu}, \boldsymbol{\Sigma})$ 条件下，对一般情况的第 k 个假设(4.30)，可用如下的似然比统计量进行检验.令

$$\Lambda_k = \prod_{j=k}^{p} (1 - \hat{\rho}_j^2), \tag{4.31}$$

$$T_k = -\left[n - \frac{1}{2}(p+q+3)\right] \ln \Lambda_k, \tag{4.32}$$

其中 $\hat{\rho}_1^2 \geqslant \hat{\rho}_2^2 \geqslant \cdots \geqslant \hat{\rho}_p^2$ 为各样本典型相关系数的平方，即矩阵 $\boldsymbol{S}_{11}^{-\frac{1}{2}} \boldsymbol{S}_{12} \boldsymbol{S}_{22}^{-1} \boldsymbol{S}_{21} \boldsymbol{S}_{11}^{-\frac{1}{2}}$（或 $\boldsymbol{R}_{11}^{-\frac{1}{2}} \boldsymbol{R}_{12} \boldsymbol{R}_{22}^{-1} \boldsymbol{R}_{21} \boldsymbol{R}_{11}^{-\frac{1}{2}}$）的特征值，$n$ 为样本容量.可以证明，当 $H_0^{(k)}$ 为真时，T_k 渐近服从自由度为 $(p-k+1)(q-k+1)$ 的 χ^2 分布，且当 $H_0^{(k)}$ 不真时，T_k 有偏大的趋势，因而其检验 p 值为

$$p_k = P_{H_0}(T_k \geqslant t_k) = P(\chi^2[(p-k+1)(q-k+1)] \geqslant t_k), \tag{4.33}$$

其中 t_k 为由(4.32)求得的 T_k 的观测值.

SAS 系统的典型相关分析过程 proc cancorr 中，采用的是一个在样本容量 n 较小时有更好逼近精度的渐近服从 F 分布的统计量，即

$$F_k = \frac{d_{2k}}{d_{1k}} \frac{1 - \Lambda_k^{1/t}}{\Lambda_k^{1/t}}, \tag{4.34}$$

其中

$$d_{1k} = (p-k+1)(q-k+1),$$

$$d_{2k} = wt - \frac{1}{2}(p-k+1)(q-k+1) + 1,$$

$$w = n - \frac{1}{2}(p+q+3),$$

$$t = \sqrt{\frac{(p-k+1)^2(q-k+1)^2 - 4}{(p-k+1)^2 + (q-k+1)^2 - 5}},$$

当某个 k 值使得 $(p-k+1)(q-k+1)=2$ 时，取 $t=1$.当 $H_0^{(k)}$ 为真时，F_k 渐近服从自由度为 d_{1k} 和 d_{2k} 的 F 分布，且大的 F_k 值意味着应拒绝 $H_0^{(k)}$，故检验 p 值为

$$p_k = P_{H_0}(F_k \geqslant f_k) = P(F(d_{1k}, d_{2k}) \geqslant f_k), \tag{4.35}$$

其中 f_k 为由(4.34)式所求得的 F_k 的观测值.在 proc cancorr 过程的输出结果中,分别就 $k = 1,2,\cdots,p$,给出了 $\Lambda_k, F_k, d_{1k}, d_{2k}$ 的值及检验的 p 值 p_k.

利用上述检验方法,依次就 $k = 1,2,\cdots,p$ 进行检验,若对某个 k,检验 p 值首次大于给定的显著水平 α,则认为只有前 $k-1$ 对典型变量显著相关,从而仅用前 $k-1$ 对典型变量可描述 $\boldsymbol{X}$ 与 $\boldsymbol{Y}$ 的整体相关性.以上检验方法为实际应用中典型变量对的合理取舍提供了一个参考准则.

例 4.6 为研究空气温度与土壤温度的关系,考虑如下六个变量,

X_1: 日最高土壤温度;

X_2: 日最低土壤温度;

X_3: 日土壤温度曲线积分值,它是一种日平均土壤温度的度量;

Y_1: 日最高气温;

Y_2: 日最低气温;

Y_3: 日气温曲线积分值,它是一种日平均气温的度量.

共观测了 $n = 46$ 天,得数据如表 4.7 所示.令 $\boldsymbol{X} = (X_1, X_2, X_3)^{\mathrm{T}}$, $\boldsymbol{Y} = (Y_1, Y_2, Y_3)^{\mathrm{T}}$,对 $\boldsymbol{X}$ 和 $\boldsymbol{Y}$ 作主成分分析.

表 4.7 日土壤温度与日气温数据

序号	x_1	x_2	x_3	y_1	y_2	y_3
1	85	59	151	84	65	147
2	86	61	159	84	65	149
3	83	64	152	79	66	142
4	83	65	158	81	67	147
5	88	69	180	84	68	167
6	77	67	147	74	66	131
7	78	69	159	73	66	131
8	84	68	159	75	67	134
9	89	71	195	84	68	161
10	91	76	206	86	72	169
11	91	76	206	88	73	176
12	94	76	211	90	74	187
13	94	75	211	88	72	171
14	92	70	201	58	72	171
15	87	68	167	81	69	154
16	83	68	162	79	68	149

续表

序 号	x_1	x_2	x_3	y_1	y_2	y_3
17	87	66	173	84	69	160
18	87	68	177	84	70	160
19	88	70	169	84	70	168
20	83	66	170	77	67	147
21	92	67	196	87	67	166
22	92	72	199	89	69	171
23	94	72	204	89	72	180
24	92	73	201	93	72	186
25	93	72	206	93	74	188
26	94	72	208	94	75	199
27	95	73	214	93	74	193
28	95	70	210	93	74	196
29	95	71	207	96	75	198
30	95	69	202	95	76	202
31	96	69	173	84	73	173
32	91	69	168	91	71	170
33	89	70	189	88	72	179
34	95	71	210	89	72	179
35	96	73	208	91	72	182
36	97	75	215	92	74	196
37	96	69	198	94	75	192
38	95	67	196	96	75	195
39	94	75	211	93	76	198
40	92	73	198	88	74	188
41	90	74	197	88	74	178
42	94	70	205	91	72	175
43	95	71	209	92	72	190
44	96	72	208	92	73	189
45	95	71	208	94	75	194
46	96	71	208	96	76	202

解 由 SAS proc cancorr 过程可求得$(X_1,X_2,X_3,Y_1,Y_2,Y_3)^{\mathrm{T}}$的样本相关系数矩阵(仅写出下三角部分的值)为

$$\boldsymbol{R}=\begin{bmatrix}\boldsymbol{R}_{11} & \boldsymbol{R}_{12}\\ \boldsymbol{R}_{21} & \boldsymbol{R}_{22}\end{bmatrix}=\begin{bmatrix}1.000 & & & & & \\ 0.571 & 1.000 & & & & \\ 0.875 & 0.781 & 1.000 & & & \\ 0.714 & 0.380 & 0.626 & 1.000 & & \\ 0.840 & 0.681 & 0.819 & 0.671 & 1.000 & \\ 0.914 & 0.591 & 0.870 & 0.785 & 0.932 & 1.000\end{bmatrix},$$

$\boldsymbol{R}_{11}^{-\frac{1}{2}}\boldsymbol{R}_{12}\boldsymbol{R}_{22}^{-1}\boldsymbol{R}_{21}\boldsymbol{R}_{11}^{-\frac{1}{2}}$ 的三个特征值分别为

$$\hat{\rho}_1^2=0.860\ 9,\quad \hat{\rho}_2^2=0.316\ 0,\quad \hat{\rho}_3^2=0.027\ 5.$$

第一对典型变量为

$$\hat{U}_1^*=0.648\ 5x_1^*-0.114\ 9x_2^*+0.460\ 0x_3^*,$$

$$\hat{V}_1^*=-0.086\ 3y_1^*-0.201\ 6y_2^*+1.252\ 7y_3^*,$$

其中 x_i^* 和 $y_i^*(i=1,2,3)$ 分别表示原变量的标准化变量的观测值.第一典型相关系数为 $\hat{\rho}_1=\sqrt{0.860\ 9}=0.927\ 8$.

第二对典型变量为

$$\hat{U}_2^*=0.555\ 0x_1^*+1.699\ 3x_2^*-1.696\ 3x_3^*,$$

$$\hat{V}_2^*=0.230\ 2y_1^*+2.843\ 6y_2^*-2.767\ 4y_3^*,$$

第二典型相关系数为 $\hat{\rho}_2=\sqrt{0.316\ 0}=0.562\ 1$.

第三对典型变量为

$$\hat{U}_3^*=-2.057\ 5x_1^*-0.274\ 9x_2^*+2.342\ 2x_3^*,$$

$$\hat{V}_3^*=-1.660\ 9y_1^*-0.395\ 0y_2^*+1.629\ 3y_3^*,$$

第三典型相关系数为 $\hat{\rho}_3=\sqrt{0.027\ 5}=0.165\ 8$.

同时得检验各对典型变量是否显著相关的检验结果如表 4.8 所示.

表 4.8 各对典型变量相关的显著性检验结果

k	Λ_k	F_k	d_{1k}	d_{2k}	p_k
1	0.092 5	17.977 6	9	97.5	0.000 1
2	0.665 2	4.636 6	4	82	0.002 0
3	0.972 5	1.189 8	1	42	0.281 6

由此结果可知,只有前两对典型变量显著相关,因此可基于前两对典型变量分析土壤温度及气温的相关性.

对典型变量的合理解释同样需要具体问题的实际背景和相关的专业知识.一般说来,典型变量的意义主要由那些系数绝对值较大的变量来决定.在上例第一对典型变量中，$\hat{U}_1^*$ 主要是日最高土壤温度和"日均"土壤温度的加权和，而 $\hat{V}_1^*$ 主要由"日均"气温控制.因此，第一对典型变量主要反映了"日均"气温与日最高土壤温度及"日均"土壤温度的相关性；同理，第二对典型变量主要反映了日最低气温和"日均"气温的差异与日最低土壤温度和"日均"土壤温度的差异之间的相关性.

习题 4

4.1 设总体 $\boldsymbol{X} = (X_1, X_2, X_3)^{\mathrm{T}}$ 的协方差矩阵为

$$\boldsymbol{\Sigma} = \begin{bmatrix} \sigma^2 & \sigma^2\rho & 0 \\ \sigma^2\rho & \sigma^2 & \sigma^2\rho \\ 0 & \sigma^2\rho & \sigma^2 \end{bmatrix}, \qquad |\rho| < \frac{1}{\sqrt{2}},$$

求 $\boldsymbol{X}$ 的主成分以及各主成分的贡献率.

4.2 设总体 $\boldsymbol{X} = (X_1, X_2, X_3)^{\mathrm{T}}$ 的相关系数矩阵为

$$\boldsymbol{\rho} = \begin{bmatrix} 1 & \rho & \rho \\ \rho & 1 & \rho \\ \rho & \rho & 1 \end{bmatrix}, \qquad \rho > 0,$$

(1) 求 $\boldsymbol{X}$ 的标准化变量的主成分及其贡献率.

(2) 将上述结果推广到 p 维情形.

4.3 设 $\boldsymbol{X} = (X_1, X_2, \cdots, X_p)^{\mathrm{T}}$ 的协方差矩阵为 $\boldsymbol{\Sigma} = (\sigma_{ij})_{p\times p}$，$\boldsymbol{P} = (\boldsymbol{e}_1, \boldsymbol{e}_2, \cdots, \boldsymbol{e}_p)$ 为由 $\boldsymbol{\Sigma}$ 的 p 个正交单位化特征向量为列所构成的矩阵，$\boldsymbol{Y} = (Y_1, Y_2, \cdots, Y_p)^{\mathrm{T}}$ 为 $\boldsymbol{X}$ 的 p 个主成分所构成的向量.

(1) 证明 $\boldsymbol{Y} = \boldsymbol{P}^{\mathrm{T}}\boldsymbol{X}$.

(2) 利用(1) 的结果求第 k 个主成分 Y_k 与各个 $X_j (j = 1, 2, \cdots, p)$ 的相关系数，它对主成分的解释有何作用？

(3) 在样本主成分下的情况又如何？

4.4 从 1975 年 1 月至 1976 年 12 月，对纽约证券交易所的三种化工股票(Allied Chemical, du Pont, Union Carbide)和两种石油股票(Exxon, Texaco)的周反弹率进行连续 100 周的观测，其中周反弹率=(本周五收盘价-上周五收盘价)/上周五收盘价，求得其样本相关系数矩阵(只写出下三角部分的值)为

$$\boldsymbol{R} = \begin{bmatrix} 1.000 & & & & \\ 0.577 & 1.000 & & & \\ 0.509 & 0.599 & 1.000 & & \\ 0.387 & 0.389 & 0.436 & 1.000 & \\ 0.462 & 0.322 & 0.426 & 0.523 & 1.000 \end{bmatrix}$$

(1) 从 $\boldsymbol{R}$ 出发作主成分分析，求各主成分及其贡献率.

(2) 前两个主成分的累计贡献率为多少？给出这两个主成分的合理解释.

4.5 表 4.9 给出了 1991 年我国 30 个省、自治区、直辖市城镇居民的月平均消费数据，所考察的八个指标(单位均为元／人)如下

X_1：人均粮食支出； X_2：人均副食支出；

X_3：人均烟酒茶支出； X_4：人均其他副食支出；

X_5：人均衣着商品支出； X_6：人均日用品支出；

X_7：人均燃料支出； X_8：人均非商品支出.

(1) 求样本相关系数矩阵 $\boldsymbol{R}$.

(2) 从 $\boldsymbol{R}$ 出发作主成分分析，求各主成分的贡献率及前两个主成分的累计贡献率.

(3) 求出前两个主成分并解释其意义.按第一主成分得分将 30 个省、自治区、直辖市排序，结果如何？

表 4.9 1991 年我国 30 个省、自治区、直辖市城镇居民月均消费数据

省、自治区、直辖市	x_1	x_2	x_3	x_4	x_5	x_6	x_7	x_8
山西	8.35	23.53	7.51	8.62	17.42	10.00	1.04	11.21
内蒙古	9.25	23.75	6.61	9.19	17.77	10.48	1.72	10.51
吉林	8.19	30.50	4.72	9.78	16.28	7.60	2.52	10.32
黑龙江	7.73	29.20	5.42	9.43	19.29	8.49	2.52	10.00
河南	9.42	27.93	8.20	8.14	16.17	9.42	1.55	9.76
甘肃	9.16	27.98	9.01	9.32	15.99	9.10	1.82	11.35
青海	10.06	28.64	10.52	10.05	16.18	8.39	1.96	10.81
河北	9.09	28.12	7.40	9.62	17.26	11.12	2.49	12.65
陕西	9.41	28.20	5.77	10.80	16.36	11.56	1.53	12.17
宁夏	8.70	28.12	7.21	10.53	19.45	13.30	1.66	11.96
新疆	6.93	29.85	4.54	9.49	16.62	10.65	1.88	13.61
湖北	8.67	36.05	7.31	7.75	16.67	11.68	2.38	12.88
云南	9.98	37.69	7.01	8.94	16.15	11.08	0.83	11.67
湖南	6.77	38.69	6.01	8.82	14.79	11.44	1.74	13.23
安徽	8.14	37.75	9.61	8.49	13.15	9.76	1.28	11.28
贵州	7.67	35.71	8.04	8.31	15.13	7.76	1.41	13.25
辽宁	7.90	39.77	8.49	12.94	19.27	11.05	2.04	13.29
四川	7.18	40.91	7.32	8.94	17.60	12.75	1.14	14.80
山东	8.82	33.70	7.59	10.98	18.82	14.73	1.78	10.10
江西	6.25	35.02	4.72	6.28	10.03	7.15	1.93	10.39
福建	10.60	52.41	7.70	9.98	12.53	11.70	2.31	14.69
广西	7.27	52.65	3.84	9.16	13.03	15.26	1.98	14.57

续表

省、自治区、直辖市	x_1	x_2	x_3	x_4	x_5	x_6	x_7	x_8
海南	13.45	55.85	5.50	7.45	9.55	9.52	2.21	16.30
天津	10.85	44.68	7.32	14.51	17.13	12.08	1.26	11.57
江苏	7.21	45.79	7.66	10.36	16.56	12.86	2.25	11.69
浙江	7.68	50.37	11.35	13.30	19.25	14.59	2.75	14.87
北京	7.78	48.44	8.00	20.51	22.12	15.73	1.15	16.61
西藏	7.94	39.65	20.97	20.82	22.52	12.41	1.75	7.90
上海	8.28	64.34	8.00	22.22	20.06	15.12	0.72	22.89
广东	12.47	76.39	5.52	11.24	14.52	22.00	5.46	25.50

4.6　表 4.10 是 49 位女性在空腹情况下三个不同时刻的血糖含量(用 X_1,X_2,X_3 表示)和在摄入等量食糖一小时后的三个时刻的血糖含量(用 Y_1,Y_2,Y_3 表示)的观测值(单位:mg/100ml).分别从样本协方差矩阵 $\boldsymbol{S}$ 和样本相关系数矩阵 $\boldsymbol{R}$ 出发作主成分分析,求主成分的贡献率和各个主成分.在两种情况下,你认为应保留几个主成分,其意义如何解释?就此题而言,你认为基于 $\boldsymbol{S}$ 和 $\boldsymbol{R}$ 的分析结果哪个更为合理?

表 4.10　49 位女性在空腹和摄入食糖后三个不同时刻的血糖含量数据

编　号	空　腹			摄入食糖		
	x_1	x_2	x_3	y_1	y_2	y_3
1	60	69	62	97	69	98
2	56	53	84	103	78	107
3	80	69	76	66	99	130
4	55	80	90	80	85	114
5	62	75	68	116	130	91
6	74	64	70	109	101	103
7	64	71	66	77	102	130
8	73	70	64	115	110	109
9	68	67	75	76	85	119
10	69	82	74	72	133	127
11	60	67	61	130	134	121
12	70	74	78	150	158	100
13	66	74	78	150	131	142
14	83	70	74	99	98	105
15	68	66	90	119	85	109
16	78	63	75	164	98	138

续表

编 号	空 腹			摄入食糖		
	x_1	x_2	x_3	y_1	y_2	y_3
17	103	77	77	160	117	121
18	77	68	74	144	71	153
19	66	77	68	77	82	89
20	70	70	72	114	93	122
21	75	65	71	77	70	109
22	91	74	93	118	115	150
23	66	75	73	170	147	121
24	75	82	76	153	132	115
25	74	71	66	143	105	100
26	76	70	64	114	113	129
27	74	90	86	73	106	116
28	74	77	80	116	81	77
29	67	71	69	63	87	70
30	78	75	80	105	132	80
31	64	66	71	83	94	133
32	71	80	76	81	87	86
33	63	75	73	120	89	59
34	90	103	74	107	109	101
35	60	76	61	99	111	98
36	48	77	75	113	124	97
37	66	93	97	136	112	122
38	74	70	76	109	88	105
39	60	74	71	72	90	71
40	63	75	66	130	101	90
41	66	80	86	130	117	144
42	77	67	74	83	92	107
43	70	67	100	150	142	146
44	73	76	81	119	120	119
45	78	90	77	122	155	149
46	73	68	80	102	90	122
47	72	83	68	104	69	96

续表

编　号	空　腹			摄入食糖		
	x_1	x_2	x_3	y_1	y_2	y_3
48	65	60	70	119	94	89
49	52	70	76	92	94	100

4.7　设 $\boldsymbol{X}=(X_1,X_2)^{\mathrm{T}},\boldsymbol{Y}=(Y_1,Y_2)^{\mathrm{T}}$ 的联合协方差矩阵为

$$\boldsymbol{\Sigma}=\begin{bmatrix}\boldsymbol{\Sigma}_{11} & \boldsymbol{\Sigma}_{12}\\ \boldsymbol{\Sigma}_{21} & \boldsymbol{\Sigma}_{22}\end{bmatrix}=\left[\begin{array}{cc:cc}100 & 0 & 0 & 0\\ 0 & 1 & 0.95 & 0\\ \hdashline 0 & 0.95 & 1 & 0\\ 0 & 0 & 0 & 100\end{array}\right].$$

(1) 证明 $\boldsymbol{X}$ 和 $\boldsymbol{Y}$ 的第一对典型相关变量为 $U_1=X_2,V_1=Y_1$,其典型相关系数为 0.95.

(2) 求 $\boldsymbol{\Sigma}_{11}^{-1}\boldsymbol{\Sigma}_{12}\boldsymbol{\Sigma}_{22}^{-1}\boldsymbol{\Sigma}_{21}$ 的特征值,它们和 $\boldsymbol{\Sigma}_{11}^{-\frac{1}{2}}\boldsymbol{\Sigma}_{12}\boldsymbol{\Sigma}_{22}^{-1}\boldsymbol{\Sigma}_{21}\boldsymbol{\Sigma}_{11}^{-\frac{1}{2}}$ 的特征值是否相同?

4.8　从某校初一学生中随机选取 $n=140$ 名,考察下列四个指标,

X_1: 阅读速度;　X_2: 阅读理解力;

Y_1: 计算速度;　Y_2: 计算正确程度.

这 140 名学生关于上述四个指标的得分值的样本相关系数矩阵为

$$\boldsymbol{R}=\begin{bmatrix}\boldsymbol{R}_{11} & \boldsymbol{R}_{12}\\ \boldsymbol{R}_{21} & \boldsymbol{R}_{22}\end{bmatrix}=\left[\begin{array}{cc:cc}1.00 & 0.63 & 0.24 & 0.06\\ 0.63 & 1.00 & -0.06 & 0.07\\ \hdashline 0.24 & -0.06 & 1.00 & 0.42\\ 0.06 & 0.07 & 0.42 & 1.00\end{array}\right].$$

(1) 求各对样本典型相关变量和样本典型相关系数.

(2) 给定显著水平 $\alpha=0.05$,检验各对典型变量是否显著相关,并解释显著相关的典型变量对的意义.

4.9　表 4.11 是 25 个家庭的成年长子的头长(X_1)和头宽(X_2)与成年次子的头长(Y_1)和头宽(Y_2)的观测数据.试分别从样本协方差矩阵 $\boldsymbol{\Sigma}$ 和样本相关系数矩阵 $\boldsymbol{R}$ 出发作典型相关分析,求各典型变量对及典型相关系数,检验各典型变量对是否显著相关($\alpha=0.05$).两种情况下的结果有何异同?

表 4.11　25 个家庭的成年长子与次子的头长和头宽数据

编　号	长子头长(x_1)	长子头宽(x_2)	次子头长(y_1)	次子头宽(y_2)
1	191	155	179	145
2	195	149	201	152
3	181	148	185	149
4	183	153	188	149
5	176	144	171	142
6	208	157	192	152

续表

编　号	长子头长(x_1)	长子头宽(x_2)	次子头长(y_1)	次子头宽(y_2)
7	189	150	190	149
8	197	159	189	152
9	188	152	197	159
10	192	150	187	151
11	179	158	186	148
12	183	147	174	147
13	174	150	185	152
14	190	159	195	157
15	188	151	187	158
16	163	137	161	130
17	195	155	183	158
18	186	153	173	148
19	181	145	182	146
20	175	140	165	137
21	192	154	185	152
22	174	143	178	147
23	176	139	176	143
24	197	167	200	158
25	190	163	187	150

4.10 就表 4.10 中的血糖含量数据,对 $\boldsymbol{X}=(X_1,X_2,X_3)^{\mathrm{T}}$ 和 $\boldsymbol{Y}=(Y_1,Y_2,Y_3)^{\mathrm{T}}$ 作典型相关分析.求各对典型变量及典型相关系数,检验各对典型变量之间是否显著相关($\alpha=0.05$),并解释显著相关的典型变量对的意义.

第 5 章

判别分析

在自然科学与社会科学的众多领域中,研究对象往往用某种方式已划分为若干类型,当得到一个新的样品时,要确定该样品属于已知类型中的哪一类,这类问题属于判别分析.

判别分析的应用十分广泛.例如,在工业生产中,要根据某种产品的一些质量指标判别产品的等级;在经济学中,要根据人均国民收入、人均工农业产值、人均消费水平等指标判断一个国家的经济发展程度;在地质勘探中,根据某地的地质结构、化探和物探的各项指标来判断该地的矿物类型;在医学诊断中,要根据某病人多项化验结果和病情征兆诊断病人患哪种疾病,等等.判别分析所处理的问题往往是包含较大量的数据资料,且其机理一般都不甚清楚的问题.它是一种有效的数据分析方法,能揭示纷繁数据中的内在规律,使我们对所研究的问题作出科学的判断.

从统计数据分析的角度,判别分析的模型如下:设有 k 个总体 $G_1, G_2, \cdots, G_k$,它们都是 p 维总体,其数量指标

$$\boldsymbol{X} = (X_1, X_2, \cdots, X_p)^{\mathrm{T}}$$

在各个总体下具有不同的分布特征.对某一新的样品数据 $\boldsymbol{x} = (x_1, x_2, \cdots, x_p)^{\mathrm{T}}$,要根据各总体的特征按一定准则判断该样品应归属于哪一个总体.

由于判别准则的不同,有各种不同的判别分析方法.本章主要介绍具有连续型分布总体的距离判别与 Bayes 判别.Bayes 判别的理论与方法严密而完整,将是我们在本章重点介绍的内容.

§5.1 距离判别

5.1.1 两个总体的距离判别

“距离”是多维数据分析中的一个重要概念,许多多维数据分析方法是建立在距离概念基础上的.对于 p 维空间中的两个点

$$\boldsymbol{x} = (x_1, x_2, \cdots, x_p)^{\mathrm{T}}, \qquad \boldsymbol{y} = (y_1, y_2, \cdots, y_p)^{\mathrm{T}},$$

最常见的距离是欧氏距离,即

$$d(\boldsymbol{x},\boldsymbol{y})=\sqrt{\sum_{i=1}^{p}(x_i-y_i)^2}.$$

在判别分析中直接采用欧氏距离是不甚合适的,其原因是没有考虑总体分布的分散性信息.判别分析中通常采用 Mahalanobis 距离,简称马氏距离.首先给出马氏距离的定义.

(1) 设 $\boldsymbol{x},\boldsymbol{y}$ 是来自均值向量为 $\boldsymbol{\mu}$,协方差矩阵为 $\boldsymbol{\Sigma}$ 的总体 G 的两个样品,则 $\boldsymbol{x},\boldsymbol{y}$ 之间的**马氏平方距离**是

$$d^2(\boldsymbol{x},\boldsymbol{y})=(\boldsymbol{x}-\boldsymbol{y})^{\mathrm{T}}\boldsymbol{\Sigma}^{-1}(\boldsymbol{x}-\boldsymbol{y}),$$

又定义 $\boldsymbol{x}$ 与总体 G 的马氏平方距离是

$$d^2(\boldsymbol{x},G)=(\boldsymbol{x}-\boldsymbol{\mu})^{\mathrm{T}}\boldsymbol{\Sigma}^{-1}(\boldsymbol{x}-\boldsymbol{\mu}).$$

(2) 设有两个总体 G_1 和 G_2,其均值向量分别是 $\boldsymbol{\mu}_1$ 和 $\boldsymbol{\mu}_2$,G_1 和 G_2 的协方差矩阵相等,皆为 $\boldsymbol{\Sigma}$,则总体 G_1 和 G_2 间的马氏平方距离是

$$d^2(G_1,G_2)=(\boldsymbol{\mu}_1-\boldsymbol{\mu}_2)^{\mathrm{T}}\boldsymbol{\Sigma}^{-1}(\boldsymbol{\mu}_1-\boldsymbol{\mu}_2).$$

这样,设 $\boldsymbol{x},\boldsymbol{y}$ 是来自均值向量为 $\boldsymbol{\mu}$,协方差矩阵为 $\boldsymbol{\Sigma}$ 的总体的两个样品,$\boldsymbol{x}$ 与 $\boldsymbol{y}$ 之间的**马氏距离**是

$$d(\boldsymbol{x},\boldsymbol{y})=\left[(\boldsymbol{x}-\boldsymbol{y})^{\mathrm{T}}\boldsymbol{\Sigma}^{-1}(\boldsymbol{x}-\boldsymbol{y})\right]^{\frac{1}{2}},$$

$\boldsymbol{x}$ 至总体 G 的马氏距离是

$$d(\boldsymbol{x},G)=\left[(\boldsymbol{x}-\boldsymbol{\mu})^{\mathrm{T}}\boldsymbol{\Sigma}^{-1}(\boldsymbol{x}-\boldsymbol{\mu})\right]^{\frac{1}{2}}.$$

马氏距离满足距离的三条基本性质:设 $\boldsymbol{x},\boldsymbol{y},\boldsymbol{z}$ 是来自总体 G 的三个样品,则

(1) $d(\boldsymbol{x},\boldsymbol{y})\geqslant 0$,当且仅当 $\boldsymbol{x}=\boldsymbol{y}$ 时 $d(\boldsymbol{x},\boldsymbol{y})=0$;

(2) $d(\boldsymbol{x},\boldsymbol{y})=d(\boldsymbol{y},\boldsymbol{x})$;

(3) $d(\boldsymbol{x},\boldsymbol{z})\leqslant d(\boldsymbol{x},\boldsymbol{y})+d(\boldsymbol{y},\boldsymbol{z})$.

下面介绍两个总体的距离判别准则.

设 G_1,G_2 是两个不同的 p 维已知总体,G_1 的均值向量是 $\boldsymbol{\mu}_1$,协方差矩阵是 $\boldsymbol{\Sigma}_1$;G_2 的均值向量是 $\boldsymbol{\mu}_2$,协方差矩阵是 $\boldsymbol{\Sigma}_2$.设 $\boldsymbol{x}=(x_1,x_2,\cdots,x_p)^{\mathrm{T}}$ 是一个待判样品,**距离判别准则**为

$$\begin{cases}\boldsymbol{x}\in G_1, & \text{若 } d(\boldsymbol{x},G_1)\leqslant d(\boldsymbol{x},G_2),\\ \boldsymbol{x}\in G_2, & \text{若 } d(\boldsymbol{x},G_1)> d(\boldsymbol{x},G_2),\end{cases}\tag{5.1}$$

即当 $\boldsymbol{x}$ 到 G_1 的马氏距离不超过到 G_2 的马氏距离时,判定 $\boldsymbol{x}$ 来自 G_1;反之,判定 $\boldsymbol{x}$ 来自 G_2.

下面在特殊情况下对马氏距离判别准则的合理性给出解释.

设 G_1 是正态总体 $N_p(\boldsymbol{\mu}_1,\boldsymbol{\Sigma})$,$G_2$ 是正态总体 $N_p(\boldsymbol{\mu}_2,\boldsymbol{\Sigma})$.$G_1$ 的概率密度

$$f_1(\boldsymbol{x})=\frac{1}{(2\pi)^{\frac{p}{2}}|\boldsymbol{\Sigma}|^{\frac{1}{2}}}\exp\left\{-\frac{1}{2}(\boldsymbol{x}-\boldsymbol{\mu}_1)^{\mathrm{T}}\boldsymbol{\Sigma}^{-1}(\boldsymbol{x}-\boldsymbol{\mu}_1)\right\},$$

G_2 的概率密度

$$f_2(\boldsymbol{x})=\frac{1}{(2\pi)^{\frac{p}{2}}|\boldsymbol{\Sigma}|^{\frac{1}{2}}}\exp\left\{-\frac{1}{2}(\boldsymbol{x}-\boldsymbol{\mu}_2)^{\mathrm{T}}\boldsymbol{\Sigma}^{-1}(\boldsymbol{x}-\boldsymbol{\mu}_2)\right\}.$$

两个总体的协方差矩阵相等,皆为 $\boldsymbol{\Sigma}$.对于新样品 $\boldsymbol{x}$,要判别 $\boldsymbol{x}$ 属于哪个总体.根据统计学似然比准则,很自然应将 $\boldsymbol{x}$ 判归在该样品观测值处其概率密度较大的那个总体,即有下列判别准则:

$$\begin{cases}\boldsymbol{x}\in G_1, & 若\dfrac{f_1(\boldsymbol{x})}{f_2(\boldsymbol{x})}\geqslant 1,\\ \boldsymbol{x}\in G_2, & 若\dfrac{f_1(\boldsymbol{x})}{f_2(\boldsymbol{x})}< 1.\end{cases}$$

而 $\dfrac{f_1(\boldsymbol{x})}{f_2(\boldsymbol{x})}\geqslant 1$ 的充分必要条件是

$$(\boldsymbol{x}-\boldsymbol{\mu}_1)^{\mathrm{T}}\boldsymbol{\Sigma}^{-1}(\boldsymbol{x}-\boldsymbol{\mu}_1)\leqslant(\boldsymbol{x}-\boldsymbol{\mu}_2)^{\mathrm{T}}\boldsymbol{\Sigma}^{-1}(\boldsymbol{x}-\boldsymbol{\mu}_2),$$

即

$$d(\boldsymbol{x},G_1)\leqslant d(\boldsymbol{x},G_2).$$

因此,当两总体 G_1,G_2 为正态总体且其协方差矩阵相等时,基于马氏距离的判别准则是符合似然比准则的.

下面,分别就两个总体协方差矩阵相等和不相等两种情况进一步讨论距离判别准则.

1. 两个总体协方差矩阵相等的情况:$\boldsymbol{\Sigma}_1=\boldsymbol{\Sigma}_2=\boldsymbol{\Sigma}$.

考虑样品 $\boldsymbol{x}$ 到两总体的马氏平方距离的差:

$$\begin{aligned}&d^2(\boldsymbol{x},G_2)-d^2(\boldsymbol{x},G_1)\\ =&(\boldsymbol{x}-\boldsymbol{\mu}_2)^{\mathrm{T}}\boldsymbol{\Sigma}^{-1}(\boldsymbol{x}-\boldsymbol{\mu}_2)-(\boldsymbol{x}-\boldsymbol{\mu}_1)^{\mathrm{T}}\boldsymbol{\Sigma}^{-1}(\boldsymbol{x}-\boldsymbol{\mu}_1)\\ =&\boldsymbol{x}^{\mathrm{T}}\boldsymbol{\Sigma}^{-1}\boldsymbol{x}-2\boldsymbol{\mu}_2^{\mathrm{T}}\boldsymbol{\Sigma}^{-1}\boldsymbol{x}+\boldsymbol{\mu}_2^{\mathrm{T}}\boldsymbol{\Sigma}^{-1}\boldsymbol{\mu}_2-(\boldsymbol{x}^{\mathrm{T}}\boldsymbol{\Sigma}^{-1}\boldsymbol{x}-2\boldsymbol{\mu}_1^{\mathrm{T}}\boldsymbol{\Sigma}^{-1}\boldsymbol{x}+\boldsymbol{\mu}_1^{\mathrm{T}}\boldsymbol{\Sigma}^{-1}\boldsymbol{\mu}_1)\\ =&-2\boldsymbol{\mu}_2^{\mathrm{T}}\boldsymbol{\Sigma}^{-1}\boldsymbol{x}+\boldsymbol{\mu}_2^{\mathrm{T}}\boldsymbol{\Sigma}^{-1}\boldsymbol{\mu}_2+2\boldsymbol{\mu}_1^{\mathrm{T}}\boldsymbol{\Sigma}^{-1}\boldsymbol{x}-\boldsymbol{\mu}_1^{\mathrm{T}}\boldsymbol{\Sigma}^{-1}\boldsymbol{\mu}_1.\end{aligned}$$

记

$$\begin{cases}W_1(\boldsymbol{x})=\boldsymbol{a}_1^{\mathrm{T}}\boldsymbol{x}+b_1,其中\ \boldsymbol{a}_1=\boldsymbol{\Sigma}^{-1}\boldsymbol{\mu}_1,b_1=-\dfrac{1}{2}\boldsymbol{\mu}_1^{\mathrm{T}}\boldsymbol{\Sigma}^{-1}\boldsymbol{\mu}_1,\\ W_2(\boldsymbol{x})=\boldsymbol{a}_2^{\mathrm{T}}\boldsymbol{x}+b_2,其中\ \boldsymbol{a}_2=\boldsymbol{\Sigma}^{-1}\boldsymbol{\mu}_2,b_2=-\dfrac{1}{2}\boldsymbol{\mu}_2^{\mathrm{T}}\boldsymbol{\Sigma}^{-1}\boldsymbol{\mu}_2,\end{cases}\tag{5.2}$$

则

$$d^2(\boldsymbol{x},G_2)-d^2(\boldsymbol{x},G_1)=-2[W_2(\boldsymbol{x})-W_1(\boldsymbol{x})].$$

或者从另一角度看,有

$$\begin{aligned}&d^2(\boldsymbol{x},G_2)-d^2(\boldsymbol{x},G_1)\\&=2\boldsymbol{x}^{\mathrm{T}}\boldsymbol{\Sigma}^{-1}(\boldsymbol{\mu}_1-\boldsymbol{\mu}_2)+\boldsymbol{\mu}_2^{\mathrm{T}}\boldsymbol{\Sigma}^{-1}\boldsymbol{\mu}_2-\boldsymbol{\mu}_1^{\mathrm{T}}\boldsymbol{\Sigma}^{-1}\boldsymbol{\mu}_1+\boldsymbol{\mu}_1^{\mathrm{T}}\boldsymbol{\Sigma}^{-1}\boldsymbol{\mu}_2-\boldsymbol{\mu}_2^{\mathrm{T}}\boldsymbol{\Sigma}^{-1}\boldsymbol{\mu}_1\\&=2\boldsymbol{x}^{\mathrm{T}}\boldsymbol{\Sigma}^{-1}(\boldsymbol{\mu}_1-\boldsymbol{\mu}_2)-(\boldsymbol{\mu}_1+\boldsymbol{\mu}_2)^{\mathrm{T}}\boldsymbol{\Sigma}^{-1}(\boldsymbol{\mu}_1-\boldsymbol{\mu}_2)\\&=2(\boldsymbol{x}-\bar{\boldsymbol{\mu}})^{\mathrm{T}}\boldsymbol{\Sigma}^{-1}(\boldsymbol{\mu}_1-\boldsymbol{\mu}_2),\end{aligned}$$

其中 $\bar{\boldsymbol{\mu}}=\frac{1}{2}(\boldsymbol{\mu}_1+\boldsymbol{\mu}_2)$,即 $\bar{\boldsymbol{\mu}}$ 是两总体均值向量的平均.记

$$W(\boldsymbol{x})=\boldsymbol{a}^{\mathrm{T}}(\boldsymbol{x}-\bar{\boldsymbol{\mu}}),\tag{5.3}$$

其中 $\boldsymbol{a}=\boldsymbol{\Sigma}^{-1}(\boldsymbol{\mu}_1-\boldsymbol{\mu}_2)$,则

$$d^2(\boldsymbol{x},G_2)-d^2(\boldsymbol{x},G_1)=2W(\boldsymbol{x}).$$

这样,**距离判别准则**(5.1)化为

$$\begin{cases}\boldsymbol{x}\in G_1, & 若\ W_1(\boldsymbol{x})\geqslant W_2(\boldsymbol{x}),\\ \boldsymbol{x}\in G_2, & 若\ W_1(\boldsymbol{x})<W_2(\boldsymbol{x}),\end{cases}\tag{5.4}$$

其中 $W_1(\boldsymbol{x}),W_2(\boldsymbol{x})$ 如(5.2)式所示.或者

$$\begin{cases}\boldsymbol{x}\in G_1, & 若\ W(\boldsymbol{x})\geqslant 0,\\ \boldsymbol{x}\in G_2, & 若\ W(\boldsymbol{x})<0,\end{cases}\tag{5.5}$$

其中 $W(\boldsymbol{x})$ 如(5.3)式所示.

上述 $W_1(\boldsymbol{x}),W_2(\boldsymbol{x})$ 及 $W(\boldsymbol{x})$ 皆是**线性判别函数**.

在实际问题中,$\boldsymbol{\Sigma}$ 及 $\boldsymbol{\mu}_1,\boldsymbol{\mu}_2$ 通常是未知的,所具有的数据资料只是来自两个 p 维总体的样本观测值,称为训练样本.设 $\boldsymbol{x}_1^{(1)},\boldsymbol{x}_2^{(1)},\cdots,\boldsymbol{x}_{n_1}^{(1)}$ 是来自总体 G_1 的容量为 n_1 训练样本;$\boldsymbol{x}_1^{(2)},\boldsymbol{x}_2^{(2)},\cdots,\boldsymbol{x}_{n_2}^{(2)}$ 是来自总体 G_2 的容量为 n_2 训练样本,这时可用训练样本估计 $\boldsymbol{\mu}_1,\boldsymbol{\mu}_2$ 及 $\boldsymbol{\Sigma}$. $\boldsymbol{\mu}_1,\boldsymbol{\mu}_2$ 的估计是各训练样本的均值向量,即

$$\hat{\boldsymbol{\mu}}_1=\frac{1}{n_1}\sum_{i=1}^{n_1}\boldsymbol{x}_i^{(1)}=\bar{\boldsymbol{x}}^{(1)},\qquad \hat{\boldsymbol{\mu}}_2=\frac{1}{n_2}\sum_{i=1}^{n_2}\boldsymbol{x}_i^{(2)}=\bar{\boldsymbol{x}}^{(2)}.$$

又两个训练样本的协方差矩阵各为

$$\boldsymbol{S}_1=\frac{1}{n_1-1}\sum_{i=1}^{n_1}(\boldsymbol{x}_i^{(1)}-\bar{\boldsymbol{x}}^{(1)})(\boldsymbol{x}_i^{(1)}-\bar{\boldsymbol{x}}^{(1)})^{\mathrm{T}},$$

$$\boldsymbol{S}_2=\frac{1}{n_2-1}\sum_{i=1}^{n_2}(\boldsymbol{x}_i^{(2)}-\bar{\boldsymbol{x}}^{(2)})(\boldsymbol{x}_i^{(2)}-\bar{\boldsymbol{x}}^{(2)})^{\mathrm{T}}.$$

当 $\boldsymbol{\Sigma}_1=\boldsymbol{\Sigma}_2=\boldsymbol{\Sigma}$ 时,$\boldsymbol{\Sigma}$ 的一个联合估计是

$$\boldsymbol{S}=\hat{\boldsymbol{\Sigma}}=\frac{(n_1-1)\boldsymbol{S}_1+(n_2-1)\boldsymbol{S}_2}{n_1+n_2-2}.$$

这样,线性判别函数 $W_1(\boldsymbol{x})$,$W_2(\boldsymbol{x})$ 及 $W(\boldsymbol{x})$ 的估计各为

$$\begin{cases}\hat{W}_1(\boldsymbol{x})=\hat{\boldsymbol{a}}_1^{\mathrm{T}}\boldsymbol{x}+\hat{b}_1,\text{其中 }\hat{\boldsymbol{a}}_1=\boldsymbol{S}^{-1}\bar{\boldsymbol{x}}^{(1)},b_1=-\dfrac{1}{2}(\bar{\boldsymbol{x}}^{(1)})^{\mathrm{T}}\boldsymbol{S}^{-1}\bar{\boldsymbol{x}}^{(1)},\\ \hat{W}_2(\boldsymbol{x})=\hat{\boldsymbol{a}}_2^{\mathrm{T}}\boldsymbol{x}+\hat{b}_2,\text{其中 }\hat{\boldsymbol{a}}_2=\boldsymbol{S}^{-1}\bar{\boldsymbol{x}}^{(2)},b_2=-\dfrac{1}{2}(\bar{\boldsymbol{x}}^{(2)})^{\mathrm{T}}\boldsymbol{S}^{-1}\bar{\boldsymbol{x}}^{(2)},\\ \hat{W}(\boldsymbol{x})=\hat{\boldsymbol{a}}^{\mathrm{T}}(\boldsymbol{x}-\bar{\boldsymbol{x}}),\text{其中 }\hat{\boldsymbol{a}}=\boldsymbol{S}^{-1}(\bar{\boldsymbol{x}}^{(1)}-\bar{\boldsymbol{x}}^{(2)}),\bar{\boldsymbol{x}}=\dfrac{1}{2}(\bar{\boldsymbol{x}}^{(1)}+\bar{\boldsymbol{x}}^{(2)}).\end{cases}\tag{5.6}$$

这样,两个总体的距离判别准则为

$$\begin{cases}\boldsymbol{x}\in G_1, & \text{若 }\hat{W}_1(\boldsymbol{x})\geqslant\hat{W}_2(\boldsymbol{x}),\\ \boldsymbol{x}\in G_2, & \text{若 }\hat{W}_1(\boldsymbol{x})<\hat{W}_2(\boldsymbol{x})\end{cases}\tag{5.7}$$

或

$$\begin{cases}\boldsymbol{x}\in G_1, & \text{若 }\hat{W}(\boldsymbol{x})\geqslant 0,\\ \boldsymbol{x}\in G_2, & \text{若 }\hat{W}(\boldsymbol{x})<0,\end{cases}\tag{5.8}$$

其中 $\hat{W}_1(\boldsymbol{x})$,$\hat{W}_2(\boldsymbol{x})$ 及 $\hat{W}(\boldsymbol{x})$ 如(5.6)式所示.

2. 两个总体协方差矩阵不等的情况:$\boldsymbol{\Sigma}_1\neq\boldsymbol{\Sigma}_2$.

这时,若令

$$d_1^2(\boldsymbol{x})=(\boldsymbol{x}-\boldsymbol{\mu}_1)^{\mathrm{T}}\boldsymbol{\Sigma}_1^{-1}(\boldsymbol{x}-\boldsymbol{\mu}_1),$$
$$d_2^2(\boldsymbol{x})=(\boldsymbol{x}-\boldsymbol{\mu}_2)^{\mathrm{T}}\boldsymbol{\Sigma}_2^{-1}(\boldsymbol{x}-\boldsymbol{\mu}_2),$$

距离判别准则(5.1)为

$$\begin{cases}\boldsymbol{x}\in G_1, & \text{若 }d_2^2(\boldsymbol{x})\geqslant d_1^2(\boldsymbol{x}),\\ \boldsymbol{x}\in G_2, & \text{若 }d_2^2(\boldsymbol{x})<d_1^2(\boldsymbol{x}),\end{cases}\tag{5.9}$$

其中 $d_1^2(\boldsymbol{x})$,$d_2^2(\boldsymbol{x})$ 分别是样品 $\boldsymbol{x}$ 到两个总体 G_1,G_2 的马氏平方距离,它们皆是 $\boldsymbol{x}$ 的二次函数,称为**二次判别函数**.

实际应用中,$\boldsymbol{\mu}_1$,$\boldsymbol{\mu}_2$,$\boldsymbol{\Sigma}_1$,$\boldsymbol{\Sigma}_2$ 往往未知,它们可用各总体的训练样本作估计,即分别以 $\bar{\boldsymbol{x}}^{(1)}$,$\bar{\boldsymbol{x}}^{(2)}$ 估计 $\boldsymbol{\mu}_1$,$\boldsymbol{\mu}_2$,分别以 $\boldsymbol{S}_1$,$\boldsymbol{S}_2$ 估计 $\boldsymbol{\Sigma}_1$,$\boldsymbol{\Sigma}_2$,得 $d_1^2(\boldsymbol{x})$,$d_2^2(\boldsymbol{x})$ 的估计分别为

$$\hat{d}_1^2(\boldsymbol{x})=(\boldsymbol{x}-\bar{\boldsymbol{x}}^{(1)})^{\mathrm{T}}\boldsymbol{S}_1^{-1}(\boldsymbol{x}-\bar{\boldsymbol{x}}^{(1)}),$$
$$\hat{d}_2^2(\boldsymbol{x})=(\boldsymbol{x}-\bar{\boldsymbol{x}}^{(2)})^{\mathrm{T}}\boldsymbol{S}_2^{-1}(\boldsymbol{x}-\bar{\boldsymbol{x}}^{(2)});$$

判别准则为

$$\begin{cases}\boldsymbol{x}\in G_1, & \text{若 }\hat{d}_2^2(\boldsymbol{x})\geqslant\hat{d}_1^2(\boldsymbol{x}),\\ \boldsymbol{x}\in G_2, & \text{若 }\hat{d}_2^2(\boldsymbol{x})<\hat{d}_1^2(\boldsymbol{x}).\end{cases}\tag{5.10}$$

5.1.2　判别准则的评价

对于一个判别准则,一般都会产生误判,即将本属于某个总体的样品错误地判

归另一个总体.以两个一维正态总体的距离判别为例,设 G_1 和 G_2 分别为正态总体 $N(\mu_1,\sigma^2)$ 和 $N(\mu_2,\sigma^2)$,此处 $\mu_1 < \mu_2$.这时对于一个新样品 x,判别准则(5.5)为

$$\begin{cases} x \in G_1, & \text{若 } x \leqslant \frac{1}{2}(\mu_1 + \mu_2), \\ x \in G_2, & \text{若 } x > \frac{1}{2}(\mu_1 + \mu_2). \end{cases}$$

即使 $x \leqslant \frac{1}{2}(\mu_1 + \mu_2)$,它仍有可能属于 G_2,其概率为

$$p(1 \mid 2) = \frac{1}{\sqrt{2\pi}\sigma}\int_{-\infty}^{\frac{1}{2}(\mu_1+\mu_2)} \exp\left\{-\frac{(t-\mu_2)^2}{2\sigma^2}\right\} dt > 0.$$

但按如上判别准则,却判 $x \in G_1$,因此 $p(1 \mid 2)$ 是将真正属于 G_2 的样品误判为属于 G_1 的概率.同样,即使 $x > \frac{1}{2}(\mu_1 + \mu_2)$,它仍有可能属于 G_1,其概率为

$$p(2 \mid 1) = \frac{1}{\sqrt{2\pi}\sigma}\int_{\frac{1}{2}(\mu_1+\mu_2)}^{+\infty} \exp\left\{-\frac{(t-\mu_1)^2}{2\sigma^2}\right\} dt > 0.$$

但按如上判别准则,却判 $x \in G_2$,即 $p(2 \mid 1)$ 是将真正属于 G_1 的样品误判为属于 G_2 的概率.由于上述概率均大于零,因此在此准则下,会产生误判的情况.

在一定判别准则下,将一个样品判错的概率称为该判别准则的误判概率,简称误判率.以下就两个总体的情况给出误判概率.设有两个总体 G_1,G_2,对于判别准则 $\boldsymbol{R}$,以 $P(j \mid i,\boldsymbol{R})\ (j \neq i)$ 表示在判别准则 $\boldsymbol{R}$ 下将属于 G_i 的样品误判为属于 G_j 的条件概率,以 $p_i\ (i=1,2)$ 表示一个样品属于 $G_i\ (i=1,2)$ 的概率(此概率称为先验概率,将在本章第2节进一步介绍).设 $\boldsymbol{x}$ 为任一样品,则由全概率公式,判别准则 $\boldsymbol{R}$ 的误判概率为

$$\begin{aligned} p^* &= P(\text{将 } \boldsymbol{x} \text{ 判错}) \\ &= P(\boldsymbol{x} \in G_1, \text{判 } \boldsymbol{x} \in G_2) + P(\boldsymbol{x} \in G_2, \text{判 } \boldsymbol{x} \in G_1) \\ &= P(\boldsymbol{x} \in G_1)P(\text{判 } \boldsymbol{x} \in G_2 \mid \boldsymbol{x} \in G_1) + \\ &\quad\ P(\boldsymbol{x} \in G_2)P(\text{判 } \boldsymbol{x} \in G_1 \mid \boldsymbol{x} \in G_2) \\ &= p_1 P(2 \mid 1,\boldsymbol{R}) + p_2 P(1 \mid 2,\boldsymbol{R}), \end{aligned}$$

因此,若不考虑误判造成的损失,则一个判别准则的误判概率的大小自然是评价其优劣的一个标准.但是,如上述分析那样,要直接计算一个判别准则的误判率一般需要各总体的分布完全已知,这在实际中常常是不可能的,因为通常我们所具有的资料只是来自各总体的训练样本数据.因此,一个可行的做法就是基于训练样本数据对误判率进行估计.下面就两个总体的情况介绍两种常用的误判率

估计方法,即回代估计法和交叉确认估计法.

1. 误判率回代估计法

设 G_1,G_2 为两个总体,$\boldsymbol{x}_1^{(1)},\boldsymbol{x}_2^{(1)},\cdots,\boldsymbol{x}_{n_1}^{(1)}$ 与 $\boldsymbol{x}_1^{(2)},\boldsymbol{x}_2^{(2)},\cdots,\boldsymbol{x}_{n_2}^{(2)}$ 是分别来自 G_1 和 G_2 的训练样本,其容量分别是 n_1 与 n_2.以全体训练样本作为 n_1+n_2 个新样品,逐个代入已建立的判别准则中判别其归属,这个过程称为回判.回判结果作如下列表:

实际归类	回判情况	
	G_1	G_2
G_1	n_{11}	n_{12}
G_2	n_{21}	n_{22}

其中 n_{12} 是将属于 G_1 的样品误判为属于 G_2 的个数,n_{21} 是将属于 G_2 的样品误判为属于 G_1 的个数,总的误判个数是 $n_{12}+n_{21}$,而两总体训练样品的总数是 n_1+n_2,误判率的回代估计为

$$\hat{p}_r^*=\frac{n_{12}+n_{21}}{n_1+n_2}.$$

误判率的回代估计易于计算,但是,$\hat{p}_r^*$ 是由建立判别函数的数据反过来用作评估准则的数据而得到的,因此,$\hat{p}_r^*$ 往往比真实误判率小,当训练样本容量较大时,$\hat{p}_r^*$ 可以作为真实误判率的一种近似估计.

2. 误判率的交叉确认估计法

误判率的交叉确认估计是每次剔除训练样本中的一个样品,利用其余容量为 n_1+n_2-1 的训练样本建立相应判别准则,再用所建立的判别准则对剔除的那个样品进行判别.对训练样本中的每个样品作上述分析,以其误判的比例作为误判概率的估计.具体步骤如下:

(1) 从总体 G_1 的容量为 n_1 的训练样本开始,依次剔除其中的一个样品,用剩余的容量为 n_1-1 的训练样本和总体 G_2 的容量为 n_2 的训练样本建立相应的判别函数.

(2) 用建立的判别函数对剔除的那个样品作判别.

(3) 重复步骤(1)和(2),直到 G_1 的训练样本中的 n_1 个样品依次被剔除,又依次进行判别,其误判的样品个数记为 n_{12}^*.

(4) 对总体 G_2 的训练样本重复步骤(1),(2)与(3),并记其误判的样品个数为 n_{21}^*.以

$$\hat{p}_c^*=\frac{n_{12}^*+n_{21}^*}{n_1+n_2}$$

作为误判率的估计.

此估计误判率的方法称为交叉确认估计法,所得到的估计称为误判率的交叉确认估计.此方法较回代估计法更合理,但计算量较大.

SAS 系统的 proc discrim 过程可以进行距离判别,并能给出误判率的回代估计与交叉确认估计.

例 5.1 为研究心肌梗塞的危险因素,考察两组人群,第一组 G_1 是心肌梗塞组,第二组 G_2 是正常组.考察 2 个血液指标

X_1: 总胆固醇; X_2: 高密度脂蛋白胆固醇.

两组人群各取 23 名,测得指标 X_1 和 X_2 的取值如表 5.1 所示.在两总体协方差矩阵相等的假定下,建立距离判别准则,并对其中的 5 个待判样品作判别.

表 5.1 总胆固醇与高密度脂蛋白胆固醇观测数据

G_1:心肌梗塞组			G_2:正常组			待判样品		
序号	x_1	x_2	序号	x_1	x_2	序号	x_1	x_2
1	245	38	1	174	47	1	213	22
2	236	40	2	106	52	2	285	39
3	238	38	3	173	53	3	193	42
4	233	31	4	178	43	4	200	58
5	240	35	5	198	53	5	171	52
6	235	40	6	180	48			
7	204	38	7	134	36			
8	200	43	8	204	63			
9	297	38	9	168	52			
10	200	43	10	180	59			
11	166	33	11	177	75			
12	144	28	12	172	51			
13	233	42	13	166	40			
14	143	24	14	210	42			
15	228	34	15	166	33			
16	264	41	16	223	73			
17	240	33	17	136	67			
18	180	27	18	156	45			
19	236	38	19	201	45			
20	168	36	20	134	60			
21	174	28	21	195	51			
22	215	38	22	262	62			
23	268	28	23	183	44			

解 在$\boldsymbol{\Sigma}_1=\boldsymbol{\Sigma}_2=\boldsymbol{\Sigma}$的假设下,建立距离判别的线性判别函数. 利用SAS系统 proc discrim 过程,计算的结果为

$$\boldsymbol{S}_1=\begin{bmatrix}1\ 588.513\ 8 & 100.207\ 5\\ 100.207\ 5 & 30.521\ 7\end{bmatrix},$$

$$\boldsymbol{S}_2=\begin{bmatrix}1\ 081.268\ 8 & 81.974\ 3\\ 81.974\ 3 & 121.719\ 4\end{bmatrix},$$

$$\boldsymbol{S}=\begin{bmatrix}1\ 334.891\ 3 & 91.090\ 9\\ 91.090\ 9 & 76.120\ 6\end{bmatrix}.$$

两总体的马氏平方距离是

$$\hat{d}^2(G_1,G_2)=6.462\ 2,$$

该值反映了两个总体的分离程度.线性判别函数为

$$\hat{W}_1(\boldsymbol{x})=-20.643\ 4+0.142\ 3x_1+0.294\ 6x_2,$$

$$\hat{W}_2(\boldsymbol{x})=-23.104\ 9+0.093\ 9x_1+0.569\ 6x_2.$$

用回代法将属于总体G_2(正常组)的14和15号样品误判为属于G_1,其余样品均回判正确,因此误判率的回代估计为

$$\hat{p}_r^*=\frac{2}{46}=0.043\ 5.$$

用交叉确认法也将属于总体G_2的第14和15号样品误判为属于G_1,误判率的交叉确认估计为

$$\hat{p}_c^*=\frac{2}{46}=0.043\ 5.$$

待判新样品的判别结果为:第1,2,3号样品属于G_1,第4,5号样品属于G_2.

5.1.3 多个总体的距离判别

设有k个总体$G_1,G_2,\cdots,G_k$,均值向量分别为$\boldsymbol{\mu}_1,\boldsymbol{\mu}_2,\cdots,\boldsymbol{\mu}_k$,协方差矩阵分别为$\boldsymbol{\Sigma}_1,\boldsymbol{\Sigma}_2,\cdots,\boldsymbol{\Sigma}_k$.类似两总体距离判别方法,计算新样品$\boldsymbol{x}$到各总体的马氏距离,比较这$k$个距离,判定$\boldsymbol{x}$属于其马氏距离最小的总体.若最小距离在不止一个总体达到,则可将$\boldsymbol{x}$判属具有最小距离总体的任一个.下面仍然就各协方差矩阵相等和不等的情况讨论.

1. 总体协方差矩阵相等:$\boldsymbol{\Sigma}_1=\boldsymbol{\Sigma}_2=\cdots=\boldsymbol{\Sigma}_k=\boldsymbol{\Sigma}$.

对任意两个总体G_i,G_j,考察$\boldsymbol{x}$到G_i和G_j的马氏平方距离的差:

$$d^2(\boldsymbol{x},G_j)-d^2(\boldsymbol{x},G_i)=-2[W_j(\boldsymbol{x})-W_i(\boldsymbol{x})],$$

其中

$$W_i(\boldsymbol{x}) = \boldsymbol{a}_i^{\mathrm{T}}\boldsymbol{x} + b_i, 而\ \boldsymbol{a}_i = \boldsymbol{\Sigma}^{-1}\boldsymbol{\mu}_i, b_i = -\frac{1}{2}\boldsymbol{\mu}_i^{\mathrm{T}}\boldsymbol{\Sigma}^{-1}\boldsymbol{\mu}_i,$$

$$W_j(\boldsymbol{x}) = \boldsymbol{a}_j^{\mathrm{T}}\boldsymbol{x} + b_j, 而\ \boldsymbol{a}_j = \boldsymbol{\Sigma}^{-1}\boldsymbol{\mu}_j, b_j = -\frac{1}{2}\boldsymbol{\mu}_j^{\mathrm{T}}\boldsymbol{\Sigma}^{-1}\boldsymbol{\mu}_j.$$

易见

$$d^2(\boldsymbol{x}, G_j) \geqslant d^2(\boldsymbol{x}, G_i) \quad \Leftrightarrow \quad W_i(\boldsymbol{x}) \geqslant W_j(\boldsymbol{x}).$$

这样,得到多总体在总体协方差矩阵相等时的距离判别准则:若总体 G_{j_0} 满足

$$W_{j_0}(\boldsymbol{x}) = \max_{1 \leqslant j \leqslant k} W_j(\boldsymbol{x}), \tag{5.11}$$

则判定 $\boldsymbol{x} \in G_{j_0}$;若多于一个 j_0 使上式成立,则判定 $\boldsymbol{x}$ 属于满足上式的任何一个 G_{j_0}.

当总体均值向量 $\boldsymbol{\mu}_1, \boldsymbol{\mu}_2, \cdots, \boldsymbol{\mu}_k$ 及公共协方差矩阵 $\boldsymbol{\Sigma}$ 未知时,可利用各总体的训练样本作估计.设 $\boldsymbol{x}_1^{(j)}, \boldsymbol{x}_2^{(j)}, \cdots, \boldsymbol{x}_{n_j}^{(j)}$ 是来自总体 G_j 的训练样本,$j = 1, 2, \cdots, k$.记

$$\hat{\boldsymbol{\mu}}_j = \frac{1}{n_j}\sum_{i=1}^{n_j}\boldsymbol{x}_i^{(j)} = \bar{\boldsymbol{x}}^{(j)}, \quad j = 1, 2, \cdots, k,$$

$$\boldsymbol{S}_j = \frac{1}{n_j - 1}\sum_{i=1}^{n_j}(\boldsymbol{x}_i^{(j)} - \bar{\boldsymbol{x}}^{(j)})(\boldsymbol{x}_i^{(j)} - \bar{\boldsymbol{x}}^{(j)})^{\mathrm{T}}, \quad j = 1, 2, \cdots, k,$$

则 $\boldsymbol{\Sigma}$ 的一个联合估计为

$$\hat{\boldsymbol{\Sigma}} = \frac{1}{n - k}[(n_1 - 1)\boldsymbol{S}_1 + (n_2 - 1)\boldsymbol{S}_2 + \cdots + (n_k - 1)\boldsymbol{S}_k] = \boldsymbol{S},$$

其中 $n = \sum_{j=1}^{k} n_j$.

以 $\bar{\boldsymbol{x}}^{(j)}$(即 $\hat{\boldsymbol{\mu}}_j$),$\boldsymbol{S}$(即 $\hat{\boldsymbol{\Sigma}}$) 分别代替 $\boldsymbol{\mu}_j, \boldsymbol{\Sigma}$,得相应的 $W_j(\boldsymbol{x})$ 的估计为

$$\hat{W}_j(\boldsymbol{x}) = \hat{\boldsymbol{a}}_j^{\mathrm{T}}\boldsymbol{x} + \hat{b}_j,$$

其中

$$\hat{\boldsymbol{a}}_j = \boldsymbol{S}^{-1}\bar{\boldsymbol{x}}^{(j)}, \hat{b}_j = -\frac{1}{2}(\bar{\boldsymbol{x}}^{(j)})^{\mathrm{T}}\boldsymbol{S}^{-1}\bar{\boldsymbol{x}}^{(j)}, \quad j = 1, 2, \cdots, k.$$

这样,**多总体的距离判别准则**为:若

$$\hat{W}_{j_0}(\boldsymbol{x}) = \max_{1 \leqslant j \leqslant k}\hat{W}_j(\boldsymbol{x}), \tag{5.12}$$

则判定 $\boldsymbol{x} \in G_{j_0}$.

2. 总体协方差矩阵不全相等.

计算 $\boldsymbol{x}$ 至各总体 G_j 的马氏平方距离:

$$d^2(\boldsymbol{x}, G_j) = (\boldsymbol{x} - \boldsymbol{\mu}_j)^{\mathrm{T}}\boldsymbol{\Sigma}_j^{-1}(\boldsymbol{x} - \boldsymbol{\mu}_j), \qquad j = 1, 2, \cdots, k.$$

记

$$d_j^2(\boldsymbol{x}) = d^2(\boldsymbol{x}, G_j), \quad j = 1, 2, \cdots, k,$$

$d_j^2(\boldsymbol{x})$ 是二次判别函数,得到多总体距离判别法则:若

$$d_{j_0}^2(\boldsymbol{x}) = \min_{1 \leqslant j \leqslant k} d_j^2(\boldsymbol{x}), \tag{5.13}$$

则判定 $\boldsymbol{x} \in G_{j_0}$.

同样,若 $\boldsymbol{\mu}_j, \boldsymbol{\Sigma}_j (j = 1, 2, \cdots, k)$ 未知,则可用其估计 $\bar{\boldsymbol{x}}^{(j)}, \boldsymbol{S}_j (j = 1, 2, \cdots, k)$ 代替,得到二次判别函数 $d_j^2(\boldsymbol{x})$ 的估计为

$$\hat{d}_j^2(\boldsymbol{x}) = (\boldsymbol{x} - \bar{\boldsymbol{x}}^{(j)})^{\mathrm{T}} \boldsymbol{S}_j^{-1} (\boldsymbol{x} - \bar{\boldsymbol{x}}^{(j)}), \quad j = 1, 2, \cdots, k.$$

对于多总体的距离判别,也可同两个总体的情况一样给出误判概率并有类似的误判率的回代估计及交叉确认估计方法.

例 5.2 从健康人群(G_1),硬化症患者(G_2)和冠心病患者(G_3)中分别随机选取10人、6人和4人考察了各自心电图的五个不同指标(用 $X_1 \sim X_5$ 表示)的观测数据,如表5.2所示.假定各总体的协方差矩阵均相等,由此训练样本建立距离判别准则,并对其中的两个待判样品作判别.

表 5.2 心电图五个指标的观测数据

序号	类型	x_1	x_2	x_3	x_4	x_5
1	G_1	8.11	261.01	13.23	5.46	7.36
2	G_1	9.36	185.39	9.02	5.66	5.99
3	G_1	9.85	249.58	15.61	6.06	6.11
4	G_1	2.55	137.13	9.21	6.11	4.35
5	G_1	6.01	231.34	14.27	5.21	8.79
6	G_1	9.64	231.38	13.03	4.88	8.53
7	G_1	4.11	260.25	14.72	5.36	10.02
8	G_1	8.90	259.51	14.16	4.91	9.79
9	G_1	7.71	273.84	16.01	5.15	8.79
10	G_1	7.51	303.59	19.14	5.70	8.53
11	G_2	6.80	308.90	15.11	5.52	8.49
12	G_2	8.68	258.69	14.02	4.79	7.16
13	G_2	5.67	355.54	15.13	4.97	9.43
14	G_2	8.10	476.69	7.38	5.32	11.32
15	G_2	3.71	316.12	17.12	6.04	8.17
16	G_2	5.37	274.57	16.75	4.98	9.67
17	G_3	5.22	330.34	18.19	4.96	9.61
18	G_3	4.71	331.47	21.26	4.30	13.72
19	G_3	4.71	352.50	20.79	5.07	11.00

续表

序号	类型	x_1	x_2	x_3	x_4	x_5
20	G_3	3.36	347.31	17.90	4.65	11.19
1	待判	8.06	231.03	14.41	5.72	6.15
2	待判	9.89	409.42	19.47	5.19	10.49

解 在 $\boldsymbol{\Sigma}_1=\boldsymbol{\Sigma}_2=\boldsymbol{\Sigma}_3=\boldsymbol{\Sigma}$ 的假设下,建立距离判别的线性判别函数.利用 SAS 系统 proc discrim 过程,计算结果为

$$\boldsymbol{S}=\begin{bmatrix} 4.292\,9 & 31.926\,7 & -0.709\,0 & -0.296\,2 & 0.305\,7 \\ & 3\,032.003\,5 & -2.151\,5 & -1.989\,9 & 60.915\,5 \\ & & 9.400\,4 & -0.002\,7 & 0.887\,2 \\ & & & 0.182\,8 & -0.432\,5 \\ & & & & 2.898\,0 \end{bmatrix}.$$

各个总体之间的马氏平方距离 $\hat{d}^2(G_i,G_j)$ 形成的矩阵为

$$\boldsymbol{D}=\begin{bmatrix} 0 & 8.466\,6 & 19.819\,4 \\ 8.466\,6 & 0 & 6.102\,7 \\ 19.819\,4 & 6.102\,7 & 0 \end{bmatrix}.$$

线性判别函数为

$$\begin{aligned} \hat{W}_1(\boldsymbol{x}) &= -424.411\,7+12.354\,5x_1-0.640\,4x_2- \\ &\quad 0.875\,5x_3+121.555\,7x_4+33.269\,0x_5, \\ \hat{W}_2(\boldsymbol{x}) &= -375.161\,0+11.048\,9x_1-0.544\,3x_2- \\ &\quad 0.612\,2x_3+112.740\,2x_4+30.409\,5x_5, \\ \hat{W}_3(\boldsymbol{x}) &= -361.373\,4+10.337\,4x_1-0.533\,9x_2- \\ &\quad 0.091\,3x_3+108.551\,6x_4+30.289\,0x_5. \end{aligned}$$

用回代法,所有样品回代皆正确,故误判率的回代估计 $\hat{p}_r^*=0$.

用交叉确认法,将第 10 号样品由 G_1 误判为 G_2,第 13 号样品由 G_2 误判为 G_3,第 16 号样品由 G_2 误判为 G_3,误判率的交叉确认估计是

$$\hat{p}_c^*=\frac{3}{20}=0.15.$$

对于 2 个待判样品,第 1 号判为 G_1,第 2 号判为 G_2.

§ 5.2 Bayes 判别

5.2.1 Bayes 判别的基本思想

Bayes 统计是统计学的一个重要分支，其基本思想是：假定对所研究的对象（总体）在抽样前已有一定的认识，常用先验分布来描述这种认识，然后，基于抽取的样本对先验认识作修正，得到后验分布，而各种统计推断均基于后验分布进行.将 Bayes 统计的思想用于判别分析，就得到 Bayes 判别.

设 $G_1, G_2, \cdots, G_k$ 为 k 个 p 维总体，分别具有概率密度 $f_1(\boldsymbol{x}), f_2(\boldsymbol{x}), \cdots, f_k(\boldsymbol{x})$.在进行判别分析以前，我们往往已对各总体有一定了解.例如，对某厂生产的产品，一般正品总是比次品多，即一个样品属于正品总体的可能性要比属于次品总体的可能性大.又如，在全年的每一天中，发生大地震的可能性要比无地震或小地震的可能性小得多.一般来说，一个待判样品较易判入有较大可能出现的总体之中.

在 Bayes 判别中，还应该考虑误判引起的损失.例如在地震预报中，误判有两种："有震"报为"无震"是"漏报"，"无震"报为"有震"是"虚报".二者皆造成损失，但损失的程度却很不相同.一般"漏报"会造成生命伤亡及财产损失，"虚报"则造成生产停顿、人心不安.相比之下，"漏报"较"虚报"损失大些.因此，对于这两种会造成不同损失的误报要加以区分，即要把误报损失考虑在内.

5.2.2 两个总体的 Bayes 判别

1. 一般讨论

考虑两个 p 维总体 G_1, G_2，它们分别具有概率密度 $f_1(\boldsymbol{x}), f_2(\boldsymbol{x})$.设 G_1, G_2 出现的**先验概率**为

$$p_1 = P(G_1), \qquad p_2 = P(G_2),$$

其中 $p_1 + p_2 = 1$.

先验概率的取法通常有两种.在无先验信息可用的情况下，常取 $p_1 = p_2 = \dfrac{1}{2}$；当训练样本是在自然状态下观测得到时，若 G_1 的训练样本的容量为 n_1，G_2 的训练样本的容量为 n_2，而 $n = n_1 + n_2$，则可以采用"**按比例分配**"原则确定先验概率：

$$p_1 = \frac{n_1}{n}, \qquad p_2 = \frac{n_2}{n}.$$

对于 p 维指标观测值 $\boldsymbol{x} = (x_1, x_2, \cdots, x_p)^{\mathrm{T}}$,它取值的空间是 p 维欧氏空间 $\mathbf{R}^p$.一个判别法则实质上是对空间 $\mathbf{R}^p$ 的一个划分,记为 R_1, R_2,并满足下列条件:

$$R_1 \cup R_2 = \mathbf{R}^p, \qquad R_1 \cap R_2 = \varnothing.$$

例如,在两个总体的距离判别中

$$R_1 = \{\boldsymbol{x} : d(\boldsymbol{x}, G_1) \leqslant d(\boldsymbol{x}, G_2)\},$$
$$R_2 = \{\boldsymbol{x} : d(\boldsymbol{x}, G_1) > d(\boldsymbol{x}, G_2)\}.$$

当 $\boldsymbol{x} \in R_1$ 时,判 $\boldsymbol{x}$ 来自 G_1;当 $\boldsymbol{x} \in R_2$ 时判 $\boldsymbol{x}$ 来自 G_2.$\mathbf{R}^p$ 的划分记为 $\boldsymbol{R} = (R_1, R_2)$.

一个划分 $\boldsymbol{R} = (R_1, R_2)$ 相当于一个判别准则.如 5.1.2 节所述,在判别准则 $\boldsymbol{R}$ 下将来自 G_1 的样品误判为属于 G_2 的概率是

$$P(2 \mid 1, \boldsymbol{R}) = \int_{R_2} f_1(\boldsymbol{x})\,\mathrm{d}\boldsymbol{x},$$

而将来自 G_2 的样品误判为 G_1 的概率为

$$P(1 \mid 2, \boldsymbol{R}) = \int_{R_1} f_2(\boldsymbol{x})\,\mathrm{d}\boldsymbol{x}.$$

设将属于 G_1 的样品误判为属于 G_2 造成的损失是 $c(2 \mid 1)$,而将属于 G_2 的样品误判为属于 G_1 造成的损失是 $c(1 \mid 2)$.一般地,将属于 G_i 的样品误判为属于 G_j 的损失是 $c(j \mid i)$,总假定 $c(1 \mid 1) = c(2 \mid 2) = 0$.Bayes 判别即寻求 $\boldsymbol{R} = (R_1, R_2)$,使平均误判损失达到最小.

当得到新样品 $\boldsymbol{x}$ 后,由 Bayes 公式得总体 G_1, G_2 的后验概率是

$$\begin{cases} P(G_1 \mid \boldsymbol{x}) = \dfrac{p_1 f_1(\boldsymbol{x})}{p_1 f_1(\boldsymbol{x}) + p_2 f_2(\boldsymbol{x})}, \\[2ex] P(G_2 \mid \boldsymbol{x}) = \dfrac{p_2 f_2(\boldsymbol{x})}{p_1 f_1(\boldsymbol{x}) + p_2 f_2(\boldsymbol{x})}. \end{cases} \tag{5.14}$$

我们证明:当 $c(2 \mid 1) = c(1 \mid 2)$ 时,两总体 Bayes 判别的一个最优划分是

$$\begin{cases} R_1 = \{\boldsymbol{x} : P(G_1 \mid \boldsymbol{x}) \geqslant P(G_2 \mid \boldsymbol{x})\}, \\ R_2 = \{\boldsymbol{x} : P(G_1 \mid \boldsymbol{x}) < P(G_2 \mid \boldsymbol{x})\}, \end{cases} \tag{5.15}$$

从而得到在等损失时**两个总体的 Bayes 判别法则**:

$$\begin{cases} \boldsymbol{x} \in G_1, & \text{若 } P(G_1 \mid \boldsymbol{x}) \geqslant P(G_2 \mid \boldsymbol{x}), \\ \boldsymbol{x} \in G_2, & \text{若 } P(G_1 \mid \boldsymbol{x}) < P(G_2 \mid \boldsymbol{x}). \end{cases} \tag{5.16}$$

这时,最优划分 $\boldsymbol{R}$ 使得误判概率

$$p^* = p_1 P(2 \mid 1, \boldsymbol{R}) + p_2 P(1 \mid 2, \boldsymbol{R})$$

达到最小.

事实上,设 $c(2|1)=c(1|2)=c$,则平均误判损失为 cp^*.因此 $\boldsymbol{R}$ 使 cp^* 达到最小等价于使 p^* 达到最小,而

$$\begin{aligned}p^* &= p_1\int_{R_2} f_1(\boldsymbol{x})\,\mathrm{d}\boldsymbol{x} + p_2\int_{R_1} f_2(\boldsymbol{x})\,\mathrm{d}\boldsymbol{x}\\ &= \int_{R_1} p_2 f_2(\boldsymbol{x})\,\mathrm{d}\boldsymbol{x} - \int_{R_1} p_1 f_1(\boldsymbol{x})\,\mathrm{d}\boldsymbol{x} +\\ &\quad \int_{R_1} p_1 f_1(\boldsymbol{x})\,\mathrm{d}\boldsymbol{x} + \int_{R_2} p_1 f_1(\boldsymbol{x})\,\mathrm{d}\boldsymbol{x}\\ &= \int_{R_1} (p_2 f_2(\boldsymbol{x}) - p_1 f_1(\boldsymbol{x}))\,\mathrm{d}\boldsymbol{x} + p_1,\end{aligned}$$

这里用到

$$\int_{R_1} f_1(\boldsymbol{x})\,\mathrm{d}\boldsymbol{x} + \int_{R_2} f_1(\boldsymbol{x})\,\mathrm{d}\boldsymbol{x} = \int_{\mathbf{R}^p} f_1(\boldsymbol{x})\,\mathrm{d}\boldsymbol{x} = 1.$$

显然,若取

$$R_1 = \{\boldsymbol{x}: p_2 f_2(\boldsymbol{x}) \leqslant p_1 f_1(\boldsymbol{x})\}$$

则可使 p^* 达到最小,这时

$$R_2 = \{\boldsymbol{x}: p_2 f_2(\boldsymbol{x}) > p_1 f_1(\boldsymbol{x})\}.$$

再由后验概率的表达式(5.14),得到两个总体 Bayes 判别准则如(5.16)式所示.

在 $c(2|1)$ 与 $c(1|2)$ 不相等的情况,因 $c(1|1)=c(2|2)=0$,对于 G_1 而言,误判造成的平均损失是

$$l(1,\boldsymbol{R}) = c(2|1)P(2|1,\boldsymbol{R}),$$

对于 G_2 而言,误判造成的平均损失是

$$l(2,\boldsymbol{R}) = c(1|2)P(1|2,\boldsymbol{R}),$$

因此,关于先验分布 p_1,p_2,误判所造成的平均损失为

$$\begin{aligned}L &= p_1 l(1,\boldsymbol{R}) + p_2 l(2,\boldsymbol{R})\\ &= c(2|1)p_1P(2|1,\boldsymbol{R}) + c(1|2)p_2P(1|2,\boldsymbol{R}).\end{aligned}$$

仿上可证(读者自证),Bayes 判别使 L 达到最小的最优划分是

$$\begin{cases}R_1 = \{\boldsymbol{x}: c(2|1)p_1f_1(\boldsymbol{x}) \geqslant c(1|2)p_2f_2(\boldsymbol{x})\},\\ R_2 = \{\boldsymbol{x}: c(2|1)p_1f_1(\boldsymbol{x}) < c(1|2)p_2f_2(\boldsymbol{x})\}\end{cases} \tag{5.17}$$

或

$$\begin{cases}R_1 = \{\boldsymbol{x}: c(2|1)P(G_1|\boldsymbol{x}) \geqslant c(1|2)P(G_2|\boldsymbol{x})\},\\ R_2 = \{\boldsymbol{x}: c(2|1)P(G_1|\boldsymbol{x}) < c(1|2)P(G_2|\boldsymbol{x})\}.\end{cases} \tag{5.18}$$

当 $p_1=p_2$ 时,有

$$\begin{cases} R_1 = \{\boldsymbol{x}: c(2\mid 1)f_1(\boldsymbol{x}) \geqslant c(1\mid 2)f_2(\boldsymbol{x})\}, \\ R_2 = \{\boldsymbol{x}: c(2\mid 1)f_1(\boldsymbol{x}) < c(1\mid 2)f_2(\boldsymbol{x})\}; \end{cases}$$

又当 $p_1 = p_2, c(2\mid 1) = c(1\mid 2)$ 时,

$$\begin{cases} R_1 = \{\boldsymbol{x}: f_1(\boldsymbol{x}) \geqslant f_2(\boldsymbol{x})\}, \\ R_2 = \{\boldsymbol{x}: f_1(\boldsymbol{x}) < f_2(\boldsymbol{x})\}, \end{cases}$$

这相当于经典统计学中用似然比准则进行判别.

2. 两个正态总体的 Bayes 判别

下面讨论两个正态总体的 Bayes 判别.先讨论 $c(2\mid 1) = c(1\mid 2)$ 的情况.

(1) $\boldsymbol{\Sigma}_1 = \boldsymbol{\Sigma}_2 = \boldsymbol{\Sigma}$.

设总体 G_1, G_2 的协方差矩阵相等且为 $\boldsymbol{\Sigma}$,其概率密度

$$f_j(\boldsymbol{x}) = \frac{1}{(2\pi)^{\frac{p}{2}} |\boldsymbol{\Sigma}|^{\frac{1}{2}}} \exp\left\{-\frac{1}{2}(\boldsymbol{x}-\boldsymbol{\mu}_j)^{\mathrm{T}}\boldsymbol{\Sigma}^{-1}(\boldsymbol{x}-\boldsymbol{\mu}_j)\right\}, \ j = 1,2,$$

则

$$\ln f_j(\boldsymbol{x}) = -\frac{p}{2}\ln(2\pi) - \frac{1}{2}\ln|\boldsymbol{\Sigma}| - \frac{1}{2}(\boldsymbol{x}-\boldsymbol{\mu}_j)^{\mathrm{T}}\boldsymbol{\Sigma}^{-1}(\boldsymbol{x}-\boldsymbol{\mu}_j), \ j = 1,2.$$

这时由(5.17)式知

$$\begin{aligned} R_1 &= \{\boldsymbol{x}: p_2 f_2(\boldsymbol{x}) \leqslant p_1 f_1(\boldsymbol{x})\} \\ &= \{\boldsymbol{x}: \ln f_2(\boldsymbol{x}) + \ln p_2 \leqslant \ln f_1(\boldsymbol{x}) + \ln p_1\} \\ &= \{\boldsymbol{x}: -\frac{1}{2}(\boldsymbol{x}-\boldsymbol{\mu}_2)^{\mathrm{T}}\boldsymbol{\Sigma}^{-1}(\boldsymbol{x}-\boldsymbol{\mu}_2) + \ln p_2 \leqslant \\ &\qquad -\frac{1}{2}(\boldsymbol{x}-\boldsymbol{\mu}_1)^{\mathrm{T}}\boldsymbol{\Sigma}^{-1}(\boldsymbol{x}-\boldsymbol{\mu}_1) + \ln p_1\}. \end{aligned}$$

记

$$W_1(\boldsymbol{x}) = \boldsymbol{a}_1^{\mathrm{T}}\boldsymbol{x} + b_1, \text{其中 } \boldsymbol{a}_1 = \boldsymbol{\Sigma}^{-1}\boldsymbol{\mu}_1, b_1 = -\frac{1}{2}\boldsymbol{\mu}_1^{\mathrm{T}}\boldsymbol{\Sigma}^{-1}\boldsymbol{\mu}_1 + \ln p_1,$$

$$W_2(\boldsymbol{x}) = \boldsymbol{a}_2^{\mathrm{T}}\boldsymbol{x} + b_2, \text{其中 } \boldsymbol{a}_2 = \boldsymbol{\Sigma}^{-1}\boldsymbol{\mu}_2, b_2 = -\frac{1}{2}\boldsymbol{\mu}_2^{\mathrm{T}}\boldsymbol{\Sigma}^{-1}\boldsymbol{\mu}_2 + \ln p_2,$$

则类似于(5.4)式的推导得到

$$\begin{aligned} R_1 &= \{\boldsymbol{x}: W_1(\boldsymbol{x}) \geqslant W_2(\boldsymbol{x})\}, \\ R_2 &= \{\boldsymbol{x}: W_1(\boldsymbol{x}) < W_2(\boldsymbol{x})\}, \end{aligned}$$

其中 $W_1(\boldsymbol{x}), W_2(\boldsymbol{x})$ 皆是线性判别函数.

这样,得到当 $\boldsymbol{\Sigma}_1 = \boldsymbol{\Sigma}_2 = \boldsymbol{\Sigma}$ 时,两个正态总体的 Bayes 判别为

$$\begin{cases} \boldsymbol{x} \in G_1, & \text{当 } W_1(\boldsymbol{x}) \geqslant W_2(\boldsymbol{x}), \\ \boldsymbol{x} \in G_2, & \text{当 } W_1(\boldsymbol{x}) < W_2(\boldsymbol{x}). \end{cases} \tag{5.19}$$

当$\boldsymbol{\mu}_1,\boldsymbol{\mu}_2$及$\boldsymbol{\Sigma}$未知时，它们分别由$G_1,G_2$的训练样本算得的均值$\bar{\boldsymbol{x}}^{(1)},\bar{\boldsymbol{x}}^{(2)}$及协方差矩阵的联合估计$\boldsymbol{S}(=\hat{\boldsymbol{\Sigma}})$来估计，线性判别函数为

$$\begin{cases}\hat{W}_1(\boldsymbol{x})=\hat{\boldsymbol{a}}_1^{\mathrm{T}}\boldsymbol{x}+\hat{b}_1,\text{其中 }\hat{\boldsymbol{a}}_1=\boldsymbol{S}^{-1}\bar{\boldsymbol{x}}^{(1)},\hat{b}_1=-\dfrac{1}{2}(\bar{\boldsymbol{x}}^{(1)})^{\mathrm{T}}\boldsymbol{S}^{-1}\bar{\boldsymbol{x}}^{(1)}+\ln p_1,\\ \hat{W}_2(\boldsymbol{x})=\hat{\boldsymbol{a}}_2^{\mathrm{T}}\boldsymbol{x}+\hat{b}_2,\text{其中 }\hat{\boldsymbol{a}}_2=\boldsymbol{S}^{-1}\bar{\boldsymbol{x}}^{(2)},\hat{b}_2=-\dfrac{1}{2}(\bar{\boldsymbol{x}}^{(2)})^{\mathrm{T}}\boldsymbol{S}^{-1}\bar{\boldsymbol{x}}^{(2)}+\ln p_2.\end{cases}\tag{5.20}$$

当$p_1=p_2=\dfrac{1}{2}$时，可在(5.20)式的$\hat{b}_1,\hat{b}_2$中略去$\ln p_1=\ln p_2=\ln\dfrac{1}{2}$项，所得的线性判别函数与距离判别的线性函数相同(见(5.6)式).因此，对于两个协方差矩阵相等的正态总体而言，在误判损失相等，先验概率相同时，其 Bayes 判别与距离判别是等价的.

再进一步考察后验概率$P(G_j\mid\boldsymbol{x}),\ j=1,2$.因

$$P(G_j\mid\boldsymbol{x})=\frac{p_jf_j(\boldsymbol{x})}{p_1f_1(\boldsymbol{x})+p_2f_2(\boldsymbol{x})},\qquad j=1,2,$$

又

$$p_jf_j(\boldsymbol{x})=\frac{1}{(2\pi)^{\frac{p}{2}}|\boldsymbol{\Sigma}|^{\frac{1}{2}}}\exp\left\{-\frac{1}{2}d_j^2(\boldsymbol{x})\right\},\quad j=1,2,$$

其中$d_j^2(\boldsymbol{x})=(\boldsymbol{x}-\boldsymbol{\mu}_j)^{\mathrm{T}}\boldsymbol{\Sigma}^{-1}(\boldsymbol{x}-\boldsymbol{\mu}_j)-2\ln p_j(j=1,2)$称为广义平方距离函数，这时

$$P(G_j\mid\boldsymbol{x})=\frac{\exp\left(-\dfrac{1}{2}d_j^2(\boldsymbol{x})\right)}{\exp\left(-\dfrac{1}{2}d_1^2(\boldsymbol{x})\right)+\exp\left(-\dfrac{1}{2}d_2^2(\boldsymbol{x})\right)},\qquad j=1,2.$$

当$\boldsymbol{\mu}_1,\boldsymbol{\mu}_2$及$\boldsymbol{\Sigma}$未知时，分别以$\bar{\boldsymbol{x}}^{(1)},\bar{\boldsymbol{x}}^{(2)}$及$\boldsymbol{S}$估计得

$$\hat{d}_j^2(\boldsymbol{x})=(\boldsymbol{x}-\bar{\boldsymbol{x}}^{(j)})^{\mathrm{T}}\boldsymbol{S}^{-1}(\boldsymbol{x}-\bar{\boldsymbol{x}}^{(j)})-2\ln p_j,\qquad j=1,2,$$

后验概率估计

$$\hat{P}(G_j\mid\boldsymbol{x})=\frac{\exp\left(-\dfrac{1}{2}\hat{d}_j^2(\boldsymbol{x})\right)}{\exp\left(-\dfrac{1}{2}\hat{d}_1^2(\boldsymbol{x})\right)+\exp\left(-\dfrac{1}{2}\hat{d}_2^2(\boldsymbol{x})\right)},\qquad j=1,2.$$

这时，Bayes 判别法则为

$$\begin{cases}\boldsymbol{x}\in G_1,\quad \text{当 }\hat{P}(G_1\mid\boldsymbol{x})\geqslant\hat{P}(G_2\mid\boldsymbol{x}),\\ \boldsymbol{x}\in G_2,\quad \text{当 }\hat{P}(G_1\mid\boldsymbol{x})<\hat{P}(G_2\mid\boldsymbol{x}).\end{cases}$$

(2) $\boldsymbol{\Sigma}_1\neq\boldsymbol{\Sigma}_2$.

这时，总体G_1,G_2的协方差矩阵分别为$\boldsymbol{\Sigma}_1,\boldsymbol{\Sigma}_2$，其概率密度为

$$f_j(\boldsymbol{x})=\frac{1}{(2\pi)^{\frac{p}{2}}|\boldsymbol{\Sigma}_j|^{\frac{1}{2}}}\exp\left\{-\frac{1}{2}(\boldsymbol{x}-\boldsymbol{\mu}_j)^{\mathrm{T}}\boldsymbol{\Sigma}_j^{-1}(\boldsymbol{x}-\boldsymbol{\mu}_j)\right\},\ j=1,2,$$

则

$$\ln f_j(\boldsymbol{x})=-\frac{p}{2}\ln(2\pi)-\frac{1}{2}\ln|\boldsymbol{\Sigma}_j|-\frac{1}{2}(\boldsymbol{x}-\boldsymbol{\mu}_j)^{\mathrm{T}}\boldsymbol{\Sigma}_j^{-1}(\boldsymbol{x}-\boldsymbol{\mu}_j),\ j=1,2.$$

由(5.17)式知

$$R_1=\left\{\boldsymbol{x}:-\frac{1}{2}(\boldsymbol{x}-\boldsymbol{\mu}_2)^{\mathrm{T}}\boldsymbol{\Sigma}_2^{-1}(\boldsymbol{x}-\boldsymbol{\mu}_2)-\frac{1}{2}\ln|\boldsymbol{\Sigma}_2|+\ln p_2\leqslant\right.$$

$$\left.-\frac{1}{2}(\boldsymbol{x}-\boldsymbol{\mu}_1)^{\mathrm{T}}\boldsymbol{\Sigma}_1^{-1}(\boldsymbol{x}-\boldsymbol{\mu}_1)-\frac{1}{2}\ln|\boldsymbol{\Sigma}_1|+\ln p_1\right\},$$

$$R_2=\left\{\boldsymbol{x}:-\frac{1}{2}(\boldsymbol{x}-\boldsymbol{\mu}_2)^{\mathrm{T}}\boldsymbol{\Sigma}_2^{-1}(\boldsymbol{x}-\boldsymbol{\mu}_2)-\frac{1}{2}\ln|\boldsymbol{\Sigma}_2|+\ln p_2>\right.$$

$$\left.-\frac{1}{2}(\boldsymbol{x}-\boldsymbol{\mu}_1)^{\mathrm{T}}\boldsymbol{\Sigma}_1^{-1}(\boldsymbol{x}-\boldsymbol{\mu}_1)-\frac{1}{2}\ln|\boldsymbol{\Sigma}_1|+\ln p_1\right\}.$$

记广义平方距离函数为

$$d_j^2(\boldsymbol{x})=(\boldsymbol{x}-\boldsymbol{\mu}_j)^{\mathrm{T}}\boldsymbol{\Sigma}_j^{-1}(\boldsymbol{x}-\boldsymbol{\mu}_j)+\ln|\boldsymbol{\Sigma}_j|-2\ln p_j,\quad j=1,2,$$

得最优划分为

$$\begin{cases}R_1=\{\boldsymbol{x}:d_1^2(\boldsymbol{x})\leqslant d_2^2(\boldsymbol{x})\},\\ R_2=\{\boldsymbol{x}:d_1^2(\boldsymbol{x})>d_2^2(\boldsymbol{x})\}.\end{cases}$$

又后验概率为

$$P(G_j|\boldsymbol{x})=\frac{\exp\left(-\frac{1}{2}d_j^2(\boldsymbol{x})\right)}{\exp\left(-\frac{1}{2}d_1^2(\boldsymbol{x})\right)+\exp\left(-\frac{1}{2}d_2^2(\boldsymbol{x})\right)},\qquad j=1,2,$$

当$\boldsymbol{\mu}_1,\boldsymbol{\mu}_2$及$\boldsymbol{\Sigma}_1,\boldsymbol{\Sigma}_2$未知时,分别以$\bar{\boldsymbol{x}}^{(1)},\bar{\boldsymbol{x}}^{(2)}$及$\boldsymbol{S}_1,\boldsymbol{S}_2$估计,得

$$\hat{d}_j^2(\boldsymbol{x})=(\boldsymbol{x}-\bar{\boldsymbol{x}}^{(j)})^{\mathrm{T}}\boldsymbol{S}_j^{-1}(\boldsymbol{x}-\bar{\boldsymbol{x}}^{(j)})+\ln|\boldsymbol{S}_j|-2\ln p_j,\quad j=1,2,\tag{5.21}$$

$$\hat{P}(G_j|\boldsymbol{x})=\frac{\exp\left(-\frac{1}{2}\hat{d}_j^2(\boldsymbol{x})\right)}{\exp\left(-\frac{1}{2}\hat{d}_1^2(\boldsymbol{x})\right)+\exp\left(-\frac{1}{2}\hat{d}_2^2(\boldsymbol{x})\right)},\qquad j=1,2.$$

这样,两个正态总体在协方差矩阵不等时的 Bayes 判别法则为

$$\begin{cases}\boldsymbol{x}\in G_1,&\text{当 }\hat{P}(G_1|\boldsymbol{x})\geqslant\hat{P}(G_2|\boldsymbol{x}),\\ \boldsymbol{x}\in G_2,&\text{当 }\hat{P}(G_1|\boldsymbol{x})<\hat{P}(G_2|\boldsymbol{x}).\end{cases}$$

当$p_1=p_2=\frac{1}{2}$时,略去(5.21)式中的“$-2\ln p_j$”项,得判别函数是

$$\hat{d}_j^2(\boldsymbol{x}) = (\boldsymbol{x} - \bar{\boldsymbol{x}}^{(j)})^{\mathrm{T}} \boldsymbol{S}_j^{-1} (\boldsymbol{x} - \bar{\boldsymbol{x}}^{(j)}) + \ln |\boldsymbol{S}_j|, \quad j = 1,2. \tag{5.22}$$

而在距离判别中,判别函数是

$$\hat{d}^2(\boldsymbol{x}, G_j) = (\boldsymbol{x} - \bar{\boldsymbol{x}}^{(j)})^{\mathrm{T}} \boldsymbol{S}_j^{-1} (\boldsymbol{x} - \bar{\boldsymbol{x}}^{(j)}), \quad j = 1,2,$$

因此,两个正态总体的 Bayes 判别与两个总体的距离判别当 $\boldsymbol{\Sigma}_1 \neq \boldsymbol{\Sigma}_2$ 时是不一样的.训练样本的协方差矩阵 $\boldsymbol{S}_j$ 的行列式 $|\boldsymbol{S}_j|$ 可以视作广义方差,度量了 G_j 的训练样本的分散性.

下面,对 $c(2|1)$ 与 $c(1|2)$ 不相等的情况讨论.这时由(5.17)式知

$$R_1 = \{\boldsymbol{x}: c(2|1)p_1 f_1(\boldsymbol{x}) \geqslant c(1|2)p_2 f_2(\boldsymbol{x})\} = \{\boldsymbol{x}: d_1^2(\boldsymbol{x}) \leqslant d_2^2(\boldsymbol{x})\},$$

其中广义平方距离函数为

$$d_1^2(\boldsymbol{x}) = (\boldsymbol{x} - \boldsymbol{\mu}_1)^{\mathrm{T}} \boldsymbol{\Sigma}_1^{-1} (\boldsymbol{x} - \boldsymbol{\mu}_1) + \ln |\boldsymbol{\Sigma}_1| - 2\ln(c(2|1)p_1),$$

$$d_2^2(\boldsymbol{x}) = (\boldsymbol{x} - \boldsymbol{\mu}_2)^{\mathrm{T}} \boldsymbol{\Sigma}_2^{-1} (\boldsymbol{x} - \boldsymbol{\mu}_2) + \ln |\boldsymbol{\Sigma}_2| - 2\ln(c(1|2)p_2).$$

又

$$R_2 = \{\boldsymbol{x}: d_1^2(\boldsymbol{x}) > d_2^2(\boldsymbol{x})\},$$

而当 $\boldsymbol{\Sigma}_1 = \boldsymbol{\Sigma}_2 = \boldsymbol{\Sigma}$ 时,可得

$$\begin{cases} R_1 = \{\boldsymbol{x}: W_1(\boldsymbol{x}) \geqslant W_2(\boldsymbol{x})\}, \\ R_2 = \{\boldsymbol{x}: W_1(\boldsymbol{x}) < W_2(\boldsymbol{x})\}. \end{cases}$$

而

$$W_1(\boldsymbol{x}) = \boldsymbol{a}_1^{\mathrm{T}}\boldsymbol{x} + b_1, \text{其中 } \boldsymbol{a}_1 = \boldsymbol{\Sigma}^{-1}\boldsymbol{\mu}_1, b_1 = -\frac{1}{2}\boldsymbol{\mu}_1^{\mathrm{T}}\boldsymbol{\Sigma}^{-1}\boldsymbol{\mu}_1 + \ln(c(2|1)p_1),$$

$$W_2(\boldsymbol{x}) = \boldsymbol{a}_2^{\mathrm{T}}\boldsymbol{x} + b_2, \text{其中 } \boldsymbol{a}_2 = \boldsymbol{\Sigma}^{-1}\boldsymbol{\mu}_2, b_2 = -\frac{1}{2}\boldsymbol{\mu}_2^{\mathrm{T}}\boldsymbol{\Sigma}^{-1}\boldsymbol{\mu}_2 + \ln(c(1|2)p_2).$$

同样,在实际应用中,用训练样本对 $\boldsymbol{\mu}_1, \boldsymbol{\mu}_2$ 和 $\boldsymbol{\Sigma}$ 作估计以进行判别分析.

3. 误判概率的计算

如 5.1.2 节所述,判别准则的误判概率的计算要求各总体的分布已知,在此我们就两个正态总体 G_1, G_2 的协方差矩阵相等的情况讨论 Bayes 判别准则的误判概率,以进一步了解影响误判率的因素.设 $\boldsymbol{\Sigma}_1 = \boldsymbol{\Sigma}_2 = \boldsymbol{\Sigma}$,由(5.17)式易得其最优划分为

$$\begin{cases} R_1 = \{\boldsymbol{x}: W(\boldsymbol{x}) \geqslant d\}, \\ R_2 = \{\boldsymbol{x}: W(\boldsymbol{x}) < d\}, \end{cases} \tag{5.23}$$

其中

$$W(\boldsymbol{x}) = (\boldsymbol{\mu}_1 - \boldsymbol{\mu}_2)^{\mathrm{T}} \boldsymbol{\Sigma}^{-1} (\boldsymbol{x} - \bar{\boldsymbol{\mu}}), \ d = \ln K,$$

$$\bar{\boldsymbol{\mu}} = \frac{1}{2}(\boldsymbol{\mu}_1 + \boldsymbol{\mu}_2), \quad K = \frac{c(1|2)p_2}{c(2|1)p_1}.$$

以上结论请读者自证.

记

$$\lambda = (\boldsymbol{\mu}_1 - \boldsymbol{\mu}_2)^{\mathrm{T}}\boldsymbol{\Sigma}^{-1}(\boldsymbol{\mu}_1 - \boldsymbol{\mu}_2),$$

即 λ 是总体 G_1 与 G_2 间的马氏平方距离.若 $\boldsymbol{x}$ 是来自 p 维正态总体的一个样本,则随机变量

$$W(\boldsymbol{x}) = (\boldsymbol{\mu}_1 - \boldsymbol{\mu}_2)^{\mathrm{T}}\boldsymbol{\Sigma}^{-1}(\boldsymbol{x} - \bar{\boldsymbol{\mu}})$$

也服从正态分布.当 $\boldsymbol{x}$ 来自总体 G_1 时,其均值

$$\begin{aligned}\mathrm{E}(W(\boldsymbol{x}) \mid G_1) &= (\boldsymbol{\mu}_1 - \boldsymbol{\mu}_2)^{\mathrm{T}}\boldsymbol{\Sigma}^{-1}(\boldsymbol{\mu}_1 - \bar{\boldsymbol{\mu}}) \\ &= \frac{1}{2}(\boldsymbol{\mu}_1 - \boldsymbol{\mu}_2)^{\mathrm{T}}\boldsymbol{\Sigma}^{-1}(\boldsymbol{\mu}_1 - \boldsymbol{\mu}_2) = \frac{1}{2}\lambda,\end{aligned}$$

而其方差

$$\begin{aligned}\mathrm{Var}(W(\boldsymbol{x}) \mid G_1) &= \mathrm{Var}[(\boldsymbol{\mu}_1 - \boldsymbol{\mu}_2)^{\mathrm{T}}\boldsymbol{\Sigma}^{-1}(\boldsymbol{x} - \bar{\boldsymbol{\mu}}) \mid G_1] \\ &= \mathrm{Var}[(\boldsymbol{\mu}_1 - \boldsymbol{\mu}_2)^{\mathrm{T}}\boldsymbol{\Sigma}^{-1}\boldsymbol{x} \mid G_1] \\ &= (\boldsymbol{\mu}_1 - \boldsymbol{\mu}_2)^{\mathrm{T}}\boldsymbol{\Sigma}^{-1}\mathrm{Cov}(\boldsymbol{x} \mid G_1)[(\boldsymbol{\mu}_1 - \boldsymbol{\mu}_2)^{\mathrm{T}}\boldsymbol{\Sigma}^{-1}]^{\mathrm{T}} \\ &= (\boldsymbol{\mu}_1 - \boldsymbol{\mu}_2)^{\mathrm{T}}\boldsymbol{\Sigma}^{-1} \cdot \boldsymbol{\Sigma} \cdot \boldsymbol{\Sigma}^{-1}(\boldsymbol{\mu}_1 - \boldsymbol{\mu}_2) \\ &= (\boldsymbol{\mu}_1 - \boldsymbol{\mu}_2)^{\mathrm{T}}\boldsymbol{\Sigma}^{-1}(\boldsymbol{\mu}_1 - \boldsymbol{\mu}_2) = \lambda.\end{aligned}$$

以上推导表明:若 $\boldsymbol{x}$ 来自 G_1,则

$$W(\boldsymbol{x}) \sim N\left(\frac{\lambda}{2}, \lambda\right);$$

类似可得,若 $\boldsymbol{x}$ 来自 G_2,则

$$W(\boldsymbol{x}) \sim N\left(-\frac{\lambda}{2}, \lambda\right).$$

对划分 $\boldsymbol{R} = (R_1, R_2)$,将来自 G_1 的样品 $\boldsymbol{x}$ 误判为来自 G_2 的概率为

$$\begin{aligned}P(2 \mid 1) = P(2 \mid 1, \boldsymbol{R}) &= P(W(\boldsymbol{x}) < d \mid G_1) \\ &= \int_{-\infty}^{d} \frac{1}{\sqrt{2\pi\lambda}} \exp\left(-\frac{1}{2\lambda}\left(t - \frac{\lambda}{2}\right)^2\right) \mathrm{d}t \\ &= \int_{-\infty}^{\frac{d-\frac{\lambda}{2}}{\sqrt{\lambda}}} \frac{1}{\sqrt{2\pi}} \exp\left(-\frac{1}{2}u^2\right) \mathrm{d}u = \Phi\left(\frac{d - \frac{\lambda}{2}}{\sqrt{\lambda}}\right),\end{aligned}$$

其中 $\Phi(x)$ 是标准正态分布函数.类似地,有

$$P(1 \mid 2) = P(1 \mid 2, \boldsymbol{R}) = P(W(\boldsymbol{x}) \geqslant d \mid G_2) = 1 - \Phi\left(\frac{d + \frac{\lambda}{2}}{\sqrt{\lambda}}\right).$$

这样,对于划分 $\boldsymbol{R} = (R_1, R_2)$,误判概率是

$$p^* = P(2 \mid 1)p_1 + P(1 \mid 2)p_2$$

$$= p_1\Phi\left(\frac{d-\frac{\lambda}{2}}{\sqrt{\lambda}}\right)+p_2\left(1-\Phi\left(\frac{d+\frac{\lambda}{2}}{\sqrt{\lambda}}\right)\right), \tag{5.24}$$

其中 $d=\ln[c(1\mid 2)p_1/c(2\mid 1)p_2]$,$\lambda=(\boldsymbol{\mu}_1-\boldsymbol{\mu}_2)^{\mathrm{T}}\boldsymbol{\Sigma}(\boldsymbol{\mu}_1-\boldsymbol{\mu}_2)$. 从(5.24)式可见,对于给定的判别准则,当总体 G_1,G_2 的马氏平方距离 λ 越大时,即两总体的分离程度越大时,误判概率越小.

当 $\boldsymbol{\mu}_1,\boldsymbol{\mu}_2$ 及 $\boldsymbol{\Sigma}$ 未知时,分别以 $\bar{\boldsymbol{x}}^{(1)},\bar{\boldsymbol{x}}^{(2)}$ 及 $\boldsymbol{S}$ 估计之,得 λ 的估计为

$$\hat{\lambda}=(\bar{\boldsymbol{x}}^{(1)}-\bar{\boldsymbol{x}}^{(2)})^{\mathrm{T}}\boldsymbol{S}^{-1}(\bar{\boldsymbol{x}}^{(1)}-\bar{\boldsymbol{x}}^{(2)}),$$

以 $\hat{\lambda}$ 替代 λ,计算误判概率.

当先验概率采用等概率,即 $p_1=p_2=\frac{1}{2}$ 时,$P(2\mid 1)$ 的一个粗略估计是$\frac{n_{12}}{n_1}$,$P(1\mid 2)$ 的一个粗略估计是$\frac{n_{21}}{n_2}$,其中 n_1,n_2,n_{12} 和 n_{21} 的意义与 5.1.2 节相同.此时,误判概率的一个粗略估计为

$$\hat{p}^*=\frac{1}{2}\left(\frac{n_{21}}{n_2}+\frac{n_{12}}{n_1}\right).$$

当 p_1,p_2 以训练样本容量按比例选取,即

$$p_1=\frac{n_1}{n_1+n_2},\qquad p_2=\frac{n_2}{n_1+n_2}$$

时,误判概率的一个粗略估计为

$$\hat{p}^*=\frac{n_1}{n_1+n_2}\cdot\frac{n_{12}}{n_1}+\frac{n_2}{n_1+n_2}\cdot\frac{n_{21}}{n_2}=\frac{n_{12}+n_{21}}{n_1+n_2},$$

这即是误判率的回代估计.

例 5.3 某气象站预报某地区有无春旱的观测资料中,X_1 与 X_2 是与气象有关的两个综合预报因子.数据包括发生春旱的6个年份的 X_1,X_2 的观测值和无春旱的8个年份的相应观测值.观测数据如表5.3所示.假定两总体均服从正态分布且协方差矩阵 $\boldsymbol{\Sigma}_1\neq\boldsymbol{\Sigma}_2$,误判损失相同又先验概率按比例分配,即

$$p_1=\frac{6}{14}=0.428\,6,\quad p_2=\frac{8}{14}=0.571\,4,$$

进行两总体的 Bayes 判别.

表 5.3 某地区气象综合因子观测数据

G_1: 春旱			G_2: 无春旱		
序号	x_1	x_2	序号	x_1	x_2
1	24.8	-2.0	7	22.1	-0.7
2	24.1	-2.4	8	21.6	-1.4
3	26.6	-3.0	9	22.0	-0.8
4	23.5	-1.9	10	22.8	-1.6
5	25.5	-2.1	11	22.7	-1.5
6	27.4	-3.1	12	21.5	-1.0
			13	22.1	-1.2
			14	21.4	-1.3

解 利用 proc discrim 过程,得

$$\ln|\boldsymbol{S}_1| = -1.805\ 3, \qquad \ln|\boldsymbol{S}_2| = -3.678\ 3.$$

又

$$\bar{\boldsymbol{x}}^{(1)} = \begin{bmatrix} 25.316\ 7 \\ -2.416\ 7 \end{bmatrix}, \qquad \bar{\boldsymbol{x}}^{(2)} = \begin{bmatrix} 22.025\ 0 \\ -1.187\ 5 \end{bmatrix},$$

$$\boldsymbol{S}_1 = \begin{bmatrix} 2.213\ 7 & -0.657\ 7 \\ -0.657\ 7 & 0.269\ 7 \end{bmatrix}, \qquad \boldsymbol{S}_2 = \begin{bmatrix} 0.273\ 6 & -0.063\ 2 \\ -0.063\ 2 & 0.106\ 9 \end{bmatrix},$$

计算广义平方距离函数:

$$\hat{d}_j^2(\boldsymbol{x}) = (\boldsymbol{x} - \bar{\boldsymbol{x}}^{(j)})^{\mathrm{T}} \boldsymbol{S}_j^{-1} (\boldsymbol{x} - \bar{\boldsymbol{x}}^{(j)}) + \ln|\boldsymbol{S}_j| - 2\ln p_j, \quad j = 1,2,$$

并计算后验概率

$$\hat{P}(G_j \mid \boldsymbol{x}) = \exp(-0.5\hat{d}_j^2(\boldsymbol{x})) \Big/ \sum_{k=1}^{2} \exp(-0.5\hat{d}_k^2(\boldsymbol{x})), \quad j = 1,2,$$

得到 Bayes 判别的回代法判别结果如表 5.4 所示.

表 5.4 某地区有无春旱的回判结果

样品序号	所属总体	判入总体	$P(G_1 \mid \boldsymbol{x})$	$P(G_2 \mid \boldsymbol{x})$
1	G_1	G_1	1.000 0	0.000 0
2	G_1	G_1	0.999 8	0.000 2
3	G_1	G_1	1.000 0	0.000 0
4	G_1	G_1	0.940 0	0.060 0
5	G_1	G_1	1.000 0	0.000 0
6	G_1	G_1	1.000 0	0.000 0

续表

样品序号	所属总体	判入总体	$P(G_1 \mid \boldsymbol{x})$	$P(G_2 \mid \boldsymbol{x})$
7	G_2	G_2	0.002 3	0.997 7
8	G_2	G_2	0.028 1	0.971 9
9	G_2	G_2	0.003 7	0.996 3
10	G_2	G_2	0.215 2	0.784 8
11	G_2	G_2	0.126 1	0.873 9
12	G_2	G_2	0.010 7	0.989 3
13	G_2	G_2	0.017 8	0.982 2
14	G_2	G_2	0.025 8	0.974 2

由此可见,误判率的回代估计 $\hat{p}_r^* = 0$.

若按照交叉确认法,则广义平方距离函数应该按下式计算:

$$\tilde{d}_j^2(\boldsymbol{x}) = (\boldsymbol{x} - \bar{\boldsymbol{x}}_{(\boldsymbol{x})}^{(j)})^{\mathrm{T}} \boldsymbol{S}_{(\boldsymbol{x})_j}^{(-1)} (\boldsymbol{x} - \bar{\boldsymbol{x}}_{(\boldsymbol{x})}^{(j)}) + \ln |\boldsymbol{S}_{(\boldsymbol{x})_j}| - 2\ln p_j, j = 1,2,$$

其中 $\bar{\boldsymbol{x}}_{(\boldsymbol{x})}^{(j)}, \boldsymbol{S}_{(\boldsymbol{x})_j}$ 分别是去除样品 $\boldsymbol{x}$ 后算得的均值向量及协方差矩阵,而后验概率按下式计算:

$$\tilde{P}(G_j \mid \boldsymbol{x}) = \exp(-0.5\tilde{d}_j^2(\boldsymbol{x})) \Big/ \sum_{k=1}^{2} \exp(-0.5\tilde{d}_k^2(\boldsymbol{x})), \quad j = 1,2$$

得到 Bayes 判别的交叉确认法结果如表 5.5 所示.

表 5.5 某地区有无春旱的交叉确认法判别结果

样品序号	所属总体	判入总体	$P(G_1 \mid \boldsymbol{x})$	$P(G_2 \mid \boldsymbol{x})$
1	G_1	G_1	1.000 0	0.000 0
2	G_1	G_1	0.998 9	0.001 1
3	G_1	G_1	1.000 0	0.000 0
4	G_1	G_1	0.895 9	0.104 1
5	G_1	G_1	1.000 0	0.000 0
6	G_1	G_1	1.000 0	0.000 0
7	G_2	G_2	0.008 5	0.991 5
8	G_2	G_2	0.043 9	0.956 1
9	G_2	G_2	0.005 5	0.994 5

续表

样品序号	所属总体	判入总体	$P(G_1 \mid \boldsymbol{x})$	$P(G_2 \mid \boldsymbol{x})$
10	G_2	G_1^*	0.505 9	0.494 1
11	G_2	G_2	0.204 5	0.795 5
12	G_2	G_2	0.013 7	0.986 3
13	G_2	G_2	0.020 7	0.976 3
14	G_2	G_2	0.051 2	0.948 8

其中“*”表示误判,即将属于 G_2 的 10 号样品误判为属于 G_1,因此,误判率的交叉确认估计是 $\hat{p}_c^* = \dfrac{1}{14} = 0.071\ 4$.

作为练习,请读者在 $\boldsymbol{\Sigma}_1 = \boldsymbol{\Sigma}_2$ 的假定下再进行分析,并用(5.24)式估计误判率,将此误判率与其回代估计与交叉确认估计进行比较.

5.2.3 多个总体的 Bayes 判别

1. 一般讨论

设有 k 个总体 $G_1, G_2, \cdots, G_k$, G_j 的概率密度为 $f_j(\boldsymbol{x})$, $j = 1, 2, \cdots, k$. 各总体出现的先验概率

$$p_j = P(G_j), \qquad j = 1, 2, \cdots, k$$

满足 $\sum\limits_{j=1}^{k} p_j = 1$.

这时,一个判别实质上是对空间 $\mathbf{R}^p$ 的一个不相重叠的划分 $R_1, R_2, \cdots, R_k$,满足

$$\bigcup_{j=1}^{k} R_j = \mathbf{R}^p, \quad R_i \cap R_j = \varnothing, \quad i \neq j,$$

这一划分记为 $\boldsymbol{R} = (R_1, R_2, \cdots, R_k)$,它代表一个判别准则.

在判别准则 $\boldsymbol{R} = (R_1, R_2, \cdots, R_k)$ 下,将来自 G_i 的样品误判为来自 G_j 的概率为

$$P(j \mid i, \boldsymbol{R}) = \int_{R_j} f_i(\boldsymbol{x})\,\mathrm{d}\boldsymbol{x}, \quad j = 1, 2, \cdots, k \text{ 且 } j \neq i.$$

设来自 G_i 的样品误判为来自 G_j 的损失记为 $c(j \mid i)$,我们总约定 $c(i \mid i) = 0$. $c(j \mid i)$ 构成一个损失矩阵

$$\begin{bmatrix} 0 & c(2 \mid 1) & \cdots & c(k \mid 1) \\ c(1 \mid 2) & 0 & \cdots & c(k \mid 2) \\ \vdots & \vdots & & \vdots \\ c(1 \mid k) & c(2 \mid k) & \cdots & 0 \end{bmatrix}.$$

很多情况假定 $c(j \mid i)=$ 常数,$j \neq i$.这时可设

$$c(j \mid i)=\begin{cases}1, & j \neq i, \\ 0, & j=i.\end{cases}$$

在这种情况下,来自 G_i 的样品误判为来自其他总体的概率是

$$\sum_{j \neq i} P(j \mid i, \boldsymbol{R}).$$

当 G_j 出现的先验概率是 $p_j(j=1,2,\cdots,k)$ 时,误判的概率是

$$p^{*}=\sum_{i=1}^{k} p_i\Big(\sum_{j \neq i} P(j \mid i, \boldsymbol{R})\Big)=\sum_{i=1}^{k} \sum_{j \neq i} p_i P(j \mid i, \boldsymbol{R}).$$

一个最优划分 $\boldsymbol{R}=(R_1, R_2, \cdots, R_k)$ 应使 p^{*} 达到最小.

在损失函数为 $c(j \mid i)$ 的一般情况下,将来自 G_i 的样品误判为来自其他总体的平均损失为

$$l_i=\sum_{i=1}^{k} P(j \mid i, \boldsymbol{R}) c(j \mid i)$$

(注意:$c(i \mid i)=0$),当 G_j 出现的先验概率是 $p_j(j=1,2,\cdots,k)$ 时,误判的平均损失是

$$L=\sum_{i=1}^{k} p_i l_i=\sum_{i=1}^{k} \sum_{j=1}^{k} p_i c(j \mid i) P(j \mid i, \boldsymbol{R}),$$

一个最优划分应使 L 达到最小.

(1) 当 $c(j \mid i)=\begin{cases}1, i \neq j, \\ 0, i=j\end{cases}$ 的情况.

因 $\sum\limits_{j=1}^{k} P(j \mid i, \boldsymbol{R})=1$,故 $\sum\limits_{j \neq i} P(j \mid i, \boldsymbol{R})=1-P(i \mid i, \boldsymbol{R})$,从而有

$$\begin{aligned} p^{*} &=\sum_{i=1}^{k} p_i(1-P(i \mid i, \boldsymbol{R})) \\ &=\sum_{i=1}^{k} p_i\left(1-\int_{R_i} f_i(\boldsymbol{x}) \mathrm{d} \boldsymbol{x}\right) \\ &=1-\sum_{i=1}^{k} \int_{R_i} p_i f_i(\boldsymbol{x}) \mathrm{d} \boldsymbol{x}. \end{aligned}$$

当取 $R_i=\{\boldsymbol{x}: p_i f_i(\boldsymbol{x})=\max\limits_{1 \leqslant j \leqslant k} p_j f_j(\boldsymbol{x})\}(i=1,2, \cdots, k)$ 时,$\boldsymbol{R}=(R_1, R_2, \cdots, R_k)$ 是 $\mathbf{R}^p$ 的一个划分且使 p^{*} 达到最小值,故它是最优划分.

又由 Bayes 公式，当出现样品 $\boldsymbol{x}$ 时，总体 G_i 的后验概率

$$P(G_i \mid \boldsymbol{x}) = \frac{p_i f_i(\boldsymbol{x})}{\sum_{j=1}^{k} p_j f_j(\boldsymbol{x})}, \tag{5.25}$$

故最优划分 $\boldsymbol{R} = (R_1, R_2, \cdots, R_k)$ 又可表示为

$$R_i = \{\boldsymbol{x}: P(G_i \mid \boldsymbol{x}) = \max_{1 \leqslant j \leqslant k} P(G_j \mid \boldsymbol{x})\}, \quad i = 1, 2, \cdots, k, \tag{5.26}$$

这说明，当出现样品 $\boldsymbol{x}$ 时，应判定 $\boldsymbol{x}$ 来自后验概率最大的那个总体 G_i，这符合 Bayes 统计推断原则，其统计意义非常清楚.当达到最大后验概率的 G_i 不止一个时，可判为达到最大后验概率的总体的任何一个.

(2) 一般损失函数 $c(j \mid i)$ 的情况.

这时，误判的平均损失

$$\begin{aligned} L &= \sum_{i=1}^{k} \sum_{j=1}^{k} p_i c(j \mid i) P(j \mid i, \boldsymbol{R}) \\ &= \sum_{i=1}^{k} \sum_{j=1}^{k} p_i c(j \mid i) \int_{R_j} f_i(\boldsymbol{x}) \mathrm{d}\boldsymbol{x} \\ &= \sum_{j=1}^{k} \int_{R_j} \sum_{i=1}^{k} p_i c(j \mid i) f_i(\boldsymbol{x}) \mathrm{d}\boldsymbol{x}. \end{aligned}$$

记

$$h_j(\boldsymbol{x}) = \sum_{i=1}^{k} p_i c(j \mid i) f_i(\boldsymbol{x}), \quad j = 1, 2, \cdots, k,$$

则

$$L = \sum_{j=1}^{k} \int_{R_j} h_j(\boldsymbol{x}) \mathrm{d}\boldsymbol{x}.$$

取划分 $\boldsymbol{R} = (R_1, R_2, \cdots, R_k)$ 为

$$R_j = \{\boldsymbol{x}: h_j(\boldsymbol{x}) = \min_{1 \leqslant i \leqslant k} h_i(\boldsymbol{x})\}, \quad j = 1, 2, \cdots, k,$$

显然这一划分使 L 达到最小，故它是最优划分.

因 $P(G_i \mid \boldsymbol{x}) \propto p_i f_i(\boldsymbol{x})$，若记

$$H(G_j \mid \boldsymbol{x}) = \sum_{i=1}^{k} c(j \mid i) P(G_i \mid \boldsymbol{x}), \quad j = 1, 2, \cdots, k,$$

$H(G_j \mid \boldsymbol{x})$ 表示出现 $\boldsymbol{x}$ 后，将 $\boldsymbol{x}$ 判定为来自总体 G_j 造成的后验平均损失. R_j 可表示为

$$R_j = \{\boldsymbol{x}: H(G_j \mid \boldsymbol{x}) = \min_{1 \leqslant i \leqslant k} H(G_i \mid \boldsymbol{x})\}, \quad j = 1, 2, \cdots, k, \tag{5.27}$$

这意味着，当出现样品 $\boldsymbol{x}$ 时，应判定 $\boldsymbol{x}$ 来自后验平均误判损失达到最小的那个总体 G_j.当使后验平均误判损失达到最小的总体不止一个时，可判 $\boldsymbol{x}$ 属于其中的任

一个总体.

2. 多个正态总体的 Bayes 判别

(1) 当 $c(j \mid i)=\begin{cases}1, & i \neq j,\\ 0, & i=j\end{cases}$ 的情况.

1) 当 $\boldsymbol{\Sigma}_1=\boldsymbol{\Sigma}_2=\cdots=\boldsymbol{\Sigma}_k=\boldsymbol{\Sigma}$ 时,设 $G_j \sim N_p(\boldsymbol{\mu}_j,\boldsymbol{\Sigma}), j=1,2,\cdots,k$.线性判别函数为

$$W_j(\boldsymbol{x})=\boldsymbol{a}_j^{\mathrm{T}}\boldsymbol{x}+b_j,$$

其中 $\boldsymbol{a}_j=\boldsymbol{\Sigma}^{-1}\boldsymbol{\mu}_j, b_j=-\dfrac{1}{2}\boldsymbol{\mu}_j^{\mathrm{T}}\boldsymbol{\Sigma}^{-1}\boldsymbol{\mu}_j+\ln p_j, j=1,2,\cdots,k$.广义平方距离函数为

$$d_j^2(\boldsymbol{x})=(\boldsymbol{x}-\boldsymbol{\mu}_j)^{\mathrm{T}}\boldsymbol{\Sigma}^{-1}(\boldsymbol{x}-\boldsymbol{\mu}_j)-2\ln p_j, \quad j=1,2,\cdots,k.$$

后验概率为

$$P(G_j \mid \boldsymbol{x})=\frac{\exp\left(-\dfrac{1}{2}d_j^2(\boldsymbol{x})\right)}{\sum_{i=1}^{k}\exp\left(-\dfrac{1}{2}d_i^2(\boldsymbol{x})\right)}, \quad j=1,2,\cdots,k.$$

这时,最优划分

$$\begin{aligned}R_j&=\{\boldsymbol{x}: W_j(\boldsymbol{x})=\max_{1\leqslant i\leqslant k}W_i(\boldsymbol{x})\}\\&=\{\boldsymbol{x}: P(G_j \mid \boldsymbol{x})=\max_{1\leqslant i\leqslant k}P(G_i \mid \boldsymbol{x})\}, \quad j=1,2,\cdots,k.\end{aligned} \tag{5.28}$$

当 $\boldsymbol{\mu}_1,\boldsymbol{\mu}_2,\cdots,\boldsymbol{\mu}_k$ 及 $\boldsymbol{\Sigma}$ 未知时,分别以 $\bar{\boldsymbol{x}}^{(1)},\bar{\boldsymbol{x}}^{(2)},\cdots,\bar{\boldsymbol{x}}^{(k)}$ 及 $\boldsymbol{S}$ 估计之,这里

$$\boldsymbol{S}=\frac{(n_1-1)\boldsymbol{S}_1+(n_2-1)\boldsymbol{S}_2+\cdots+(n_k-1)\boldsymbol{S}_k}{n_1+n_2+\cdots+n_k-k},$$

而

$$\boldsymbol{S}_j=\frac{1}{n_j-1}\sum_{i=1}^{n_j}(\boldsymbol{x}_i^{(j)}-\bar{\boldsymbol{x}}^{(j)})(\boldsymbol{x}_i^{(j)}-\bar{\boldsymbol{x}}^{(j)})^{\mathrm{T}}, j=1,2,\cdots,k,$$

由此可得到广义平方距离函数以及后验概率的估计分别为 $\hat{d}_j^2(\boldsymbol{x})$ 和 $\hat{P}(G_j \mid \boldsymbol{x})$.

2) 当 $\boldsymbol{\Sigma}_1,\boldsymbol{\Sigma}_2,\cdots,\boldsymbol{\Sigma}_k$ 不全相等时,设 $G_j \sim N_p(\boldsymbol{\mu}_j,\boldsymbol{\Sigma}_j), j=1,2,\cdots,k$,则

$$d_j^2(\boldsymbol{x})=(\boldsymbol{x}-\boldsymbol{\mu}_j)^{\mathrm{T}}\boldsymbol{\Sigma}_j^{-1}(\boldsymbol{x}-\boldsymbol{\mu}_j)+\ln|\boldsymbol{\Sigma}_j|-2\ln p_j, \quad j=1,2,\cdots,k.$$

后验概率

$$P(G_j \mid \boldsymbol{x}) = \frac{\exp\left(-\frac{1}{2}d_j^2(\boldsymbol{x})\right)}{\sum_{i=1}^{k}\exp\left(-\frac{1}{2}d_i^2(\boldsymbol{x})\right)}, \quad j = 1,2,\cdots,k,$$

这时,最优划分

$$R_j = \{\boldsymbol{x}: P(G_j \mid \boldsymbol{x}) = \max_{1\leqslant i\leqslant k} P(G_i \mid \boldsymbol{x})\}, \quad j = 1,2,\cdots,k.$$

当 $\boldsymbol{\mu}_1,\boldsymbol{\mu}_2,\cdots,\boldsymbol{\mu}_k$ 及 $\boldsymbol{\Sigma}_1,\boldsymbol{\Sigma}_2,\cdots,\boldsymbol{\Sigma}_k$ 未知时,分别以 $\bar{\boldsymbol{x}}^{(1)},\bar{\boldsymbol{x}}^{(2)},\cdots,\bar{\boldsymbol{x}}^{(k)}$ 及 $\boldsymbol{S}_1,\boldsymbol{S}_2,\cdots,\boldsymbol{S}_k$ 估计,从而得到 $d_j^2(\boldsymbol{x}),P(G_j \mid \boldsymbol{x})$ 的估计 $\hat{d}_j^2(\boldsymbol{x}),\hat{P}(G_j \mid \boldsymbol{x})$.

(2) 一般损失函数的情况.

这时,对(1) 中 1) 或 2) 的情况,计算 $P(G_j \mid \boldsymbol{x}),j = 1,2,\cdots,k$,并记

$$H(G_j \mid \boldsymbol{x}) = \sum_{j=1}^{k} c(j \mid i)P(G_i \mid \boldsymbol{x}), \quad j = 1,2,\cdots,k,$$

最优划分

$$R_j = \{\boldsymbol{x}: H(G_j \mid \boldsymbol{x}) = \min_{1\leqslant i\leqslant k} H(G_i \mid \boldsymbol{x})\}, \quad j = 1,2,\cdots,k. \tag{5.29}$$

例 5.4 某商学院在招收研究生时,以学生在大学期间的平均学分指数 X_1 与管理能力考试成绩 X_2 为主要参考依据,将申请者划分为三类,即 G_1:录取;G_2:不录取;G_3:待定.表5.6记录了近期85位申请者的 X_1 和 X_2 的值及录取情况.假定各总体服从正态分布,先验概率以各总体的人数按比例分配且假定误判损失相同.分别在下列情况下进行 Bayes 判别分析,并给出误判率的回判法和交叉确认法估计值:

(1) 假定各总体协方差矩阵相等;

(2) 假定各总体协方差矩阵不全相等.

若有一位申请者的两项成绩为 $x_1 = 3.12$ 和 $x_2 = 497$,分别在(1) 和(2) 情况下,该申请者应判归到哪一类?

表 5.6 某商学院研究生录取情况数据

G_1:录取			G_2:不录取			G_3:待定		
序号	x_1	x_2	序号	x_1	x_2	序号	x_1	x_2
1	2.96	596	1	2.54	446	1	2.86	494
2	3.14	473	2	2.43	425	2	2.85	496
3	3.22	482	3	2.20	474	3	3.14	419
4	3.29	527	4	2.36	531	4	3.28	371
5	3.69	505	5	2.57	542	5	2.89	447
6	3.46	693	6	2.35	406	6	3.15	313
7	3.03	626	7	2.51	412	7	3.50	402

续表

G_1:录取			G_2:不录取			G_3:待定		
序号	x_1	x_2	序号	x_1	x_2	序号	x_1	x_2
8	3.19	663	8	2.51	458	8	2.89	485
9	3.63	447	9	2.36	399	9	2.80	444
10	3.59	588	10	2.36	482	10	3.13	416
11	3.30	563	11	2.66	420	11	3.01	471
12	3.40	553	12	2.68	414	12	2.79	490
13	3.50	572	13	2.48	533	13	2.89	431
14	3.78	591	14	2.46	509	14	2.91	446
15	3.44	692	15	2.63	504	15	2.75	546
16	3.48	528	16	2.44	336	16	2.73	467
17	3.47	552	17	2.13	408	17	3.12	463
18	3.35	520	18	2.41	469	18	3.08	440
19	3.39	543	19	2.55	538	19	3.03	419
20	3.28	523	20	2.31	505	20	3.00	509
21	3.21	530	21	2.41	489	21	3.03	438
22	3.58	564	22	2.19	411	22	3.05	399
23	3.33	565	23	2.35	321	23	2.85	483
24	3.40	431	24	2.60	394	24	3.01	453
25	3.38	605	25	2.55	528	25	3.03	414
26	3.26	664	26	2.72	399	26	3.04	446
27	3.60	609	27	2.85	381			
28	3.37	559	28	2.90	384			
29	3.80	521						
30	3.76	646						
31	3.24	467						

解 (1) 在各总体协方差矩阵相等的情况下,利用各总体训练样本的协方差矩阵联合估计公共的协方差矩阵,进一步计算新样品属于各总体的后验概率,以此进行 Bayes 判别分析.

利用 proc discrim 过程,可得到训练样品的回判和交叉确认法判别结果,在此仅列出误判样品的有关结果如表 5.7 所示.

表 5.7 各总体协方差矩阵相等时误判样品信息

样品总序号	所属总体	判归总体	$P(G_1 \mid \boldsymbol{x})$	$P(G_2 \mid \boldsymbol{x})$	$P(G_3 \mid \boldsymbol{x})$
回判中误判的样品信息					
2	G_1	G_3	0.140 0	0.002 1	0.857 8
3	G_1	G_3	0.407 0	0.000 4	0.592 5
31	G_1	G_3	0.334 3	0.000 4	0.665 3
58	G_2	G_3	0.000 1	0.258 9	0.741 0
59	G_2	G_3	0.000 2	0.141 3	0.858 5
66	G_3	G_1	0.577 0	0.000 0	0.423 0
75	G_3	G_2	0.000 2	0.506 3	0.493 5

样品总序号	所属总体	判归总体	$P(G_1 \mid \boldsymbol{x})$	$P(G_2 \mid \boldsymbol{x})$	$P(G_3 \mid \boldsymbol{x})$
交叉确认判别中误判的样品信息					
2	G_1	G_3	0.109 3	0.001 8	0.888 9
3	G_1	G_3	0.375 1	0.000 4	0.624 5
24	G_1	G_3	0.440 3	0.000 0	0.559 7
31	G_1	G_3	0.294 6	0.000 4	0.705 0
58	G_2	G_3	0.000 1	0.209 1	0.790 9
59	G_2	G_3	0.000 2	0.101 8	0.898 1
66	G_3	G_1	0.722 7	0.000 0	0.277 3
75	G_3	G_2	0.000 2	0.527 3	0.472 4

和回判结果相比,交叉确认法多判错一个样品(即 24 号样品),因此回判法和交叉确认法的误判率估计分别为

$$\hat{p}_r^* = \frac{7}{85} = 0.082\ 4, \qquad \hat{p}_c^* = \frac{8}{85} = 0.094\ 1.$$

对于新样品 $\boldsymbol{x}_0 = (3.12, 497)^{\mathrm{T}}$,在各总体协方差矩阵相等的假定下,其属于各总体的后验概率分别为

$$P(G_1 \mid \boldsymbol{x}_0) = 0.240\ 1, \quad P(G_2 \mid \boldsymbol{x}_0) = 0.000\ 4, \quad P(G_3 \mid \boldsymbol{x}_0) = 0.757\ 8,$$

由此知,应判 $\boldsymbol{x}_0 \in G_3$,即该申请者应归入待定类.

(2) 假定各总体协方差矩阵不全相等,这时以各总体的训练样本单独估计各总体协方差矩阵,计算后验概率进行 Bayes 判别分析.此时,可得到各训练样

品的回判和交叉确认法判别结果,表 5.8 给出了这两种方法下误判样品的有关结果.

表 5.8　各总体协方差矩阵不全相等时误判样品信息

回判中误判的样品信息					
样品总序号	所属总体	判归总体	$P(G_1 \mid \boldsymbol{x})$	$P(G_2 \mid \boldsymbol{x})$	$P(G_3 \mid \boldsymbol{x})$
2	G_1	G_3	0.309 9	0.002 1	0.688 0
59	G_2	G_3	0.009 0	0.303 5	0.687 4
66	G_3	G_1	0.849 4	0.000 0	0.150 6

交叉确认判别中误判的样品信息					
样品总序号	所属总体	判归总体	$P(G_1 \mid \boldsymbol{x})$	$P(G_2 \mid \boldsymbol{x})$	$P(G_3 \mid \boldsymbol{x})$
2	G_1	G_3	0.260 8	0.002 3	0.736 9
59	G_2	G_3	0.011 0	0.154 3	0.834 8
66	G_3	G_1	0.997 3	0.000 0	0.002 7
75	G_3	G_2	0.002 8	0.530 4	0.466 8

与回判结果相比,交叉确认法多将 75 号样品判错,二者对误判率的估计分别为

$$\hat{p}_r^* = \frac{3}{85} = 0.035\,3, \qquad \hat{p}_c^* = \frac{4}{85} = 0.047\,1.$$

对于新样品 $\boldsymbol{x}_0 = (3.12, 497)^{\mathrm{T}}$,在各协方差矩阵不全相等的假定下,其属于各总体的后验概率分别为

$$P(G_1 \mid \boldsymbol{x}_0) = 0.598\,3, \quad P(G_2 \mid \boldsymbol{x}_0) = 0.003\,2, \quad P(G_3 \mid \boldsymbol{x}_0) = 0.398\,5,$$

即应判 $\boldsymbol{x}_0 \in G_1$(录取类).这与(1)中的结果不同.

作为本章结束,我们指出虽然前述内容均利用了所给定的全部 p 个指标变量在不同准则下构造判别方法,但由于各指标变量的作用不同,并非指标变量越多,判别效果就越好.事实上,有些指标变量在各总体上的取值特征若无明显差异,还有可能影响判别分析效果.因此,如回归分析一样,在判别分析中仍存在指标变量的选取问题,称为逐步判别法,限于本书特点,在此不再详述.有兴趣者可参见如[3]中第 6 章等.另外 SAS 系统的 proc stepdisc 过程(参见[6])可用于逐步判别分析.

习题 5

5.1　对于例 5.3 中某地区气象综合因子的观测数据(见表 5.3),假定两总体的协方差矩

阵相等,其余假定与例 5.3 相同,进行 Bayes 判别分析.进一步由训练样本估计各总体的均值与公共的协方差矩阵,再由(5.24)式估计误判率,将此估计值与误判率的回代估计和交叉确认估计值作比较,你有何评述?

5.2 对两个总体的 Bayes 判别问题,设 $c(2|1)$,$c(1|2)$ 分别是将来自 G_1 的样品误判为 G_2 以及将来自 G_2 的样品误判为 G_1 的损失,证明两个总体 Bayes 判别的最优划分是

$$\begin{cases} R_1 = \{\boldsymbol{x}: c(2|1)p_1f_1(\boldsymbol{x}) \geqslant c(1|2)p_2f_2(\boldsymbol{x})\}, \\ R_2 = \{\boldsymbol{x}: c(2|1)p_1f_1(\boldsymbol{x}) < c(1|2)p_2f_2(\boldsymbol{x})\}. \end{cases}$$

5.3 对于习题 4.5 中的 1991 年我国各省、自治区、直辖市城镇居民 8 个月消费指标数据(见表 4.9),设前 20 个省、自治区、直辖市为第 1 类 G_1,21—27 号省、自治区、直辖市(即福建,…,北京)为第 2 类 G_2,最后三个省、自治区、直辖市(西藏,上海,广东)待判.

(1) 进行距离判别,给出线性及二次判别函数,并计算误判率的回代估计与交叉确认估计;

(2) 设两总体服从正态分布,先验概率按比例分配且误判损失相同,分别就两总体的协方差矩阵相等和不等,进行 Bayes 判别分析,并计算误判率的回代估计与交叉确认估计;

(3) 在上述各情况下,试判别西藏、上海、广东各属哪一类.

5.4 在有关地震预报的研究中,遇到砂基液化的问题.选择了 7 个有关因素 $X_1 \sim X_7$.今从已液化和未液化的地层中得到容量分别为 12 与 23 的训练样本,第 1 组为液化,第 2 组为未液化,数据如表 5.9 所示.假定各总体服从正态分布且协方差矩阵相等,分别就先验概率相等和按比例分配进行 Bayes 判别分析,写出线性判别函数,并给出误判率的回代估计与交叉确认估计.

表 5.9 砂基液化数据

序号	组别	x_1	x_2	x_3	x_4	x_5	x_6	x_7
1	1	6.6	39	1.0	6.0	6	0.12	20
2	1	6.6	39	1.0	6.0	12	0.12	20
3	1	6.1	47	1.0	6.0	6	0.08	12
4	1	6.1	47	1.0	6.0	12	0.08	12
5	1	8.4	32	2.0	7.5	19	0.35	75
6	1	7.2	6	1.0	7.0	28	0.30	30
7	1	8.4	113	3.5	6.0	18	0.15	75
8	1	7.5	52	1.0	6.0	12	0.16	40
9	1	7.5	52	3.5	7.5	6	0.16	40
10	1	8.3	113	0.0	7.5	35	0.12	180
11	1	7.8	172	1.0	3.5	14	0.21	45
12	1	7.8	172	1.5	3.0	15	0.21	45
13	2	8.4	32	1.0	5.0	4	0.35	75

续表

序号	组别	x_1	x_2	x_3	x_4	x_5	x_6	x_7
14	2	8.4	32	2.0	9.0	10	0.35	75
15	2	8.4	32	2.5	4.0	10	0.35	75
16	2	6.3	11	4.5	7.5	3	0.20	15
17	2	7.0	8	4.5	4.5	9	0.25	30
18	2	7.0	8	6.0	7.5	4	0.25	30
19	2	7.0	8	1.5	6.0	1	0.25	30
20	2	8.3	161	1.5	4.0	4	0.08	70
21	2	8.3	161	0.5	2.5	1	0.08	70
22	2	7.2	6	3.5	4.0	12	0.30	30
23	2	7.2	6	1.0	3.0	3	0.30	30
24	2	7.2	6	1.0	6.0	5	0.30	30
25	2	5.5	6	2.5	3.0	7	0.18	18
26	2	8.4	113	3.5	4.5	6	0.15	75
27	2	8.4	113	3.5	4.5	8	0.15	75
28	2	7.5	52	1.0	6.0	6	0.16	40
29	2	7.5	52	1.0	7.5	8	0.16	40
30	2	8.3	97	0.0	6.0	5	0.15	180
31	2	8.3	97	2.5	6.0	5	0.15	180
32	2	8.3	89	0.0	6.0	10	0.16	180
33	2	8.3	56	1.5	6.0	13	0.25	180
34	2	7.8	172	1.0	3.5	6	0.21	45
35	2	7.8	233	1.0	4.5	6	0.18	45

5.5 考察鸢尾属植物中三个不同品种的花的如下四个形状指标：

X_1:萼片长度；　X_2：萼片宽度；　X_3：花瓣长度；　X_4：花瓣宽度.

从这三个品种(记为 1,2,3)各选取 50 株,测得上述指标的取值如表 5.10 所示.假定三个品种的这 4 个指标均服从 4 维正态分布,且先验概率相等,按下列要求进行 Bayes 判别分析：

表 5.10 鸢尾属植物三个不同品种的花的形状数据

编号	品种	x_1	x_2	x_3	x_4	编号	品种	x_1	x_2	x_3	x_4	编号	品种	x_1	x_2	x_3	x_4
1	1	50	33	14	2	51	2	65	28	46	15	101	3	64	28	56	22
2	1	46	34	14	3	52	2	62	22	45	15	102	3	67	31	56	24
3	1	46	36	10	2	53	2	59	32	48	18	103	3	63	28	51	15
4	1	51	33	17	5	54	2	61	30	46	14	104	3	69	31	51	23
5	1	55	35	13	2	55	2	60	27	51	16	105	3	65	30	52	20
6	1	48	31	16	2	56	2	56	25	39	11	106	3	65	30	55	18
7	1	52	34	14	2	57	2	57	28	45	13	107	3	58	27	51	19
8	1	49	36	14	1	58	2	63	33	47	16	108	3	68	32	59	23
9	1	44	32	13	2	59	2	70	32	47	14	109	3	62	34	54	23
10	1	50	35	16	6	60	2	64	32	45	15	110	3	77	38	67	22
11	1	44	30	13	2	61	2	61	28	40	13	111	3	67	33	57	25
12	1	47	32	16	2	62	2	55	24	38	11	112	3	76	30	66	21
13	1	48	30	14	3	63	2	54	30	45	15	113	3	49	25	45	17
14	1	51	38	16	2	64	2	58	26	40	12	114	3	67	30	52	23
15	1	48	34	19	2	65	2	55	26	44	12	115	3	59	30	51	18
16	1	50	30	16	2	66	2	50	23	33	10	116	3	63	25	50	19
17	1	50	32	12	2	67	2	67	31	44	14	117	3	64	32	53	23
18	1	43	30	11	1	68	2	56	30	45	15	118	3	79	38	64	20
19	1	58	40	12	2	69	2	58	27	41	10	119	3	67	33	57	21
20	1	51	38	19	4	70	2	60	29	45	15	120	3	77	28	67	20
21	1	49	30	14	2	71	2	57	26	35	10	121	3	63	27	49	18
22	1	51	35	14	2	72	2	57	19	42	13	122	3	72	32	60	18
23	1	50	34	16	4	73	2	49	24	33	10	123	3	61	30	49	18
24	1	46	32	14	2	74	2	56	27	42	13	124	3	61	26	56	14
25	1	57	44	15	4	75	2	57	30	42	12	125	3	64	28	56	21
26	1	50	36	14	2	76	2	66	29	46	13	126	3	62	28	48	18
27	1	54	34	15	4	77	2	52	27	39	14	127	3	77	30	61	23
28	1	52	42	15	1	78	2	60	34	45	16	128	3	63	34	56	24
29	1	55	42	14	2	79	2	50	20	35	10	129	3	58	27	51	19
30	1	49	31	15	2	80	2	55	24	37	10	130	3	72	30	58	16
31	1	54	39	17	4	81	2	58	27	39	12	131	3	71	30	59	21
32	1	50	34	15	2	82	2	62	29	43	13	132	3	64	31	55	18
33	1	44	29	14	2	83	2	59	30	42	15	133	3	60	30	48	18
34	1	47	32	13	2	84	2	60	22	40	10	134	3	63	29	56	18
35	1	46	31	15	2	85	2	67	31	47	15	135	3	77	26	69	23
36	1	51	34	15	2	86	2	63	23	44	13	136	3	60	22	50	15
37	1	50	35	13	3	87	2	56	30	41	13	137	3	69	32	57	23
38	1	49	31	15	1	88	2	63	25	49	15	138	3	74	28	61	19
39	1	54	37	15	2	89	2	61	28	47	12	139	3	56	28	49	20
40	1	54	39	13	4	90	2	64	29	43	13	140	3	73	29	63	18
41	1	51	35	14	3	91	2	51	25	30	11	141	3	67	25	58	18
42	1	48	34	16	2	92	2	57	28	41	13	142	3	65	30	58	22
43	1	48	30	14	1	93	2	61	29	47	14	143	3	69	31	54	21
44	1	45	23	13	3	94	2	56	29	36	13	144	3	72	36	61	25
45	1	57	38	17	3	95	2	69	31	49	15	145	3	65	32	51	20
46	1	51	38	15	3	96	2	55	25	40	13	146	3	64	27	53	19
47	1	54	34	17	2	97	2	55	23	40	13	147	3	68	30	55	21
48	1	51	37	15	4	98	2	66	30	44	14	148	3	57	25	50	20
49	1	52	35	15	2	99	2	68	28	48	14	149	3	58	28	51	24
50	1	53	37	15	2	100	2	67	30	50	17	150	3	63	33	60	25

(1) 只考虑指标 X_2 和 X_4,并假定各总体协方差矩阵不全相等,给出误判率的回代估计和交叉确认估计;

(2) 只考虑指标 X_2 和 X_4,并假定各总体协方差矩阵相等,写出线性判别函数,给出误判率的回代估计和交叉确认估计并与(1)中结果作比较;

(3) 假定有新样品 $\boldsymbol{x}_0=(x_2,x_4)^{\mathrm{T}}=(35,18)^{\mathrm{T}}$,在(1)和(2)之下,该样品分别被判归哪个总体?

(4) 利用全部 4 个指标重复(1)和(2)的分析,结果如何?是否所用指标越多,分类效果越好?再尝试其他几种指标组合,情况又如何?

第6章 聚类分析

人类认识世界往往首先将被认识的对象进行分类.例如,在经济学中,为了了解不同地区城镇居民的收入及消费情况,往往需要划分不同的类型去研究;在产品质量管理中,要根据各产品的某些重要指标而将其分为一等品、二等品等;在生物学中,要根据各生物体的综合特征进行分类;在考古学中,要将某些古生物化石进行科学的分类,等等.聚类分析即是研究分类问题的数据分析方法.

聚类分析与判别分析都是研究分类的,但它们有所区别.聚类分析旨在寻求客观的分类方法,在进行聚类分析以前,对总体到底有几种类型并不知道.判别分析则是总体分类已给定,在总体分布或来自总体训练样本基础上,对当前的新样品判定它们属于哪个总体.然而,聚类分析与判别分析有一定联系,判别分析中的训练样本往往是从聚类分析得到的.

聚类分析一般有两种类型,即按样品聚类或按变量(指标)聚类,其基本思想是通过定义样品或变量间"接近程度"的度量,以此为基础,将"相近"的样品或变量归为一类.本章首先以样品聚类为主,介绍两种常用的聚类方法——快速聚类法与谱系聚类法.最后,对变量聚类作简单讨论.

§6.1 样品间相近性的度量

设 $\boldsymbol{X}=(X_1,X_2,\cdots,X_p)^{\mathrm{T}}$ 为所关心的 p 个指标,对此指标作 n 次观测得 n 组观测值

$$\boldsymbol{x}_i=(x_{i1},x_{i2},\cdots,x_{ip})^{\mathrm{T}},\quad i=1,2,\cdots,n,$$

称这 n 组观测数据为 n 个样品.这时,每个样品可看成 p 维空间的一个点,n 个样品组成 p 维空间的 n 个点,我们自然用各点之间的距离来衡量各样品之间的靠近程度.

设 $d(\boldsymbol{x}_i,\boldsymbol{x}_j)$ 是样品 $\boldsymbol{x}_i,\boldsymbol{x}_j$ 之间的距离,一般要求它满足下列条件:

(1) $d(\boldsymbol{x}_i,\boldsymbol{x}_j)\geqslant 0$,且 $d(\boldsymbol{x}_i,\boldsymbol{x}_j)=0$ 当且仅当 $\boldsymbol{x}_i=\boldsymbol{x}_j$;

(2) $d(\boldsymbol{x}_i,\boldsymbol{x}_j)=d(\boldsymbol{x}_j,\boldsymbol{x}_i)$;

(3) $d(\boldsymbol{x}_i,\boldsymbol{x}_j)\leqslant d(\boldsymbol{x}_i,\boldsymbol{x}_k)+d(\boldsymbol{x}_k,\boldsymbol{x}_j)$.

在聚类分析中,有些"距离"不满足(3),我们在广义的角度上仍称它为"距离".

下面介绍几种聚类分析中的常用距离.

1. 欧氏距离

$$d(\boldsymbol{x}_i,\boldsymbol{x}_j)=\left[\sum_{k=1}^{p}(x_{ik}-x_{jk})^2\right]^{\frac{1}{2}}. \tag{6.1}$$

2. 绝对距离

$$d(\boldsymbol{x}_i,\boldsymbol{x}_j)=\sum_{k=1}^{p}|x_{ik}-x_{jk}|. \tag{6.2}$$

3. Minkowski 距离

$$d(\boldsymbol{x}_i,\boldsymbol{x}_j)=\left[\sum_{k=1}^{p}|x_{ik}-x_{jk}|^m\right]^{\frac{1}{m}}. \tag{6.3}$$

其中 $m\geqslant 1$.Minkowski 距离又称 L_m 距离,L_2 距离即欧氏距离,L_1 距离即绝对距离.

4. Chebyshev 距离

$$d(\boldsymbol{x}_i,\boldsymbol{x}_j)=\max_{1\leqslant k\leqslant p}|x_{ik}-x_{jk}|, \tag{6.4}$$

Chebyshev 距离是 Minkowski 距离当 $m\to+\infty$ 时的极限.

以上距离与各变量的量纲有关.为消除量纲的影响,可对数据进行标准化,然后用标准化数据计算距离.标准化数据即

$$x_{ik}^*=\frac{x_{ik}-\bar{x}_k}{s_k},\quad i=1,2,\cdots,n;\ k=1,2,\cdots,p,$$

其中 $\bar{x}_k=\dfrac{1}{n}\sum\limits_{i=1}^{n}x_{ik}$, $s_k^2=\dfrac{1}{n-1}\sum\limits_{i=1}^{n}(x_{ik}-\bar{x}_k)^2$.

5. 方差加权距离

$$d(\boldsymbol{x}_i,\boldsymbol{x}_j)=\left[\sum_{k=1}^{p}\frac{(x_{ik}-x_{jk})^2}{s_k^2}\right]^{\frac{1}{2}}. \tag{6.5}$$

易证,标准化数据 x_{ik}^* 的欧氏距离即是方差加权距离.

6. 马氏距离

$$d(\boldsymbol{x}_i,\boldsymbol{x}_j)=\left[(\boldsymbol{x}_i-\boldsymbol{x}_j)^{\mathrm{T}}\boldsymbol{S}^{-1}(\boldsymbol{x}_i-\boldsymbol{x}_j)\right]^{\frac{1}{2}}, \tag{6.6}$$

其中 $\boldsymbol{S}$ 是由样品 $\boldsymbol{x}_1,\boldsymbol{x}_2,\cdots,\boldsymbol{x}_n$ 算得的协方差矩阵:

$$\boldsymbol{S}=\frac{1}{n-1}\sum_{i=1}^{n}(\boldsymbol{x}_i-\bar{\boldsymbol{x}})(\boldsymbol{x}_i-\bar{\boldsymbol{x}})^{\mathrm{T}},$$

其中 $\bar{\boldsymbol{x}}=\dfrac{1}{n}\sum\limits_{i=1}^{n}\boldsymbol{x}_i$.

令 $d_{ij}=d(\boldsymbol{x}_i,\boldsymbol{x}_j)$, $\boldsymbol{D}=(d_{ij})_{n\times n}$ 形成 n 个样品 $\boldsymbol{x}_1,\boldsymbol{x}_2,\cdots,\boldsymbol{x}_n$ 两两之间的距离矩阵

$$D = \begin{bmatrix} 0 & d_{12} & \cdots & d_{1n} \\ d_{21} & 0 & \cdots & d_{2n} \\ \vdots & \vdots & & \vdots \\ d_{n1} & d_{n2} & \cdots & 0 \end{bmatrix}, \tag{6.7}$$

其中 $d_{ij} = d_{ji}$.

§6.2 快速聚类法

快速聚类法又称为动态聚类法,该方法首先将样品粗略地分类,然后再依据样品间的距离按一定规则逐步调整,直至不能再调整为止.快速聚类法适合于样品数目较大的数据集的聚类分析,但需要事先指定分类的数目,此数目对最终分类结果有较大影响,因此在实际中一般要对多个分类的数目进行尝试,以找出更合理的分类结果.

6.2.1 快速聚类法的步骤

1. 选择聚点

聚点(种子)是一批有代表性的样品,它的选择决定了初始分类,对最终分类有较大影响.

在进行快速聚类之前,要根据研究问题的要求以及了解程度先确定分类的数目 k,这样就可以在每一类中选择一个有代表性的样品作为聚点(初始聚点).

选择聚点有下列方法:

(1) 经验选择. 如果对研究对象比较了解,根据以往的经验确定 k 个样品作为聚点.

(2) 将 n 个样品人为地(或随机地) 分为 k 类,以每类的均值向量(称为重心) 作为聚点.

(3) 最小最大原则.设要将 n 个样品分成 k 类,先选择所有样品中相距最远的两个样品 $\boldsymbol{x}_{i_1},\boldsymbol{x}_{i_2}$ 为初始的两个聚点,即选择 $\boldsymbol{x}_{i_1}$ 与 $\boldsymbol{x}_{i_2}$,使

$$d(\boldsymbol{x}_{i_1},\boldsymbol{x}_{i_2}) = d_{i_1 i_2} = \max\{d_{ij}\}.$$

然后,选择第 3 个聚点 $\boldsymbol{x}_{i_3}$,使得 $\boldsymbol{x}_{i_3}$ 与前两个聚点的距离最小者等于所有其余的与 $\boldsymbol{x}_{i_1},\boldsymbol{x}_{i_2}$ 的距离较小中的最大者,用公式可表示为

$$\begin{aligned} &\min\{d(\boldsymbol{x}_{i_3},\boldsymbol{x}_{i_r}), r = 1,2\} \\ &= \max\{\min[d(\boldsymbol{x}_j,\boldsymbol{x}_{i_r}), r = 1,2], j \neq i_1, i_2\}. \end{aligned}$$

然后按相同的原则选取 $\boldsymbol{x}_{i_k}$,依次下去,直至选出 k 个聚点 $\boldsymbol{x}_{i_1},\boldsymbol{x}_{i_2},\cdots,\boldsymbol{x}_{i_k}$.

最大最小原则选择聚点的一般过程可以用递推公式表达.若已选了 l 个聚点 $(l<k)$,则第 $l+1$ 聚点 $\boldsymbol{x}_{i_{l+1}}$ 根据以下公式选择为

$$\begin{aligned}&\min\{d(\boldsymbol{x}_{i_{l+1}},\boldsymbol{x}_{i_r}),r=1,2,\cdots,l\}\\=&\max\{\min[d(\boldsymbol{x}_j,\boldsymbol{x}_{i_r}),\ r=1,2,\cdots,l],j\neq i_1,\cdots,i_l\}.\end{aligned}$$

在 SAS 系统 proc fastclus 过程中,分类数 k 是事先给定的.在给定 k 以后,proc fastclus 过程可按上述方法(1)或(3)选出初始聚点.

2. 快速聚类法的步骤

我们先假定聚类中采用的距离是欧氏距离,即

$$d(\boldsymbol{x}_i,\boldsymbol{x}_j)=\|\boldsymbol{x}_i-\boldsymbol{x}_j\|=[(\boldsymbol{x}_i-\boldsymbol{x}_j)^{\mathrm{T}}(\boldsymbol{x}_i-\boldsymbol{x}_j)]^{\frac{1}{2}}.$$

(1) 设 k 个初始聚点的集合是

$$L^{(0)}=\{\boldsymbol{x}_1^{(0)},\boldsymbol{x}_2^{(0)},\cdots,\boldsymbol{x}_k^{(0)}\},$$

用下列原则实现初始分类:

$$G_i^{(0)}=\{\boldsymbol{x}:d(\boldsymbol{x},\boldsymbol{x}_i^{(0)})\leqslant d(\boldsymbol{x},\boldsymbol{x}_j^{(0)}),j=1,2,\cdots,k,j\neq i\},i=1,2,\cdots,k.$$

这样,将样品分成不相交的 k 类,以上初始分类的原则是每个样品以最靠近的初始聚点归类.这样得到一个初始分类

$$\boldsymbol{G}^{(0)}=\{G_1^{(0)},G_2^{(0)},\cdots,G_k^{(0)}\}.$$

(2) 从 $\boldsymbol{G}^{(0)}$ 出发,计算新的聚点集合 $L^{(1)}$.以 $G_i^{(0)}$ 的重心作为新的聚点:

$$\boldsymbol{x}_i^{(1)}=\frac{1}{n_i}\sum_{\boldsymbol{x}_l\in G_i^{(0)}}\boldsymbol{x}_l,\qquad i=1,2,\cdots,k,$$

其中 n_i 是类 $G_i^{(0)}$ 中的样品数.这样,得到新的聚点集合

$$L^{(1)}=\{\boldsymbol{x}_1^{(1)},\boldsymbol{x}_2^{(1)},\cdots,\boldsymbol{x}_k^{(1)}\},$$

从 $L^{(1)}$ 出发,将样品作新的分类.记

$$G_i^{(1)}=\{\boldsymbol{x}:d(\boldsymbol{x},\boldsymbol{x}_i^{(1)})\leqslant d(\boldsymbol{x},\boldsymbol{x}_j^{(1)}),j=1,2,\cdots,k,j\neq i\},i=1,2,\cdots,k,$$

得到分类

$$\boldsymbol{G}^{(1)}=\{G_1^{(1)},G_2^{(1)},\cdots,G_k^{(1)}\},$$

这样,依次计算下去.

(3) 设在第 m 步得到分类

$$\boldsymbol{G}^{(m)}=\{G_1^{(m)},G_2^{(m)},\cdots,G_k^{(m)}\}.$$

在以上递推计算过程中,$\boldsymbol{x}_i^{(m)}$ 是类 $G_i^{(m-1)}$ 的重心,$\boldsymbol{x}_i^{(m)}$ 不一定是样品,又一般不是 $G_i^{(m)}$ 的重心.当 m 逐渐增大时,分类趋于稳定.此时,$\boldsymbol{x}_i^{(m)}$ 就会近似为 $G_i^{(m)}$ 的重心,从而 $\boldsymbol{x}_i^{(m+1)}\approx\boldsymbol{x}_i^{(m)}$,$G_i^{(m+1)}\approx G_i^{(m)}$,算法即可结束.实际计算时,从某一步 m 开始,分类

$$G^{(m+1)} = \{G_1^{(m+1)}, G_2^{(m+1)}, \cdots, G_k^{(m+1)}\}$$

与

$$G^{(m)} = \{G_1^{(m)}, G_2^{(m)}, \cdots, G_k^{(m)}\}$$

完全相同,分类过程即告结束.

在 SAS 的 proc fastclus 过程中,设置的收敛准则为当聚点改变的最大距离小于或等于初始聚点之间的最小距离乘以给定的某个数值 ε 时,聚类过程结束.即若令

$$d^{(m)} = \max\{d(\boldsymbol{x}_i^{(m)}, \boldsymbol{x}_i^{(m+1)}),\ i = 1,2,\cdots,k\},$$

$$d^{(0)} = \min\{d(\boldsymbol{x}_i^{(0)}, \boldsymbol{x}_j^{(0)}),\ i,j = 1,2,\cdots,k, i \neq j\},$$

给定 $\varepsilon > 0$,若

$$d^{(m)} \leqslant \varepsilon d^{(0)},$$

则递推计算过程结束.proc fastclus 过程中,ε 的默认值为 0.02.

例 6.1 对 13 个国家 1992 年,1995 年与 2000 年的可持续发展综合国力做评估,其得分值如表 6.1 所示.试用快速聚类法将上述 13 个国家聚为 4 类.

表 6.1 13 个国家可持续发展综合国力的评估得分

序 号	国 家	1992 年(x_1)	1995 年(x_2)	2000 年(x_3)
1	澳大利亚	1 249.39	1 273.61	1 282.68
2	巴西	821.60	859.85	919.73
3	加拿大	1 641.01	1 591.54	1 608.32
4	中国	1 330.45	1 382.68	1 462.08
5	法国	1 546.55	1 501.77	1 525.95
6	德国	1 656.52	1 630.52	1 570.69
7	印度	861.30	862.51	945.11
8	意大利	1 321.77	1 232.30	1 243.51
9	日本	1 873.68	1 949.89	1 851.20
10	俄罗斯	1 475.16	1 315.87	1 297.00
11	南非	794.25	787.48	782.38
12	英国	1 486.75	1 441.71	1 465.12
13	美国	2 824.29	2 659.64	2 740.12

解 由 proc fastclus 过程,得到如下计算结果.

按最小最大原则选取的 4 个初始聚点为

$$[1\,321.77, 1\,232.30, 1\,243.51]^{\mathrm{T}},$$

$$[794.25, 787.48, 782.38]^{\mathrm{T}},$$

$$[2\ 824.29, 2\ 659.64, 2\ 740.12]^{\mathrm{T}},$$

$$[1\ 873.68, 1\ 949.89, 1\ 851.20]^{\mathrm{T}}.$$

最终聚类结果见表 6.2:

表 6.2 13 个国家综合国力的快速聚类结果

国　家	分　类	离最终聚点距离
澳大利亚	1	199.200 0
巴西	2	44.200 0
加拿大	4	170.500 0
中国	1	111.900 0
法国	1	251.300 0
德国	4	156.500 0
印度	2	76.600 0
意大利	1	201.600 0
日本	4	322.400 0
俄罗斯	1	118.200 0
南非	2	115.800 0
英国	1	147.000 0
美国	3	0

从计算结果看,第 1 类有 6 个国家:澳大利亚、中国、法国、意大利、俄罗斯、英国;第 2 类有 3 个国家:巴西、印度、南非;第 3 类有 1 个国家:美国;第 4 类有 3 个国家:加拿大、德国、日本.

4 个类之间的距离(即各类重心之间的距离)矩阵(仅写出下三角部分的值)为

$$\begin{bmatrix} 0 & & & \\ 922.257\ 0 & 0 & & \\ 2\ 360.021\ 8 & 3\ 281.588\ 1 & 0 & \\ 571.040\ 9 & 1\ 491.584\ 9 & 1\ 793.726\ 6 & 0 \end{bmatrix}.$$

画出以变量 X_1(1992 年得分)为横坐标,变量 X_2(1995 年得分)为纵坐标的散点图(如图 6.1),可直观看出聚类结果.

例 6.2 为研究 1952 年至 1998 年我国国内生产总值的构成情况,考察的三个指标分别为

X_1:第一产业(农业)占生产总值的百分比;

X_2:第二产业(工业及建筑业)占生产总值的百分比;

X_3:第三产业占生产总值的百分比.

其观测数据如表 6.3 所示.分别就(1)聚为 3 类,(2)聚为 4 类进行快速聚类分析.

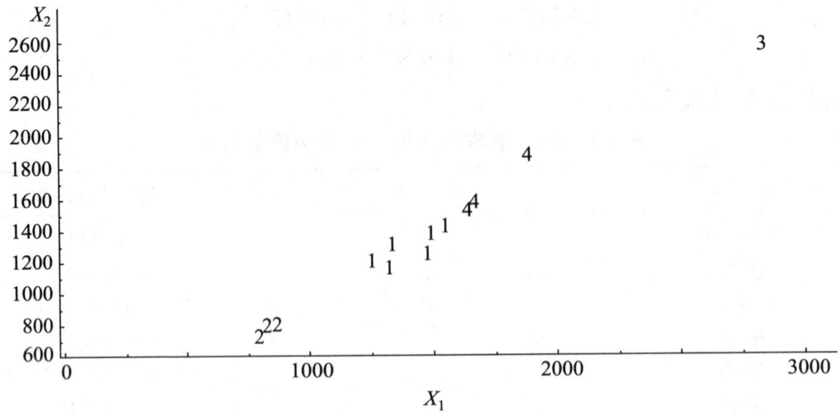

图 6.1　13 个国家综合国力快速聚类图示

表 6.3　国内生产总值构成数据

年份	x_1	x_2	x_3	年份	x_1	x_2	x_3
1952	50.5	20.9	28.6	1976	32.8	45.4	21.7
1953	45.9	23.4	30.8	1977	29.4	47.1	23.4
1954	45.6	24.6	29.7	1978	28.1	48.2	23.7
1955	46.3	24.4	29.3	1979	31.2	47.4	21.4
1956	43.2	27.3	29.5	1980	30.1	48.5	21.4
1957	40.3	29.7	30.1	1981	31.8	46.4	21.8
1958	34.1	37.0	28.9	1982	33.3	45.0	21.7
1959	26.7	42.8	30.6	1983	33.0	44.6	22.4
1960	23.4	44.5	32.1	1984	32.0	43.3	24.7
1961	36.2	31.9	32.0	1985	28.4	43.1	28.5
1962	39.4	31.3	29.3	1986	27.1	44.0	28.9
1963	40.3	33.0	26.6	1987	26.8	43.9	29.3
1964	38.4	35.3	26.2	1988	25.7	44.1	30.2
1965	37.9	35.1	27.0	1989	25.0	43.0	32.0
1966	37.6	38.0	24.4	1990	27.1	41.6	31.3
1967	40.3	34.0	25.8	1991	24.5	42.1	33.4
1968	42.2	31.2	26.7	1992	21.8	43.9	34.3
1969	38.0	35.6	26.5	1993	19.9	47.4	32.7
1970	35.2	40.5	24.3	1994	20.2	47.9	31.9
1971	34.1	42.2	23.8	1995	20.5	48.8	30.7
1972	32.9	43.1	24.1	1996	20.4	49.5	30.1
1973	33.4	43.1	23.5	1997	19.1	50.0	30.9
1974	33.9	42.7	23.4	1998	18.6	49.3	32.1
1975	32.4	45.7	21.9				

解 （1）由 proc fastclus 过程，算出分 3 类的结果如下.

按最小最大原则选取的初始聚点为

$$[50.5,20.9,28.6]^{\mathrm{T}},[18.6,49.3,32.1]^{\mathrm{T}},[38.4,35.3,26.2]^{\mathrm{T}}.$$

分 3 类的聚类结果如表 6.4 所示：

表 6.4 国内生产总值构成情况的快速聚类结果（分 3 类）

	第 1 类			第 2 类			第 3 类		
年份	1952	1953	1954	1959	1960	1977	1958	1961	1962
	1955	1956	1957	1978	1980	1985	1963	1964	1965
	1968			1986	1987	1988	1966	1967	1969
				1989	1990	1991	1970	1971	1972
				1992	1993	1994	1973	1974	1975
				1995	1996	1997	1976	1979	1981
				1998			1982	1983	1984
频数	7			19			21		

从聚类结果看，第 1 类是第一产业（农业）占国内生产总值比例较大的年份；第 2 类是第二产业（工业及建筑业）及第三产业占国内生产总值比例皆较大的年份；第 3 类是第三产业占国内生产总值比例较小的年份.

聚类的其他相关信息如下：

类号	类的重心	最邻近类	至最邻近类距离
1	$[44.86,25.93,29.24]^{\mathrm{T}}$	3	17.677 1
2	$[24.36,45.77,29.87]^{\mathrm{T}}$	3	13.226 0
3	$[35.15,40.03,24.83]^{\mathrm{T}}$	2	13.226 0

各类的重心是各类中所含样品的均值.两个类的距离是两个类的重心间的距离.

3 个类间的距离矩阵如下：

$$\begin{bmatrix} 0 & & \\ 28.538\,4 & 0 & \\ 17.677\,1 & 13.226\,0 & 0 \end{bmatrix}.$$

画出以 X_1 为横坐标，以 X_3 为纵坐标的散点图（图 6.2），可以直观地看出聚类结果.

（2）分 4 类的聚类结果如下.

按最小最大原则选取的初始聚点为

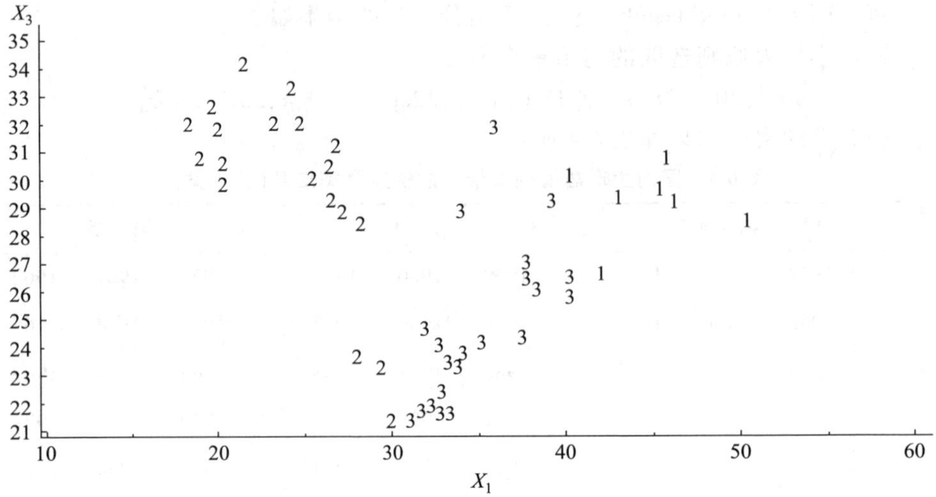

图 6.2 国内生产总值构成的快速聚类(分 3 类)图示

$$[50.5,20.9,28.6]^{\mathrm{T}},[18.6,49.3,32.1]^{\mathrm{T}},$$
$$[33.3,45.0,21.7]^{\mathrm{T}},[40.3,29.7,30.1]^{\mathrm{T}}.$$

分 4 类的聚类结果见表 6.5

表 6.5 国内生产总值构成情况的快速聚类结果(分 4 类)

	第 1 类		第 2 类		第 3 类		第 4 类	
年份	1952	1953	1959	1960	1970	1971	1957	1958
	1954	1955	1986	1987	1972	1973	1961	1962
	1956		1988	1989	1974	1975	1963	1964
			1990	1991	1976	1977	1965	1966
			1992	1993	1978	1979	1967	1968
			1994	1995	1980	1981	1969	
			1996	1997	1982	1983		
			1998		1984	1985		
频数	5		15		16		11	

从聚类结果看,分 4 类是较合适的.从第一产业(农业)占国内生产总值比例看,其走向大致是逐年降低的,这里有 2 个特殊的年份:1959 年和 1960 年,这两年是经济困难时期,农业减产.第三产业国内生产总值比例的增加是 1985 年以来的显著特点,而从 1970 年至 1984 年,第三产业产值比例最低.除 1959 年,1960 年外,分类是按时段排列的.

聚类的其他相关信息如下:

类 号	类的重心	最邻近类	至最邻近类距离
1	$[46.30, 24.12, 29.58]^{\mathrm{T}}$	4	12.543 4
2	$[23.12, 45.52, 3.37]^{\mathrm{T}}$	3	12.066 6
3	$[32.00, 44.77, 23.23]^{\mathrm{T}}$	2	12.066 6
4	$[38.61, 33.83, 27.59]^{\mathrm{T}}$	1	12.543 4

4 个类间的距离矩阵如下：

$$\begin{bmatrix} 0 & & & \\ 31.598\,5 & 0 & & \\ 25.906\,9 & 12.066\,6 & 0 & \\ 12.543\,4 & 19.770\,9 & 13.505\,7 & 0 \end{bmatrix}.$$

图 6.3 是以 X_1 为横坐标，X_3 为纵坐标的散点图.

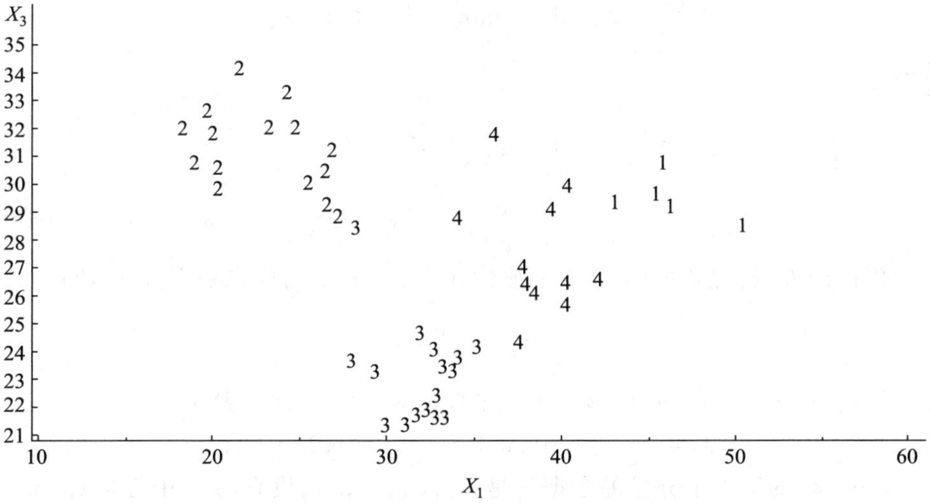

图 6.3 国内生产总值构成的快速聚类(分 4 类)图示

6.2.2 用 L_m 距离进行快速聚类

§ 6.1 中介绍了 Minkowski 距离，即 L_m 距离. 下面介绍用 L_m 距离进行快速聚类的方法. 设 $\boldsymbol{x}_i = (x_{i1}, x_{i2}, \cdots, x_{ip})^{\mathrm{T}}$，$\boldsymbol{x}_j = (x_{j1}, x_{j2}, \cdots, x_{jp})^{\mathrm{T}}$，则其 L_m 距离为

$$d(\boldsymbol{x}_i, \boldsymbol{x}_j) = \left[\sum_{k=1}^{p} |x_{ik} - x_{jk}|^m \right]^{\frac{1}{m}} = \| \boldsymbol{x}_i - \boldsymbol{x}_j \|_m.$$

有两种最重要的情况，当 $m = 2$ 时，即欧氏距离；当 $m = 1$ 时，为绝对距离：

$$d(\boldsymbol{x}_i, \boldsymbol{x}_j) = \sum_{k=1}^{p} |x_{ik} - x_{jk}| = \| \boldsymbol{x}_i - \boldsymbol{x}_j \|_1.$$

下面讨论 L_m 最优化准则.先讨论 L_1(绝对距离) 的情况.

对于一维数据 $x_1,x_2,\cdots,x_n$,要求一个数 c,使得

$$\sum_{j=1}^{n} |x_j - c| = \min.$$

可证使上式达到最小的 c 是 $x_1,x_2,\cdots,x_n$ 的中位数 $M = \underset{1\leqslant j\leqslant n}{\mathrm{med}}\{x_j\}$.对于 p 维样品 $\boldsymbol{x}_1,\boldsymbol{x}_2,\cdots,\boldsymbol{x}_n$,其中

$$\boldsymbol{x}_j = (x_{j1},x_{j2},\cdots,x_{jp})^{\mathrm{T}},\quad j=1,2,\cdots,n.$$

$\boldsymbol{x}_1,\boldsymbol{x}_2,\cdots,\boldsymbol{x}_n$ 的第 k 个分量的数据集是 $x_{1k},x_{2k},\cdots,x_{nk}$,设它的中位数是 M_k,则

$$\boldsymbol{M} = (M_1,M_2,\cdots,M_p)^{\mathrm{T}} \tag{6.8}$$

称为 $\boldsymbol{x}_1,\boldsymbol{x}_2,\cdots,\boldsymbol{x}_n$ 的中位向量,其中 M_k 满足

$$\sum_{j=1}^{n} |x_{jk} - M_k| = \min,\quad k=1,2,\cdots,p,$$

从而

$$\begin{aligned}\sum_{j=1}^{n} \|\boldsymbol{x}_j - \boldsymbol{M}\|_1 &= \sum_{j=1}^{n}\sum_{k=1}^{p} |x_{jk} - M_k| \\ &= \sum_{k=1}^{p}\left(\sum_{j=1}^{n} |x_{jk} - M_k|\right) = \min.\end{aligned} \tag{6.9}$$

再讨论 L_m 最优化准则.对于一维数据 $x_1,x_2,\cdots,x_n$,要求一个数 c,使得

$$\sum_{j=1}^{n} |x_j - c|^m = \min,$$

称 c 为 $x_1,x_2,\cdots,x_n$ 的 m 中心.对于 p 维样品 $\boldsymbol{x}_1,\boldsymbol{x}_2,\cdots,\boldsymbol{x}_n$,其中

$$\boldsymbol{x}_j = (x_{j1},x_{j2},\cdots,x_{jp})^{\mathrm{T}},\qquad j=1,2,\cdots,n,$$

$\boldsymbol{x}_1,\boldsymbol{x}_2,\cdots,\boldsymbol{x}_n$ 的第 k 个分量的数据集是 $x_{1k},x_{2k},\cdots,x_{nk}$,设它的 m 中心是 c_k,则

$$\boldsymbol{c} = (c_1,c_2,\cdots,c_p)^{\mathrm{T}} \tag{6.10}$$

称为 $\boldsymbol{x}_1,\boldsymbol{x}_2,\cdots,\boldsymbol{x}_m$ 的 m 中心向量,其中 c_k 满足

$$\sum_{j=1}^{n} |x_{jk} - c_k|^m = \min,\quad k=1,2,\cdots,p,$$

从而

$$\begin{aligned}\sum_{j=1}^{n} \|\boldsymbol{x}_j - \boldsymbol{c}\|_m^m &= \sum_{j=1}^{n}\sum_{k=1}^{p} |x_{jk} - c_k|^m \\ &= \sum_{k=1}^{p}\left(\sum_{j=1}^{n} |x_{jk} - c_k|^m\right) = \min.\end{aligned} \tag{6.11}$$

显然,2 中心向量即均值向量,1 中心向量即中位向量.

在采用 L_m 距离进行快速聚点时,最终聚点应是每一类的 m 中心向量.特别,

在采用 L_1 距离（绝对距离）进行快速聚类时，最终聚点应是每一类的中位向量.

对于一维数据 $x_1, x_2, \cdots, x_n$ 而言，中位数 M 比均值 $\bar{x}$ 有较强的稳健性，即对异常数据有较强的抗扰性. 因此，用 L_1 距离（绝对距离）进行快速聚类时，有较强的稳健性，即聚类结果受数据中异常值的影响较小.

采用不同的 L_m 距离，快速聚类的结果一般是不同的.

例 6.3（续例 6.1）　对表 6.1 的 13 个国家可持续发展综合国力的数据，利用 L_m 距离快速聚类（分 4 类）：

（1）用绝对距离（$m = 1$）；

（2）用 $L_{1.5}$ 距离（$m = 1.5$）.

解　（1）由 proc factclus 过程，取选项 least = 1（即用 L_1 距离快速聚类），算得如下结果.

初始聚点为

$$[1\,321.77,\ 1\,232.30,\ 1\,243.51]^{\mathrm{T}},$$
$$[794.25,\ 787.48,\ 782.38]^{\mathrm{T}},$$
$$[2\,824.29,\ 2\,659.64,\ 2\,740.12]^{\mathrm{T}},$$
$$[1\,873.68,\ 1\,949.89,\ 1\,851.20]^{\mathrm{T}}.$$

最终聚类结果如表 6.6 所示：

表 6.6　13 个国家综合国力的 L_1 距离快速聚类结果

国　家	分　类	离最终聚点距离
澳大利亚	1	137.6
巴西	2	0
加拿大	4	45.9
中国	1	231.9
法国	4	275.0
德国	4	46.2
印度	2	67.7
意大利	1	145.7
日本	4	825.5
俄罗斯	1	144.7
南非	2	237.1
英国	1	450.3
美国	3	0

聚类的其他相关信息如下：

类 号	频 数	最邻近类	至最邻近类距离
1	5	4	905.9
2	3	1	1 342.1
3	1	4	3 374.8
4	4	1	905.9

各类聚点(中位数向量)如下：

$$[1\,330.45,\ 1\,315.87,\ 1\,297.00]^{\mathrm{T}},$$

$$[821.60,\ 859.85,\ 919.73]^{\mathrm{T}},$$

$$[2\,824.29,\ 2\,659.64,\ 2\,740.12]^{\mathrm{T}},$$

$$[1\,648.81,\ 1\,610.89,\ 1\,589.56]^{\mathrm{T}}.$$

4个类的距离(各类聚点间的绝对距离)矩阵如下：

$$\begin{bmatrix} 0 & & & \\ 1\,342.14 & 0 & & \\ 4\,280.73 & 5\,622.87 & 0 & \\ 905.94 & 2\,248.08 & 3\,374.79 & 0 \end{bmatrix}.$$

(2) 由 proc fastclus 过程,取选项 least = 1.5,算得如下结果.

初始据点与(1)相同.

最终聚类结果如表6.7所示：

表6.7 13个国家综合国力的 $L_{1.5}$ 距离快速聚类结果

国 家	分 类	离最终聚点距离
澳大利亚	1	233.9
巴西	2	25.5
加拿大	4	126.5
中国	1	131.1
法国	1	303.2
德国	4	112.6
印度	2	70.9
意大利	1	238.0
日本	4	459.3
俄罗斯	1	138.0
南非	2	153.4
英国	1	177.9
美国	3	0

聚类的其他相关信息如下：

类 号	频 数	最邻近类	至最邻近类距离
1	6	4	611.3
2	3	1	1 088.2
3	1	4	2 225.9
4	3	1	611.3

各类聚点(1.5 中心向量)如下：

$$[1\ 402.04, 1\ 355.90, 1\ 379.03]^{\mathrm{T}},$$
$$[822.45, 846.42, 901.33]^{\mathrm{T}},$$
$$[2\ 824.29, 2\ 659.64, 2\ 740.12]^{\mathrm{T}},$$
$$[1\ 694.02, 1\ 679.93, 1\ 643.21]^{\mathrm{T}}.$$

4 个类的距离($L_{1.5}$ 距离)矩阵如下

$$\begin{bmatrix} 0 & & & \\ 1\ 088.13 & 0 & & \\ 2\ 834.72 & 3\ 922.08 & 0 & \\ 611.34 & 1\ 698.52 & 2\ 225.58 & 0 \end{bmatrix}.$$

从聚类结果看,绝对距离的聚类结果与欧氏距离的聚类结果有所不同,即绝对距离聚类将法国分在第 4 类,而欧氏距离聚类将其分在第 1 类,而其他分类相同. $L_{1.5}$ 距离聚类与欧氏距离聚类结果相同.

§6.3 谱系聚类法

谱系聚类法也称为系统聚类法,是应用较为广泛的一种聚类方法.谱系聚类法是根据植物分类学的思想对研究对象进行分类的方法.在植物分类学中,分类的单位是门、纲、目、科、属、种,其中种是分类的基本单位.分类单位越小,它所包含的植物就越少,植物间的共同特征就越多.利用这种分类思想,谱系聚类法首先视各样品自成一类,然后把最相近(距离最小)的样品聚为小类,再将已聚合的小类按其相近性(用类间距离度量)再聚合,随着相近性的减弱,最后将一切子类都聚合成一个大类,从而得到一个按相近性大小聚结起来的谱系图,再进一步根据实际情况确定合适的分类个数.

谱系聚类的关键是依据样品间的距离定义类与类间的距离,从而按照类间距离从小到大进行聚类.

6.3.1 类间距离及其递推公式

为简单起见,以 i,j 分别表示样品 $\boldsymbol{x}_i,\boldsymbol{x}_j$,以 d_{ij} 简记 $\boldsymbol{x}_i$ 与 $\boldsymbol{x}_j$ 的距离 $d(\boldsymbol{x}_i,\boldsymbol{x}_j)$,设 G_p,G_q 分别表示两个类,它们分别含有 n_p,n_q 个样品.若类 G_p 中的样品为 $\boldsymbol{x}_1^{(p)}$,$\boldsymbol{x}_2^{(p)},\cdots,\boldsymbol{x}_{n_p}^{(p)}$,则其均值

$$\bar{\boldsymbol{x}}_p=\frac{1}{n_p}\sum_{i=1}^{n_p}\boldsymbol{x}_i^{(p)} \tag{6.12}$$

称为类 G_p 的重心.

类与类之间的距离有多种定义方法,在此介绍下列 4 种最常用的类间距离的定义.以下将类 G_p 与 G_q 之间的距离记为 D_{pq}.

(1) 最短距离

$$D_{pq}=\min_{i\in G_p,j\in G_q}\{d_{ij}\}, \tag{6.13}$$

即用两类中样品之间距离最短者作为两类间的距离.

(2) 最长距离

$$D_{pq}=\max_{i\in G_p,j\in G_q}\{d_{ij}\}, \tag{6.14}$$

即用两类中样品之间距离最长者作为这两类间的距离.

(3) 类平均距离

$$D_{pq}=\frac{1}{n_pn_q}\sum_{i\in G_p}\sum_{j\in G_q}d_{ij}, \tag{6.15}$$

即用两类中所有两两样品之间的距离的平均值作为两类之间的距离.

还可定义两类之间的类平均距离为

$$D_{pq}^2=\frac{1}{n_pn_q}\sum_{i\in G_p}\sum_{j\in G_q}d_{ij}^2, \tag{6.16}$$

即用两类中所有两两样品之间的平方距离的平均值作为两类间的平方距离.

(4) 重心距离

$$D_{pq}=d(\bar{\boldsymbol{x}}_p,\bar{\boldsymbol{x}}_q), \tag{6.17}$$

其中 $\bar{\boldsymbol{x}}_p,\bar{\boldsymbol{x}}_q$ 分别是 G_p,G_q 的重心,即用两类的重心之间的距离作为两类间的距离.

按照谱系聚类的思想,先将样品聚合成小类,再逐步聚为大类.设类 G_r 由类 G_p,G_q 合并所得,则 G_r 包含 $n_r=n_p+n_q$ 个样品.我们的问题是由 G_p,G_q 与其他类 $G_k(k\neq p,q)$ 的距离计算 G_r 与 $G_k(k\neq p,q)$ 的距离,即建立类间距离的递推公式,实现谱系聚类就方便了.下面是 4 种类型的**类间距离的递推公式**.

(1) 最短距离

$$D_{rk}=\min\{D_{pk},D_{qk}\},\tag{6.18}$$

事实上,

$$D_{rk}=\min_{i\in G_r,j\in G_k}\{d_{ij}\}=\min\{\min_{i\in G_p,j\in G_k}\{d_{ij}\},\min_{i\in G_q,j\in G_k}\{d_{ij}\}\}=\min\{D_{pk},D_{qk}\}.$$

(2) 最长距离

$$D_{rk}=\max\{D_{pk},D_{qk}\},\tag{6.19}$$

事实上,

$$D_{rk}=\max_{i\in G_r,j\in G_k}\{d_{ij}\}=\max\{\max_{i\in G_p,j\in G_k}\{d_{ij}\},\max_{i\in G_q,j\in G_k}\{d_{ij}\}\}=\max\{D_{pk},D_{qk}\}.$$

(3) 类平均距离

$$D_{rk}=\frac{n_p}{n_r}D_{pk}+\frac{n_q}{n_r}D_{qk}.\tag{6.20}$$

事实上

$$D_{rk}=\frac{1}{n_rn_k}\sum_{i\in G_r}\sum_{j\in G_k}d_{ij}=\frac{1}{n_rn_k}\Big(\sum_{i\in G_p,j\in G_k}d_{ij}+\sum_{i\in G_q,j\in G_k}d_{ij}\Big)=\frac{n_p}{n_r}D_{pk}+\frac{n_q}{n_r}D_{qk},$$

对于类平均距离的下列定义方式

$$D_{pq}^2=\frac{1}{n_pn_q}\sum_{i\in G_r}\sum_{j\in G_k}d_{ij}^2,$$

同理可得递推公式

$$D_{rk}^2=\frac{n_p}{n_r}D_{pk}^2+\frac{n_q}{n_r}D_{qk}^2.\tag{6.21}$$

(4) 重心距离

$$D_{rk}^2=\frac{n_p}{n_r}D_{pk}^2+\frac{n_q}{n_r}D_{qk}^2-\frac{n_p}{n_r}\cdot\frac{n_q}{n_r}D_{pq}^2.$$

事实上,由 G_p,G_q 的合并集 G_r 的重心是

$$\bar{\boldsymbol{x}}_r=\frac{1}{n_r}(n_p\bar{\boldsymbol{x}}_p+n_q\bar{\boldsymbol{x}}_q),$$

而

$$\begin{aligned}D_{rk}^2&=d^2(\bar{\boldsymbol{x}}_r,\bar{\boldsymbol{x}}_k)=(\bar{\boldsymbol{x}}_r-\bar{\boldsymbol{x}}_k)^{\mathrm{T}}(\bar{\boldsymbol{x}}_r-\bar{\boldsymbol{x}}_k)\\&=\left[\bar{\boldsymbol{x}}_k-\frac{1}{n_r}(n_p\bar{\boldsymbol{x}}_p+n_q\bar{\boldsymbol{x}}_q)\right]^{\mathrm{T}}\left[\bar{\boldsymbol{x}}_k-\frac{1}{n_r}(n_p\bar{\boldsymbol{x}}_p+n_q\bar{\boldsymbol{x}}_q)\right]\\&=\bar{\boldsymbol{x}}_k^{\mathrm{T}}\bar{\boldsymbol{x}}_k-2\frac{n_p}{n_r}\bar{\boldsymbol{x}}_k^{\mathrm{T}}\bar{\boldsymbol{x}}_p-2\frac{n_q}{n_r}\bar{\boldsymbol{x}}_k^{\mathrm{T}}\bar{\boldsymbol{x}}_q+\frac{1}{n_r^2}[n_p^2\bar{\boldsymbol{x}}_p^{\mathrm{T}}\bar{\boldsymbol{x}}_p+2n_pn_q\bar{\boldsymbol{x}}_p^{\mathrm{T}}\bar{\boldsymbol{x}}_q+n_q^2\bar{\boldsymbol{x}}_q^{\mathrm{T}}\bar{\boldsymbol{x}}_q],\end{aligned}$$

又 $\bar{\boldsymbol{x}}_k^{\mathrm{T}}\bar{\boldsymbol{x}}_k=\frac{1}{n_r}(n_p\bar{\boldsymbol{x}}_k^{\mathrm{T}}\bar{\boldsymbol{x}}_k+n_q\bar{\boldsymbol{x}}_k^{\mathrm{T}}\bar{\boldsymbol{x}}_k)$,有

$$
\begin{aligned}
D_{rk}^2 =& \frac{n_p}{n_r}(\bar{\boldsymbol{x}}_k^{\mathrm{T}}\bar{\boldsymbol{x}}_k - 2\bar{\boldsymbol{x}}_k^{\mathrm{T}}\bar{\boldsymbol{x}}_p + \bar{\boldsymbol{x}}_p^{\mathrm{T}}\bar{\boldsymbol{x}}_p) + \frac{n_q}{n_r}(\bar{\boldsymbol{x}}_k^{\mathrm{T}}\bar{\boldsymbol{x}}_k - 2\bar{\boldsymbol{x}}_k^{\mathrm{T}}\bar{\boldsymbol{x}}_q + \bar{\boldsymbol{x}}_q^{\mathrm{T}}\bar{\boldsymbol{x}}_q) - \\
& \frac{n_p n_q}{n_r^2}(\bar{\boldsymbol{x}}_p^{\mathrm{T}}\bar{\boldsymbol{x}}_p - 2\bar{\boldsymbol{x}}_p^{\mathrm{T}}\bar{\boldsymbol{x}}_q + \bar{\boldsymbol{x}}_q^{\mathrm{T}}\bar{\boldsymbol{x}}_q) \\
=& \frac{n_p}{n_r}D_{pk}^2 + \frac{n_q}{n_r}D_{qk}^2 - \frac{n_p}{n_r}\cdot\frac{n_q}{n_r}D_{pq}^2.
\end{aligned}
\tag{6.22}
$$

若采用欧氏距离,以上介绍的 4 种类间距离的递推公式可统一表示为

$$
D_{rk}^2 = \alpha_p D_{pk}^2 + \alpha_q D_{qk}^2 + \beta D_{pq}^2 + \gamma \mid D_{pk}^2 - D_{qk}^2 \mid ,
\tag{6.23}
$$

其中类平均距离采用(6.16)式的定义方式.各种类间距离的参数如表 6.8 所示.

统一递推公式体现了各种距离的共性,这对编制统一的计算程序提供了方便.

表 6.8 各种类间距离的参数

距离名称	α_p	α_q	β	γ
最短距离	$\frac{1}{2}$	$\frac{1}{2}$	0	$-\frac{1}{2}$
最长距离	$\frac{1}{2}$	$\frac{1}{2}$	0	$\frac{1}{2}$
类平均距离	$\frac{n_p}{n_r}$	$\frac{n_q}{n_r}$	0	0
重心距离	$\frac{n_p}{n_r}$	$\frac{n_q}{n_r}$	$\alpha_p\alpha_q$	0

6.3.2 谱系聚类法的步骤

谱系聚类法的步骤如下:

(1) n 个样品开始时作为 n 个类,计算两两之间的距离,构成一个对称距离矩阵

$$
\boldsymbol{D}_{(0)} = \begin{bmatrix} 0 & d_{12} & \cdots & d_{1n} \\ d_{21} & 0 & \cdots & d_{2n} \\ \vdots & \vdots & & \vdots \\ d_{n1} & d_{n2} & \cdots & 0 \end{bmatrix},
$$

此时, $D_{pq} = d_{pq}$.

(2) 选择 $\boldsymbol{D}_{(0)}$ 中主对角线以下(或以上)的最小元素,设这个元素是 d_{pq},这时 $G_p = \{\boldsymbol{x}_p\}$, $G_q = \{\boldsymbol{x}_q\}$,首先将 G_p, G_q 合并成一个新类 $G_r = \{G_p, G_q\}$.在 $\boldsymbol{D}_{(0)}$ 中消去 G_p, G_q 所对应的行与列,并加入由新类 G_r 与剩下的其他未聚合的类间的距离所组成的一行和一列,得到一个更新的距离矩阵 $\boldsymbol{D}_{(1)}$,它是 $n-1$ 阶方阵.

(3) 从 $\boldsymbol{D}_{(1)}$ 出发重复步骤(2)的做法得 $\boldsymbol{D}_{(2)}$,再由 $\boldsymbol{D}_{(2)}$ 出发重复上述步骤,直到 n 个样品聚为一个大类为止.

(4) 在合并过程中记下合并样品的编号及两类合并时的距离(称为距离水平),并绘制聚类谱系图.

谱系聚类法可由 SAS 系统 proc cluster 过程完成,并利用 proc tree 过程画出谱系图.

例 6.4(续例 6.1) 对表 6.1 所列的 13 个国家可持续发展综合国力的数据按下列方法进行谱系聚类分析,采用标准化数据聚类并给出聚为 4 类的结果.

(1) 最短距离法;

(2) 最长距离法;

(3) 类平均距离法;

(4) 重心法.

解 (1) 在 proc cluster 过程中取选项"method = single"和"standard",得基于标准化数据的最短距离法的聚类过程如表 6.9 所示.

表 6.9 13 个国家综合国力的最短距离法聚类过程

类的数目	新聚类集	新类中的样品数	最短距离
12	巴西 印度	2	0.090 6
11	加拿大 德国	2	0.112 8
10	澳大利亚 意大利	2	0.177 7
9	法国 英国	2	0.205 3
8	CL11 CL9	4	0.302 4
7	CL8 中国	5	0.316 6
6	CL12 南非	3	0.317 0
5	CL10 俄罗斯	3	0.350 3
4	CL5 CL7	8	0.423 3
3	CL4 日本	9	0.946 6
2	CL3 CL6	12	1.288 2
1	CL2 美国	13	2.903 2

表中"CLm"表示类的数目为 m 时新聚的类.例如,"CL11"表示类的数目为 11 时新聚的类,即{加拿大,德国},等等.上述聚类过程为:首先,在最短距离水平为 0.090 6 时,将巴西和印度聚为一类,得新类 CL12={巴西,印度},其中包含 2 个样品,这时全部样品被分为 12 个类;其次,在最短距离水平为 0.112 8 时,将加拿大和德国聚为一类,得 CL11,其中包含 2 个样品,这时全都样品被分为 11 类;……;第 5 步,在类间最短距离为 0.302 4 的水平上,将类 CL11 与 CL9 合并,得新类 CL8={CL11,CL9}={加拿大,德国,法国,英国},其中包含 4 个样品,这

时，全部样品被分为 8 类；如此等等，最后在类间最短距离水平为 2.903 2 时，将美国并入类 CL2 中，这时，全部样品归入一个类中，系统聚类过程结束.

通过在 proc tree 过程中添加选项"nclusters = 4"，即输出为 4 类的结果如表 6.10 所示.

表 6.10 13 个国家综合国力的最短距离法分 4 类结果

国 家	所属的类	所属类的名称
巴西	1	CL6
印度	1	CL6
加拿大	2	CL4
德国	2	CL4
澳大利亚	2	CL4
意大利	2	CL4
法国	2	CL4
英国	2	CL4
中国	2	CL4
南非	1	CL6
俄罗斯	2	CL4
日本	3	日本
美国	4	美国

由上可知，基于标准化数据，在分 4 类情况下，巴西、印度、南非被分为一类；日本和美国各自单独为一类；其余国家被分为一类.

由此可见，用谱系聚类法（最短距离法）与快速聚类的结果是不同的.与快速聚类法比较，谱系聚类法能细致地看出由小类聚为大类的过程，由合并时的距离水平可以看出样品之间的亲疏程度.

利用 proc tree 过程可画出最短距离法的谱系图如图 6.4.

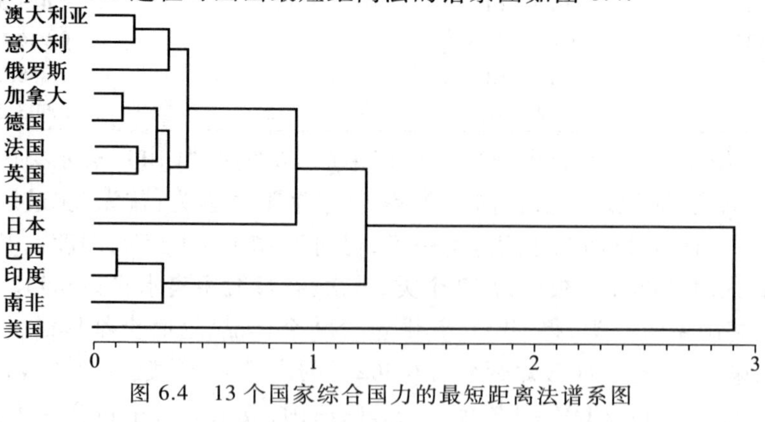

图 6.4 13 个国家综合国力的最短距离法谱系图

（2）最长距离法.在 proc cluster 过程中取选项“method = complete”，得最长距离法聚类过程如表 6.11 所示.

表 6.11 13 个国家综合国力的最长距离法聚类过程

类的数目	新聚类集	新类中的样品数	最长距离
12	巴西　印度	2	0.090 6
11	加拿大　德国	2	0.112 8
10	澳大利亚　意大利	2	0.177 7
9	法国　英国	2	0.205 3
8	CL12　南非	3	0.382 5
7	CL10　俄罗斯	3	0.433 4
6	中国　CL9	3	0.488 1
5	CL11　CL6	5	0.818 3
4	CL7　CL5	8	1.211 4
3	CL4　日本	9	2.155 2
2	CL3　CL8	12	3.766 3
1	CL2　美国	13	6.649 5

与最短距离法相比，从第 5 步开始，各类合并的次序和距离水平有所不同，但聚为 4 类的结果（此处从略）是相同的.

最长距离法的谱系图如图 6.5 所示.

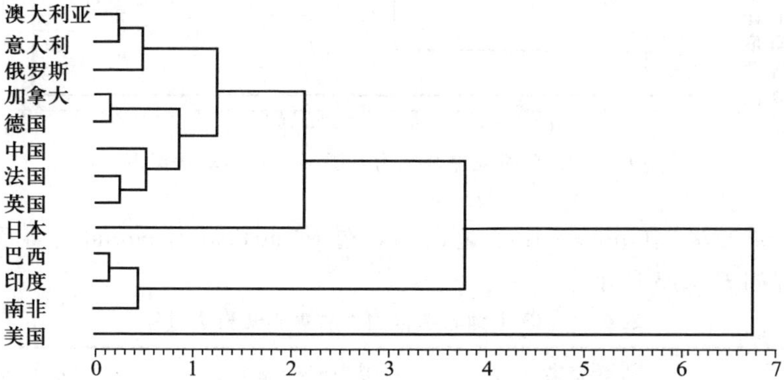

图 6.5 13 个国家综合国力的最长距离法谱系图

（3）类平均距离法.在 proc cluster 过程中取选项“method = average”得类平均距离法聚类过程如表 6.12 所示.

表 6.12 13 个国家综合国力的类平均距离聚类过程

类的数目	新聚类集	新类中的样品数	类平均距离
12	巴西 印度	2	0.090 6
11	加拿大 德国	2	0.112 8
10	澳大利亚 意大利	2	0.177 7
9	法国 英国	2	0.205 3
8	CL12 南非	3	0.349 8
7	CL10 俄罗斯	3	0.391 8
6	中国 CL9	3	0.402 4
5	CL11 CL6	5	0.547 6
4	CL7 CL5	8	0.810 5
3	CL4 日本	9	1.564 2
2	CL3 CL8	12	2.186 8
1	CL2 美国	13	4.809 3

除合并各类时的距离水平外,类平均距离法与最长距离法的聚类过程完全相同.聚为 4 类的结果与最短距离法、最长距离法均相同.

类平均距离法的谱系图见图 6.6.

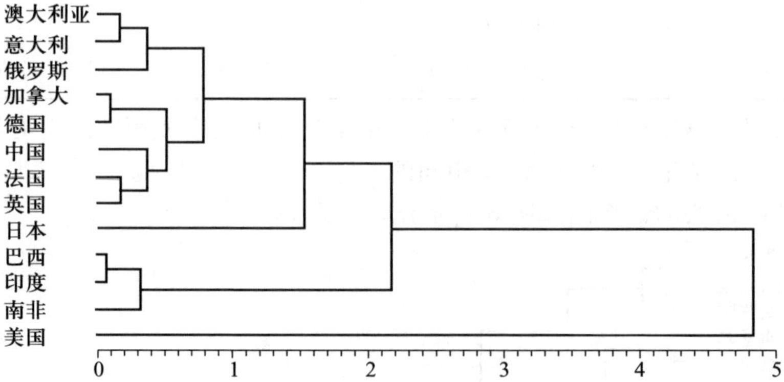

图 6.6 13 个国家综合国力的类平均距离法谱系图

(4) 重心法. 在 proc cluster 过程中取选项“method = centroid”,得重心法的聚类过程如表 6.13 所示.

表 6.13 13 个国家综合国力的重心法聚类过程

类的数目	新聚类集	新类中的样品数	重心距离
12	巴西 印度	2	0.090 6
11	加拿大 德国	2	0.112 8
10	澳大利亚 意大利	2	0.177 7

续表

类的数目	新聚类集	新类中的样品数	重心距离
9	法国　英国	2	0.205 3
8	CL12　南非	3	0.327 1
7	CL11　CL9	4	0.343 2
6	CL10　俄罗斯	3	0.347 4
5	CL6　中国	4	0.371 3
4	CL5　CL7	8	0.544 9
3	CL4　日本	9	1.290 4
2	CL3　CL8	12	1.728 1
1	CL2　美国	13	4.185 1

重心法与前述几种方法在类的合并次序上均有所差异,但聚为 4 类的结果是相同的.

重心法的谱系图见图 6.7.

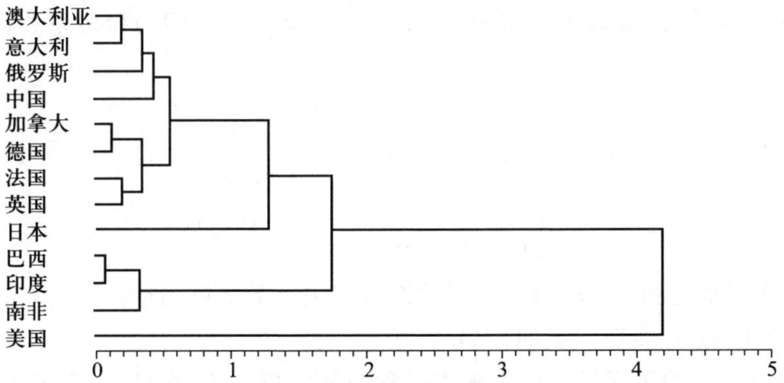

图 6.7　13 个国家综合国力的重心法谱系图

上例是从观测数据出发进行聚类的,proc cluster 过程还可以直接从距离矩阵 $\boldsymbol{D}$ (见(6.7)式)出发进行聚类,这时,只需要在所建 SAS 数据集名称后加上"(type=distance)"以说明输入数据为距离即可.

6.3.3　变量聚类

以上讨论的是样品聚类,下面,我们简单介绍另一类重要的聚类——变量聚类.变量聚类在实际中也有广泛应用,一方面,通过变量聚类可以发现某些变量之间的一些共性,以有利于分析问题和解决问题;另一方面,变量聚类也可作为某些数据分析的中间过程,例如,在回归分析中,若涉及的自变量很多,则可先考虑用变量聚类,再在每一类变量中进行主成分分析,选取各类中的某些主成分作为新的自变量,这样不但可以消除变量间的复共线性,而且也可达到降低自变量维数的目的.

设对 p 个变量 $X_1, X_2, \cdots, X_p$ 各观测了 n 次,得到的观测数据向量为

$$\boldsymbol{x}_{(j)} = (x_{1j}, x_{2j}, \cdots, x_{nj})^{\mathrm{T}}, \quad j = 1, 2, \cdots, p.$$

变量的观测向量 $\boldsymbol{x}_{(i)}$ 与 $\boldsymbol{x}_{(j)}$ 间的相似性可以用相似系数度量.设

$$\boldsymbol{x}_{(i)} = (x_{1i}, x_{2i}, \cdots, x_{ni})^{\mathrm{T}},$$
$$\boldsymbol{x}_{(j)} = (x_{1j}, x_{2j}, \cdots, x_{nj})^{\mathrm{T}},$$

则 $\boldsymbol{x}_{(i)}$ 与 $\boldsymbol{x}_{(j)}$ 的相似系数是

$$r_{ij} = \frac{\sum_{k=1}^{n} x_{ki} x_{kj}}{\sqrt{\sum_{k=1}^{n} x_{ki}^2} \sqrt{\sum_{k=1}^{n} x_{kj}^2}}. \tag{6.24}$$

显见,$|r_{ij}| \leqslant 1, r_{ij} = r_{ji}$ 且 $r_{ii} = 1$.若将 $\boldsymbol{x}_{(i)}$ 和 $\boldsymbol{x}_{(j)}$ 看作 n 维空间中的两个向量,则 r_{ij} 是它们的夹角余弦.变量观测向量 $\boldsymbol{x}_{(1)}, \boldsymbol{x}_{(2)}, \cdots, \boldsymbol{x}_{(p)}$ 两两间的相似系数构成相似系数矩阵

$$\boldsymbol{R} = \begin{bmatrix} 1 & r_{12} & \cdots & r_{1p} \\ r_{21} & 1 & \cdots & r_{2p} \\ \vdots & \vdots & & \vdots \\ r_{p1} & r_{p2} & \cdots & 1 \end{bmatrix} = (r_{ij})_{p \times p}. \tag{6.25}$$

显然,对于标准化数据,$\boldsymbol{R}$ 即原观测数据的相关系数矩阵,这时,$|r_{ij}|$ 的大小反映了变量 X_i 与 X_j 线性关系的强弱.

从 $\boldsymbol{R}$ 出发,关于变量的谱系聚类过程与从距离矩阵(6.7)出发,关于样品的谱系聚类过程类似,只是由于 r_{ij} 越大,表明 X_i 与 X_j 越相似,因此,每次应选取相似矩阵或更新的相似矩阵中主对角线以外的最大元素所对应的两个变量或两个类合并.类与类之间的相似性度量可类似于前述(6.13)—(6.17)式定义.需要指出的是,在 SAS 系统的 proc cluster 过程中,总是从不相似度量的距离矩阵出发进行聚类,因此,若利用此过程对变量聚类,应先将相似矩阵 $\boldsymbol{R}$ 变换为不相似度量的距离矩阵 $\boldsymbol{D} = (d_{ij})_{p \times p}$,再从 $\boldsymbol{D}$ 出发,按照样品的谱系聚类法对变量聚类.通常的变换有

$$d_{ij} = 1 - r_{ij} \quad 或 \quad d_{ij} = 1 - r_{ij}^2, \quad i, j = 1, 2, \cdots, p. \tag{6.26}$$

若 $\boldsymbol{R}$ 为相关系数矩阵,且我们以变量的线性关系强弱作为相似性度量,这时可令

$$d_{ij} = 1 - |r_{ij}|, \quad i, j = 1, 2, \cdots, p. \tag{6.27}$$

例 6.5 在某群学生中测量如下 8 个体型指标(变量),即

X_1：身高； X_2：手臂长； X_3：手肘长； X_4：小腿长；

X_5：体重； X_6：骨股小转子的直径； X_7：胸围； X_8：胸宽.

8个指标的观测向量的相关系数矩阵为

$$\boldsymbol{R}=\begin{bmatrix} 1.000 \\ 0.846 & 1.000 \\ 0.805 & 0.881 & 1.000 \\ 0.859 & 0.826 & 0.801 & 1.000 \\ 0.473 & 0.376 & 0.380 & 0.436 & 1.000 \\ 0.398 & 0.326 & 0.319 & 0.329 & 0.762 & 1.000 \\ 0.301 & 0.277 & 0.237 & 0.327 & 0.730 & 0.583 & 1.000 \\ 0.382 & 0.415 & 0.345 & 0.365 & 0.629 & 0.577 & 0.539 & 1.000 \end{bmatrix}$$

令 $d_{ij}=1-r_{ij}$,从 $\boldsymbol{D}=(d_{ij})$ 出发,

(1) 用类平均距离法;

(2) 用最长距离法

进行聚类分析,并给出聚为两类的结果.

解 变换后的距离矩阵 $\boldsymbol{D}$ 为

$$\boldsymbol{D}=\begin{bmatrix} 0.000 \\ 0.154 & 0.000 \\ 0.195 & 0.119 & 0.000 \\ 0.141 & 0.174 & 0.199 & 0.000 \\ 0.527 & 0.624 & 0.620 & 0.564 & 0.000 \\ 0.602 & 0.674 & 0.681 & 0.671 & 0.238 & 0.000 \\ 0.699 & 0.723 & 0.763 & 0.673 & 0.270 & 0.417 & 0.000 \\ 0.618 & 0.585 & 0.655 & 0.635 & 0.371 & 0.423 & 0.461 & 0.000 \end{bmatrix}.$$

(1) 类平均距离法.由 proc cluster 过程,数据采取"type = distance"的形式输入,从矩阵 $\boldsymbol{D}$ 出发的类平均距离法聚类过程如表 6.14 所示.

表 6.14 8个体型指标的类平均距离法的聚类过程

类的数目	新聚类集	新类中的变量数	类平均距离
7	X2 X3	2	0.119 0
6	X1 X4	2	0.141 0
5	CL6 CL7	4	0.180 5
4	X5 X6	2	0.238 0
3	CL4 X7	3	0.343 5
2	CL3 X8	4	0.418 3
1	CL5 CL2	8	0.644 6

聚为两类的结果为

第 1 类：X_1,X_2,X_3,X_4，由各指标的含义知，它们属于体型高矮的变量类.

第 2 类：X_5,X_6,X_7,X_8，由各指标的含义知，它们属于体型胖瘦的变量类.

类平均距离法的谱系图见图 6.8.

(2) 最长距离法.从矩阵 $\boldsymbol{D}$ 出发得最长距离法的聚类过程如表 6.15 所示.

由此可见，最长距离法的聚类过程与类平均距离法相同，仅类合并时的“距离”水平不同.因此，最长距离法的谱系图的形状与类平均距离法相同(故从略).聚为 2 类的结果也与类平均距离法相同.

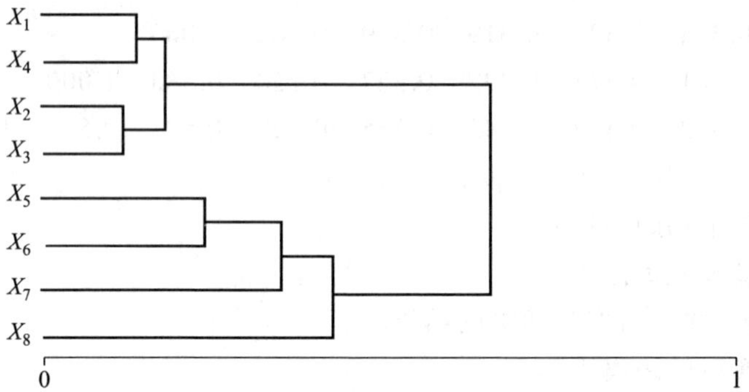

图 6.8 8 个体型指标的类平均距离法谱系图

表 6.15 8 个体型指标的最长距离法聚类过程

类的数目	新聚类集	新类中的变量数	最长距离
7	X2 X3	2	0.119 0
6	X1 X4	2	0.141 0
5	CL6 CL7	4	0.199 0
4	X5 X6	2	0.238 0
3	CL4 X7	3	0.417 0
2	CL3 X8	4	0.461 0
1	CL5 CL2	8	0.763 0

习题 6

6.1 证明标准化数据的欧氏距离就是如下的方差加权距离

$$d(\boldsymbol{x}_i,\boldsymbol{x}_j)=\left[\sum_{k=1}^{p}\frac{(x_{ik}-x_{jk})^2}{s_k^2}\right]^{\frac{1}{2}}.$$

6.2 证明类平均距离定义为

$$D_{pq}^2 = \frac{1}{n_p n_q}\sum_{i\in G_p}\sum_{j\in G_q} d_{ij}^2$$

时，有递推公式

$$D_{rk}^2 = \frac{n_p}{n_r}D_{pk}^2 + \frac{n_q}{n_r}D_{qk}^2,$$

其中 G_r 由 G_p 与 G_q 合并而得，$n_r = n_p + n_q$.

6.3　1976 年 74 个国家和地区的人口出生率 X_1 和死亡率 X_2 的观测数据如表 6.16 所示（国家和地区名从略），表中数据是每 10 万人的出生数和死亡数.试对这 74 个国家和地区按人口出生率与死亡率进行快速聚类分析.

表 6.16　74 个国家和地区人口出生率与死亡率数据

国家和地区	x_1	x_2	国家和地区	x_1	x_2	国家和地区	x_1	x_2	国家和地区	x_1	x_2
1	52	30	20	42	11	39	26	6	58	26	9
2	50	16	21	39	13	40	47	22	59	49	17
3	47	23	22	48	23	41	30	6	60	12	11
4	22	10	23	14	11	42	40	7	61	12	9
5	16	8	24	12	14	43	47	16	62	47	14
6	12	13	25	10	12	44	45	18	63	47	17
7	47	19	26	46	14	45	46	20	64	34	10
8	12	12	27	16	9	46	13	8	65	34	12
9	36	10	28	40	14	47	49	22	66	18	9
10	17	10	29	18	12	48	44	14	67	48	17
11	38	15	30	36	15	49	40	13	68	12	12
12	42	22	31	38	16	50	34	10	69	15	9
13	16	7	32	42	12	51	20	9	70	50	28
14	22	7	33	48	14	52	19	10	71	36	6
15	31	11	34	14	10	53	48	14	72	42	17
16	26	5	35	48	23	54	19	10	73	18	8
17	34	10	36	16	6	55	49	19	74	45	18
18	20	6	37	50	14	56	36	12			
19	19	11	38	43	12	57	18	8			

（1）给出聚 3 类的结果，并画出 (X_1, X_2) 的散点图，该图是否反映了各类的集聚性？

（2）聚为 4 类的结果又如何？

（3）给出用绝对距离（L_1 距离）快速聚类的相应于（1）和（2）的结果.

6.4　对于习题 1.3 中 1978 年至 1999 年我国居民消费水平数据（见表 1.3）.

（1）用快速聚类法聚为 3 类，写出结果.全国居民、农村居民、城镇居民的消费水平分别

用变量 X_1,X_2,X_3 表示，画出 (X_1,X_2) 与 (X_1,X_3) 的散点图，它们是否能反映各类的集聚性？

（2）采用绝对距离用快速聚类法聚为 3 类，情况又如何？

6.5 对习题5.5中的鸢尾属植物花的形状数据（见表5.10）的150个样品，利用欧氏距离作如下快速聚类分析，其中 $\boldsymbol{X}=(X_1,X_2,X_3,X_4)^{\mathrm{T}}$ 分别表示花的萼片长、萼片宽、花瓣长、花瓣宽 4 个变量.各种方法均聚为 3 类.

（1）用 $\boldsymbol{X}=(X_2,X_4)^{\mathrm{T}}$ 二个变量聚类；

（2）用 $\boldsymbol{X}=(X_1,X_2,X_3)^{\mathrm{T}}$ 三个变量聚类；

（3）用 $\boldsymbol{X}=(X_1,X_2,X_3,X_4)^{\mathrm{T}}$ 四个变量聚类；

（4）将以上各情况下的聚类结果与数据集中的实际分类情况比较，是否所用变量越多，聚类效果就越好？进一步讨论其他一些变量组合下聚为 3 类的情况，以支持你的观点.

6.6 欧洲各国语言有许多相似之处，有的甚至十分相近.以 E,N,Da,Du,G,Fr,S,I,P,H,Fi 分别表示英语、挪威语、丹麦语、荷兰语、德语、法语、西班牙语、意大利语、波兰语、匈牙利语和芬兰语这 11 种语言.人们以两种语言对 1~10 数字拼写中第一个字母不相同的个数定义两种语言间的“距离”，这种“距离”是广义距离.例如，英语和挪威语只有数字 1 和 8 的第一个字母不同，故这两种语言的距离定义为 2.这样得到这 11 种语言的距离矩阵为

$$\boldsymbol{D}=\begin{bmatrix}0 \\ 2 & 0 \\ 2 & 1 & 0 \\ 7 & 5 & 6 & 0 \\ 6 & 4 & 5 & 5 & 0 \\ 6 & 6 & 6 & 9 & 7 & 0 \\ 6 & 6 & 5 & 9 & 7 & 2 & 0 \\ 6 & 6 & 5 & 9 & 7 & 1 & 1 & 0 \\ 7 & 7 & 6 & 10 & 8 & 5 & 3 & 4 & 0 \\ 9 & 8 & 8 & 8 & 9 & 10 & 10 & 10 & 10 & 0 \\ 9 & 9 & 9 & 9 & 9 & 9 & 9 & 9 & 9 & 8 & 0\end{bmatrix}.$$

用下列方法对这 11 种语言进行谱系聚类，写出聚类过程，并画出谱系图：

（1）最短距离法；

（2）最长距离法；

（3）类平均距离法；

（4）重心距离法.

6.7 考察 1985 年至 2000 年全国如下各价格指数：

X_1：商品零售价格指数； X_2：居民消费价格指数；

X_3：城市居民消费价格指数； X_4：农村居民消费价格指数；

X_5：农产品收购价格指数； X_6：农村工业品零售价格指数；

观测数据如表 6.17 所示.

表 6.17 全国各年度各种价格指数

年份	x_1	x_2	x_3	x_4	x_5	x_6
1985	128.1	100.0	134.2	100.0	166.8	111.1
1986	135.8	106.5	143.6	106.1	177.5	114.7
1987	145.7	114.3	156.2	112.7	198.8	120.2
1988	172.7	135.8	188.5	132.4	244.5	138.5
1989	203.4	160.2	219.2	157.9	281.2	164.4
1990	207.7	165.2	222.0	165.1	273.9	172.0
1991	213.7	170.8	233.3	168.9	268.4	177.2
1992	225.2	181.7	253.4	176.8	277.5	182.7
1993	254.9	208.4	294.2	201.0	314.7	204.3
1994	310.2	258.6	367.8	248.0	440.3	239.4
1995	356.1	302.8	429.6	291.4	527.9	274.6
1996	377.8	327.9	467.4	314.4	550.1	291.6
1997	380.8	337.1	481.9	322.3	525.3	294.8
1998	370.9	334.4	479.0	319.1	483.3	288.3
1999	359.8	329.7	472.8	314.3	424.3	280.5
2000	354.4	331.0	476.6	314.0	409.0	277.1

按年份进行如下谱系聚类分析,并画出谱系图:

(1) 最长距离法,给出聚为 3 类的结果;

(2) 类平均距离法,给出聚为 3 类的结果.

(3) 将数据标准化,再按上述方法聚类,情况又如何?

6.8 对 1975 年 1 月至 1976 年 12 月纽约证券交易所的 5 种股票(看作 5 个变量)的周反弹率的连续 100 周观测数据,求得变量相关系数矩阵(参见习题 4.4)为

$$\boldsymbol{R}=\begin{bmatrix}1.000 & & & & \\ 0.577 & 1.000 & & & \\ 0.509 & 0.599 & 1.000 & & \\ 0.387 & 0.389 & 0.436 & 1.000 & \\ 0.462 & 0.322 & 0.426 & 0.523 & 1.000\end{bmatrix}$$

用适当变换将 $\boldsymbol{R}$ 变为距离矩阵,作如下分析:

(1) 用最短距离法进行变量聚类,并画出谱系图;

(2) 用最长距离法进行变量聚类,并画出谱系图;

(3) 用类平均距离法进行变量聚类,并画出谱系图.

6.9 在全国服装标准制定中,对某地成年女子的各部位尺寸进行了统计.考察了如下 14 个变量,

X_1: 上体长; X_2: 手臂长; X_3: 胸围;

X_4: 颈围; X_5: 总肩宽; X_6: 前胸宽;

X_7: 后背宽; X_8: 前腰节高; X_9: 后腰节高;

X_{10}: 总体长; X_{11}: 身高; X_{12}: 下体长;

X_{13}: 腰围; X_{14} : 臀围.

由测量的数据求得这 14 个变量的相关系数矩阵为

$$\boldsymbol{R} = \left[\begin{array}{cccccccccccccc}
1 \\
0.366 & 1 \\
0.242 & 0.233 & 1 \\
0.280 & 0.194 & 0.590 & 1 \\
0.360 & 0.324 & 0.476 & 0.435 & 1 \\
0.282 & 0.263 & 0.483 & 0.470 & 0.452 & 1 \\
0.245 & 0.265 & 0.540 & 0.478 & 0.535 & 0.663 & 1 \\
0.448 & 0.345 & 0.452 & 0.404 & 0.431 & 0.322 & 0.266 & 1 \\
0.486 & 0.367 & 0.365 & 0.357 & 0.429 & 0.283 & 0.287 & 0.820 & 1 \\
0.648 & 0.662 & 0.216 & 0.316 & 0.429 & 0.283 & 0.263 & 0.527 & 0.547 & 1 \\
0.679 & 0.681 & 0.243 & 0.313 & 0.430 & 0.302 & 0.294 & 0.520 & 0.558 & 0.957 & 1 \\
0.486 & 0.636 & 0.174 & 0.243 & 0.375 & 0.290 & 0.255 & 0.403 & 0.417 & 0.857 & 0.852 & 1 \\
0.133 & 0.153 & 0.732 & 0.477 & 0.339 & 0.392 & 0.446 & 0.266 & 0.241 & 0.054 & 0.099 & 0.055 & 1 \\
0.376 & 0.252 & 0.676 & 0.581 & 0.441 & 0.447 & 0.440 & 0.424 & 0.372 & 0.363 & 0.376 & 0.321 & 0.627 & 1
\end{array}\right]$$

设 $\boldsymbol{R}$ 的元素为 r_{ij} ,利用变换

$$d_{ij} = 1 - r_{ij}$$

得到距离矩阵 $\boldsymbol{D} = (d_{ij})_{14\times 14}$,从 $\boldsymbol{D}$ 出发按如下方法对变量进行谱系聚类:

(1) 用最长距离法,并画出谱系图;

(2) 用类平均距离法,并画出谱系图.

第 7 章

Bayes 统计分析

Bayes 统计是统计学中的一个重要学派,它认为信息不仅来源于样本,而且也来源于在获取样本前的先验知识,利用样本及其分布和先验分布得到后验分布,而一切统计推断均基于后验分布进行.

本章在简要阐述 Bayes 统计的基本思想基础上,介绍 Bayes 统计模型、先验分布及其确定、后验分布及计算等内容,并进一步讨论 Bayes 点估计、区间估计以及假设检验等统计推断方法.

§7.1 Bayes 统计模型

7.1.1 Bayes 统计分析的基本思想

近几十年以来,Bayes 统计有了重大发展,已渗透到数据分析的各个领域,如今已成为与经典学派(即频率学派)并列的两大学派之一.Bayes 统计得名于英国学者 T.Bayes,从他在 18 世纪中期的一篇论文《论有关机遇问题的求解》开始,逐步发展为一种统计推断的理论与方法.

为了阐明 Bayes 统计的基本思想,先考察统计推断中所用信息的来源.

1. 总体信息与样本信息

人们对研究对象(即总体)的认识称为总体信息.例如,"总体分布是正态分布"就给出很多信息.从总体中抽取的样本给我们所提供的信息称为样本信息,它是统计分析的基础.基于总体及样本的信息进行统计推断被称为经典统计学,它的基本观点是把数据(样本)看作来自一定概率分布的总体,所研究的对象是这个总体而不是只局限于数据本身.经典统计学有相当成熟的理论与方法,并在工业、农业、经济、技术、国防、医学等各个领域有广泛的应用.

2. 先验信息

先验信息是在抽样之前就具有的关于所研究问题的信息.一般说来,先验信息主要来源于经验和历史资料.例如对参数统计模型,在取得样本观测值 $\boldsymbol{x}=(x_1,x_2,\cdots,x_n)^{\mathrm{T}}$ 以前,往往对其中的参数有某些先验知识,关于先验知识的数学描述就是先验分布.Bayes 统计的主要特点是使用先验分布,而在得到样本观测值 $\boldsymbol{x}=(x_1,x_2,\cdots,x_n)^{\mathrm{T}}$ 后,综合总体、样本 $\boldsymbol{x}$ 与先验分布提供的信息,得到后验分布,以此作为统计推断的基础.

从信息科学的观点来看,经典统计与 Bayes 统计的主要区别是:经典统计利用的信息仅是总体及样本的信息,而 Bayes 统计利用的信息还包括先验信息.在参数模型中,先验信息的集中体现是参数 θ 的先验分布,根据 Bayes 统计的理论,由样本和样本分布以及 θ 的先验分布,可以导出 θ 的后验分布,这一后验分布是样本信息与先验信息的综合体现,是 Bayes 统计推断的出发点.由于考虑了先验信息,Bayes 统计比经典统计使用的信息更丰富.由此可见,Bayes 统计有其特点与优点.

Bayes 学派认为先验分布是可以通过主观认识与经验获得的,这主要体现在两个学派对概率的不同理解上.从经典学派的观点看来,概率是大量独立重复试验下事件发生的频率的稳定值,离开重复试验,概率就无从谈起.而 Bayes 学派认为在非重复试验的条件下,概率可以凭主观认识及以往经验确定,但在概率是事件发生的可能性大小的度量这一点上,经典学派与 Bayes 学派是一致的.由此看来,Bayes 统计实质上拓广了经典统计学的应用范围.

Bayes 统计的思想我们实际上已接触过.如在第 5 章 Bayes 判别中,用的就是 Bayes 统计的观点,利用每个 G_j 出现的先验概率,以后验概率 $P(G_i \mid \boldsymbol{x})$ 最大的原则进行判别.在本章中将介绍 Bayes 统计的基本理论及其统计推断方法.

7.1.2 Bayes 统计模型

首先从概率论中的 Bayes 公式谈起.设事件 $A_1,A_2,\cdots,A_k$ 构成互不相容的完备事件组,B 是一个概率非零的事件,则 Bayes 公式是

$$P(A_i \mid B)=\frac{P(B \mid A_i)P(A_i)}{\sum_{j=1}^{k} P(B \mid A_j)P(A_j)},\quad i=1,2,\cdots,k. \tag{7.1}$$

在概率论中,我们将事件 B 解释为试验的"结果",而将 $A_1,A_2,\cdots,A_k$ 视为导致结果 B 发生的可能"原因",Bayes 公式因而可解释为对导致结果 B 发生的原因进行推断.

下面进一步从 Bayes 统计的观点考察 Bayes 公式.首先引入一个离散型随机变量 θ,当 A_j 发生时,定义其值为 θ_j,即 $(\theta=\theta_j)=A_j(j=1,2,\cdots,k)$.记 $(\theta=\theta_j)$ 的概率为 $\pi(\theta_j)$,则

$$\pi(\theta_j)=P(\theta=\theta_j)=P(A_j),j=1,2,\cdots,k.$$

由于 $A_1,A_2,\cdots,A_k$ 为互不相容完备事件组,则 $\{\pi(\theta_j),j=1,2,\cdots,k\}$ 构成随机变

量 θ 的概率分布.将 B 视为一次试验的结果,再引入一个与结果 B 有关的二值随机变量 X,若 B 发生,定义其值为 x_1,否则令其值为 $x_2(x_2 \neq x_1)$,则$(X = x_1) = B$. 这时,Bayes 公式(7.1)可改写为

$$P(\theta = \theta_i \mid X = x_1) = \frac{P(X = x_1 \mid \theta = \theta_i)P(\theta = \theta_i)}{\sum_{j=1}^{k} P(X = x_1 \mid \theta = \theta_j)P(\theta = \theta_j)}, \quad i = 1,2,\cdots,k$$

或简写为

$$P(\theta_i \mid x_1) = \frac{P(x_1 \mid \theta_i)\pi(\theta_i)}{\sum_{j=1}^{k} P(x_1 \mid \theta_j)\pi(\theta_j)}, \quad i = 1,2,\cdots,k.$$

而条件概率 $\{P(\theta_i \mid x_1), i = 1,2,\cdots,k\}$ 也构成 θ 的在已知试验结果 $X = x_1$ 条件下的条件概率分布.

将 θ 视为我们所关心的未知参数(是随机变量),概率分布 $\{\pi(\theta_i), i = 1, 2,\cdots,k\}$ 描述了人们在试验前就具有的对 θ 的认识,在 Bayes 统计中称其为 θ 的先验分布,而视 $X = x_1$ 为一次试验(或抽样)的结果,即样本观测值.Bayes 公式可解释为在获得样本信息 x_1 后,对 θ 的分布有了重新认识,以概率分布 $\{P(\theta_i \mid x_1), i = 1,2,\cdots,k\}$ 体现,在 Bayes 统计中称此概率分布为 θ 的后验分布.因此,Bayes 公式实质上反映了从 θ 的先验分布向后验分布的转化.

下面在一般情况下给出 Bayes 公式的各种形式.

1. 参数 θ 和样本 $\boldsymbol{x}$ 的分布皆是离散型

设参数 θ 的先验分布是离散型分布,其概率分布为

$$P(\theta = \theta_i) = \pi(\theta_i), \quad i = 1,2,\cdots.$$

又样本 $\boldsymbol{x} = (x_1, x_2, \cdots, x_n)^{\mathrm{T}}$ 也是离散型,当 $\theta = \theta_j$ 时,其概率分布是 $P(\boldsymbol{x} \mid \theta_j)$,则 θ 的后验分布是

$$P(\theta_i \mid \boldsymbol{x}) = \frac{P(\boldsymbol{x} \mid \theta_i)\pi(\theta_i)}{\sum_{j} P(\boldsymbol{x} \mid \theta_j)\pi(\theta_j)}, \quad i = 1,2,\cdots. \tag{7.2}$$

2. 参数 θ 和样本 $\boldsymbol{x}$ 皆是连续型

设参数 θ 是连续型随机变量,具有概率密度 $\pi(\theta)$,又设在 θ 给定时,样本 $\boldsymbol{x} = (x_1, x_2, \cdots, x_n)^{\mathrm{T}}$ 的条件概率密度是 $f(\boldsymbol{x} \mid \theta)$.这时,$(\theta, \boldsymbol{x})$(在本章中,样本及其观测值皆用 $\boldsymbol{x}$ 表示)的联合概率密度是

$$g(\boldsymbol{x}, \theta) = f(\boldsymbol{x} \mid \theta)\pi(\theta).$$

又 $\boldsymbol{x}$ 的边缘概率密度为

$$m(\boldsymbol{x})=\int_{\Theta} g(\boldsymbol{x},\theta)\,\mathrm{d}\theta=\int_{\Theta} f(\boldsymbol{x}\mid\theta)\pi(\theta)\,\mathrm{d}\theta,$$

其积分区域 Θ 是参数空间,边缘分布 $m(\boldsymbol{x})$ 与 θ 无关.有了 $(\theta,\boldsymbol{x})$ 的联合分布及 $\boldsymbol{x}$ 的边缘分布,可以求得已知 $\boldsymbol{x}$ 的条件下,θ 的条件概率密度

$$h(\theta\mid\boldsymbol{x})=\frac{f(\boldsymbol{x}\mid\theta)\pi(\theta)}{\int_{\Theta} f(\boldsymbol{x}\mid\theta)\pi(\theta)\,\mathrm{d}\theta},\tag{7.3}$$

$h(\theta\mid\boldsymbol{x})$ 称为 θ 的后验概率密度.

3. 参数 θ 是离散型,样本 $\boldsymbol{x}$ 是连续型

设参数 θ 是离散型,具有先验概率分布 $P(\theta=\theta_i)=\pi(\theta_i)$,$i=1,2,\cdots$.给定 θ 时,样本 $\boldsymbol{x}$ 具有条件概率密度 $f(\boldsymbol{x}\mid\theta)$.这时,当样本观测值 $\boldsymbol{x}$ 已知时,θ_i 的条件概率分布是

$$P(\theta_i\mid\boldsymbol{x})=\frac{f(\boldsymbol{x}\mid\theta_i)\pi(\theta_i)}{\sum_j f(\boldsymbol{x}\mid\theta_j)\pi(\theta_j)},\quad i=1,2,\cdots.\tag{7.4}$$

实际上,在第 5 章 Bayes 判别分析中,已用到(7.4)式,那里 $\theta=\theta_i$ 可代表总体 G_i.

4. 参数 θ 是连续型,样本 $\boldsymbol{x}$ 是离散型

设参数 θ 是连续型,具有概率密度 $\pi(\theta)$,当参数取值为 θ 时,样本观测值 $\boldsymbol{x}$ 的条件概率是 $P(\boldsymbol{x}\mid\theta)$.这时,当样本观测值 $\boldsymbol{x}$ 已知时,θ 的条件概率密度为

$$h(\theta\mid\boldsymbol{x})=\frac{P(\boldsymbol{x}\mid\theta)\pi(\theta)}{\int_{\Theta} P(\boldsymbol{x}\mid\theta)\pi(\theta)\,\mathrm{d}\theta}.\tag{7.5}$$

现在,设法将(7.2)式至(7.5)式统一起来.以上,当 θ 给定时,样本 $\boldsymbol{x}$ 是离散型时用 $P(\boldsymbol{x}\mid\theta)$ 表示条件概率分布,而 $\boldsymbol{x}$ 是连续型时,用 $f(\boldsymbol{x}\mid\theta)$ 表示条件概率密度.以后两种情形皆用 $f(\boldsymbol{x}\mid\theta)$ 表示,统称为条件分布.以上,当 $\boldsymbol{x}$ 给定时,θ 是离散型时用 $P(\theta\mid\boldsymbol{x})$ 表示后验概率分布,而 θ 是连续型时用 $h(\theta\mid\boldsymbol{x})$ 表示后验概率密度.以后两种情形皆用 $h(\theta\mid\boldsymbol{x})$ 表示,统称为后验分布.(7.3) 式中的积分当 θ 为离散型随机变量时,变为相应的求和.这样即将 Bayes 公式统一为(7.3) 式的形式.该公式给出了获得样本观测值 $\boldsymbol{x}$ 后由先验分布 $\pi(\theta)$ 如何计算后验分布 $h(\theta\mid\boldsymbol{x})$,它综合了先验信息,样本信息(由条件分布 $f(\boldsymbol{x}\mid\theta)$ 体现).从 Bayes 统计观点看,样本分布是给定 θ 条件下的条件分布 $f(\boldsymbol{x}\mid\theta)$,它就是通常的似然函数,记为 $L(\theta\mid\boldsymbol{x})$.

Bayes 统计模型:

(1) 参数空间 Θ 上的关于参数 θ 的一个概率分布(连续或离散) $\{\pi(\theta):\theta\in\Theta\}$,称为 θ 的先验分布.

(2) 样本 $\boldsymbol{x}=(x_1,x_2,\cdots,x_n)^{\mathrm{T}}$ 的条件分布族(连续或离散)

$$\{f(\boldsymbol{x}\mid\theta):\theta\in\Theta\}$$

称为样本分布族.

(3) 先验分布 $\{\pi(\theta):\theta\in\Theta\}$ 与样本分布族 $\{f(\boldsymbol{x}\mid\theta):\theta\in\Theta)\}$ 构成 Bayes 统计模型.

Bayes 统计模型与经典参数统计模型的区别:经典的参数统计模型中含有未知参数 $\theta\in\Theta$,其中 Θ 是参数空间.样本分布族通常以 $\{f(\boldsymbol{x};\theta):\theta\in\Theta\}$ 表示.因为在经典统计中,θ 视为未知常数(或未知向量),样本分布族是带参数 θ 的分布族,不能理解为条件分布族.经典统计的基本问题是由 $\{f(\boldsymbol{x};\theta):\theta\in\Theta\}$ 出发,对 θ 进行统计推断(参数估计、假设检验等).在经典统计中,$f(\boldsymbol{x};\theta)$ 称为似然函数.

而 Bayes 统计中,参数 θ 被认为是取值于 Θ 的随机变量,样本分布 $f(\boldsymbol{x};\theta)$(即似然函数)被看成是给定某 θ 时 $\boldsymbol{x}$ 的条件分布,记为 $f(\boldsymbol{x}\mid\theta)$.基于先验分布 $\pi(\theta)$ 和 Bayes 公式,得到后验分布 $h(\theta\mid\boldsymbol{x})$,即在已知 $\boldsymbol{x}$ 的条件下,θ 的条件分布.后验分布 $h(\theta\mid\boldsymbol{x})$ 反映了得到样本 $\boldsymbol{x}$ 后,对有关 θ 的分布信息的进一步认识.因此,Bayes 统计是由后验分布 $h(\theta\mid\boldsymbol{x})$ 出发,对 θ 进行统计推断(参数估计、假设检验等).由此可以看出 Bayes 统计与经典统计的不同.

例 7.1 设事件 A 发生的概率是 $\theta(0<\theta<1)$.为了估计 θ,作 n 次独立观测,设事件 A 发生 x 次,显然,x 服从二项分布 $b(n,\theta)$,按 Bayes 统计记号即

$$P(x\mid\theta)=\binom{n}{x}\theta^x(1-\theta)^{n-x},\quad x=0,1,2,\cdots,n,$$

或者用样本的条件分布表示为

$$f(x\mid\theta)=\binom{n}{x}\theta^x(1-\theta)^{n-x},\quad x=0,1,2,\cdots,n.$$

假如在试验前我们对事件 A 没有任何了解,在这种场合下,Bayes 建议用区间 $(0,1)$ 上的均匀分布 $U(0,1)$ 作为 θ 的先验分布,因为它在 $(0,1)$ 上每一点都是机会均等,没有偏向,这个假设称为 Bayes 假设.这时,先验分布是

$$\pi(\theta)=\begin{cases}1, & 0<\theta<1,\\ 0, & \text{其他}.\end{cases}$$

样本 x 与参数 θ 的联合分布是

$$g(x,\theta)=f(x\mid\theta)\pi(\theta)=\binom{n}{x}\theta^x(1-\theta)^{n-x},\quad x=0,1,\cdots,n,0<\theta<1.$$

x 的边缘分布是

$$m(x)=\int_0^1 f(x\mid\theta)\pi(\theta)\mathrm{d}\theta=\int_0^1\binom{n}{x}\theta^x(1-\theta)^{n-x}\mathrm{d}\theta$$

$$= \binom{n}{x} \frac{\Gamma(x+1)\Gamma(n-x+1)}{\Gamma(n+2)} = \frac{1}{n+1}, \quad x = 0,1,2,\cdots,n.$$

由(7.3)式，得 θ 的后验分布为

$$h(\theta \mid x) = \frac{f(x \mid \theta)\pi(\theta)}{m(x)}$$

$$= \frac{\Gamma(n+2)}{\Gamma(x+1)\Gamma(n-x+1)} \theta^{(x+1)-1}(1-\theta)^{(n-x+1)-1}, 0 < \theta < 1, \quad (7.6)$$

它正是 β 分布 $\beta(x+1, n-x+1)$.

从这个后验分布出发，可以进行有关 θ 的统计推断. 在 Bayes 统计中，估计参数 θ 有多种方法，其中一种是使 $h(\theta \mid \boldsymbol{x})$ 取得最大值的点 $\hat{\theta}$ 作为 θ 的估计，称为最大后验估计. 由

$$\frac{\partial \ln h(\theta \mid x)}{\partial \theta} = 0$$

解得 θ 的最大后验估计是

$$\hat{\theta} = \frac{x}{n},$$

即事件 A 发生的频率，它与经典统计中的最大似然估计是相同的. 这是因为 θ 的先验分布取为 $U(0,1)$ 的缘故，若先验分布取为其他分布，它们一般是不同的.

后验分布 $h(\theta \mid x)$ 的计算可通过以下方式予以简化.

若随机变量 X 的概率密度 $f(x) = cg(x)$，其中 c 为与 x 无关的数，则可记

$$f(x) \propto g(x),$$

$g(x)$ 称为 $f(x)$ 的核. 例如，正态分布 $N(\mu, \sigma^2)$ 的核是

$$g(x) = \exp\left[-\frac{1}{2\sigma^2}(x-\mu)^2\right].$$

β 分布 $\beta(a,b)$ 的核是

$$g(x) = x^{a-1}(1-x)^{b-1}.$$

给定样本 $\boldsymbol{x} = (x_1, x_2, \cdots, x_n)^{\mathrm{T}}$，在(7.3)式中，分母 $m(\boldsymbol{x}) = \int_{\Theta} f(\boldsymbol{x} \mid \theta)\pi(\theta)\mathrm{d}\theta$ 与 θ 无关，故有

$$h(\theta \mid \boldsymbol{x}) \propto \pi(\theta) f(\boldsymbol{x} \mid \theta) = \pi(\theta) L(\theta \mid \boldsymbol{x}), \quad (7.7)$$

其中 $L(\theta \mid \boldsymbol{x}) = f(\boldsymbol{x} \mid \theta)$ 即经典统计中的似然函数. 由此可见，$\pi(\theta) f(\boldsymbol{x} \mid \theta) = \pi(\theta) L(\theta \mid \boldsymbol{x})$ 即后验分布 $h(\theta \mid \boldsymbol{x})$ 的核. 例如，在例 7.1 中，有

$$h(\theta \mid x) \propto \theta^{x}(1-\theta)^{n-x},$$

故知 θ 的后验分布是 β 分布 $\beta(x+1, n-x+1)$.

由(7.7)式确定后验分布的方法称为核方法. (7.7)式表明，$h(\theta \mid \boldsymbol{x})$ 与

$\pi(\theta)L(\theta \mid \boldsymbol{x})$ 成正比，其比例系数与 θ 无关，但与 $\boldsymbol{x}$ 有关.实际上，对于 Bayes 公式(7.3)，比例系数是 $1/m(\boldsymbol{x})$，其中 $m(\boldsymbol{x})$ 是 $\boldsymbol{x}$ 的边缘分布.

7.1.3 Bayes 统计推断原则

先验分布概括了试验前对 θ 的认识，而在得到样本观测值 $\boldsymbol{x}$ 后，对 θ 的认识起了变化，即由先验分布转化为后验分布.后验分布综合了 θ 的先验信息与样本观测值 $\boldsymbol{x}$ 提供的有关 θ 的信息，是 Bayes 统计推断的基础.由此引出 Bayes 统计推断原则.

Bayes 统计推断原则：对参数 θ 所作任何统计推断（参数估计、假设检验等）必须基于 θ 的后验分布族 $\{h(\theta \mid \boldsymbol{x}): \theta \in \Theta\}$.

这里值得指出的是，人们认识客观事物通常是在不断改进的过程中进行的，因此先验分布和后验分布也是相对的，这次的后验分布可作为对同一事物进一步认识的先验分布.例如，在例 7.1 中，我们对事件 A 发生的概率 θ 起初可能一无所知，因而可假定其先验分布为 $(0,1)$ 上的均匀分布，通过样本信息，我们得到其后验分布为 $\beta(x+1, n-x+1)$（见(7.6) 式），当我们以后对该 θ 作进一步分析时，可假设 θ 的先验分布为 $\beta(x+1, n-x+1)$.

为了加深对 Bayes 统计推断原则的理解，再举如下两例.

例 7.2 P.Laplace 在 1786 年研究了巴黎的男婴出生的概率.他希望检验男婴出生的概率 θ 大于 0.5.为此，他收集了 1745—1770 年巴黎出生的婴儿数据，其中男婴 251 527 个，女婴 241 945 个.他选用 $U(0,1)$ 作为 θ 的先验分布，由(7.6)式知，θ 的后验分布服从 β 分布，即

$$\theta \sim \beta(x+1, n-x+1),$$

其中 $x = 251\ 527$，$n = 251\ 527 + 241\ 945 = 493\ 472$.利用这个后验分布，Laplace 计算了"$\theta \leqslant 0.5$"的后验概率

$$P(\theta \leqslant 0.5 \mid x = 251\ 527) = \frac{\Gamma(493\ 474)}{\Gamma(251\ 528)\Gamma(241\ 946)}\int_0^{0.5} \theta^{251\ 527}(1-\theta)^{241\ 945}\mathrm{d}\theta,$$

它是 β 分布 $\beta(251\ 528, 241\ 946)$ 的分布函数在 $\theta = 0.5$ 处的值.如今可由 SAS 软件很容易地求得此值为

$$P(\theta \leqslant 0.5 \mid x = 251\ 527) = 1.146\ 1 \times 10^{-42},$$

这个概率是如此小，以致可以几乎 100%地断定男婴出生的概率 θ 大于 0.5.

事实上，θ 的最大后验估计是

$$\hat{\theta} = \frac{251\ 527}{493\ 472} \approx 0.509\ 7.$$

由于 $n = 493\ 472$ 很大，因此这一估计值是较可靠的，可看出"$\theta \leqslant 0.5$" 几乎是不

可能的.

例 7.3 设 $\boldsymbol{x}=(x_1,x_2,\cdots,x_n)^{\mathrm{T}}$ 是来自正态总体 $N(\mu,\sigma^2)$ 的简单随机样本，μ 未知，但 σ^2 已知，给定 μ 的先验分布为 $N(\mu_0,\tau^2)$，求 μ 的后验分布.

解 由(7.7)式得

$$\begin{aligned}h(\mu\mid\boldsymbol{x})&\propto\exp\left\{-\frac{1}{2\sigma^2}\sum_{i=1}^{n}(x_i-\mu)^2-\frac{(\mu-\mu_0)^2}{2\tau^2}\right\}\\&=\exp\left\{-\frac{1}{2}\left[\frac{n\mu^2-2n\mu\bar{x}+\sum\limits_{i=1}^{n}x_i^2}{\sigma^2}+\frac{\mu^2-2\mu_0\mu+\mu_0^2}{\tau^2}\right]\right\},\end{aligned}$$

其中 $\bar{x}=\frac{1}{n}\sum\limits_{i=1}^{n}x_i$. 记

$$A=\frac{n}{\sigma^2}+\frac{1}{\tau^2},\quad B=\frac{n\bar{x}}{\sigma^2}+\frac{\mu_0}{\tau^2},\quad C=\frac{1}{\sigma^2}\sum_{i=1}^{n}x_i^2+\frac{\mu_0^2}{\tau^2},$$

则有

$$\begin{aligned}h(\mu\mid\boldsymbol{x})&\propto\exp\left\{-\frac{1}{2}(A\mu^2-2B\mu+C)\right\}\propto\exp\left\{-\frac{(\mu-B/A)^2}{2/A}\right\}\\&=\exp\left\{-\frac{(\mu-\hat{\mu})^2}{2\gamma^2}\right\},\end{aligned}\tag{7.8}$$

其中

$$\begin{cases}\hat{\mu}=\dfrac{B}{A}=\left(\dfrac{n}{\sigma^2}+\dfrac{1}{\tau^2}\right)^{-1}\left(\dfrac{n\bar{x}}{\sigma^2}+\dfrac{\mu_0}{\tau^2}\right),\\ \gamma^2=\dfrac{1}{A}=\left(\dfrac{n}{\sigma^2}+\dfrac{1}{\tau^2}\right)^{-1},\end{cases}\tag{7.9}$$

即 μ 的后验分布是正态分布 $N(\hat{\mu},\gamma^2)$.

再来分析一下(7.9)式：

$$\hat{\mu}=p_1\bar{x}+p_2\mu_0,$$

其中 $p_1=\left(\frac{n}{\sigma^2}+\frac{1}{\tau^2}\right)^{-1}\frac{n}{\sigma^2}$，$p_2=\left(\frac{n}{\sigma^2}+\frac{1}{\tau^2}\right)^{-1}\frac{1}{\tau^2}$，且 $p_1+p_2=1$，即 $\hat{\mu}$ 是样本均值 $\bar{x}$ 与先验均值 μ_0 的加权平均，后验均值 $\hat{\mu}$ 综合了样本信息与先验信息. 这与经典统计中用样本均值 $\bar{x}$ 去估计 μ 是不同的.

进一步考察一个数值例子，设总体 $X\sim N(\mu,2^2)$，又 μ 的先验分布为 $N(10,3^2)$，若从总体 X 抽得容量为 5 的样本，算得 $\bar{x}=12.1$，则由(7.8)式和(7.9)式得，

$$\hat{\mu}=\left(\frac{5}{2^2}+\frac{1}{3^2}\right)^{-1}\left(\frac{5}{2^2}\times 12.1+\frac{1}{3^2}\right)=11.93$$

$$\gamma^2=\left(\frac{5}{2^2}+\frac{1}{3^2}\right)^{-1}=\left(\frac{6}{7}\right)^2,$$

从而 μ 的后验分布是 $N\left(11.93,\left(\frac{6}{7}\right)^2\right)$.

7.1.4　先验分布的 Bayes 假设与不变先验分布

Bayes 统计中,关于先验分布的选取是一个重要问题.在无先验知识可用情况下,Bayes 对先验分布作了下列假设:在 θ 的取值范围内"均匀分布",即假设

$$\pi(\theta)=c \quad 或 \quad \pi(\theta)\propto 1, 当\ \theta\in\Theta, \tag{7.10}$$

当 Θ 为无界区域时,如 $\Theta=\mathbf{R}^1$,上式不是通常意义下的概率分布.为此,需引进广义先验分布的概念.

广义先验分布:　若 $\pi(\theta)\geqslant 0$ 满足

$$\int_\Theta \pi(\theta)\,\mathrm{d}\theta=+\infty, \tag{7.11}$$

$$\int_\Theta f(\boldsymbol{x}\mid\theta)\pi(\theta)\,\mathrm{d}\theta<+\infty, \tag{7.12}$$

则 $\pi(\theta)$ 称为广义先验分布.

需要注意,按(7.11)式,$\pi(\theta)$ 不是通常意义下的概率分布,但由于(7.12)式成立,因此,类似于(7.3)式中所确定的后验分布 $h(\theta\mid\boldsymbol{x})$ 是存在的,这一后验分布仍是 Bayes 统计推断的依据.当 $\pi(\theta)$ 满足(7.10)式且为广义先验分布时,$\pi(\theta)$ 称为**广义均匀分布**.

我们来看两个均匀分布或广义均匀分布的例子.

(1)　$\Theta=\{1,2,\cdots,k\}$, $\pi(\theta)=\dfrac{1}{k}$,　　当 $\theta\in\Theta$.

它是离散的均匀分布.例如,在判别分析中,有 k 个总体,每个总体出现的先验概率相等即属此种情况.

(2)　$\Theta=(0,+\infty)$, $\pi(\theta)\propto 1$,　　当 $\theta\in\Theta$.

例如,我们只知道 θ 取正值,其他一无所知,可取这一先验分布.

由于 $\int_\Theta f(\boldsymbol{x}\mid\theta)\,\mathrm{d}\theta<+\infty$,从而,当 $\pi(\theta)$ 为广义均匀分布时,有

$$h(\theta\mid\boldsymbol{x})\propto 1\cdot L(\theta\mid\boldsymbol{x})=L(\theta\mid\boldsymbol{x}),\ \theta\in\Theta, \tag{7.13}$$

即似然函数是后验分布的核.式(7.13)可以看作是 Bayes 假设下的后验分布形式.

我们看到,在例 7.1 中,由于采用了 Bayes 假设,因而(7.13)式成立,从而 θ 的最大似然估计与最大后验估计相同,皆为 $\hat{\theta} = x/n$.

例 7.4 设 $\boldsymbol{x} = (x_1, x_2, \cdots, x_n)^{\mathrm{T}}$ 是来自正态总体 $N(\mu, \sigma^2)$ 的样本,其中 σ^2 已知,在下列 Bayes 假设下,求 μ 的后验分布.

(1) $\pi(\mu) \propto 1, \mu \in (-\infty, +\infty)$;

(2) $\pi(\mu) \propto 1, \mu \in (0, +\infty)$.

解 (1) 这时,后验分布为

$$h(\mu \mid \boldsymbol{x}) \propto L(\mu \mid \boldsymbol{x}) \propto \exp\left\{-\frac{n}{2\sigma^2}(\mu - \bar{x})^2\right\},$$

其中 $\bar{x} = \frac{1}{n}\sum_{i=1}^{n} x_i$,故后验分布是 $N\left(\bar{x}, \frac{\sigma^2}{n}\right)$.

(2) 这时,$\pi(\mu)$ 可以表示为

$$\pi(\mu) = \begin{cases} 1, & 0 < \mu < +\infty \\ 0, & \text{其他} \end{cases} = I_{(0,+\infty)}(\mu),$$

因此

$$h(\mu \mid \boldsymbol{x}) = \frac{\exp\left\{-\frac{n}{2\sigma^2}(\mu - \bar{x})^2\right\} I_{(0,+\infty)}(\mu)}{\int_0^{+\infty} \exp\left(-\frac{n}{2\sigma^2}(\mu - \bar{x})^2\right) \mathrm{d}\mu}.$$

Bayes 假设在对参数"无信息"的条件下,认为参数在其取值范围内取各个值的可能性都相同,无所偏向,通常称满足 Bayes 假设的先验分布为"无信息先验分布".无信息先验分布的选取与参数在总体分布中的地位有关,在数学上,相当于对群的变换具有不变性,因而这种选择先验分布的观点导出的先验分布,称为不变先验分布.下面,就位置参数族与尺度参数族讨论这一问题.

1. *位置参数族*

具有下列形式

$$\{f(x - \theta): -\infty < \theta < +\infty\} \tag{7.14}$$

的概率密度族称为位置参数族,θ 称为位置参数.对于位置参数族(7.14),先验分布应对于位置的变换不变.即要求,对任取的 $A \subset \mathbf{R}^1$,记 $A - c = \{z - c: z \in A\}$,有

$$P(\theta \in A) = P(\theta \in A - c), \tag{7.15}$$

满足(7.15)式的先验分布称为位置不变先验分布.(7.15)式即

$$\int_A \pi(\theta)\,\mathrm{d}\theta = \int_{A-c} \pi(\theta)\,\mathrm{d}\theta = \int_A \pi(\theta - c)\,\mathrm{d}\theta.$$

因 A 是任意的，由上式知

$$\pi(\theta)=\pi(\theta-c).$$

又因 c 为任意，故 $\pi(\theta)$ 只能为常数.从而

$$\pi(\theta)\propto 1. \tag{7.16}$$

这表明对于位置参数族，位置参数 θ 的不变先验分布服从 Bayes 假设.

2. 尺度参数族

具有下列形式

$$\left\{\frac{1}{\sigma}f\left(\frac{x}{\sigma}\right):\sigma>0\right\} \tag{7.17}$$

的概率密度族称为尺度参数族.若 $X\sim\frac{1}{\sigma}f\left(\frac{x}{\sigma}\right)$，令 $Y=cX(c>0)$，则 Y 的概率密度为$\frac{1}{\sigma^{*}}f\left(\frac{x}{\sigma^{*}}\right)$，其中 $\sigma^{*}=c\sigma$.因此，变换 $Y=cX$ 相当于参数变换

$$\sigma^{*}=c\sigma,\qquad c>0.$$

记 $c^{-1}A=\{c^{-1}z:z\in A\}$ $(A\subset(0,+\infty))$，尺度不变先验分布 $\pi(\sigma)$ 应具有性质

$$P(\sigma\in A)=P(\sigma\in c^{-1}A),$$

即

$$\int_A\pi(\sigma)\mathrm{d}\sigma=\int_{c^{-1}A}\pi(\sigma)\mathrm{d}\sigma=\int_A\pi(c^{-1}\sigma)c^{-1}\mathrm{d}\sigma.$$

由 A 的任意性得

$$\pi(\sigma)=c^{-1}\pi(c^{-1}\sigma),$$

上式对一切 $\sigma>0$ 成立，取 $c=\sigma$，得

$$\pi(\sigma)=\sigma^{-1}\pi(1),$$

从而应有

$$\pi(\sigma)\propto\frac{1}{\sigma}. \tag{7.18}$$

3. 位置尺度参数族

具有下列形式：

$$\left\{\frac{1}{\sigma}f\left(\frac{x-\mu}{\sigma}\right),\quad -\infty<\mu<+\infty,\quad \sigma>0\right\} \tag{7.19}$$

的概率密度族称为位置尺度参数族.令 $\boldsymbol{\theta}=(\mu,\sigma)^{\mathrm{T}}$，可证位置尺度不变先验分布为

$$\pi(\boldsymbol{\theta})=\pi(\mu,\sigma)=\pi(\mu)\pi(\sigma)\propto 1\cdot\frac{1}{\sigma}=\frac{1}{\sigma},$$

即 μ,σ 是独立的,且 $\pi(\mu)\propto 1,\pi(\sigma)\propto\frac{1}{\sigma}$.

例 7.5 设总体 X 服从指数分布 $E\left(\frac{1}{\sigma}\right)$,其概率密度为

$$f(x\mid\sigma)=\frac{1}{\sigma}\exp\left\{-\frac{x}{\sigma}\right\},\qquad x>0,$$

其中 $\sigma>0$ 是尺度参数,这一分布属于尺度参数族.若 $\boldsymbol{x}=(x_1,x_2,\cdots,x_n)^{\mathrm{T}}$ 是来自该总体的样本,取 σ 为不变先验分布,求 σ 的后验分布.

解 σ 的先验分布

$$\pi(\sigma)\propto\frac{1}{\sigma},$$

又样本的似然函数

$$L(\sigma\mid\boldsymbol{x})=f(\boldsymbol{x}\mid\sigma)=\frac{1}{\sigma^n}\exp\left\{-\frac{1}{\sigma}\sum_{i=1}^n x_i\right\},$$

因此 σ 的后验分布

$$h(\sigma\mid\boldsymbol{x})\propto\pi(\sigma)L(\sigma\mid\boldsymbol{x})\propto\frac{1}{\sigma^{n+1}}\exp\left\{-\frac{1}{\sigma}\sum_{i=1}^n x_i\right\}.\tag{7.20}$$

若随机变量 X 的概率密度为

$$f(x\mid\alpha,\lambda)=\begin{cases}\dfrac{\lambda^\alpha}{\Gamma(\alpha)x^{\alpha+1}}\exp\left(-\dfrac{\lambda}{x}\right), & x>0,\\ 0, & x<0,\end{cases}\tag{7.21}$$

则称 X **服从逆 Γ 分布** $I\Gamma(\alpha,\lambda)$. 若 $X\sim I\Gamma(\alpha,\lambda)$,则 $Y=\frac{1}{X}$ 服从 Γ 分布 $\Gamma(\alpha,\lambda)$.

由(7.20)式知,σ 的后验分布服从逆 Γ 分布 $I\Gamma\left(n,\sum_{i=1}^n x_i\right)$,即 $I\Gamma(n,n\bar{x})$,其中 $\bar{x}=\frac{1}{n}\sum_{i=1}^n x_i$.

关于不变先验分布总结在表 7.1 中.

表 7.1 不变先验分布

分布类型	不变先验分布
位置参数族 $\{f(x-\theta):-\infty<\theta<+\infty\}$	1
尺度参数族 $\left\{\frac{1}{\sigma}f\left(\frac{x}{\sigma}\right):\sigma>0\right\}$	$\frac{1}{\sigma}$
位置尺度参数族 $\left\{\frac{1}{\sigma}f\left(\frac{x-\mu}{\sigma}\right):-\infty<\mu<+\infty,\sigma>0\right\}$	$\frac{1}{\sigma}$

7.1.5 共轭先验分布

确定先验分布有多种方法,其中很重要的一种是共轭分布法.

在例 7.3 中,对于来自正态总体 $N(\mu,\sigma^2)$(σ^2 已知)的样本,选取先验分布 $N(\mu_0,\tau^2)$ 是正态分布,计算得到 μ 的后验分布也是正态分布 $N(\hat{\mu},\gamma^2)$.先验分布与后验分布属于同一类型.这种选取先验分布的方法叫共轭分布法,相应的先验分布称为共轭先验分布.

共轭先验分布:设样本 $\boldsymbol{x}$ 的分布是 $\{f(\boldsymbol{x}\mid\theta):\theta\in\Theta\}$,$\theta$ 的先验分布是 $\pi(\theta)$.若先验分布 $\pi(\theta)$ 与后验分布 $h(\theta\mid\boldsymbol{x})$ 属于同一分布类型,则先验分布 $\pi(\theta)$ 称为 $f(\boldsymbol{x}\mid\theta)$ 的共轭先验分布.

注意到

$$h(\theta\mid\boldsymbol{x})\propto\pi(\theta)L(\theta\mid\boldsymbol{x}),$$

可见共轭先验分布要求 $\pi(\theta)$ 提供的信息与样本分布(似然函数)$L(\theta\mid\boldsymbol{x})$ 提供的信息综合以后,不改变 θ 的分布类型.当过去的经验知识通过样本转化为同一类型的经验知识,在不断取得新的样本观测值情况下,现时的后验分布可以看成进一步试验或观测的先验分布,这样,人们对 θ 的认识就能不断深化.

下面给出几种常见的概率分布的共轭先验分布.

1. 二项分布 $b(n,\theta)$

设 x 是来自二项分布 $b(n,\theta)$ 的样本,θ 的先验分布选为 β 分布,即

$$\pi(\theta)\sim\beta(a,b).$$

有

$$\pi(\theta)\propto\theta^{a-1}(1-\theta)^{b-1}.$$

又

$$L(\theta \mid x)=\binom{n}{x}\theta^{x}(1-\theta)^{n-x},$$

故

$$h(\theta \mid x) \propto \theta^{a-1}(1-\theta)^{b-1}\theta^{x}(1-\theta)^{n-x}=\theta^{a+x-1}(1-\theta)^{n+b-x-1}, \tag{7.22}$$

(7.22)式右端是 β 分布 $\beta(a+x,n+b-x)$ 的核,故

$$h(\theta \mid x) \sim \beta(a+x,n+b-x).$$

由此可见,β 分布 $\beta(a,b)$ 是二项分布 $b(n,\theta)$ 的共轭先验分布.在例 7.1 中,取 θ 的先验分布为 $U(0,1)$,它为 $\beta(1,1)$ 分布,是一种特殊的选取方法.

2. Poisson 分布 $P(\theta)$

设 $\boldsymbol{x}=(x_1,x_2,\cdots,x_n)^{\mathrm{T}}$ 是来自 Poisson 分布 $P(\theta)$ 的样本,样本分布为

$$f(\boldsymbol{x} \mid \theta)=\prod_{i=1}^{n}\frac{\theta^{x_i}}{x_i!}\exp(-n\theta)=\frac{\exp(-n\theta)\theta^{t}}{x_1!\ x_2!\ \cdots x_n!}, \quad t=\sum_{i=1}^{n}x_i.$$

取 θ 的先验分布是 Γ 分布 $\Gamma(\alpha,\lambda)$,即

$$\pi(\theta)=\frac{\lambda^{\alpha}}{\Gamma(\alpha)}\theta^{\alpha-1}\exp(-\lambda\theta), \quad \theta>0,$$

因此,θ 的后验分布

$$h(\theta \mid \boldsymbol{x}) \propto \theta^{\alpha+t-1}\exp(-(n+\lambda)\theta), \quad \theta>0, \tag{7.23}$$

即 $h(\theta \mid \boldsymbol{x}) \sim \Gamma(\alpha+t,n+\lambda)$,其中 $t=\sum_{i=1}^{n}x_i$.由此可见,Γ 分布 $\Gamma(\alpha,\lambda)$ 是 Poisson 分布 $P(\theta)$ 的共轭先验分布.

3. 指数分布 $E(\theta)$

设 $\boldsymbol{x}=(x_1,x_2,\cdots,x_n)^{\mathrm{T}}$ 是来自指数分布 $E(\theta)$ 的样本,则样本分布

$$f(\boldsymbol{x} \mid \theta) \propto \theta^{n}\exp\left(-\theta\sum_{i=1}^{n}x_i\right)=\theta^{n}\exp(-\theta t),$$

其中 $t=\sum_{i=1}^{n}x_i$.取 θ 的先验分布是 Γ 分布 $\Gamma(\alpha,\lambda)$,即

$$\pi(\theta) \propto \theta^{\alpha-1}\exp(-\lambda\theta), \quad \theta>0,$$

则 θ 的后验分布是

$$h(\theta \mid \boldsymbol{x}) \propto \theta^{n+\alpha-1}\exp(-(\lambda+t)\theta), \quad \theta>0,$$

即 $h(\theta \mid \boldsymbol{x}) \sim \Gamma(n+\alpha,\lambda+t)$,其中 $t=\sum_{i=1}^{n}x_i$.由此可见,Γ 分布 $\Gamma(\alpha,\lambda)$ 是指数分布 $E(\theta)$ 的共轭先验分布.

同理可得,逆 Γ 分布 $I\Gamma(\alpha,\lambda)$ 是指数分布 $E\left(\frac{1}{\theta}\right)$ 的共轭先验分布,θ 的后验

分布 $h(\theta \mid \boldsymbol{x}) \sim I\Gamma(\alpha+n,\lambda+t)$，其中 $t=\sum_{i=1}^{n} x_i$，$\boldsymbol{x}=(x_1,x_2,\cdots,x_n)^{\mathrm{T}}$ 为来自 $E\left(\frac{1}{\theta}\right)$ 的样本.

4. 正态分布 $N(\mu,\sigma^2)$

(1) σ^2 已知，μ 未知.

由例 7.3 知，正态分布 $N(\mu_0,\tau^2)$ 是 $N(\mu,\sigma^2)$（σ^2 已知）关于 μ 的共轭先验分布. 此时后验分布 $h(\mu \mid \boldsymbol{x}) \sim N(\hat{\mu},\gamma^2)$，其中 $\hat{\mu}$，γ^2 如(7.9) 式所示.

(2) μ 已知，σ^2 未知.

记 $\theta=\sigma^2$，设 $\boldsymbol{x}=(x_1,x_2,\cdots,x_n)^{\mathrm{T}}$ 是来自该总体的样本，其样本分布

$$f(\boldsymbol{x} \mid \theta) \propto \left(\frac{1}{\theta}\right)^{\frac{n}{2}} \exp\left(-\frac{t}{2\theta}\right), \quad \theta>0,$$

其中 $t=\sum_{i=1}^{n}(x_i-\mu)^2$. 取 θ 的先验分布为逆 Γ 分布 $I\Gamma(\alpha,\lambda)$，即

$$\pi(\theta) \propto \left(\frac{1}{\theta}\right)^{\alpha+1} \exp\left(-\frac{\lambda}{\theta}\right), \qquad \theta>0,$$

则

$$h(\theta \mid \boldsymbol{x}) \propto \left(\frac{1}{\theta}\right)^{\alpha+\frac{n}{2}+1} \exp\left(-\frac{1}{\theta}\left(\lambda+\frac{t}{2}\right)\right), \quad \theta>0, \tag{7.24}$$

即 $h(\theta \mid \boldsymbol{x}) \sim I\Gamma\left(\alpha+\frac{n}{2},\lambda+\frac{t}{2}\right)$，其中 $t=\sum_{i=1}^{n}(x_i-\mu)^2$. 因此 $I\Gamma(\alpha,\lambda)$ 为正态分布 $N(\mu,\sigma^2)$（μ 已知）关于 σ^2 的共轭先验分布.

(3) μ,σ^2 皆未知.

设 $\boldsymbol{\theta}=(\mu,\sigma^2)^{\mathrm{T}}$，且 $\boldsymbol{\theta}$ 的先验分布

$$\pi(\boldsymbol{\theta})=\pi(\mu,\sigma^2)=\pi(\mu \mid \sigma^2)\pi(\sigma^2), \tag{7.25}$$

其中

$$\pi(\mu \mid \sigma^2) \sim N\left(\mu_0,\frac{\sigma^2}{k_0}\right), \qquad \pi(\sigma^2) \sim I\Gamma\left(\frac{\nu_0}{2},\frac{\nu_0\sigma_0^2}{2}\right),$$

即有

$$\pi(\mu \mid \sigma^2) \propto \exp\left(-\frac{k_0(\mu-\mu_0)^2}{2\sigma^2}\right), \quad \pi(\sigma^2) \propto \left(\frac{1}{\sigma^2}\right)^{\frac{\nu_0}{2}+1} \exp\left(-\frac{\nu_0\sigma_0^2}{2\sigma^2}\right),$$

从而

$$\pi(\boldsymbol{\theta})=\pi(\mu,\sigma^2) \propto \left(\frac{1}{\sigma^2}\right)^{\frac{\nu_0}{2}+1} \exp\left(-\frac{k_0(\mu-\mu_0)^2+\nu_0\sigma_0^2}{2\sigma^2}\right).$$

设 $\boldsymbol{x}=(x_1,x_2,\cdots,x_n)^{\mathrm{T}}$ 是来自 $N(\mu,\sigma^2)$ 的样本,其样本分布为

$$f(\boldsymbol{x}\mid\boldsymbol{\theta})\propto\left(\frac{1}{\sigma^2}\right)^{\frac{n}{2}}\exp\left(-\frac{1}{2\sigma^2}\sum_{i=1}^{n}(x_i-\mu)^2\right),$$

从而 θ 的后验分布

$$h(\boldsymbol{\theta}\mid\boldsymbol{x})\propto\left(\frac{1}{\sigma^2}\right)^{\frac{n+\nu_0}{2}+1}\exp\left\{-\frac{1}{2\sigma^2}\left[k_0(\mu-\mu_0)^2+\nu_0\sigma_0^2+\sum_{i=1}^{n}(x_i-\mu)^2\right]\right\}$$

$$=\exp\left\{-\frac{1}{2\sigma^2}\left[k_0(\mu-\mu_0)^2+\nu_0\sigma_0^2+\sum_{i=1}^{n}(x_i-\bar{x})^2+n(\bar{x}-\mu)^2\right]\right\}.$$

通过推证,可得

$$h(\boldsymbol{\theta}\mid\boldsymbol{x})=h(\mu,\sigma^2\mid\boldsymbol{x})=h(\mu\mid\sigma^2,\boldsymbol{x})h(\sigma^2\mid\boldsymbol{x}),\tag{7.26}$$

其中

$$h(\mu\mid\sigma^2,\boldsymbol{x})\sim N\left(\mu_n,\frac{\sigma^2}{k_n}\right),\quad h(\sigma^2\mid\boldsymbol{x})\sim I\Gamma\left(\frac{\nu_n}{2},\frac{\nu_n\sigma_n^2}{2}\right),$$

而

$$\begin{cases}\mu_n=\dfrac{k_0}{k_0+n}\mu_0+\dfrac{n}{k_0+n}\bar{x},\\ k_n=k_0+n,\\ \nu_n=\nu_0+n,\\ \sigma_n^2=\dfrac{1}{\nu_n}\left[\nu_0\sigma_0^2+(n-1)s^2+\dfrac{k_0n}{k_0+n}(\mu_0-\bar{x})^2\right],\end{cases}$$

这里 $\bar{x}$ 为样本均值,s^2 是样本方差,即 $s^2=\dfrac{1}{n-1}\sum_{i=1}^{n}(x_i-\bar{x})^2$.

由此可知,正态-逆 Γ 分布(7.25)是正态分布 $N(\mu,\sigma^2)$(μ,σ^2 皆未知)的共轭先验分布.

将后验密度 $h(\mu,\sigma^2\mid\boldsymbol{x})$ 对 σ^2 积分可得 μ 的边缘后验密度为

$$h(\mu\mid\boldsymbol{x})=\int_0^{+\infty}h(\mu,\sigma^2\mid\boldsymbol{x})\mathrm{d}\sigma^2=\frac{\Gamma\left(\dfrac{\nu_n+1}{2}\right)}{\Gamma\left(\dfrac{\nu_n}{2}\right)\sqrt{\nu_n\pi}}\frac{\sqrt{k_n}}{\sigma_n}\left[1+\frac{1}{\nu_n}\left(\frac{\mu-\mu_n}{\sigma_n/\sqrt{k_n}}\right)^2\right]^{-\frac{\nu_n+1}{2}}.\tag{7.27}$$

令 $v=\dfrac{\mu-\mu_n}{\sigma_n/\sqrt{k_n}}$,则 v 服从自由度为 ν_n 的 t 分布,即 $v\sim t(\nu_n)$,这时 $\mu=\mu_n+\dfrac{\sigma_n}{\sqrt{k_n}}v$.

σ^2 的边缘后验密度即 $I\Gamma(\nu_n/2,\nu_n\sigma_n^2/2)$.

5. 多元正态分布 $N_p(\boldsymbol{\mu},\boldsymbol{\Sigma})$($\boldsymbol{\Sigma}$ 已知)

设 $\boldsymbol{X}=(X_1,X_2,\cdots,X_p)^{\mathrm{T}}$ 是 p 维随机向量,服从 p 维正态分布 $N_p(\boldsymbol{\mu},\boldsymbol{\Sigma})$,其中 $\boldsymbol{\Sigma}$ 已知.从此总体中抽取样本 $\boldsymbol{x}_1,\boldsymbol{x}_2,\cdots,\boldsymbol{x}_n$,则此样本的概率密度是

$$f(\boldsymbol{x}_1,\boldsymbol{x}_2,\cdots,\boldsymbol{x}_n\mid\boldsymbol{\mu})\propto\exp\left\{-\frac{1}{2}\sum_{i=1}^{n}(\boldsymbol{x}_i-\boldsymbol{\mu})^{\mathrm{T}}\boldsymbol{\Sigma}^{-1}(\boldsymbol{x}_i-\boldsymbol{\mu})\right\}.$$

设 $\boldsymbol{\mu}$ 的先验分布为

$$\pi(\boldsymbol{\mu})\sim N_p(\boldsymbol{\mu}_0,\boldsymbol{\Sigma}_0),$$

其中 $\boldsymbol{\mu}_0,\boldsymbol{\Sigma}_0$ 已知,则 $\boldsymbol{\mu}$ 后验概率密度为

$$\begin{aligned}&h(\boldsymbol{\mu}\mid\boldsymbol{x}_1,\boldsymbol{x}_2,\cdots,\boldsymbol{x}_n)\\ &\propto\exp\left\{-\frac{1}{2}(\boldsymbol{\mu}-\boldsymbol{\mu}_0)^{\mathrm{T}}\boldsymbol{\Sigma}_0^{-1}(\boldsymbol{\mu}-\boldsymbol{\mu}_0)-\frac{1}{2}\sum_{i=1}^{n}(\boldsymbol{x}_i-\boldsymbol{\mu})^{\mathrm{T}}\boldsymbol{\Sigma}^{-1}(\boldsymbol{x}_i-\boldsymbol{\mu})\right\}.\end{aligned}$$

记 $\bar{\boldsymbol{x}}=\dfrac{1}{n}\sum\limits_{i=1}^{n}\boldsymbol{x}_i$,在忽略常数因子的情况下(此处常数因子即与 $\boldsymbol{\mu}$ 无关,但可能与 $\boldsymbol{x}_1,\boldsymbol{x}_2,\cdots,\boldsymbol{x}_n,\boldsymbol{\mu}_0,\boldsymbol{\Sigma}_0,\boldsymbol{\Sigma}$ 有关),上式可改写为

$$\begin{aligned}&h(\boldsymbol{\mu}\mid\boldsymbol{x}_1,\boldsymbol{x}_2,\cdots,\boldsymbol{x}_n)\\ &\propto\exp\left\{-\frac{1}{2}(\boldsymbol{\mu}^{\mathrm{T}}\boldsymbol{\Sigma}_0^{-1}\boldsymbol{\mu}-2\boldsymbol{\mu}^{\mathrm{T}}\boldsymbol{\Sigma}_0^{-1}\boldsymbol{\mu}_0+n\boldsymbol{\mu}^{\mathrm{T}}\boldsymbol{\Sigma}^{-1}\boldsymbol{\mu}-2n\boldsymbol{\mu}^{\mathrm{T}}\boldsymbol{\Sigma}^{-1}\bar{\boldsymbol{x}}\right\}\\ &\propto\exp\left\{-\frac{1}{2}[\boldsymbol{\mu}^{\mathrm{T}}(\boldsymbol{\Sigma}_0^{-1}+n\boldsymbol{\Sigma}^{-1})\boldsymbol{\mu}-2\boldsymbol{\mu}^{\mathrm{T}}(\boldsymbol{\Sigma}_0^{-1}\boldsymbol{\mu}_0+n\boldsymbol{\Sigma}^{-1}\bar{\boldsymbol{x}})]\right\}\\ &\propto\exp\left\{-\frac{1}{2}(\boldsymbol{\mu}-\boldsymbol{\mu}_n)^{\mathrm{T}}\boldsymbol{\Sigma}_n^{-1}(\boldsymbol{\mu}-\boldsymbol{\mu}_n)\right\},\end{aligned}\tag{7.28}$$

其中

$$\begin{cases}\boldsymbol{\mu}_n=(\boldsymbol{\Sigma}_0^{-1}+n\boldsymbol{\Sigma}^{-1})^{-1}(\boldsymbol{\Sigma}_0^{-1}\boldsymbol{\mu}_0+n\boldsymbol{\Sigma}^{-1}\bar{\boldsymbol{x}}),\\ \boldsymbol{\Sigma}_n=(\boldsymbol{\Sigma}_0^{-1}+n\boldsymbol{\Sigma}^{-1})^{-1},\end{cases}$$

即有

$$h(\boldsymbol{\mu}\mid\boldsymbol{x}_1,\boldsymbol{x}_2,\cdots,\boldsymbol{x}_n)\sim N_p(\boldsymbol{\mu}_n,\boldsymbol{\Sigma}_n),$$

由此可知,$N_p(\boldsymbol{\mu},\boldsymbol{\Sigma})$($\boldsymbol{\Sigma}$ 已知)的共轭先验分布是 $N_p(\boldsymbol{\mu}_0,\boldsymbol{\Sigma}_0)$.

我们分析一下(7.28)式,其中 $\boldsymbol{\mu}_n$ 可以改写为

$$\boldsymbol{\mu}_n=\boldsymbol{P}_1\boldsymbol{\mu}_0+\boldsymbol{P}_2\bar{\boldsymbol{x}}$$

其中 $\boldsymbol{P}_1=(\boldsymbol{\Sigma}_0^{-1}+n\boldsymbol{\Sigma}^{-1})^{-1}\boldsymbol{\Sigma}_0^{-1}$,$\boldsymbol{P}_2=(\boldsymbol{\Sigma}_0^{-1}+n\boldsymbol{\Sigma}^{-1})^{-1}(n\boldsymbol{\Sigma}^{-1})$,满足 $\boldsymbol{P}_1+\boldsymbol{P}_2=\boldsymbol{I}_p$($p$ 阶单位阵).上式表明 $\boldsymbol{\mu}_n$ 是 $\boldsymbol{\mu}_0$ 和 $\bar{\boldsymbol{x}}$ 的加权平均(权是矩阵),它综合了先验信息与样本信息.

我们将常见概率分布的共轭先验分布及后验分布总结在表 7.2 中.

表 7.2 常见概率分布的共轭先验分布

总体分布	共轭先验分布	后验分布
二项分布 $b(n,\theta)$	β 分布 $\beta(a,b)$	$\beta(a+x,n+b-x)$
Poisson 分布 $P(\theta)$	Γ 分布 $\Gamma(\alpha,\lambda)$	$\Gamma(\alpha+t,n+\lambda)$,其中 $t=\sum_{i=1}^{n}x_i$
指数分布 $E(\theta)$	Γ 分布 $\Gamma(\alpha,\lambda)$	$\Gamma(\alpha+n,\lambda+t)$,其中 $t=\sum_{i=1}^{n}x_i$
指数分布 $E\left(\frac{1}{\theta}\right)$	逆 Γ 分布 $I\Gamma(\alpha,\lambda)$	$I\Gamma(\alpha+n,\lambda+t)$,其中 $t=\sum_{i=1}^{n}x_i$
正态分布 $N(\mu,\sigma^2)$ (σ^2 已知)	$N(\mu_0,\tau^2)$	$N(\hat{\mu},\gamma^2)$,其中 $\begin{cases}\hat{\mu}=\left(\frac{n}{\sigma^2}+\frac{1}{\tau^2}\right)^{-1}\left(\frac{n\bar{x}}{\sigma^2}+\frac{\mu_0}{\tau^2}\right),\\ \gamma^2=\left(\frac{n}{\sigma^2}+\frac{1}{\tau^2}\right)^{-1}\end{cases}$
正态分布 $N(\mu,\sigma^2)$ (μ 已知)	逆 Γ 分布 $I\Gamma(\alpha,\lambda)$	$I\Gamma\left(\alpha+\frac{n}{2},\lambda+\frac{t}{2}\right)$,其中 $t=\sum_{i=1}^{n}(x_i-\mu)^2$
正态分布 $N(\mu,\sigma^2)$ μ,σ^2 皆未知	$\pi(\boldsymbol{\theta})=\pi(\mu,\sigma^2)=\pi(\mu\mid\sigma^2)\pi(\sigma^2)$,其中 $\begin{cases}\pi(\mu\mid\sigma^2)\sim N\left(\mu_0,\frac{\sigma^2}{k_0}\right)\\ \pi(\sigma^2)\sim I\Gamma\left(\frac{\nu_0}{2},\frac{\nu_0\sigma_0^2}{2}\right)\end{cases}$	$h(\boldsymbol{\theta}\mid\boldsymbol{x})=h(\mu\mid\sigma^2,\boldsymbol{x})h(\sigma^2\mid\boldsymbol{x})$,其中 $\begin{cases}h(\mu\mid\sigma^2,\boldsymbol{x})\sim N\left(\mu_n,\frac{\sigma^2}{k_n}\right),\\ h(\sigma^2\mid\boldsymbol{x})\sim I\Gamma\left(\frac{\nu_n}{2},\frac{\nu_n\sigma_n^2}{2}\right),\\ \mu_n=\frac{k_0}{k_0+n}\mu_0+\frac{n}{k_0+n}\bar{x},\\ k_n=k_0+n,\\ \nu_n=\nu_0+n,\\ \sigma_n^2=\frac{1}{\nu_n}\left[\nu_0\sigma_0^2+\sum_{i=1}^{n}(x_i-\bar{x})^2+\frac{k_0n}{k_0+n}(\mu_0-\bar{x})^2\right]\end{cases}$
p 维正态分布 $N_p(\boldsymbol{\mu},\boldsymbol{\Sigma})$ ($\boldsymbol{\Sigma}$ 已知)	p 维正态分布 $N_p(\boldsymbol{\mu}_0,\boldsymbol{\Sigma}_0)$	$N_p(\boldsymbol{\mu}_n,\boldsymbol{\Sigma}_n)$,其中 $\begin{cases}\boldsymbol{\mu}_n=(\boldsymbol{\Sigma}_0^{-1}+n\boldsymbol{\Sigma}^{-1})^{-1}\cdot(\boldsymbol{\Sigma}_0^{-1}\boldsymbol{\mu}_0+n\boldsymbol{\Sigma}^{-1}\bar{\boldsymbol{x}}),\\ \boldsymbol{\Sigma}_n=(\boldsymbol{\Sigma}_0^{-1}+n\boldsymbol{\Sigma}^{-1})^{-1}\end{cases}$

7.1.6 先验分布中超参数的确定

若用共轭分布法选取 θ 的先验分布 $\pi(\theta)$,则共轭先验分布中通常含有未知参数.先验分布中所含未知参数称为超参数.例如,对二项分布 $b(n,\theta)$,取 θ 的先验分布是 $\beta(a,b)$,其中包含 2 个超参数 a 和 b;又如对正态分布 $N(\mu,\sigma^2)$(μ 未知,σ^2 已知),取 μ 的先验分布是 $N(\mu_0,\tau^2)$,其中也包含 2 个超参数 μ_0 和 τ^2,这些超参数选取不当对 Bayes 统计推断是很有影响的.超参数需要用先验信息估计,有许多估计方法.

1. 利用先验矩

此方法需要利用参数 θ 的若干经验或观测值,记为 $\theta_1,\theta_2,\cdots,\theta_k$,它们一般是从历史数据中整理加工获得的.由统计学中的矩估计法,令 $\theta_1,\theta_2,\cdots,\theta_k$ 的样本矩等于先验分布 $\pi(\theta)$ 的总体矩而得到 $\pi(\theta)$ 中超参数的估计值.这种做法实际上是基于 Bayes 统计的观点,因为 θ 理解为随机变量,那么根据历史数据可以得到 θ 的观测值 $\theta_1,\theta_2,\cdots,\theta_k$.这种情况在很多场合是符合实际的,例如某产品的废品率 θ,利用以往记录的废品率的历史数据,可得到 $\theta_1,\theta_2,\cdots,\theta_k$.

例 7.6 (1) 设未知参数 θ 服从 β 分布

$$\theta \sim \beta(a,b),$$

若得到 θ 的值 $\theta_1,\theta_2,\cdots,\theta_k$,用矩估计法估计超参数 a,b;

(2) 设未知参数 θ 服从 Γ 分布

$$\theta \sim \Gamma(\alpha,\lambda),$$

若得到 θ 的值 $\theta_1,\theta_2,\cdots,\theta_k$,用矩估计法估计超参数 α,λ.

解 (1) 因

$$\mathrm{E}(\theta)=\frac{a}{a+b},\quad \mathrm{Var}(\theta)=\frac{ab}{(a+b)^2(a+b+1)},$$

令 $\bar{\theta}=\frac{1}{k}\sum_{i=1}^{k}\theta_i, s_\theta^2=\frac{1}{k-1}\sum_{i=1}^{k}(\theta_i-\bar{\theta})^2$ 分别等于 $\mathrm{E}(\theta),\mathrm{Var}(\theta)$,得方程组

$$\begin{cases}\dfrac{a}{a+b}=\bar{\theta},\\[2ex] \dfrac{ab}{(a+b)^2(a+b+1)}=s_\theta^2,\end{cases}$$

解之,得超参数 a,b 的估计值为

$$\begin{cases} \hat{a} = \bar{\theta}\left(\dfrac{(1-\bar{\theta})\bar{\theta}}{s_\theta^2} - 1\right), \\ \hat{b} = (1-\bar{\theta})\left(\dfrac{(1-\bar{\theta})\bar{\theta}}{s_\theta^2} - 1\right). \end{cases} \tag{7.29}$$

(2) 因

$$\mathrm{E}(\theta) = \frac{\alpha}{\lambda}, \quad \mathrm{Var}(\theta) = \frac{\alpha}{\lambda^2},$$

以 $\bar{\theta}, s_\theta^2$ 代 $\mathrm{E}(\theta), \mathrm{Var}(\theta)$，得方程组

$$\begin{cases} \dfrac{\alpha}{\lambda} = \bar{\theta}, \\ \dfrac{\alpha}{\lambda^2} = s_\theta^2, \end{cases}$$

解得超参数 α, λ 的估计值为

$$\begin{cases} \hat{\alpha} = \dfrac{\bar{\theta}^2}{s_\theta^2}, \\ \hat{\lambda} = \dfrac{\bar{\theta}}{s_\theta^2}. \end{cases} \tag{7.30}$$

例 7.7 (1) 掷一枚硬币，出正面的概率记为 θ. 根据先前试验得到的 θ 的值是

0.48, 0.51, 0.54, 0.45, 0.47, 0.46, 0.55, 0.53, 0.44, 0.56.

设 θ 的先验分布是 $\beta(a,b)$，估计超参数 a, b；

(2) 某城市一段时间内交通死亡人数服从 Poisson 分布 $P(\theta)$. 根据历史统计资料，θ 取下列数值：

5.2, 4.9, 5.0, 5.7, 4.8, 4.7, 4.6, 5.3, 5.4, 5.8.

设 θ 的先验分布是 $\Gamma(\alpha,\lambda)$，求 α, λ 的矩估计 $\hat{\alpha}, \hat{\lambda}$.

解 (1) 由 θ 的观测值算得

$$\bar{\theta} = 0.499, \qquad s_\theta^2 = 0.001\,965\,6.$$

由(7.29)式可得超参数 a 和 b 的估计分别为

$$\hat{a} = 62.968\,8, \qquad \hat{b} = 63.221\,2,$$

故

$$\pi(\theta) \sim \beta(62.968\,8, 63.221\,2).$$

(2) 算得

$$\bar{\theta} = 5.14, \qquad s_\theta^2 = 0.169\,333\,3.$$

由(7.30)式，算得

$$\hat{\alpha} = 156.021\ 3, \qquad \hat{\lambda} = 30.354\ 3,$$

故

$$\pi(\theta) \sim \Gamma(156.021\ 3, 30.354\ 3).$$

2. 利用先验分位数

设先验分布 $\pi(\theta)$ 中有 l 个超参数，若能根据经验与历史资料确定 $\pi(\theta)$ 的 l 个分位数，则可列出 l 个方程，由此一般可确定出 $\pi(\theta)$ 中的 l 个超参数. 下面以 $\pi(\theta) \sim \beta(a,b)$ 为例说明此方法，若根据以往资料与信息可确定 β 分布的2个分位数，就可确定其中的超参数 a,b. 例如已知其上、下四分位数 θ_U 与 θ_L，则 θ_U,θ_L 满足下列方程组：

$$\begin{cases} \displaystyle\int_0^{\theta_L} \frac{\Gamma(a+b)}{\Gamma(a)\Gamma(b)}\theta^{a-1}(1-\theta)^{b-1}\mathrm{d}\theta = 0.25, \\ \displaystyle\int_0^{\theta_U} \frac{\Gamma(a+b)}{\Gamma(a)\Gamma(b)}\theta^{a-1}(1-\theta)^{b-1}\mathrm{d}\theta = 0.75, \end{cases}$$

解此方程组，得 a,b.

基于 SAS 软件可用探索方法求解上式. 事实上，SAS 函数 betainv(x,a,b) 即计算 $\beta(a,b)$ 的 x 分位数. 对于不同的 a,b，分别计算 θ_L = betainv(0.25,a,b) 和 θ_U =betainv(0.75,a,b)，若对某组 a,b 的值，求得的 θ_L 和 θ_U 与所给定的值最接近，则选取该 a,b 的值为超参数的估计值.

例 7.8 在一次独立试验中某事件发生的概率是 θ，取 θ 的先验分布是 $\beta(a,b)$. 根据过去的经验得到 θ 的下、上四分位数 $\theta_L = 0.29, \theta_U = 0.50$. 估计超参数 a,b.

解 对 a,b 的不同值，按上述方法计算 $\beta(a,b)$ 的下、上四分位数 θ_L,θ_U，考察当 a,b 取何值时算出的 (θ_L,θ_U) 值与(0.29,0.50) 最接近，则相应的 a,b 值即为这两个超参数的估计值. 计算结果如表 7.3 所示：

表 7.3 不同 a,b 值下的 $\beta(a,b)$ 分布的下、上四分位数

(a,b)	θ_L	θ_U	(a,b)	θ_L	θ_U
(2,2)	0.326 35	0.673 65	(4,1)	0.707 11	0.930 60
(2,3)	0.243 02	0.543 68	(4,2)	0.545 82	0.806 24
(2,4)	0.193 76	0.454 18	(4,3)	0.446 80	0.703 08
(3,1)	0.629 96	0.908 56	(4,4)	0.378 85	0.621 15
(3,2)	0.456 32	0.756 98	(4,5)	0.329 08	0.555 49
(3,3)	0.359 44	0.640 56	(4,6)	0.290 99	0.501 99
(3,4)	0.296 92	0.553 20	(4,8)	0.236 40	0.420 47
(3,5)	0.253 07	0.486 10	(4,10)	0.199 13	0.361 48
(3,7)	0.195 51	0.390 54	(5,4)	0.444 51	0.670 92
(3,10)	0.145 85	0.301 18	(5,10)	0.247 10	0.411 68

从计算结果看,$(a,b)=(4,6)$ 对应的 θ_L,θ_U 分别与 0.29,0.50 最接近,故先验分布取为 $\beta(4,6)$.

§7.2 Bayes 统计推断

前节主要介绍了 Bayes 公式、先验分布的选取,以及先验分布中超参数的估计等.本节介绍 Bayes 统计推断的基本内容,包括参数的 Bayes 点估计与区间估计、Bayes 假设检验等.

7.2.1 参数的 Bayes 点估计

设 θ 是样本分布 $f(\boldsymbol{x}\mid\theta)$ 中的未知参数,其中 $\boldsymbol{x}=(x_1,x_2,\cdots,x_n)^{\mathrm{T}}$.设 θ 的先验分布是 $\pi(\theta)$,由 Bayes 公式,θ 的后验分布

$$h(\theta\mid\boldsymbol{x})\propto\pi(\theta)f(\boldsymbol{x}\mid\theta)=\pi(\theta)L(\theta\mid\boldsymbol{x}),$$

这个后验分布 $h(\theta\mid\boldsymbol{x})$ 是进行 θ 的 Bayes 点估计的出发点.参数的 Bayes 点估计包括:

(1) 最大后验估计.

设 $\theta\in\Theta$,使后验分布 $h(\theta\mid\boldsymbol{x})$ 达到最大值的点 $\hat{\theta}_{MD}$ 称为 θ 的最大后验估计,即

$$h(\hat{\theta}_{MD}\mid\boldsymbol{x})=\sup_{\theta\in\Theta}h(\theta\mid\boldsymbol{x}). \tag{7.31}$$

(2) 后验均值估计(后验期望估计).

后验分布 $h(\theta\mid\boldsymbol{x})$ 的均值称为 θ 的后验均值估计(或后验期望估计),记为 $\hat{\theta}_E$, 即

$$\hat{\theta}_E=\mathrm{E}(\theta\mid\boldsymbol{x})=\int_{\Theta}\theta h(\theta\mid\boldsymbol{x})\mathrm{d}\theta. \tag{7.32}$$

(3) 后验中位数估计.

若 $\hat{\theta}_{Me}$ 是后验分布 $h(\theta\mid\boldsymbol{x})$ 的中位数,则 $\hat{\theta}_{Me}$ 称为 θ 的后验中位数估计.即若

$$\int_{-\infty}^{u_{0.5}}h(\theta\mid\boldsymbol{x})\mathrm{d}\theta=0.5, \tag{7.33}$$

则后验中位数估计 $\hat{\theta}_{Me}=u_{0.5}$.

以上三种估计统称 θ 的 Bayes 估计,记为 $\hat{\theta}_B$ 或简记为 $\hat{\theta}$.它们皆是样本观测值 $\boldsymbol{x}=(x_1,x_2,\cdots,x_n)^{\mathrm{T}}$ 的函数,即

$$\hat{\theta}=\hat{\theta}(\boldsymbol{x})=\hat{\theta}(x_1,x_2,\cdots,x_n).$$

在一般场合下,这三种估计是不同的,当后验分布 $h(\theta\mid\boldsymbol{x})$ 对称且单峰时,这三

种估计相等.

下面给出几种常见概率分布中参数的最大后验估计$\hat{\theta}_{MD}$与后验均值估计$\hat{\theta}_E$.

1. 二项分布 $b(n,\theta)$

(1) 最大后验估计$\hat{\theta}_{MD}$.

设 θ 的先验分布 $\pi(\theta) \sim \beta(a,b)$, 则由(7.22)式得其后验分布满足

$$h(\theta \mid x) \propto \theta^{x+a-1}(1-\theta)^{n+b-x-1},$$

因此

$$\ln h(\theta \mid x) = (x+a-1)\ln\theta + (n+b-x-1)\ln(1-\theta) + c,$$

其中 c 与 θ 无关.令

$$\frac{\mathrm{d}\ln h(\theta \mid x)}{\mathrm{d}\theta} = \frac{x+a-1}{\theta} - \frac{n+b-x-1}{1-\theta} = 0$$

得

$$\hat{\theta}_{MD} = \frac{a+x-1}{a+b+n-2}. \tag{7.34}$$

当 θ 的先验分布取为 $U(0,1)$(即 $\beta(1,1)$) 时,

$$\hat{\theta}_{MD} = \frac{x}{n}. \tag{7.35}$$

(2) 后验均值估计 $\hat{\theta}_E$.

因 β 分布 $\beta(a,b)$ 的期望是$\frac{a}{a+b}$,而 θ 的后验分布 $h(\theta \mid x) \sim \beta(a+x, n+b-x)$,故 θ 的后验均值估计为

$$\hat{\theta}_E = \frac{a+x}{n+a+b}. \tag{7.36}$$

当 θ 的先验分布取为 $U(0,1)$(即 $\beta(1,1)$) 时,

$$\hat{\theta}_E = \frac{x+1}{n+2}. \tag{7.37}$$

由此可见,当 θ 的先验分布取为 $U(0,1)$ 时,$\hat{\theta}_{MD}$ 是以频率作为概率 θ 的估计,它与经典统计中的估计相同,而$\hat{\theta}_E$ 则不然.实际上,用$\hat{\theta}_E$ 作为 θ 的估计在某些场合更合理.例如,在抽样检查中,要对产品合格率 θ 进行估计,若抽取 3 个,合格品是 3 个,则

$$\hat{\theta}_{MD} = 1, \qquad \hat{\theta}_E = 0.8.$$

若抽取 10 个,合格品是 10 个,则

$$\hat{\theta}_{MD} = 1, \qquad \hat{\theta}_E = 0.917.$$

从经验来看,从“取 3 个产品,合格品是 3 个”或“取 10 个产品,合格品是 10 个”

就断言合格率是 1 是不甚合理的.从“取 3 个产品,合格品是 3 个”与“取 10 个产品,合格品是 10 个”这两个事件来看,似乎后者对合格率的估计应更高一些.而应用后验均值估计,对前者的估计为 $\hat{\theta}_E = 0.8$,后者 $\hat{\theta}_E = 0.917$,这是符合经验与常识的.由此可见,后验均值估计确比经典的频率估计有时更具合理性.

可以用后验标准差计算 $\hat{\theta}_E$ 估计的精度,后验标准差为

$$s_\theta = s(\theta \mid \boldsymbol{x}) = \sqrt{\mathrm{Var}(\theta \mid \boldsymbol{x})}, \tag{7.38}$$

其中 $\mathrm{Var}(\theta \mid \boldsymbol{x})$ 是后验分布的方差.

当后验分布是 $\beta(x+a, n+b-x)$ 时,

$$s_\theta = \sqrt{\frac{(x+a)(a+b-x)}{(n+a+b)^2(n+a+b+1)}}.$$

2. Poisson 分布 $P(\theta)$

(1) 最大后验估计 $\hat{\theta}_{MD}$.

由(7.23)式,当取 θ 的先验分布为 $\Gamma(\alpha, \lambda)$ 时,其后验分布满足

$$h(\theta \mid \boldsymbol{x}) \propto \theta^{t+\alpha-1}\exp\{-(n+\lambda)\theta\} = \theta^{n\bar{x}+\alpha-1}\exp\{-(n+\lambda)\theta\},$$

其中 $t = \sum_{i=1}^{n} x_i$, $\bar{x} = \frac{1}{n}\sum_{i=1}^{n} x_i$ 是样本均值.由此易求得 θ 的最大后验估计为

$$\hat{\theta}_{MD} = \frac{n\bar{x}+\alpha-1}{n+\lambda}. \tag{7.39}$$

$\hat{\theta}_{MD}$ 可以用加权的形式表示为

$$\hat{\theta}_{MD} = \frac{n}{n+\lambda}\bar{x} + \frac{\lambda}{n+\lambda}\cdot\frac{\alpha-1}{\lambda}.$$

(2) 后验均值估计 $\hat{\theta}_E$.

因 Γ 分布 $\Gamma(\alpha, \lambda)$ 的期望、方差各为 $\frac{\alpha}{\lambda}$, $\frac{\alpha}{\lambda^2}$,而当 $\pi(\theta) \sim \Gamma(\alpha, \lambda)$ 时,θ 的后验分布 $h(\theta \mid \boldsymbol{x}) \sim \Gamma(n\bar{x}+\alpha, n+\lambda)$,故得 θ 的后验均值估计为

$$\hat{\theta}_E = \frac{n\bar{x}+\alpha}{n+\lambda}. \tag{7.40}$$

后验标准差为

$$s_\theta = \frac{\sqrt{n\bar{x}+\alpha}}{n+\lambda}.$$

$\hat{\theta}_E$ 可以用加权的形式表示为

$$\hat{\theta}_E = \frac{n}{n+\lambda}\cdot\bar{x} + \frac{\lambda}{n+\lambda}\cdot\frac{\alpha}{\lambda}.$$

3. 指数分布 $E\left(\frac{1}{\theta}\right)$

(1) 最大后验估计$\hat{\theta}_{MD}$.

由 7.1.5 节知,若 θ 的先验分布取为 $I\Gamma(\alpha,\lambda)$,则 θ 的后验分布是 $I\Gamma(\alpha+n,\lambda+t)$,其中 $t=\sum_{i=1}^{n}x_i$, 从而由

$$h(\theta\mid \boldsymbol{x}) \propto \left(\frac{1}{\theta}\right)^{\alpha+n+1}\exp\left(-\frac{\lambda+t}{\theta}\right)$$

易得 θ 的最大后验估计为

$$\hat{\theta}_{MD}=\frac{\lambda+t}{\alpha+n+1}=\frac{\lambda+n\bar{x}}{\alpha+n+1}. \tag{7.41}$$

(2) 后验均值估计 $\hat{\theta}_E$.

因 $I\Gamma(\alpha,\lambda)$ 分布的期望、方差分别是$\frac{\lambda}{\alpha-1}$,$\frac{\lambda^2}{(\alpha-1)^2(\alpha-2)}$,故 θ 的后验均值估计为

$$\hat{\theta}_E=\frac{\lambda+t}{\alpha+n-1}=\frac{\lambda+n\bar{x}}{\alpha+n-1}, \tag{7.42}$$

其中 $t=\sum_{i=1}^{n}x_i,\bar{x}=\frac{1}{n}\sum_{i=1}^{n}x_i$.

又后验标准差为

$$s_\theta=\frac{\lambda+n\bar{x}}{(\alpha+n-1)\sqrt{\alpha+n-2}}.$$

4. 正态分布 $N(\mu,\sigma^2)$

(1) μ 未知,σ^2 已知.

设μ 的先验分布是 $N(\mu_0,\tau^2)$,由(7.8) 式知μ 的后验分布是 $N(\hat{\mu},\gamma^2)$,其中 $\hat{\mu}$ 及 γ^2 如(7.9) 式所示, 由正态分布的对称性得

$$\hat{\mu}_{MD}=\hat{\mu}_E=\hat{\mu}=\left(\frac{n}{\sigma^2}+\frac{1}{\tau^2}\right)^{-1}\left(\frac{n\bar{x}}{\sigma^2}+\frac{\mu_0}{\tau^2}\right), \tag{7.43}$$

而后验标准差

$$s_\mu=\gamma=\sqrt{\left(\frac{n}{\sigma^2}+\frac{1}{\tau^2}\right)^{-1}}.$$

(2) μ 已知,σ^2 未知.

设 $\theta=\sigma^2$ 的先验分布是 $I\Gamma(\alpha,\lambda)$,由(7.24) 式知 θ 的后验分布是 $I\Gamma(\alpha+$

$\frac{n}{2}, \lambda + \frac{t}{2}$)，其中 $t = \sum_{i=1}^{n} (x_i - \mu)^2$，即

$$h(\theta \mid \boldsymbol{x}) \propto \left(\frac{1}{\theta}\right)^{\alpha + \frac{n}{2} + 1} \exp\left\{-\frac{1}{\theta}\left(\lambda + \frac{t}{2}\right)\right\},$$

由此可得

$$\hat{\theta}_{MD} = \frac{2\lambda + t}{2\alpha + n + 2}, \quad \hat{\theta}_E = \frac{2\lambda + t}{2\alpha + n - 2}, \tag{7.44}$$

又后验标准差为

$$s_\theta = \frac{\lambda + \frac{t}{2}}{\left(\alpha + \frac{n}{2} - 1\right)\sqrt{\alpha + \frac{n}{2} - 2}}.$$

(3) μ, σ^2 均未知.

当 $\boldsymbol{\theta} = (\mu, \sigma^2)^{\mathrm{T}}$ 的先验分布是

$$\pi(\boldsymbol{\theta}) = \pi(\mu, \sigma^2) = \pi(\mu \mid \sigma^2)\pi(\sigma^2)$$

$\left(\text{其中 } \pi(\mu \mid \sigma^2) \sim N(\mu_0, \sigma^2/k_0), \pi(\sigma^2) \sim I\Gamma\left(\frac{\nu_0}{2}, \frac{\nu_0\sigma_0^2}{2}\right)\right)$ 时，令

$$\mu = \mu_n + \frac{\sigma_n}{\sqrt{k_n}} v,$$

由(7.27)式，$v = \frac{\mu - \mu_n}{\sigma_n / \sqrt{k_n}}$ 服从自由度为 ν_n 的 t 分布 $t(\nu_n)$，其中

$$\begin{cases} \mu_n = \dfrac{k_0}{k_0 + n}\mu_0 + \dfrac{n}{k_0 + n}\bar{x}, \\ k_n = k_0 + n, \\ \nu_n = \nu_0 + n, \\ \sigma_n^2 = \dfrac{1}{\nu_n}\left[\nu_0\sigma_0^2 + \sum\limits_{i=1}^{n} (x_i - \bar{x})^2 + \dfrac{k_0 n}{k_0 + n}(\mu_0 - \bar{x})^2\right]. \end{cases} \tag{7.45}$$

由 t 分布的对称性可得

$$\hat{\mu}_{MD} = \hat{\mu}_E = \mu_n = \frac{k_0}{k_0 + n}\mu_0 + \frac{n}{k_0 + n}\bar{x}. \tag{7.46}$$

由自由度为 n 的 t 分布 $t(n)$ 的方差是 $\frac{n}{n-2}(n > 2)$，可知 μ 的后验标准差为

$$s_{\mu} = \sqrt{\frac{\nu_n}{\nu_n - 2}} \cdot \frac{\sigma_n}{\sqrt{k_n}}.$$

由 σ^2 的后验分布服从 $I\Gamma\left(\frac{\nu_n}{2}, \frac{\nu_n \sigma_n^2}{2}\right)$，可得

$$\hat{\sigma}_{MD}^2 = \frac{\nu_n \sigma_n^2}{\nu_n + 2}, \quad \hat{\sigma}_E^2 = \frac{\nu_n \sigma_n^2}{\nu_n - 2}. \tag{7.47}$$

又 σ^2 的后验标准差为

$$s_{\sigma^2} = \frac{\nu_n \sigma_n^2}{(\nu_n - 2)\sqrt{\nu_n/2 - 2}}.$$

5. 多维正态分布 $N_p(\boldsymbol{\mu}, \boldsymbol{\Sigma})$（$\boldsymbol{\Sigma}$ 已知）

设 p 维总体服从正态分布 $N_p(\boldsymbol{\mu}, \boldsymbol{\Sigma})$，其中 $\boldsymbol{\mu}$ 未知，$\boldsymbol{\Sigma}$ 已知. 设 $\boldsymbol{\mu}$ 的先验分布为正态分布 $N_p(\boldsymbol{\mu}_0, \boldsymbol{\Sigma}_0)$，则由（7.28）式，$\boldsymbol{\mu}$ 的后验分布是 $N_p(\boldsymbol{\mu}_n, \boldsymbol{\Sigma}_n)$，其中

$$\begin{cases} \boldsymbol{\mu}_n = (\boldsymbol{\Sigma}_0^{-1} + n\boldsymbol{\Sigma}^{-1})^{-1}(\boldsymbol{\Sigma}_0^{-1}\boldsymbol{\mu}_0 + n\boldsymbol{\Sigma}^{-1}\bar{\boldsymbol{x}}), \\ \boldsymbol{\Sigma}_n = (\boldsymbol{\Sigma}_0^{-1} + n\boldsymbol{\Sigma}^{-1})^{-1}, \end{cases}$$

这里 $\bar{\boldsymbol{x}} = \frac{1}{n}\sum_{i=1}^{n} \boldsymbol{x}_i$. 因此，得到 $\boldsymbol{\mu}$ 的 Bayes 估计

$$\hat{\boldsymbol{\mu}}_{MD} = \hat{\boldsymbol{\mu}}_E = \boldsymbol{\mu}_n. \tag{7.48}$$

因 $\boldsymbol{\Sigma}_n$ 是矩阵，取它的行列式 $\det(\boldsymbol{\Sigma}_n)$ 作为广义方差，故**后验广义方差**是

$$\det(\boldsymbol{\Sigma}_n) = \det[(\boldsymbol{\Sigma}_0^{-1} + n\boldsymbol{\Sigma}^{-1})^{-1}].$$

例 7.9 对 $n = 20$ 人测得身体各部位的 6 个指标的值，已算得样本均值为

$$\bar{\boldsymbol{x}} = (178.6, 35.4, 56.1, 9.45, 145.55, 70.30)^{\mathrm{T}},$$

样本协方差阵为

$$\boldsymbol{S} = \begin{bmatrix} 609.621 & 68.800 & -65.116 & -50.863 & -761.716 & -286.505 \\ 68.800 & 10.253 & -8.147 & -9.347 & -129.337 & -31.442 \\ -65.116 & -8.147 & 51.589 & 5.742 & 101.521 & 12.916 \\ -50.863 & -9.347 & 5.742 & 27.945 & 230.108 & 134.384 \\ -761.716 & -129.337 & 101.521 & 230.108 & 3\,914.576 & 2\,146.984 \\ -286.505 & -31.442 & 12.916 & 134.384 & 2\,146.984 & 2\,629.379 \end{bmatrix}.$$

设总体服从 $N_6(\boldsymbol{\mu}, \boldsymbol{\Sigma})$，其中 $\boldsymbol{\Sigma}$ 未知，以上述 $\boldsymbol{S}$ 替代. 又设 $\boldsymbol{\mu}$ 的先验分布是 $N_6(\boldsymbol{\mu}_0, \boldsymbol{\Sigma}_0)$，其中

$$\boldsymbol{\mu}_0 = (180, 35, 56, 10, 146, 70)^{\mathrm{T}},$$

$$\boldsymbol{\Sigma}_0=\begin{bmatrix} 600 & 70 & -65 & -50 & -760 & -290 \\ 70 & 10 & -8 & -9 & -130 & -32 \\ -65 & -8 & 52 & 6 & 100 & 13 \\ -50 & -9 & 6 & 28 & 230 & 135 \\ -760 & -130 & 100 & 230 & 3\,915 & 2\,150 \\ -290 & -32 & 13 & 135 & 2\,150 & 2\,630 \end{bmatrix}.$$

求 $\boldsymbol{\mu}$ 的 Bayes 估计 $\hat{\boldsymbol{\mu}}_{MD}$, $\hat{\boldsymbol{\mu}}_E$.

解 对于多元正态分布, $\hat{\boldsymbol{\mu}}_{MD}=\hat{\boldsymbol{\mu}}_E=\boldsymbol{\mu}_n$, 其中

$$\boldsymbol{\mu}_n=(\boldsymbol{\Sigma}_0^{-1}+n\boldsymbol{\Sigma}^{-1})^{-1}(\boldsymbol{\Sigma}_0^{-1}\boldsymbol{\mu}_0+n\boldsymbol{\Sigma}^{-1}\bar{\boldsymbol{x}}).$$

上式中 $\boldsymbol{\Sigma}$ 以 $\boldsymbol{S}$ 代之, $n=20$. 由 SAS 系统 proc iml 过程算得

$$\hat{\boldsymbol{\mu}}_n=(178.736\,7, 35.369\,5, 56.098\,3, 9.483\,8, 145.544\,7, 70.281\,3)^{\mathrm{T}}.$$

记

$$\boldsymbol{S}_\mu=\operatorname{Cov}(\boldsymbol{\mu}\mid\boldsymbol{x})=(\boldsymbol{\Sigma}_0^{-1}+n\boldsymbol{S}^{-1})^{-1},$$

得

$$\boldsymbol{S}_\mu=\begin{bmatrix} 28.991 & 3.281 & -3.101 & -2.422 & -36.262 & -13.650 \\ 3.281 & 0.487 & -0.388 & -0.444 & -6.161 & -1.499 \\ -3.101 & -0.388 & 2.457 & 0.274 & 4.831 & 0.615 \\ -2.422 & -0.444 & 0.274 & 1.331 & 10.958 & 6.401 \\ -36.262 & -6.161 & 4.831 & 10.958 & 186.407 & 102.244 \\ -13.650 & -1.499 & 0.615 & 6.401 & 102.244 & 125.210 \end{bmatrix}.$$

进一步可算得

$$\det(\boldsymbol{S}_\mu)=2\,160.324.$$

而经典统计中, 以 $\bar{\boldsymbol{x}}$ 作为 $\boldsymbol{\mu}$ 的估计, 又

$$\boldsymbol{S}_{\bar{x}}=\operatorname{Cov}(\bar{\boldsymbol{x}})=\frac{1}{n}\boldsymbol{\Sigma},$$

以 $\boldsymbol{S}$ 代替 $\boldsymbol{\Sigma}$ 可算得

$$\det(\boldsymbol{S}_{\bar{x}})=30\,109.652.$$

由此可见, 在广义方差下, Bayes 估计 $\boldsymbol{\mu}_n$ 的精度要比 $\bar{\boldsymbol{x}}$ 高.

7.2.2 Bayes 区间估计

在 Bayes 统计中, 未知参数理解为随机变量, 它具有后验分布 $h(\theta\mid\boldsymbol{x})$ ($\boldsymbol{x}$ 是样本观测值), 由此容易确定 θ 落入某一区间的概率. 因此, Bayes 区间估计的解释是非常自然的, 其区间估计方法比经典方法容易处理. 下面给出经典统计和

Bayes 统计中置信区间的定义并说明经典区间估计与 Bayes 区间估计解释的不同.

(1) 经典区间估计:参数 θ 是未知常数(非随机变量),其置信度为 $1-\alpha$ 的区间估计 $[\theta_L,\theta_U]$ 满足

$$P_\theta(\theta_L \leqslant \theta \leqslant \theta_U)=1-\alpha,$$

理解为随机区间 $[\theta_L,\theta_U]$ 包含常数 θ 的概率是 $1-\alpha$(θ_L,θ_U 是样本 $\boldsymbol{x}$ 的函数,是随机变量).

(2) Bayes 区间估计:参数 θ 是随机变量,其后验分布是 $h(\theta\mid \boldsymbol{x})$($\boldsymbol{x}$ 是样本观测值),θ 的可信度为 $1-\alpha$ 的区间估计满足

$$\begin{aligned}P_{\boldsymbol{x}}(\theta_L \leqslant \theta \leqslant \theta_U)&=P(\theta_L \leqslant \theta \leqslant \theta_U\mid \boldsymbol{x})\\&=\int_{\theta_L}^{\theta_U} h(\theta\mid \boldsymbol{x})\mathrm{d}\theta=1-\alpha,\end{aligned}\tag{7.49}$$

即在得到样本观测值 $\boldsymbol{x}$ 的条件下,随机变量 θ 取值于区间 $[\theta_L,\theta_U]$ 的概率是 $1-\alpha$(其中 θ_L,θ_U 是样本观测值 $\boldsymbol{x}$ 的函数,是确定的量).

显然,Bayes 区间估计容易理解,也符合人们的常识.和经典区间估计一样,Bayes 区间估计 $[\theta_L,\theta_U]$ 也不是惟一的,一种通常的取法是 θ_L 是后验分布 $h(\theta\mid \boldsymbol{x})$ 的$\alpha/2$ 分位数,θ_U 是 $h(\theta\mid \boldsymbol{x})$ 的 $1-\alpha/2$ 分位数,这时,得到的 $[\theta_L,\theta_U]$ 满足(7.49) 式.这种 Bayes 区间估计称为等尾可信区间.

等尾可信区间常被采用,但不是最优的,最优可信区间的长度应该最短.为此,要把具有较大后验密度的点都包含在区间内,而在区间外的点处的后验密度值不超过区间内的点处的后验密度值,这样的区间称为最大后验密度可信区间,其定义如下.

对于给定的可信概率 $1-\alpha$,若存在区间 I 满足

(1) $P(\theta\in I\mid \boldsymbol{x})=\int_I h(\theta\mid \boldsymbol{x})\mathrm{d}\theta=1-\alpha$;

(2) 任给 $\theta_1\in I,\theta_2\notin I$, 总有 $h(\theta_1\mid \boldsymbol{x})\geqslant h(\theta_2\mid \boldsymbol{x})$,

则称 I 是参数 θ 的可信度为 $1-\alpha$ 的**最大后验密度(HPD) 可信区间,简称($1-\alpha$)HPD 可信区间**.

当后验密度是单峰、对称时,($1-\alpha$)HPD 可信区间即等尾可信区间.

下面给出几种常见概率分布中参数的等尾可信区间.为便于应用 SAS 软件,以下所涉及的几种分布的分位数我们均用 SAS 函数的形式表示.

1. 二项分布 $b(n,\theta)$

设 θ 的先验分布 $\pi(\theta)$ 是 $\beta(a,b)$,则其后验分布 $h(\theta\mid x)$ 是 $\beta(a+x,n+b-x)$,故 θ 的 $1-\alpha$ 等尾可信区间是 $[\theta_L,\theta_U]$, 其中

$$\begin{cases}\theta_L = u_{\alpha/2} = \text{betainv}\left(\dfrac{\alpha}{2}, a + x, n + b - x\right),\\ \theta_U = u_{1-\alpha/2} = \text{betainv}\left(1 - \dfrac{\alpha}{2}, a + x, n + b - x\right),\end{cases} \tag{7.50}$$

其中 betainv (x, a_1, a_2) 是 SAS 函数,表示参数为 a_1 和 a_2 的 β 分布的 x 分位数.

2. Poisson 分布 $P(\theta)$

设 θ 的先验分布是 $\Gamma(\alpha_0, \lambda_0)$,则其后验分布是 $\Gamma(\alpha_0 + t, n + \lambda_0)$,其中 $t = \sum_{i=1}^{n} x_i$.由于 SAS 函数 gaminv(p, α_0) 计算的是 $\Gamma(\alpha_0, 1)$ 的 p 分位数,可通过变换得到 $\Gamma(\alpha_0, \lambda_0)$ 的 p 分位数 u_p 与 gaminv(p, α_0) 的关系.事实上,对于 $\Gamma(\alpha_0, \lambda_0)$ 分布,由

$$\int_0^{u_p} \frac{\lambda_0^{\alpha_0}}{\Gamma(\alpha_0)} t^{\alpha_0 - 1} \mathrm{e}^{-\lambda_0 t} \mathrm{d}t = p,$$

令 $y = \lambda_0 t$, 则有

$$\int_0^{\lambda_0 u_p} \frac{1}{\Gamma(\alpha_0)} y^{\alpha_0 - 1} \mathrm{e}^{-y} \mathrm{d}y = p,$$

此式中被积函数正是 $\Gamma(\alpha_0, 1)$ 的概率密度函数,因此有

$$\lambda_0 u_p = \text{gaminv}(p, \alpha_0),$$

从而 $\Gamma(\alpha_0, \lambda_0)$ 的 p 分位数可表示为

$$u_p = \text{gaminv}(p, \alpha_0) / \lambda_0. \tag{7.51}$$

由(7.51)式及 θ 的后验分布为 $\Gamma(\alpha_0 + t, n + \lambda_0)$ 可得 θ 的 $1 - \alpha$ 等尾可信区间是$[\theta_L, \theta_U]$, 其中

$$\begin{cases}\theta_L = u_{\alpha/2} = \dfrac{\text{gaminv}\left(\dfrac{\alpha}{2}, \alpha_0 + t\right)}{n + \lambda_0},\\ \theta_U = u_{1-\alpha/2} = \dfrac{\text{gaminv}\left(1 - \dfrac{\alpha}{2}, \alpha_0 + t\right)}{n + \lambda_0}.\end{cases} \tag{7.52}$$

3. 指数分布 $E\left(\dfrac{1}{\theta}\right)$

设 θ 的先验分布 $\pi(\theta)$ 是逆 Γ 分布 $I\Gamma(\alpha_0, \lambda_0)$,则 θ 的后验分布是 $I\Gamma(\alpha_0 + n, \lambda_0 + t)$,其中 $t = \sum_{i=1}^{n} x_i$.通过上述类似的变换过程可得 θ 的 $1 - \alpha$ 等尾可信区间是$[\theta_L, \theta_U]$, 其中

$$\begin{cases} \theta_L = u_{\alpha/2} = \dfrac{\lambda_0 + t}{\text{gaminv}\left(1 - \dfrac{\alpha}{2}, \alpha_0 + n\right)}, \\ \theta_U = u_{1-\alpha/2} = \dfrac{\lambda_0 + t}{\text{gaminv}\left(\dfrac{\alpha}{2}, \alpha_0 + n\right)}. \end{cases} \tag{7.53}$$

4. 正态分布 $N(\mu, \sigma^2)$

(1) μ 未知, σ^2 已知.

设 μ 的先验分布是 $N(\mu_0, \tau^2)$, 则 μ 的后验分布是 $N(\hat{\mu}, \gamma^2)$, 其中

$$\begin{cases} \hat{\mu} = \left(\dfrac{n}{\sigma^2} + \dfrac{1}{\tau^2}\right)^{-1}\left(\dfrac{n\bar{x}}{\sigma^2} + \dfrac{\mu_0}{\tau^2}\right), \\ \gamma^2 = \left(\dfrac{n}{\sigma^2} + \dfrac{1}{\tau^2}\right)^{-1}. \end{cases}$$

在样本给定条件下, $\dfrac{\mu - \hat{\mu}}{\gamma} \sim N(0,1)$, 故

$$P\left(\left|\frac{\mu - \hat{\mu}}{\gamma}\right| \leqslant u_{1-\frac{\alpha}{2}} \mid \boldsymbol{x}\right) = 1 - \alpha,$$

其中 $u_{1-\frac{\alpha}{2}}$ 是 $N(0,1)$ 的 $1 - \dfrac{\alpha}{2}$ 分位数, 用 SAS 函数表示即为 $\text{probit}\left(1 - \dfrac{\alpha}{2}\right)$. 故得 μ 的可信度为 $1 - \alpha$ 的等尾可信区间 (从而也是 μ 的 $(1 - \alpha)$ HPD 可信区间) 是

$$[\theta_L, \theta_U] = [\hat{\mu} - \gamma u_{1-\frac{\alpha}{2}}, \hat{\mu} + \gamma u_{1-\frac{\alpha}{2}}]. \tag{7.54}$$

当 $\tau \to +\infty$ 时, (7.54) 式变为

$$\left[\bar{x} - u_{1-\frac{\alpha}{2}}\frac{\sigma}{\sqrt{n}}, \bar{x} + u_{1-\frac{\alpha}{2}}\frac{\sigma}{\sqrt{n}}\right],$$

与经典统计的结果相同.

(2) μ 已知, σ^2 未知.

设 σ^2 的先验分布是逆 Γ 分布 $I\Gamma(\alpha_0, \lambda_0)$, 则 σ^2 的后验分布是 $I\Gamma\left(\alpha_0 + \dfrac{n}{2}, \lambda_0 + \dfrac{t}{2}\right)$, 其中 $t = \sum\limits_{i=1}^{n}(x_i - \mu)^2$. 故 σ^2 的 $1 - \alpha$ 等尾可信区间是 $[\theta_L, \theta_U]$, 其中

$$\begin{cases}\theta_L = u_{\frac{\alpha}{2}} = \dfrac{\lambda_0 + \dfrac{t}{2}}{\text{gaminv}\left(1 - \dfrac{\alpha}{2}, \alpha_0 + \dfrac{n}{2}\right)},\\[2ex] \theta_U = u_{1-\frac{\alpha}{2}} = \dfrac{\lambda_0 + \dfrac{t}{2}}{\text{gaminv}\left(\dfrac{\alpha}{2}, \alpha_0 + \dfrac{n}{2}\right)}.\end{cases} \tag{7.55}$$

(3) μ, σ^2 皆未知.

设 $\boldsymbol{\theta} = (\mu, \sigma^2)^{\mathrm{T}}$，取先验分布

$$\pi(\boldsymbol{\theta}) = \pi(\mu, \sigma^2) = \pi(\mu \mid \sigma^2)\pi(\sigma^2),$$

其中 $\pi(\mu \mid \sigma^2) \sim N\left(\mu_0, \dfrac{\sigma^2}{k_0}\right), \pi(\sigma^2) \sim I\Gamma\left(\dfrac{\nu_0}{2}, \dfrac{\nu_0\sigma_0^2}{2}\right)$. 这时，记 $\mu = \mu_n + \dfrac{\sigma_n}{\sqrt{k_n}}v$，则

$$v = \sqrt{k_n}\left(\frac{\mu - \mu_n}{\sigma_n}\right) \sim t(\nu_n),$$

而 $\mu_n, k_n, \nu_n, \sigma_n^2$ 如(7.45)式所示，则 μ 的 $(1-\alpha)$ 等尾可信区间是 $[\theta_L, \theta_U]$，其中

$$\begin{cases}\theta_L = \mu_n - \text{tinv}\left(1 - \dfrac{\alpha}{2}, \nu_n\right)\dfrac{\sigma_n}{\sqrt{k_n}},\\[2ex] \theta_U = \mu_n + \text{tinv}\left(1 - \dfrac{\alpha}{2}, \nu_n\right)\dfrac{\sigma_n}{\sqrt{k_n}}.\end{cases} \tag{7.56}$$

这里 $\text{tinv}\left(1 - \dfrac{\alpha}{2}, \nu_n\right)$ 是 SAS 函数，表示 $t(\nu_n)$ 分布的 $1 - \dfrac{\alpha}{2}$ 分位数.

又 σ^2 的后验分布是 $I\Gamma\left(\dfrac{\nu_n}{2}, \dfrac{\nu_n\sigma_n^2}{2}\right)$，故 σ^2 的 $(1-\alpha)$ 等尾可信区间是 $[\theta_L, \theta_U]$，其中

$$\begin{cases}\theta_L = \dfrac{\nu_n\sigma_n^2}{2\text{gaminv}\left(1 - \dfrac{\alpha}{2}, \dfrac{\nu_n}{2}\right)},\\[2ex] \theta_U = \dfrac{\nu_n\sigma_n^2}{2\text{gaminv}\left(\dfrac{\alpha}{2}, \dfrac{\nu_n}{2}\right)}.\end{cases} \tag{7.57}$$

例 7.10 对于第 1 章例 1.1 的血清蛋白含量数据，设总体分布是 $N(\mu,\sigma^2)$，其中 μ,σ^2 皆未知. 设 $\boldsymbol{\theta}=(\mu,\sigma^2)^{\mathrm{T}}$ 的先验分布为 $\pi(\boldsymbol{\theta})=\pi(\mu,\sigma^2)=\pi(\mu\mid\sigma^2)\pi(\sigma^2)$，这里

$$\pi(\mu\mid\sigma^2)\sim N\left(73,\frac{\sigma^2}{20}\right),\quad \pi(\sigma^2)\sim I\Gamma\left(\frac{\nu_0}{2},\frac{\nu_0\sigma_0^2}{2}\right),$$

其中 $\nu_0=500,\sigma_0^2=16$.求

(1) μ 的 Bayes 区间估计($\alpha=0.05$)；

(2) σ^2 的 Bayes 区间估计($\alpha=0.05$).

解 (1) 由题设，$k_0=20,\mu_0=73,\nu_0=500,\sigma_0^2=16$,

$$n=100,\qquad \bar{x}=73.66,\qquad s^2=15.524,$$

$$k_n=k_0+n=120,\qquad \nu_n=\nu_0+n=600,$$

$$\mu_n=\frac{k_0}{k_0+n}\mu_0+\frac{n}{k_0+n}\bar{x}=73.55,$$

$$\begin{aligned}\sigma_n^2&=\frac{1}{\nu_n}\left[\nu_0\sigma_0^2+(n-1)s^2+\frac{k_0n}{k_0+n}(\mu_0-\bar{x})^2\right]\\&=\frac{1}{600}\left[8\,000+99\times 15.524+\frac{100}{6}\times 0.66^2\right]\\&=15.906\,9.\end{aligned}$$

由 SAS 软件可求得

$$\text{tinv}(0.975,600)=1.963\,9,$$

故 μ 的 0.95 等尾可信区间为 $[\mu_L,\mu_U]$，其中

$$\begin{cases}\mu_L=\mu_n-1.963\,9\dfrac{\sigma_n}{\sqrt{k_n}}=72.835\,0,\\[2ex]\mu_U=\mu_n+1.963\,9\dfrac{\sigma_n}{\sqrt{k_n}}=74.265\,0.\end{cases}$$

(2) σ^2 的 0.95 等尾可信区间为 $[\sigma_L^2,\sigma_U^2]$，其中

$$\begin{cases}\sigma_L^2=\dfrac{\nu_n\sigma_n^2}{2\text{gaminv}\left(0.975,\dfrac{\nu_n}{2}\right)}=14.249\,9,\\[3ex]\sigma_U^2=\dfrac{\nu_n\sigma_n^2}{2\text{gaminv}\left(0.025,\dfrac{\nu_n}{2}\right)}=17.872\,3.\end{cases}$$

读者可以验证，若(1)，(2)用经典统计的方法求区间估计，则它比相应的

Bayes 区间估计的精度要差(用区间估计的长度衡量),这是由于 Bayes 区间估计利用了先验信息而提高了估计精度.

例 7.11 某产品寿命服从 $E\left(\frac{1}{\theta}\right)$ 分布,设 θ 的先验分布是 $I\Gamma(2,1\ 000)$,取 100 个产品做试验,其寿命总和为 100 978.求 θ 的 0.95 等尾可信区间.

解 此例中, $n=100,\lambda_0=1\ 000,\alpha_0=2,t=100\ 978$, 由(7.53)式得

$$\theta_L=\frac{101\ 978}{\text{gaminv}(0.975,102)}=830.953\ 0,$$

$$\theta_U=\frac{101\ 978}{\text{gaminv}(0.025,102)}=1\ 226.156\ 8,$$

故 θ 的 0.95 等尾可信区间是 $[830.953\ 0,1\ 226.156\ 8]$.

7.2.3 Bayes 假设检验

根据 Bayes 推断原则,Bayes 假设检验问题也较容易处理.设假设检验问题为

$$H_0: \theta\in\Theta_0 \quad \leftrightarrow \quad H_1: \theta\in\Theta_1, \tag{7.58}$$

其中 $\Theta_0\cap\Theta_1=\varnothing$.记 α_0,α_1 为下列后验概率:

$$\begin{cases}\alpha_0=\alpha_0(\boldsymbol{x})=P(\theta\in\Theta_0\mid\boldsymbol{x})=\int_{\Theta_0}h(\theta\mid\boldsymbol{x})\mathrm{d}\theta,\\ \alpha_1=\alpha_1(\boldsymbol{x})=P(\theta\in\Theta_1\mid\boldsymbol{x})=\int_{\Theta_1}h(\theta\mid\boldsymbol{x})\mathrm{d}\theta.\end{cases} \tag{7.59}$$

Bayes 假设检验的推断原则:当 $\alpha_0(\boldsymbol{x})>\alpha_1(\boldsymbol{x})$,接受假设 H_0;当 $\alpha_0(\boldsymbol{x})<\alpha_1(\boldsymbol{x})$,拒绝假设 H_0 而接受 H_1.

注:当 $\alpha_0(\boldsymbol{x})=\alpha_1(\boldsymbol{x})$, 不宜作判断,尚需进一步抽样或进一步收集先验信息.

与经典假设检验相比,Bayes 假设检验自然而简单.它无需选择检验统计量,确定抽样分布,等等.

α_0/α_1 称为后验概率比.以上推断原则表明:当 $\alpha_0/\alpha_1>1$ 时接受假设 H_0;当 $\alpha_0/\alpha_1<1$ 时接受假设 H_1.

设两个假设 Θ_0 与 Θ_1 的先验概率分别是 π_0 与 π_1, 即

$$\pi_0=P(\theta\in\Theta_0), \qquad \pi_1=P(\theta\in\Theta_1), \tag{7.60}$$

则 π_0/π_1 称为先验概率比.

Bayes 因子:设两个假设 Θ_0,Θ_1 的先验概率分别为 π_0 与 π_1,后验概率分别为 α_0,α_1, 则称

$$B(\boldsymbol{x})=\frac{\text{后验概率比}}{\text{先验概率比}}=\frac{\alpha_0/\alpha_1}{\pi_0/\pi_1}=\frac{\alpha_0\pi_1}{\alpha_1\pi_0} \tag{7.61}$$

为 Bayes 因子.

从这个定义看,Bayes 因子既依赖于样本观测值 $\boldsymbol{x}$, 又依赖于先验分布 $\pi(\theta)$,两种概率比相除,会进一步突出数据 $\boldsymbol{x}$ 的作用.$B(\boldsymbol{x})$ 反映了数据 $\boldsymbol{x}$ 支持 Θ_0 的程度.

(7.58)式是 Bayes 假设检验的一般情形,下面进行具体的讨论.

1. $H_0:\theta=\theta_0 \quad \leftrightarrow \quad H_1:\theta=\theta_1(\theta_0\neq\theta_1)$

这时,$\Theta_0=\{\theta_0\}$,$\Theta_1=\{\theta_1\}$ 皆是单点集,是简单假设对简单假设的情形,设当 $\theta=\theta_0,\theta_1$ 时的样本概率密度分别是 $f(\boldsymbol{x}\mid\theta_0)$,$f(\boldsymbol{x}\mid\theta_1)$, 由 Bayes 公式

$$\begin{cases}\alpha_0=\dfrac{\pi_0 f(\boldsymbol{x}\mid\theta_0)}{\pi_0 f(\boldsymbol{x}\mid\theta_0)+\pi_1 f(\boldsymbol{x}\mid\theta_1)},\\ \alpha_1=\dfrac{\pi_1 f(\boldsymbol{x}\mid\theta_1)}{\pi_0 f(\boldsymbol{x}\mid\theta_0)+\pi_1 f(\boldsymbol{x}\mid\theta_1)}\end{cases}$$

得后验概率比

$$\frac{\alpha_0}{\alpha_1}=\frac{\pi_0 f(\boldsymbol{x}\mid\theta_0)}{\pi_1 f(\boldsymbol{x}\mid\theta_1)}.$$

Bayes 检验的推断原则为

$$\frac{f(\boldsymbol{x}\mid\theta_1)}{f(\boldsymbol{x}\mid\theta_0)}<\frac{\pi_0}{\pi_1}\text{ 时,接受 }H_0;\quad \frac{f(\boldsymbol{x}\mid\theta_1)}{f(\boldsymbol{x}\mid\theta_0)}>\frac{\pi_0}{\pi_1}\text{ 时,接受 }H_1.$$

我们看到检验的临界值正是先验概率比 $\dfrac{\pi_0}{\pi_1}$.

这种情形的 Bayes 因子是

$$B(\boldsymbol{x})=\frac{\alpha_0\pi_1}{\alpha_1\pi_0}=\frac{f(\boldsymbol{x}\mid\theta_0)}{f(\boldsymbol{x}\mid\theta_1)}$$

它是样本似然比,不依赖于先验分布.

2. $H_0:\theta=\theta_0 \quad \leftrightarrow \quad H_1:\theta\neq\theta_0$

这时,$\Theta_0=\{\theta_0\}$,$\Theta_1=\Theta\backslash\{\theta_0\}$.这是一类常见的假设检验问题,但用 Bayes 假设检验处理较复杂.设 $\Theta_0=\{\theta_0\}$ 与 Θ_1 的先验概率各为 π_0 与 π_1,θ 的先验分布 $\pi(\theta)$ 可以这样假设

$$\pi(\theta)=\pi_0 I_{\theta_0}(\theta)+\pi_1 g_1(\theta),$$

其中 $I_{\theta_0}(\theta)$ 是 $\theta=\theta_0$ 的示性函数,即

$$I_{\theta_0}(\theta)=\begin{cases}1, & \text{当 } \theta=\theta_0,\\ 0, & \text{当 } \theta\neq\theta_0.\end{cases}$$

又 $g_1(\theta)$ 是 $\theta \neq \theta_0$ 上的一个概率密度.如此的先验分布分别由离散与连续两部分组成.

设样本分布是 $f(\boldsymbol{x} \mid \theta)$,则 $\boldsymbol{x}$ 的边缘分布

$$m(\boldsymbol{x})=\int_{\Theta} f(\boldsymbol{x} \mid \theta) \pi(\theta) \mathrm{d} \theta=\pi_0 f(\boldsymbol{x} \mid \theta_0)+\pi_1 m_1(\boldsymbol{x}),$$

其中

$$m_1(\boldsymbol{x})=\int_{\theta \neq \theta_0} f(\boldsymbol{x} \mid \theta) g_1(\theta) \mathrm{d} \theta,$$

因此有

$$\begin{cases}\alpha_0=\alpha_0(\boldsymbol{x})=P(\theta \in \Theta_0 \mid \boldsymbol{x})=\dfrac{\pi_0 f(\boldsymbol{x} \mid \theta_0)}{m(\boldsymbol{x})}, \\ \alpha_1=\alpha_1(\boldsymbol{x})=P(\theta \in \Theta_1 \mid \boldsymbol{x})=\dfrac{\pi_1 m_1(\boldsymbol{x})}{m(\boldsymbol{x})}.\end{cases}$$

后验概率比

$$\frac{\alpha_0}{\alpha_1}=\frac{\pi_0 f(\boldsymbol{x} \mid \theta_0)}{\pi_1 m_1(\boldsymbol{x})},$$

从而 Bayes 因子

$$B(\boldsymbol{x})=\frac{f(\boldsymbol{x} \mid \theta_0)}{m_1(\boldsymbol{x})}. \tag{7.62}$$

由此,可算得后验概率

$$\alpha_0=\alpha_0(\boldsymbol{x})=\frac{\pi_0 B(\boldsymbol{x})}{1-\pi_0+\pi_0 B(\boldsymbol{x})}, \tag{7.63}$$

其中用到 $\pi_0+\pi_1=1, \alpha_0+\alpha_1=1$.

3. $H_0: \theta \leqslant \theta_0 \quad \leftrightarrow \quad H_1: \theta>\theta_0$ 或 $H_0: \theta \geqslant \theta_0 \quad \leftrightarrow \quad H_1: \theta<\theta_0$

对前者

$$\pi_0=P(\theta \leqslant \theta_0), \qquad \pi_1=P(\theta>\theta_0),$$
$$\alpha_0(\boldsymbol{x})=P(\theta \leqslant \theta_0 \mid \boldsymbol{x}), \qquad \alpha_1(\boldsymbol{x})=P(\theta>\theta_0 \mid \boldsymbol{x}).$$

此时, $\alpha_0(\boldsymbol{x})$ 是后验分布函数在 θ_0 处的值, 这是容易计算的.对后者讨论类似.以上两种假设检验是经典假设检验中的单边假设情形,在 Bayes 假设检验中是较容易处理的.

4. $H_0: \theta_1 \leqslant \theta \leqslant \theta_2 \leftrightarrow H_1: \theta<\theta_1$ 或 $\theta>\theta_2$

在这种情形下,

$$\alpha_0 = P(\theta_1 \leqslant \theta \leqslant \theta_2 \mid \boldsymbol{x}), \quad \alpha_1 = P(\theta < \theta_1 \text{ 或 } \theta > \theta_2 \mid \boldsymbol{x}).$$

基于后验分布,其值通常是容易计算的,因而通过比较 α_0 与 α_1 的大小便可作出是拒绝还是接受 H_0.

例 7.12 从正态总体 $N(\theta,1)$ 中抽取容量为 10 的样本 $\boldsymbol{x}$,算得样本均值 $\bar{x} = 1.5$.设 θ 的先验分布是 $N(0.5,2)$,作下列 Bayes 检验:

$$H_0: \theta \leqslant 1 \leftrightarrow H_1: \theta > 1.$$

解 由(7.8)式和(7.9)式知,θ 的后验分布是 $N(\hat{\mu},\gamma^2)$,其中

$$\hat{\mu} = \frac{10 \times 1.5 + 0.5 \times 0.5}{10 + 0.5} = 1.452\ 4,$$

$$\gamma^2 = \frac{1}{10 + 0.5} = 0.095\ 24,$$

从而 $\gamma = 0.308\ 6$.据此算得 α_0 与 α_1 分别为

$$\alpha_0 = P(\theta \leqslant 1 \mid \boldsymbol{x}) = \Phi\left(\frac{1 - 1.452\ 4}{0.308\ 6}\right) = \Phi(-1.466\ 0) = 0.071\ 3,$$

$$\alpha_1 = P(\theta > 1 \mid \boldsymbol{x}) = 1 - 0.071\ 3 = 0.928\ 7,$$

后验概率比

$$\frac{\alpha_0}{\alpha_1} = 0.076\ 8 < 1,$$

故拒绝 H_0 而接受 H_1,即认为正态均值应大于 1.

另外,由先验分布 $N(0.5,2)$ 可算得先验概率

$$\pi_0 = \Phi\left(\frac{1 - 0.5}{\sqrt{2}}\right) = \Phi(0.353\ 6) = 0.638\ 2,$$

$$\pi_1 = 1 - 0.638\ 2 = 0.361\ 8,$$

故先验概率比 $\dfrac{\pi_0}{\pi_1} = 1.764\ 0$.虽然先验信息是支持 H_0,而 Bayes 因子

$$B(\boldsymbol{x}) = \frac{0.076\ 8}{1.764\ 0} = 0.043\ 5$$

表明数据 $\boldsymbol{x}$ 提供了拒绝 H_0 的强烈信息,导致检验结果为拒绝 H_0.

例 7.13 设一批产品的废品率是 θ,其先验分布是均匀分布 $U(0,1)$,从该批产品中有放回地抽取容量为 100 的样本,记其废品数是 x .作下列 Bayes 假设检验:

$$H_0: \theta \leqslant 0.05 \quad \leftrightarrow \quad H_1: \theta > 0.05.$$

试制订一个抽样方案,说明何时接受 H_0,何时拒绝 H_0.

解 因是有放回抽样,故样本分布是 $b(100,\theta)$,又因 θ 的先验分布是

$U(0,1)$,故θ的后验分布是β分布$\beta(x+1,101-x)$.由 SAS 函数 probbeta(0.05, $x+1,101-x$)(即$\beta(x+1,101-x)$分布的分布函数在0.05点处的值)对$x=0$,1,2,3,4,5,6,10 算得$P(\theta\leqslant 0.05\mid x)$如表 7.4 所示.

表 7.4　不同观测结果 x 下 $\theta\leqslant 0.05$ 的后验概率

x	$P(\theta\leqslant 0.05\mid x)$	x	$P(\theta\leqslant 0.05\mid x)$
0	0.994 376	4	0.572 926
1	0.964 477	5	0.393 002
2	0.885 796	6	0.241 487
3	0.749 140	10	0.012 308

因此,可制订这样的抽样方案:

(1) 当 $x\leqslant 4$,接受 H_0,认为废品率 $\theta\leqslant 0.05$;

(2) 当 $x>4$,拒绝 H_0,认为废品率 $\theta>0.05$.

例 7.14(续例 7.10)　对于第 1 章例 1.1 的血清蛋白含量数据,采用的先验分布与例 7.10 相同.考虑假设检验问题:

$$H_0: 73.2\leqslant\mu\leqslant 74.0 \leftrightarrow H_1: \mu<73.2 \text{ 或 } \mu>74.0.$$

解　$\Theta_0=[73.2,74.0]$,故

$$\alpha_0=P(\mu\in\Theta_0\mid \boldsymbol{x})=P(73.2\leqslant\mu\leqslant 74.0\mid \boldsymbol{x})$$
$$=P\left(\frac{73.2-\mu_n}{\sigma_n}\sqrt{k_n}\leqslant v\leqslant\frac{74.0-\mu_n}{\sigma_n}\sqrt{k_n}\,\middle|\,\boldsymbol{x}\right), \tag{7.64}$$

其中 $v\sim t(\nu_n)$.又

$$k_n=120,\ \nu_n=600,\ \mu_n=73.55,\ \sigma_n^2=15.906\,9,$$

利用 SAS 函数 probt(x,ν_n)(自由度为 ν_n 的 t 分布的分布函数),(7.64)式为

$$\alpha_0=\text{probt}(d_2,\nu_n)-\text{probt}(d_1,\nu_n),$$

其中

$$d_1=\frac{73.2-\mu_n}{\sigma_n}\sqrt{k_n}=-0.961\,3,$$

$$d_2=\frac{74.0-\mu_n}{\sigma_n}\sqrt{k_n}=1.236\,0.$$

在 SAS proc iml 过程下易求得

$$\alpha_0=0.891\,5-0.168\,4=0.723\,1>0.5,$$

故应接受假设 H_0.

下面来看一个有关检验假设

$$H_0: \theta = \theta_0 \quad \leftrightarrow \quad H_1: \theta \neq \theta_0$$

的例题.

例 7.15 掷一枚硬币 $n = 100$ 次,出正面 x 次.分别当

(1) $x = 39$,

(2) $x = 40$

时,利用 Bayes 假设检验准则能否认为硬币是均匀的?

解 设正面出现的概率为 θ, 检验假设

$$H_0: \theta = \frac{1}{2} \leftrightarrow H_1: \theta \neq \frac{1}{2}.$$

设 θ 的先验分布

$$\pi(\theta) = \frac{1}{2} I_{\frac{1}{2}}(\theta) + \frac{1}{2} g_1(\theta),$$

其中 $g_1(\theta)$ 在 $\theta \neq \frac{1}{2}$ 时为均匀分布 $U(0,1)$, 这时

$$\begin{aligned} m_1(x) &= \int_{\theta \neq \frac{1}{2}} \binom{n}{x} \theta^x (1 - \theta)^{n-x} \mathrm{d}\theta = \int_0^1 \binom{n}{x} \theta^x (1 - \theta)^{n-x} \mathrm{d}\theta \\ &= \binom{n}{x} \frac{\Gamma(x + 1)\Gamma(n - x + 1)}{\Gamma(n + 2)}, \end{aligned}$$

又

$$P\left(x \mid \theta = \frac{1}{2}\right) = \binom{n}{x} \left(\frac{1}{2}\right)^n,$$

现在 $\pi_0 = \pi_1 = \frac{1}{2}$, 故由(7.62)式得 Bayes 因子为

$$B(x) = \frac{\Gamma(n + 2)}{2^n \Gamma(x + 1)\Gamma(n - x + 1)},$$

从而由(7.63)式得后验概率为

$$\alpha_0 = \alpha_0(x) = \frac{B(x)}{1 + B(x)}.$$

(1) 利用 SAS 函数 gamma (x) 计算 $\Gamma(x)$, 当 $x = 39$ 时,

$$B(x) = 0.718\ 2, \ \alpha_0(x) = 0.418\ 0 < 0.5,$$

故应拒绝 H_0,认为硬币不是均匀的.

(2) 当 $x = 40$ 时,

$$B(x) = 1.095\ 2, \qquad \alpha_0(x) = 0.522\ 7 > 0.5,$$

故应接受 H_0, 认为硬币是均匀的.

最后指出，Bayes 假设检验很容易推广到多个假设的情况.

设 $\Theta_1,\Theta_2,\cdots,\Theta_k$ 是参数空间 Θ 中 k 个不相交的子集，即 $\Theta_i \cap \Theta_j = \varnothing(i \neq j)$，检验 k 个假设：

$$H_i:\ \theta \in \Theta_i,\ i = 1,2,\cdots,k.$$

令

$$\alpha_i = \alpha_i(\boldsymbol{x}) = P(\theta \in \Theta_i \mid \boldsymbol{x}),\ i = 1,2,\cdots,k,$$

对于样本观测值 $\boldsymbol{x}$，若

$$\alpha_{i_0}(\boldsymbol{x}) = \max_{1\leqslant i\leqslant k}\alpha_i(\boldsymbol{x}),$$

则接受假设 H_{i_0}.

作为本章结束我们指出，在实际应用中，后验分布的计算问题也是十分重要的.如本章例题所示，只有在少数情况下，可求得未知参数的后验分布的解析表达式.在很多情况下，尤其当未知参数是多维时，其后验分布的解析式是很难求得的.但近期发展起来的以计算机模拟为手段的 MCMC(Markov Chain Monte Carlo)方法为后验分布的计算，从而为 Bayes 统计分析方法的广泛应用提供了一条有效的途径.有兴趣者可参阅 MCMC 方法的有关专著(如[20,21]等).

习题7

7.1 为提高某产品的质量，公司考虑增加投资来改进生产设备，从投资效果看，下属部门有两种意见：

θ_1：改进生产设备后，高质量产品可占 90%；

θ_2：改进生产设备后，高质量产品可占 70%.

θ 的先验分布设为

$$\pi(\theta_1) = 0.4, \qquad \pi(\theta_2) = 0.6.$$

现进行一项试验：试制造 5 个产品，其中高质量产品数 $x = 5$.求后验概率 $P(\theta_1 \mid x)$ 以及 $P(\theta_2 \mid x)$.

7.2 设 θ 是一批产品的不合格品率，已知它不是 0.1 就是 0.2，且其先验分布为

$$\pi(0.1) = 0.7, \qquad \pi(0.2) = 0.3.$$

假如从这批产品中随机抽出 8 个进行检查，发现有 2 个不合格品，求 θ 的后验分布.

7.3 设一个光盘的缺陷数服从 Poisson 分布 $P(\theta)$，其中 θ 可取 1.0 和 1.5 中的一个.设 θ 的先验分布为

$$\pi(1.0) = 0.4, \qquad \pi(1.5) = 0.6.$$

若一个光盘发现了 3 个缺陷，求 θ 的后验分布.

7.4 设随机变量 X 的概率密度是

$$f(x \mid \theta) = \begin{cases} \dfrac{2x}{\theta^2}, & 0 < x < \theta, \\ 0, & 其他, \end{cases}$$

其中 $0 < \theta < 1$,设 θ 的先验分布是均匀分布 $U(0,1)$,求 θ 的后验分布.

7.5 从一批产品中抽检100个,发现有4个不合格品.假如产品不合格率 θ 的先验分布是 β 分布 $\beta(3,200)$,求 θ 的后验分布.

7.6 某群体中人的身高(单位:cm)服从 $N(\theta,5^2)$,又设平均身高 θ 的先验分布为 $N(172.72,2.54)$,对随机选出的 10 人测量其身高,其平均值为 170.53 cm.

(1) 求 θ 的后验分布;

(2) 求 θ 落入以后验均值为中心,半径为 2.5 cm 的区间内的后验概率.

7.7 设一批产品的不合格品率为 θ,检查是一个接一个地进行,直到发现第一个不合格品就停止检查.若 x 为发现第一个不合格品时已检查的产品数,则 x 服从几何分布

$$f(x \mid \theta) = \theta(1-\theta)^{x-1}, \qquad x = 1,2,\cdots.$$

若 θ 只取 $\frac{1}{4},\frac{1}{2},\frac{3}{4}$ 这 3 个值,且取这 3 个值的概率相同.今获得一个样本观测值 $x = 3$,求

(1) θ 的后验分布;

(2) θ 的最大后验估计 $\widehat{\theta}_{MD}$.

7.8 某批产品的废品率是 θ,根据历史资料得到 θ 的估计值是

0.03,0.04,0.05,0.02,0.01,0.06,0.07,0.08,0.09,0.05.

设 θ 的先验分布是 $\beta(a,b)$,估计超参数 a,b.

7.9 一个事件 A 发生的概率 θ 的先验分布是 β 分布 $\beta(20,24)$,进行 100 次独立重复试验,A 发生 45 次.

(1) 求 θ 的后验分布;

(2) 利用 SAS 软件作出 θ 的后验分布函数的图形;

(3) 求 θ 的 0.95 等尾可信区间.

7.10 设总体服从 Poisson 分布 $P(\theta)$,假设 θ 的先验分布 $\pi(\theta) \sim \Gamma(40,8)$,设试验 $n = 100$ 次,事件平均发生 5.5 次.求 θ 的后验分布、后验均值及后验标准差.

7.11 设随机变量 X 服从 Poisson 分布 $P(\theta)$,θ 的先验分布是 $\Gamma(3,1)$,现对 X 进行 10 次独立重复观测,其观测值为

$$2,\ 0,\ 6,\ 5,\ 3,\ 4,\ 7,\ 1,\ 8,\ 9.$$

求

(1) θ 的最大后验估计;

(2) θ 的后验均值估计.

7.12 某产品的寿命服从指数分布 $E\left(\frac{1}{\theta}\right)$,设 θ 的先验分布是 $I\Gamma(3,2\,000)$,取 100 个产品做试验,其平均寿命 $\bar{x} = 950$,求 θ 的 0.95 等尾可信区间.

7.13 某产品的长度服从正态分布 $N(\mu,\sigma^2)$(μ 已知),设 $\theta = \sigma^2$ 的先验分布

$$\pi(\theta) \propto \frac{1}{\theta}.$$

取 200 个产品做试验,求得其长度误差平方和 $t = \sum_{i=1}^{200}(x_i - \mu)^2 = 30.56$.求 $\theta = \sigma^2$ 的0.95等尾可信区间.

7.14 设 $\boldsymbol{x} = (x_1, x_2, \cdots, x_n)^{\mathrm{T}}$ 为来自均匀分布总体 $U(0,\theta)$ ($\theta > 0$未知)的一个样本,θ 的先验分布 $\pi(\theta)$ 为 Pareto 分布 $Pa(\alpha, \theta_0)$, 即

$$\pi(\theta) = \begin{cases} \alpha\theta_0^{\alpha}/\theta^{\alpha+1}, & \theta > \theta_0, \\ 0, & \theta \leqslant \theta_0, \end{cases}$$

其中 $0 < \alpha < 1, \theta_0 > 0$ 为已知.

(1) 证明 θ 的后验分布 $h(\theta \mid \boldsymbol{x}) \sim Pa(\alpha + n, \theta_1)$,其中 $\theta_1 = \max\{x_1, x_2, \cdots, x_n, \theta_0\}$,从而得 Pareto 分布 $Pa(\alpha, \theta_0)$ 是均匀分布 $U(0,\theta)$ 的共轭先验分布;

(2) 求 θ 的最大后验估计$\hat{\theta}_{MD}$;

(3) 求 θ 的后验均值估计$\hat{\theta}_E$ 及后验标准差;

(4) 求 θ 的 $1-\alpha$ 等尾可信区间$[\theta_L, \theta_U]$.

7.15 设一批产品的废品率是 θ,其先验分布 $\pi(\theta) \sim U(0,1)$.从该批产品中有放回地抽取容量为 600 的样本,记其废品数是 x, 考虑下列假设

$$H_0: \theta \leqslant 0.03 \quad \leftrightarrow \quad H_1: \theta > 0.03.$$

根据 Bayes 假设检验方法,制订一个抽样方案,说明何时接受 H_0,何时拒绝 H_0.

第 8 章

SAS 软件及有关数据分析过程简介

SAS(Statistical Analysis System)是当今国际上最著名的数据分析软件系统之一.该软件系统于 1966 年由美国 North Carolina 州立大学开始研制,十年后成立 SAS 研究所,经过多年的不断发展与完善,目前已成为大型集成应用软件系统,具有完备的数据存取、管理、分析和显示功能,被誉为数据处理和统计分析领域的国际标准软件系统.

SAS 是由多个功能模块组合而成的软件系统,其基本部分是 SAS/BASE 模块,它是 SAS 系统的核心,承担着主要的数据管理任务以及用户使用环境的管理、用户语言的处理和其他 SAS 模块的调用等.此外,还有统计分析的 SAS/STAT 模块、质量控制的 SAS/OC 模块、计量经济学和时间序列分析的 SAS/ETS 模块、运筹学方法的 SAS/OR 模块、高级绘图的 SAS/GRAPH 模块、交互式矩阵语言程序设计的 SAS/IML 模块等.虽然 SAS 研究所对其软件系统提供了内容详尽的使用说明书,国内也有许多模块说明书的编译本(如[5]—[7]),但对初学者而言,直接阅读这些说明书既要花费大量的时间和精力,也不易抓住重点.为便于教学,本章旨在简单介绍 SAS 软件一些必要的基础知识,并针对前 7 章的数据分析方法,介绍相应的 SAS 过程和其中的一些基本选项,使读者对 SAS 软件有一个初步了解并能利用本章所提供的简介完成各章章后习题的计算和分析,为进一步应用 SAS 软件进行更全面深入的数据分析打下基础.

本章包括两部分内容:第一部分简介 SAS 软件的一些基础知识,如数据的输入与输出,SAS 运算符与 SAS 函数,条件语句与循环语句等;第二部分针对本书前 7 章所涉及的数据分析方法,介绍相应 SAS 过程的基本语句和选项.为便于区分和理解,本章在介绍 SAS 语句及过程时,对其专用单词一般用大写拉丁字母,对说明性的单词用小写字母.而在具体上机编程时,除字符串外,并不需要区分字母的大小写.本章内容适合于 SAS 6.11 及以上版本.

§8.1 SAS 基础知识简介

8.1.1 SAS 界面及其功能

在 Windows 操作系统下,SAS 界面主要由如下三个窗口构成,即程序编辑窗口(Editor),日志窗口(Log)和结果输出窗口(Output).另外,还有图形输出窗口(Graph),结果管理窗口(Results)以及浏览器窗口(Explorer)等.

Editor 窗口是用户编辑 SAS 程序的窗口,该窗口的内容被保存为 SAS 程序格式,它是以扩展名为".sas"的纯文本形式.

Log 窗口显示程序运行的有关信息,主要包括所提交的 SAS 程序,输入和输出数据集的有关信息(如变量个数,观测值个数等),执行各个程序块所用的实际时间和 CPU 时间等.当提交执行的程序有错时,该窗口会显示错误的地方和错误类型.当提交的程序不能被顺利执行时,用户应该首先查看此窗口,根据有关错误信息再回到程序编辑窗口,修正程序,再提交执行.该窗口内容保存为扩展名为".log"的文本文件.

Output 窗口显示所提交执行程序的默认或按要求输出的结果,其内容可保存为扩展名为".lst"的文本文件.

Graph 窗口输出所提交执行的程序中要求绘制的高分辨率的图形.要保存图形,在激活此窗口的情况下,单击菜单栏"File",选择"Export as Image"选项,便可将图形保存为扩展名为".bmp"、".jpg"、".tif"等十余种格式.

Results 窗口帮助用户浏览和管理所提交执行的 SAS 程序的输出结果.SAS 系统将输出结果按目录树的结构在该窗口中予以排序,每一个过程的结果被表示为一个节点及其子节点,用鼠标左键双击节点,即可在 Output 窗口中查看相关过程的输出结果,以便存储或打印等.

Explorer 窗口的作用类似于 Windows 操作系统的资源管理器,用于浏览和管理 SAS 系统中的各种文件.

SAS 界面中的菜单栏和工具栏随不同的版本有所不同,但主要功能和内容基本相同并且随着当前激活窗口的不同是动态变化的,其中菜单栏的主要命令和功能包括:

File(文件):支持 SAS 文件的调入,保存及打印等;

Editor(编辑):支持基本的编辑操作,如清空、复制、剪切等;

View(浏览):支持用户在各个窗口之间的切换;

Tools(工具):提供对输出结果的编辑、加工等;

Run(运行):用于程序的执行和调用等;

Window(窗口):用于各窗口不同方式的放置以及激活不同的窗口.

工具栏图标提供了常见任务的快捷操作方式,如打开、保存、打印、剪切、复制、撤销、清除、运行等命令.

对于 SAS 软件的一些低版本(如 V6.12),当程序提交执行后,程序窗口的内容消失,光标处于运行状态.运行结束后,需激活程序编辑窗口并用菜单栏"Locals"中有关选项或键盘上"F4"功能键调回程序,进行修改或再运行.

8.1.2　数据的输入与输出

1. SAS 数据集的建立

将需要进行分析的数据用 SAS 语言输入计算机,建立一个可用于 SAS 系统分析的数据集,这是利用 SAS 软件进行数据分析的第一步.

SAS 系统按每个观测向量逐行处理数据.若设 $\boldsymbol{V}=(V_1,V_2,\cdots,V_p)^{\mathrm{T}}$ 为 p 维总体,从中抽取容量为 n 的样本,得观测值 $\boldsymbol{v}_i=(v_{i1},v_{i2},\cdots,v_{ip})^{\mathrm{T}},i=1,2,\cdots,n$.一个典型的 SAS 数据集由变量行和数据行的如下格式组成:

$$\begin{array}{rcccc} \text{变量行} & V_1 & V_2 & \cdots & V_p \\ \text{数据行}\left\{\begin{array}{l} \\ \\ \\ \\ \end{array}\right. & \begin{array}{c} v_{11} \\ v_{21} \\ \vdots \\ v_{n1} \end{array} & \begin{array}{c} v_{12} \\ v_{22} \\ \vdots \\ v_{n2} \end{array} & \begin{array}{c} \cdots \\ \cdots \\ \\ \cdots \end{array} & \begin{array}{c} v_{1p} \\ v_{2p} \\ \vdots \\ v_{np} \end{array} \end{array}$$

当 SAS 系统读入数据时,逐行将每个数据赋给所对应的变量.

建立 SAS 数据集的最常用方法有两种,一种是在程序编辑窗口直接输入原始数据;一种是利用已存于某驱动盘上的数据文件建立 SAS 数据集.

(1) 直接输入数据建立 SAS 数据集

在 SAS 程序编辑窗口下,直接输入数据以建立一个 SAS 数据集,其基本语句形式为

```
DATA name;
INPUT variables;
CARDS;
data lines
;
RUN;
```

(i) DATA name;

此句中,“name”是用户为将要建立的SAS数据集赋予的名称.“name”可以是任何不超过8个字符的字符串,但第一个字符必须是字母.如果省略此语句,则SAS系统将自动对各数据集赋予名称DATA1,DATA2,….如此命名的SAS数据集在运行结束后即不再保存,若要建立一个永久性数据集(即作为数据文件存储起来),要采用二级命名法,即“name”部分应采用“name.suffix”,如“NEW.OUT”、“EXAMPLE.DAT”等.每个语句后要加“;”表示该命令结束,几个语句也可写在同一行中.

(ii) INPUT variables;

此语句指明数据集中的变量名称.这些变量可以是取值为数值的变量,也可以是取值为非数值的变量(如姓名、地址等).若是非数值变量,须在变量名称后空一格打上“ \$ ”号以告诉SAS系统前者变量的取值为非数值.无论是数值变量还是非数值变量,每个变量名称都可以用不多于8个字符的字符串表示,且第一个字符必须为字母.输入变量的格式有自由格式和固定格式两种.

① 自由格式输入.在“INPUT”后依次列出各变量名称,每个变量间用至少一个空格分开.例如,要输入序号变量ID,姓名NAME及其他4个数值变量VAR1,VAR2,VAR3,VAR4总共6个变量,则自由格式输入形式为

```
INPUT  ID  NAME $   VAR1  VAR2  VAR3  VAR4;
```

或

```
INPUT  ID  NAME $   VAR1-VAR4.
```

如果数据中,每一行有多于一组观测值,可在“INPUT variables”后加“@@”,表示指针不换行依次读入各组观测值.

② 格式化输入.

方式一:通过指定每个变量的取值所占据的列数输入相应变量的值.在每个变量名后,空一格指出该变量的值所占据的列数.例如

```
INPUT ID 1 - 2   NAME $ 4 - 20   VAR1 22 - 24   VAR2 26 - 30;
```

则SAS系统读入数据时,将第一、二列的数值赋给变量ID,第4列到第20列的字符赋予变量NAME,以此类推.

方式二:W.d格式.这里W表示变量取值所占据的总列数,d表示从右到左小数部分的列数.如ID 2.表示变量ID的取值为两位整数,X 5.2表示X取值占据5列,其中后两列为小数部分.这种输入方式尤其适用于各变量取值间无空格和无小数点的数据集.例如,

```
INPUT  ID 2.  NAME $ 10.  VAR1 5.2;
```

则SAS系统读入每行数据时,指针首先从第一列开始,将前两列的值赋给变量ID,这时指针在第3列位置上,从第3列开始,移过10列到第13列,将前面10

列的内容赋给非数值变量 NAME,将接下来 5 列的数值赋给变量 VAR1,并使最后两列为小数部分.

如果变量 ID 与 NAME 的值之间有 3 个空格(或者这三列不需要读入),则在读完 ID 的值后,指针从第 3 列跳到第 6 列开始读入 NAME 的值,这里应在 ID 2.后空一格写上@ 6 或+3,这里“@ n”表示指针移到第 n 列,“+m”表示指针跳过 m 列.另外,数据间的空格也可并到各变量值的位数中去.

如果有连续几个变量的“W.d”格式相同,可用下列简写形式:

INPUT (variables) (W.d);

如 INPUT (X Y Z)(2.1); INPUT (X1-X10)(2.)等.

(iii) CARDS;

此语句表示后面将给出数据.如果按自由格式读入数据,每两个数据间要用至少一个空格分开;如果按格式化方式读入,各数据要按指定的格式列出.列完全部数据后,要另起一行打上“;”,表示数据输入结束.

对于非数值变量,若按自由格式输入,每个变量的值应用不多于 8 个字符的字符串表示且各字符间不能有空格;若按固定格式输入,每个变量的值可用不多于 200 个字符的字符串给出,字符间可以有空格,但要与在变量行中所指定的格式相一致.

(iv) RUN;

此语句告诉 SAS 系统执行前述各命令.

例 8.1 设有数据集如下:

LIMING	23	56	170
LIUHUA	25	60	174
ZHANGWEI	30	65	165

相应变量名分别为 NAME,AGE,WEIGHT 和 HEIGHT,若用自由格式输入数据以建立一个名为 EXAMP8_1 的 SAS 数据集,其完整的 SAS 程序为

```
DATA  EXAMP8_1;
INPUT  NAME  $  AGE  WEIGHT  HEIGHT;
CARDS;
LIMING     23  56  170
LIUHUA     25  60  174
ZHANGWEI   30  65  165
;
RUN;
```

若上述程序中数据行的形式保持不变,INPUT 语句也可采用下列格式

化形式:

```
    INPUT NAME  $ 1-8 AGE 10-11 WEIGHT 13-14 HEIGHT 16-18;
或  INPUT NAME  $ 8. +1  AGE 2. +1  WEIGHT 2. +1  HEIGHT 3.;
或  INPUT NAME  $ 8.  @10 AGE 2.  @13 WEIGHT 2.  @16 HEIGHT 3.;
或  INPUT NAME  $ 9.  AGE 3.  WEIGHT 3.  HEIGHT 3.;
```

等等.

如果想将 NAME 取值中的姓和名用一个空格分开,且 HEIGHT 的值表示成具有两位小数的形式,则 INPUT 语句可为

```
    INPUT NAME $ 9.  +1 AGE 2.  +1 WEIGHT 2.  +1 HEIGHT 3.2;
或  INPUT NAME $ 9.  @11 AGE 2.  @14 WEIGHT 2.  @17 HEIGHT 3.2;
```

等等,相应的数据行应输入为

```
LI MING     23  56  170
LIU HUA     25  60  174
ZHANG WEI   30  65  165
```

如果数据行的形式为

```
LI MING    2356170
LIU HUA    2560174
ZHANG WEI3065165
```

则 INPUT 语句应为

```
    INPUT NAME $ 9.  AGE 2.  WEIGHT 2.  HEIGHT 3.2;
或  INPUT NAME $ 1-9 AGE 10-11 WEIGHT 12-13 HEIGHT 3.2;
```

等等.

(2) 利用外部数据文件建立 SAS 数据集

有时,数据已作为一个文件存放于某驱动盘中(各变量的值依次按行存放),这里可用“INFILE”语句将其读入并建立 SAS 数据集,其一般语句形式为

```
DATA name;
INFILE ' drive location:\ file name';
INPUT variables;
RUN;
```

其中“drive location”应指明驱动盘名称(如 C,D,A 等)以及子目录名称(如果数据文件存放于某个子目录下的话),“file name”即指明数据文件名称(包括后缀).需要强调的是,INPUT 语句后的变量要根据数据集中的格式确定相应的变量输入格式.例如,要利用存放于驱动盘 A 上的在子目录“EXERCISE”下的名为

"exer4 _ 5.txt"的数据文件建立一个 SAS 数据集，则"INFILE"语句为

INFILE 'A:\ EXERCISE\ exer4_5 .txt';

总之，可用多种多样的形式建立 SAS 数据集，正如 SAS 研究所所断言的：世界上没有一个数据集不可以读入 SAS 系统！

2. SAS 数据集的输出

当已经建立起一个 SAS 数据集，而要将其输出以查看其内容时，可用如下语句：

```
PROC   PRINT   DATA=SAS   data set;
RUN;
```

执行此语句可将在"SAS data set"中指定的 SAS 数据集打印在输出窗口内，其中包括观测向量序号 OBS(这是 SAS 系统自动赋予的)，各变量名及其取值.如果省略"DATA=SAS data set"语句，SAS 系统将打印出最新建立的 SAS 数据集.

如果要将例 8.1 中所建立的 SAS 数据集"EXAMP8_1"输出到结果窗口，则输出结果为

OBS	NAME	AGE	WEIGHT	HEIGHT
1	LIMING	23	56	170
2	LIUHUA	25	60	174
3	ZHANGWEI	30	65	165

或若按前述的姓与名用空格分开，且"HEIGHT"的值表示成两位小数的格式输入数据，则输出结果为

OBS	NAME	AGE	WEIGHT	HEIGHT
1	LI MING	23	56	1.70
2	LIU HUA	25	60	1.74
3	ZHANG WEI	30	65	1.65

8.1.3 利用已有的 SAS 数据集建立新的 SAS 数据集

1. 两个 SAS 数据集的合并

两个 SAS 数据集可以合并成为一个新的 SAS 数据集，这种合并方式有两种.

(1) 两数据集的串接

若两个 SAS 数据集 A 和 B 有相同的变量，可将这两个 SAS 数据集串接在一起产生一个新的 SAS 数据集，使新的数据集的容量为原来两个数据集的容量之

和,其示意图如下:

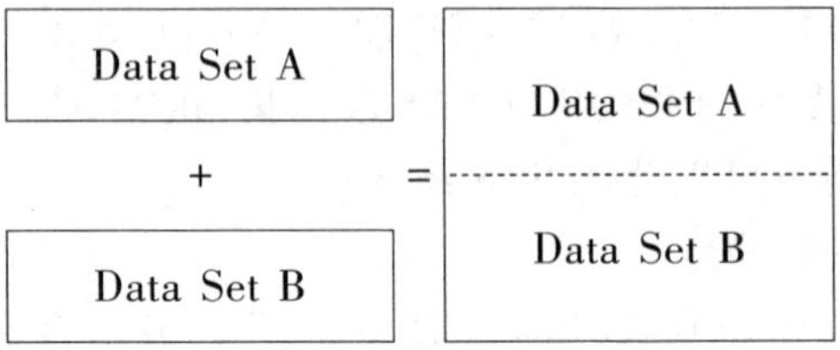

其SAS语句形式为

```
DATA name;
SET A B;
RUN;
```

这样SAS系统将A和B两个SAS数据集串接成为一个名为"name"的新的SAS数据集.

(2) 两数据集的并接

若两个SAS数据集A和B的数据行数(即容量)相同且各行按相同顺序排列,可将两数据集并接以形成新的SAS数据集,其中新数据集中变量的个数为原两数据集中的变量个数之和,其示意图为

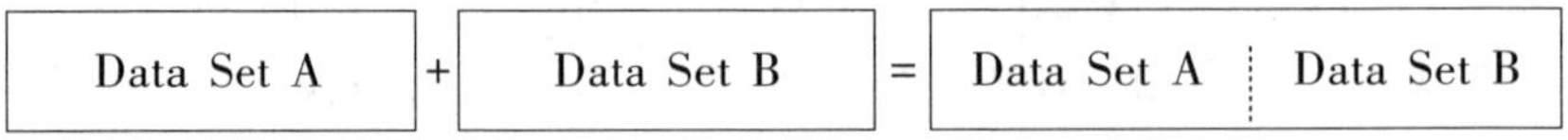

SAS语句为

```
DATA name;
MERGE A B;
RUN;
```

2. 变量值的排序

有时,需要将某个名为"name"的SAS数据集中的各观测向量按其中某个变量的取值由小到大(数值变量)或按字母顺序(非数值变量)排序,其SAS语句形式为

```
PROC SORT DATA=name;
BY variable;
RUN;
```

其中"variable"即指出要对其值排序的变量.如果要按相反的顺序排序,则在变量名"variable"前加"DESCENDING".排完序的数据集名称与未排序的数据集名

称相同.

3. 删除数据集中的某些数据行(观测向量)

在对数据进行分析之前,若数据集中的某些数据行(即观测向量)中含有异常值或缺失,往往需要将这些行删除,这时可用

IF conditions THEN DELETE;

这里"conditions"可以指出数据行的序号(用 _N_ = (>, >=, <, <= 等)m 表示)或指出数据集中某些变量的取值所满足的条件.如要将数据集"EXAMP8_1"中的变量 WEIGHT 取值大于 60 的所有数据行删除,则"conditions"部分可用"WEIGHT>60",如要删除其中 WEIGHT 的值大于 50 且小于等于 60 的数据行,则"conditions"部分为"WEIGHT > 50 AND WEIGHT <= 60",等等.

若要将数据集 A 中删除了某些行的数据集重新命名为一个新的 SAS 数据集,基本语句为

```
DATA new name;
SET A;
IF conditions   THEN   DELETE;
RUN;
```

4. 删除数据集中某些变量及相应观测值

如果要删除 SAS 数据集 A 中的某些变量及相应的取值,可用"DROP variables"或"KEEP variables",其中 DROP 后列出要删除的变量名,而 KEEP 后则列出要保留的变量名.

如数据集 A 中有变量 X1,X2,Y1,Y2,Y3,要删除 X1,Y1 及其观测值,重新建立一个名为"new name"的 SAS 新数据集,其语句形式为

```
DATA new name;
SET A;
DROP X1 Y1;(或 KEEP   X2   Y2   Y3;)
RUN;
```

5. 产生新变量及其观测值

对一个 SAS 数据集,有时需要产生一个新变量和计算相应的观测值.例如,在回归分析中,有时需要对因变量 Y 作变换(如对数变换、指数变换等).有时需要产生一个新的自变量(如 X_1X_2,X_1^2 等),SAS 系统的优点之一就是不必逐个计算新变量的各个观测值,而只需对变量作相应运算,即可一次性产生新变量的各个观测值.例如,SAS 数据集"OLD"中,包含变量 Y1,X1 和 X2,有 n 行数据,这时

要产生一个名为“NEW”的新数据集，除包含原变量及其数据外，还要包含新变量 Y 和 X，其中 Y 的观测值为 Y1 的观测值的自然对数，X 的观测值为 X1 和 X2 对应观测值的乘积，且打印出新数据集，其 SAS 程序为

```
DATA  NEW;
SET  OLD;
Y= LOG(Y1);
X=X1 * X2;
RUN;
PROC  PRINT  DATA=NEW;
RUN;
```

8.1.4 SAS 系统的数学运算符号及常用的 SAS 函数

一旦建立起 SAS 数据集，便可调用 SAS 系统中已有的数据分析（如回归分析、判别分析等）过程对数据进行分析，也可在 SAS 环境下利用 SAS 语言自行编制程序分析数据.这里简要介绍编写 SAS 程序的基本语句和一些常用的 SAS 运算符和 SAS 函数.

1. 数学运算符号

SAS 语言的数学运算符及意义如表 8.1 所示.这些运算符可应用于 SAS 程序表达式中.一个表达式即一个定义变量值的语句，它以一个变量名开始，后用等号将右端的数学表达式或非数值字符串（用“'”号引起来）相连接.

表 8.1　SAS 数学运算符及意义

运算符	意义
* *	幂运算
*	乘法
/	除法
+	加法
-	减法

例 8.2　下面是一个计算数学表达式和字符串表达式并输出其结果的完整 SAS 程序：

```
DATA EXAMP8_2;
X=5.5;  A=3;  B=4.2;  C=3.1;
XSQUARED=X * * 2;
```

```
Y=(A+B+C)/(A * B)+C * * 1.5;
LOCATION='Bei Jing';
FILE PRINT;
PUT 'X^2='   XSQUARED;
PUT 'Y='   Y;
PUT 'Location='   LOCATION;
RUN;
```

其中“FILE PRINT;”语句表示把其后的 PUT 语句产生的输出内容打印在输出结果(OUTPUT)窗口,若省略此语句,则将 PUT 语句后的内容输出到 LOG 窗口.而 PUT 语句则指明要输出内容及其表示方式(用字符串表示).执行上述程序,则在 OUTPUT 窗口打印出如下结果:

```
X^2=30.25
Y=6.275 573 544 6
Location=Bei Jing
```

2. SAS 函数

SAS 函数众多,计有 13 类近 150 种.表 8.2 列出了其中常用的一些 SAS 函数并给予简单的解释.其他函数可参看有关 SAS 说明书,如[5]第 4 章.

表 8.2　一些常用的 SAS 函数

符　号	函　数	意　义
ABS	Y=ABS(X)	X 的绝对值
INT	Y=INT(X)	X 的整数部分
MOD	Y=MOD(X1,X2)	$X1$ 除以 $X2$ 的余数
EXP	Y=EXP(X)	e 的 X 次幂
LOG	Y=LOG(X)	X 的自然对数
LOG10	Y=LOG10(X)	X 的常用对数
SQRT	Y=SQRT(X)	X 的算术平方根
SIN	Y=SIN(X)	X 的正弦值,X 的单位为弧度
COS	Y=COS(X)	X 的余弦值,X 的单位为弧度
TAN	Y=TAN(X)	X 的正切值,X 的单位为弧度
ARSIN	Y=ARSIN(X)	X 的反正弦值
ARCOS	Y=ARCOS(X)	X 的反余弦值

续表

符号	函数	意义
ATAN	Y=ATAN(X)	X 的反正切值
POISSON	Y=POISSON(λ,k)	参数为 λ 的 Poisson 分布的随机变量取值不超过 k 的概率,即 $Y=\sum_{j=0}^{k}\frac{\lambda^j}{j!}e^{-\lambda}$,其中 $\lambda>0$,k 为非负整数
PROBBNML	Y=PROBBNML(p,n,k)	参数为 n 和 p 的二项分布的随机变量取值不超过 k 的概率,即 $Y=\sum_{j=0}^{k}\binom{n}{j}p^j(1-p)^{n-j}$,其中 $0<p<1,0\leqslant k\leqslant n$,$k$ 为整数
PROBNORM	Y=PROBNORM(X)	标准正态分布函数在 X 点的值
PROBT	Y=PROBT(X,DF)	自由度为 DF 的 t 分布的分布函数在 X 处的值
PROBCHI	Y=PROBCHI(X,DF)	自由度为 DF 的 χ^2 分布的分布函数在 X 处的值
PROBF	Y=PROBF(X,DN,DD)	自由度为 DN 和 DD 的 F 分布的分布函数在 X 处的值
PROBGAM	Y=PROBGAM(X, α)	参数为 α 的 Γ 分布(即 $\Gamma(\alpha,1)$)的分布函数在 X 处的值
PROBBETA	Y=PROBBETA(X,α,β)	参数为 α 和 β 的 Beta 分布的分布函数在 X 处的值
PROBIT	Y=PROBIT(p)	$N(0,1)$ 分布的 p 分位数,即 Y 满足 $\Phi(Y)=p$
CINV	Y=CINV(p,DF)	自由度为 DF 的 χ^2 分布的 p 分位数
TINV	Y=TINV(p,DF)	自由度为 DF 的 t 分布的 p 分位数
FINV	Y=FINV(p,DN,DD)	自由度为 DN 和 DD 的 F 分布的 p 分位数
GAMINV	Y=GAMINV(p,α)	$\Gamma(\alpha,1)$分布的 p 分位数
BETAINV	Y=BETAINV(p,α,β)	参数为 α 和 β 的 Beta 分布的 p 分位数
RANPOI	Y=RANPOI(seed,λ)	产生参数为 λ 的 Poisson 分布的随机数,$\lambda>0$

续表

符 号	函 数	意 义
RANBIN	Y=RANBIN(seed,n,p)	产生参数为 n 和 p 的二项分布的随机数，其中 $0 < p < 1$
RANUNI	Y=RANUNI(seed)	产生(0,1)内均匀分布的随机数
RANNOR	Y=RANNOR(seed)	产生 $N(0,1)$ 分布的随机数
RANEXP	Y=RANEXP(seed)	产生参数 $\lambda = 1$ 的指数分布的随机数
RANGAM	Y=RANGAM(seed,α)	产生 $\Gamma(\alpha,1)$ 分布的随机数

在产生服从各种分布的随机数的函数中,需要给定一个数作为初值,即“seed”值.非正的“seed”值表示计算机用内部时钟的时间值作为初始值,即在不同的时刻产生不同的随机数.当“seed”值为正数时,若“seed”值不变,任何时候执行相关的 SAS 程序,都将产生同样的随机数.

8.1.5 逻辑语句与循环语句

1. 逻辑语句

SAS 语言中逻辑语句的一般形式为

```
IF  conditions    THEN    command;
ELSE  command;
```

其意义为,若条件“conditions”满足,则执行“THEN”后的指令“command”,否则执行“ELSE”后的指令“command”.其中“conditions”指明 SAS 数据集中某些变量的取值或数据行的序号(用“_N_”表示,如“_N_ =1”表示数据行中的第一行)所满足的条件,这里“条件”用比较或逻辑运算符表示.表 8.3 列出了 SAS 语言的一些比较和逻辑运算符及意义.

表 8.3 比较和逻辑运算符及意义

符 号	缩写形式	意 义
=	EQ	等于
^=	NE	不等于
>	GT	大于
<	LT	小于
>=	GE	大于或等于
<=	LE	小于或等于
&	AND	和
|	OR	或

在 SAS 语言中,符号和其缩写形式通用.另外,“conditions”部分也可是多重条件

形式,例如下列一些“conditions”均是正确的:

```
_N_ =1   OR   _N_ =2,
_N_>1   AND   X<=60,
(X=1   OR   X=2)   AND   (Y>=8   AND   Z=10),
_N_^=3   AND   (WEIGHT>50   OR   HEIGHT<170),
X>=4   AND   X<=7,
```

等等.

另外,“ELSE…”也可用另一个“IF…THEN…”语句代替,但当条件表达较复杂时,使用语句“ELSE…”可以简化程序.如果在“THEN”后要执行多于一个 SAS 指令,要将这些指令写在“DO”和“END”之间,其基本形式为

```
IF   conditions   THEN   DO;
command;
command;
……
END;
```

2. 循环语句

SAS 循环语句以“DO”开始,以“END”结束,其中“DO”语句有下列三种形式:

(1) DO variable=a TO b BY increment;

其中 a 表示变量“variable”的初值,b 表示其终值,“increment”指步长,当步长为 1 时,“BY increment”部分可省略.例如下列语句均是正确的:

```
DO   I=1   TO   10;
DO   I=1   TO   K;(其中 K 已赋值)
DO   T=0   TO   10   BY   0.5;
```

又如,若要产生 100 个服从 $N(2,16)$ 的随机数并输出结果到指定的数据集,可用下列循环语句实现:

```
DATA   RANDOM;
DO   N=1   TO   100;
X=2+4*RANNOR(1234);
OUTPUT;
END;
RUN;
```

其中的“OUTPUT;”语句告诉 SAS 系统将变量当前的观测值(即 N 与 X 的值)输

出到正在创建的数据集"RANDOM"中,利用打印过程 PROC PRINT 便可在输出结果窗口看到数据集的内容.

(2) DO UNTIL (condition);

该语句表示循环一直执行到括号内的"condition"满足为止.例如上例用"DO　UNTIL"语句可写为

```
DATA   RANDOM;
N=0;
DO   UNTIL   (N=100);
X=2+4 * RANNOR(1234);
N=N+1;
OUTPUT;
END;
RUN;
```

(3) DO WHILE (condition);

此语句正好和"DO UNTIL"语句相反,表示循环执行到"condition"不满足为止.例如前例用"DO WHILE"语句可写为

```
DATA RANDOM;
N=0;
DO WHILE (N<100);
X=2+4 * RANNOR(1234);
N=N+1;
OUTPUT;
END;
RUN;
```

和其他计算机语言一样,SAS 循环语句可以多重套用,但要注意的是各个"DO…END"不可交叉.

SAS 语句形式还很多,限于篇幅,我们只就其中几种基本的语句形式作了简单介绍,其重点是 SAS 数据集的建立和管理,这是利用 SAS 软件进行数据分析的前提.下面以模拟投掷硬币的随机试验的一个完整的 SAS 程序作为本节的结束.

例 8.3　在统计研究中,经常需要用计算机进行 Monte Carlo 模拟.下面我们编写一个 SAS 程序,模拟"抛掷一枚均匀硬币 1 000 次,记录并输出出现的正面(Head)数和反面(Tail)数"的随机试验.

由于硬币均匀,即每次抛掷中出现正反面的概率均为 0.5,这可用产生(0,1)内均匀分布随机数的办法来实现.如果用 NHEADS,NTAILS 和 N 分别表示出

现的正面数、反面数和总数，则一个完整的 SAS 程序可写为（注意，为便于后面的解释，我们给每行编上号，实际操作中应略去编号）

```
1.  DATA EXAMP8_3;
2.  NHEADS=0; NTAILS=0; N=0;
3.  DO UNTIL (N=1000);
4.  TOSS=RANUNI(-1);
5.  IF TOSS>0.5   THEN NHEADS=NHEADS+1;
6.  ELSE   NTAILS=NTAILS+1;
7.  N=N+1;
8.  END;
9.  FILE PRINT;
10.  PUT 'Number of Heads=' NHEADS;
11.  PUT 'Number of Tails=' NTAILS;
12.  RUN;
```

其中第 3 行也可用“DO N=1 TO 1000;”代替（此时应略去第 2 行中的“N=0;”和第 7 行“N=N+1;”）或用“DO WHILE (N<1000);”代替.另外，第 6 行也可用另一个条件语句“IF TOSS<=0.5   THEN NTAILS=NTAILS+1;”来代替.第 4 行中产生(0,1)内均匀分布的随机数函数中，取“seed”为“-1”，表示产生随机数的初值与计算机内的时钟时间相关，即在不同时刻执行此程序，其结果可能是不同的.执行上述程序，一个可能的结果为

```
Number of Heads =503
Number of Tails = 497
```

§8.2 与本书内容有关的 SAS 过程简介

本节以前 7 章的内容为主，简要介绍相关的 SAS 过程，以期使读者初步掌握这几种 SAS 过程的使用方法.值得指出的是，限于本书特点，以下的介绍远未穷尽各 SAS 过程的分析功能，只是就所学内容介绍其中的主要部分.若要全面了解各过程，还需进一步参阅有关 SAS 软件使用说明书和相关书籍，如[6]，[15]等.考虑到本书篇幅，本部分未给出具体的程序例子，建议读者从数字课程网页下载各章例题的 SAS 程序供学习时参考.另外，在本节所介绍的所有 SAS 过程的基本语句中，均省略了最后一句“RUN;”.

8.2.1　几种描述性统计分析的 SAS 过程和绘图过程

1. PROC MEANS 过程

PROC MEANS 过程用以计算 SAS 数据集中各变量的一些基本的描述性统计量的值.这些统计量包括各变量的观测值个数、样本数据的均值、方差、标准差、最大值、最小值、极差、偏度、峰度,等等.其主要语句形式为

```
PROC MEANS options;
VAR variables;
OUTPUT OUT=SAS data set keyword=name …;
```

(1) PROC MEANS options;

此语句是利用 PROC MEANS 过程进行描述性统计分析所必需的语句,其"options"部分可包含下列内容的部分或全部:

① DATA=SAS data set:即在等号后指明所要分析的 SAS 数据集名称.若省略此选项,则 SAS 系统对最新建立的数据集作分析.

② MAXDEC= k :其中 k 为介于 0 与 8 之间的一个正整数,指明在输出结果中保留小数位的最大位数.默认值为 $k=2$.

③ 关键词:逐个列出关于各变量要计算其值的统计量名称的关键词,最常用的有 N(变量的观测值个数),MEAN(均值),STD(标准差),VAR(方差),MIN(各变量观测值中的最小值),MAX(各变量观测值中的最大值),RANGE(极差),SUM(总和),USS(平方和),CSS(中心化平方和),SKEWNESS(偏度),KURTOSIS(峰度),T(对每个变量的均值是否为零进行双边 t 检验的统计量的值),PRT(检验的 p 值).

(2) VAR variables;

该语句指出数据集中要计算简单描述性统计量的变量名称(应是数值变量).若省略此语句,则 SAS 系统对数据集中所有数值变量均计算各自的在前一句指定的那些描述性统计量的值.

(3) OUTPUT OUT=SAS data set keyword=name …;

此句要建立一个由 PROC MEANS 过程的分析结果构成的 SAS 数据集,以备进一步分析之用.在"OUT="后命名要建立的数据集的名称,如"RESULT"等.但要想将此数据文件保留起来,即建立一个永久性数据文件,需要用两级名称,如"RESULT.OUT"等."keyword"可以是前面关键词的任何一个,后面的"name"即给此关键词对各变量的取值重新赋予一个名称.例如原数据集中有 X1,X2,X3 三个数值变量,下面要输出一个名称为"RESULT"的新数据集,其中包括这三个变量的均值和方差,可用

```
OUTPUT   OUT = RESULT   MEAN = MX1 MX2 MX3
                        VAR = VX1 VX2 VX3;
```

则三个变量的均值分别命名为 MX1,MX2,MX3,而它们的方差分别被命名为 VX1,VX2,VX3.

2. PROC UNIVARIATE 过程

此过程除可完成 PROC MEANS 过程类似的一些描述性统计分析外,还具有计算数据的分位数、绘制简单的描述性分析图(如茎叶图、箱线图、QQ 图等)以及对数据进行正态性检验等功能.PROC UNIVARIATE 过程的主要语句形式为

```
PROC UNIVARIATE options;
VAR variables;
OUTPUT OUT=SAS data set keyword=name …;
```

(1) PROC UNIVARIATE options;

此语句中的"options"部分可列出以下内容的部分或全部:

① DATA=SAS data set:指明要分析的 SAS 数据集名称.

② PLOT:要求对所分析的各变量的观测值产生一个茎叶图(或水平直方图)、一个箱线图和一个正态 QQ 图.若某区间的观测值超过 48,则不绘制茎叶图,而绘制水平直方图.在正态 QQ 图中,以" * "号标示正态 QQ 图上的点,以"+"标示相应的参考直线.

③ FREQ:要求生成包括变量值、频数、百分数和累计百分数的表.

④ NORMAL:要求对分析的各变量的观测值是否来自正态分布总体做检验,并输出检验的 p 值.这些检验包括 Kolmogorov-Smirnov 检验、Anderson-Darling 检验、Cramér-von Mises 检验以及 Shapiro-Wilk 检验(有关检验统计量的表达式见第 1 章),其中正态分布的均值和方差分别取为样本均值和样本方差.

除以上选项外,PROC UNIVARIATE 过程的默认输出结果是数据集中各数值变量的观测值个数(N),均值(Mean),观测值的和(Sum),样本标准差(Std Dev),方差(Variance),偏度(Skewness),峰度(Kurtosis),平方和(USS),中心化平方和(CSS),检验均值为零的 T 统计量值(T:Mean)和双边检验 p 值(Pr>|T|),等等;另外还有各变量观测值的各种常用分位数值,如 100%分位数(最大值),75%分位数,中位数以及极差(Range),众数(Mode)等.

(2) VAR variables:

此语句列出数据集中要进行以上描述性分析的变量名称.若省略此语句,则该过程对数据集中的所有数值变量进行分析.若选用下面的 OUTPUT 指令,则此语句不可省略.

(3) OUTPUT OUT=SAS data set keyword=name …;

此语句与 PROC MEANS 过程的相应语句的功能相同.不过,其中统计量的关键词“keyword”除 PROC MEANS 过程中所列出的以外,还有下列选项:

Q3: 上四分位数(75%分位数);
Q1: 下四分位数(25%分位数);
QRANG: 四分位极差,即 Q3-Q1;
P1: 1%分位数;
P5: 5%分位数;
P10: 10%分位数;
P90: 90%分位数;
P95: 95%分位数;
P99: 99%分位数;
NORMAL: 数据的正态性检验统计量的值;
PROBN: 正态性检验的 p 值.

3. PROC CORR 过程

PROC CORR 过程用以计算 SAS 数据集中变量间的相关系数矩阵或协方差矩阵.相关系数矩阵除通常的 Pearson 相关系数矩阵外,还可产生如 Spearman 秩相关等几种非参数关联性度量矩阵.同时,该过程在相关系数矩阵的各元素下方还给出了检验此相关系数为零的检验 p 值,可用以判断相应变量对关联性的显著性.另外,此过程还自动产生各变量的一些描述性统计量的值(如均值、标准差、最大值、最小值等),它的主要语句形式为

```
PROC CORR options;
VAR variables;
WITH variables;
```

(1) PROC CORR options;

此语句是该过程的必需语句,其“options”部分可以是下列内容的部分或全部:

① DATA=SAS data set:指明所要分析的数据集.若省略此句,则 SAS 系统自动分析最新生成的数据集.

② PEARSON:要求输出 Pearson 相关系数矩阵.若没有其他类型相关系数选项,则 Pearson 相关系数是 PROC CORR 过程的默认输出结果.因此,当同时有其他相关系数选项(如 Spearman 秩相关等)时,才有必要写出此项.

③ SPEARMAN:要求输出 Spearman 秩相关系数矩阵(此外还可选择 HOEFFDING 以及 KENDALL 要求计算 Hoeffding D 统计量及 Kendall τ 统计量,这些已超出本书范围).

④ COV:要求计算协方差矩阵.

⑤ NOSIMPLE:不输出每个变量的简单描述性统计量的值.

(2) VAR variables;

该语句指出要计算相关系数矩阵或协方差矩阵(若选择"COV"选项)的变量名称,它可以是原数据集数值变量的一部分.若省略此句,则SAS系统计算关于数据集中所有数值变量的相关系数矩阵或协方差矩阵.

(3) WITH variables;

此语句和"VAR variables"语句合用,可以得到变量间特殊组合的相关系数矩阵,即"VAR"后的各变量与"WITH"后的各变量间的相关系数矩阵.

4. PROC PLOT过程与PROC GPLOT过程

(1) PROC PLOT过程

PROC PLOT过程用于绘制SAS数据集中以各对变量观测值为点的坐标的散点图.如在回归分析中的残差分析部分,经常要作出残差图以考察模型的合理性.该过程的基本语句形式为

```
PROC PLOT options;
PLOT yvariable * xvariable = 'symbol'…/options;
```

1) PROC PLOT options;

此语句即调用SAS简单作图功能,其中的"options"可包含下列内容:

① DATA=SAS data set:指出作图用的SAS数据集名称.若省略此选项,则SAS系统以最新建立的数据集为作图数据集.

② VPERCENT=percent(或VPCT=percent):规定该过程产生的散点图在垂直方向占一页的比例.如"VPCT=33"表示让PROC PLOT过程在每一页作3张图,每张图占一页的$\frac{1}{3}$;"VPCT=50 25 25"表示每页作3张图,第一图占半页,另两图各占$\frac{1}{4}$页;而"VPCT=200"表示该图占据2页.

③ HPERCENT=percent(或HPCT=percent):规定各图在水平方向上占一页的比例.

2) PLOT yvariable * xvariable = 'symbol'…/options;

此语句指出绘图的变量,点的表示符号以及坐标刻度规定等,其中"yvariable"和"xvariable"是数据集中要作散点图的两个变量的名称,中间用"*"连接,前一个变量为纵轴,后一变量为横轴."symbol"指出散点的表示符号,如"·","*","+","T",等等.若省略"='symbol'"部分,则SAS系统自动用A,B,C等表示各点.在"PLOT"后,可依次列出多组变量,如"PLOT Y1 * X1 Y1 * X2

Y2 * X1”等.斜杠“/”后的“options”可以省略也可以是下列内容之一或全部：

① HAXIS(或 VAXIS)= a TO b BY n：定义横坐标(或纵坐标)上的刻度，其中“a”是起始值，“b”为终值，“n”为增量.

② OVERLAY：将 PLOT 后的几对变量所形成的散点图作在同一坐标系内.如“PLOT X1 * X2='F' X3 * X2='T'/OVERLAY”表示将由 X1 和 X2 形成的散点图(散点用“F”表示)及 X3 和 X2 形成的散点图(点用“T”表示)作在同一坐标系内.

③ BOX：要求将图作在一个矩形框内.

(2) PROC GPLOT 过程

PROC GPLOT 过程用以绘制高分辨率的散点图或曲线图，其主要语句形式为

```
PROC GPLOT options;
PLOT yvariable * xvariable…/options;
SYMBOL options;
```

1) PROC GPLOT options;

此语句的“options”主要用以指定用于作图的 SAS 数据集名称.

2) PLOT yvariable * xvariable…/options;

此语句与 PROC PLOT 过程的相应语句解释基本相同，其中的“options”除指定坐标轴刻度外，还可用“CAXIS=color”指定坐标轴的颜色，其中“color”可以是 red，blue，green，yellow 等.若要将两个以上图形绘制在同一坐标系中，可用“OVERLAY”选项.

3) SYMBOL options;

此语句定义绘图的符号、颜色、是否连线以及线条的粗细，等等.主要选项有

① VALUE(或 V)= symbol：定义点的表示符号.“symbol”的值可为下列之一：plus(+)，square(□)，dot(·)，point(.)，star(*)，diamond(◇)，triangle(△)，circle(○)等.

② I=interpolation：确定散点之间连线的形式.“interpolation”可取为 join(用直线连接)，spline(用光滑线连接)，needle(从数据点向水平轴画垂线)，none(不画连线).其默认值为 none.

③ C=color：指定点或线的颜色.

④ W(或 WIDTH)= n：确定连线的粗细，n 为数值，且其值越大，线条越粗.n 的默认值为 1.

若在 PLOT 语句中有多于一个图形，则可依次用 SYMBOL1 options;

SYMBOL2 options;…语句定义图的符号、颜色等.若在一个 SAS 程序中同时有几个 PROC GPLOT 过程,最好在每个过程前写上语句“GOPTIONS RESET = ALL;”表示将关于图形的设置恢复为默认状态.否则,图形符号会相互影响.

5. PROC CAPABILITY 过程

PROC CAPABILITY 过程不但具有 PROC UNIVARIATE 过程同样的分析功能,而且可以绘制描述分布形态的图形,即具有绘制直方图、拟合参数概率密度、经验分布曲线及拟合的分布曲线、QQ 图等功能.

(1) 直方图

绘制直方图的基本语句形式为

```
PROC CAPABILITY options;
HISTOGRAM variables/options;
```

1) PROC CAPABILITY options;

此语句中的“options”可包括下列选项:

① DATA = SAS data set:指定所分析和画直方图的 SAS 数据集的名称.

② GRAPHICS:指明绘制高分辨率图形.此选项只用于 SAS 低版本,此项缺省时将输出由字符构成的低分辨率图形.

③ NOPRINT: 由于这一过程会提供和 PROC UNIVARIATE 过程相同的有关描述性统计量的输出值,此选项是取消这些结果的输出.

2) HISTOGRAM variables/options;

此语句指定关于变量“variables”(一个或多个)绘制直方图,其中的“options”包括下列选项:

① MIDPOINTS = values:设置分组区间的中点值.这些值可以逐个列出(但必须等间隔),也可以用“MIDPOINTS = a TO b BY c”方式指定,其中 a 和 b 分别为各区间中点的初值和终值,c 为步长.此选项缺省时,系统将根据样本数据自动确定各区间中点值.

② VSCALE = scale:规定直方图在每个区间上柱的高度标度,其中的“scale”可选为 COUNT,PERCENT 和 PROPORTION 之一,分别表示每个区间上柱高为各区间上的数据个数、各区间上的数据个数占整个数据量的百分比和比例.此选项缺省时为 PERCENT.

③ NORMAL (或 LOGNORMAL, GAMMA, WEIBULL, EXPONENTIAL, BETA): 此选项要求在直方图上拟合指定分布的概率密度函数曲线.可以同时列出一种或多种分布,其中的参数(如正态分布中的均值与方差)系统将自动用其最大似然估计值代替.也可在分布名称后加括号予以指定,具体如下:

各分布密度(见第 1 章 §1.2)中的参数 σ 均用“SIGMA = value”来指定.

NORMAL 分布中的均值用"MU = value"指定;GAMMA 分布中的参数 α 用"ALPHA = value"指定;WEIBULL 分布中的参数 c 用"C = value"指定;BETA 分布中的参数 α,β 用"ALPHA = value BETA = value"指定,其中以上的所有"value"可用"EST"代替表示用其最大似然估计值代替相应参数.如下列各语句形式均为正确的:

NORMAL(MU = EST SIGMA = 1)

LOGNORMAL(SIGMA = 3)

BETA(ALPHA = 1.5 BETA = 2)

另外,除正态分布外,其他分布均是单侧的,因此一般需要指定阈参数 θ 的值(即密度函数取正值的左端点坐标),这可在分布名称后的括号内加"THETA = value"指定.如"WEIBULL(THETA = value C = 2)",其中的"value"必须比样本观测值的最小值还要小.若不指定阈参数值,则系统自动设定 THETA = 0.需要注意的是,在 BETA 分布中,指定的 THETA 和 SIGMA 值的和要大于相应变量的观测值的最大值.

除以上内容外,此过程还对所拟合的分布自动输出第 1 章所述的几种分布拟合检验(χ^2 检验,Kolmogorov-Smirnov 检验,Anderson-Darling 检验,Cramér–von Mises 检验)的统计量的值和检验 p 值.

(2) 经验分布函数曲线及拟合的分布函数曲线

绘制经验分布曲线及拟合的分布函数曲线的语句形式为

```
PROC CAPABILITY options;
CDFPLOT variables/options;
```

其中第 2 句中的"options"部分指定所要拟合分布曲线的分布名称,即前述 6 种分布之一.其他选项与(1)中基本相同.

(3) QQ 图

绘制 QQ 图的语句形式为

```
PROC CAPABILITY options;
QQPLOT variables/options;
```

其中第 2 句中的"options"部分指定画 QQ 图的分布名称.其他选项与(1)相同.但需要指出的是,在作 QQ 图时,LOGNORMAL 分布必须在其后的括号内至少要写上"SIGMA = value"或"SIGMA = EST";对 GAMMA 分布和 WEIBULL 分布要写上"ALPHA = value 或 EST"及"C = value 或 EST";对 BETA 分布要写上"ALPHA = value BETA = value"或将"value"用"EST"代替,这些内容不可省略.

8.2.2 线性回归分析的SAS过程——PROC REG过程

PROC REG过程是SAS系统中众多回归分析过程的一种,该过程利用最小二乘法拟合线性回归模型,除方差分析表和参数估计表为默认输出结果外,还提供多种选取最优模型的方法及模型诊断检查方法.此过程的常用语句形式为

```
PROC REG options;
MODEL dependent=regressors/options;
OUTPUT OUT=SAS data set keyword=name …;
TEST equations;
PLOT yvariable * xvariable…/options;
```

(1) PROC REG options;

此语句是该过程所必需的语句,其中“options”部分的常用选项之一是以“DATA=SAS data set”的形式指定所分析的SAS数据集名称.若省略此选项,则SAS系统使用最新建立的数据集作回归分析.

(2) MODEL dependent=regressors/options;

在关键词“MODEL”之后,应指明因变量,等号之后依次列出回归变量(即自变量),每个变量间用空格分开.此语句的“options”部分提供了最优模型的选择方法和其他拟合结果的输出选项,其中包括

1) 模型的选择方法语句:SELECTION = name,其中“name”可以是FORWARD(或F),BACKWARD(或B),STEPWISE,RSQUARE,ADJRSQ,CP等之一.

① FORWARD:即向前选择最优模型方法.此方法从仅含常数项的回归模型开始,逐个加入自变量,其准则是将反映各自变量加入时,描述残差平方和减少量的偏F统计量(见本书第2章(2.63)式)的p值与给定的变量进入模型的控制水平相比较,如果所有不在模型中的自变量所对应的偏F统计量的p值均大于该控制水平(即不在模型中的所有自变量对因变量的影响均不显著),则向前选择过程结束.否则将具有最大偏F值的自变量引入模型,然后再对未引入模型的自变量重复以上步骤,直到没有变量能被引入为止.自变量进入模型的控制水平用语句“SLENTRY = level”表示,并写在选择方法语句之后.若省略此句,则SAS系统默认的水平为level=0.50.

② BACKWARD:即向后删除法.首先拟合一个包含全部自变量的线性回归模型,然后根据偏F统计量的p值与给定的控制水平比较,将对因变量影响不显著的自变量逐个删除,直到模型中的所有自变量在给定的控制水平下对因变量的影响均显著为止.保留自变量在模型中的控制水平由语句“SLSTAY = level”给

出.若省略此句,SAS 系统默认的水平为 level = 0.10.

③ STEPWISE:即第 2 章 2.4 节中的逐步回归法,选取自变量和保留自变量的控制水平由语句"SLENTRY = level1"和"SLSTAY = level2"给出.SAS 系统默认的控制水平为 level1 = level2 = 0.15.

④ RSQUARE:即在所有可能的回归方程中利用 R_p^2 准则选择最优模型的方法.在每一个给定的自变量个数的水平上,输出使 R_p^2 达到最大的那个回归模型的拟合结果.

⑤ ADJRSQ:即利用修正的 R_p^2（本书第 2 章中的 R_a^2）准则选择最优模型法.

⑥ CP:即利用 C_p 准则选择最优模型法.

以上方法只可在"options"部分写出其中一种,不可并用.

2）对模型选取细节的选项.

① DETAILS:此选项仅对最优模型选取方法中的 FORWARD,BACKWARD 和 STEPWISE 有效.它要求输出每一步引入和删除的自变量及相关信息.如一个自变量选入模型时的偏 F 值、模型的 R^2 值和一个自变量被删除时模型 R^2 值以及有关参数估计的信息.

② NOINT:取消回归模型的常数项 β_0,即拟合过原点的回归方程.

3）对估计细节内容的选择:在"options"部分,还可以选择一个或多个(中间用空格分开)参数估计和拟合残差等有关内容,其中较常用的有

① CORRB:输出估计的参数的相关系数矩阵,其中第 i 行第 j 列的元素为 $\hat{\beta}_i$ 与 $\hat{\beta}_j$ 的相关系数估计.

② COVB:输出估计的参数的协方差矩阵,即书中的 $MSE(\boldsymbol{X}^{\mathrm{T}}\boldsymbol{X})^{-1}$,这里 MSE 即均方误差.

③ P:输出因变量的拟合值,同时还包括因变量的观测值及拟合残差.

④ R:输出有关残差及用于影响性分析的各个度量指标值,其中包括拟合值的标准差、残差、学生化残差(即残差除以其标准差)及 Cook 距离(它度量了当删除某组观测值后,参数估计的总变化量).

⑤ I:输出矩阵 $(\boldsymbol{X}^{\mathrm{T}}\boldsymbol{X})^{-1}$.输出中以 $\hat{\boldsymbol{\beta}}$ 和 SSE 为边缘元素,即输出形式为

$$\begin{bmatrix} (\boldsymbol{X}^{\mathrm{T}}\boldsymbol{X})^{-1} & \hat{\boldsymbol{\beta}} \\ \hat{\boldsymbol{\beta}}^{\mathrm{T}} & SSE \end{bmatrix}.$$

以上估计细节的各选项可以和前述最优模型的选项用于 MODEL 语句中的"options"部分.应注意的是,对 BACKWARD,FORWARD 和 STEPWISE 的模型选择方法,以上估计细节选项的输出结果只是最终选择的模型的相应结果;对 RSQUARE 准则,只给出全模型(即含所有自变量的线性回归模型)的相应结果;

对于 ADJRSQ 和 CP 方法,则给出具有最大 R_a^2 和 C_p 值的模型的相应结果.

(3) OUTPUT OUT=SAS data set keyword=name …;

此语句旨在建立一个包含与估计内容有关的 SAS 数据集,其中“SAS data set”部分是用户指定的数据集名称.此数据集除自动包含所分析的原 SAS 数据集的全部内容外,还可在“keyword=name …”部分指定下列的一些或全部内容:

PREDICTED(或 P)=name
RESIDUAL(或 R)=name
STUDENT=name
L95M=name
U95M=name
L95=name
U95=name
COOKD=name
H=name
PRESS=name
DFFITS=name

其中等号前的部分即为“OUTPUT”语句中的“keyword”,等号后的“name”由用户给等号前的变量指定一个名称.以上各项的意义如下:

① PREDICTED(或 P):因变量的拟合值;

② RESIDUAL(或 R):残差;

③ STUDENT:标准化(或学生化)残差,它是用残差除以其标准差而得到;

④ L95M:因变量的期望值的 95%置信区间的置信下限;

⑤ U95M:相应于④的置信上限;

⑥ L95:因变量值的 95%置信区间的置信下限;

⑦ U95:相应于⑥的置信上限;

⑧ COOKD:Cook 距离,用于影响性分析的统计量;

⑨ H:杠杆量,即 $\boldsymbol{x}_i(\boldsymbol{X}^{\mathrm{T}}\boldsymbol{X})^{-1}\boldsymbol{x}_i^{\mathrm{T}}, i=1,2,\cdots,n$,这里 $\boldsymbol{x}_i$ 是设计矩阵 $\boldsymbol{X}$ 的第 i 行;

⑩ PRESS: 即第 2 章(2.62)式中的 $d_i(p)$ 值,用以反映第 i 组观测值对拟合值的影响;

⑪ DFFITS:用以反映第 i 组观测值对参数估计的影响.

⑧~⑪是回归分析中影响性分析的重要统计量.

(4) TEST equations;

TEST 语句是对 MODEL 语句里所规定的线性回归模型参数的线性假设

$\boldsymbol{A\beta}=\boldsymbol{b}$利用本书(2.45)式的 F 统计量进行检验,并输出 F 统计量的值及检验 p 值,其中"equations"部分是将$\boldsymbol{A\beta}=\boldsymbol{b}$中的每个线性方程依次写出来,每个方程用","隔开,而 β 的分量(包括 β_0)用 MODEL 语句中"regressors"所对应的自变量(β_0 对应于 INTERCEPT)表示,即每个"equation"的一般形式为

$$a_1 * \text{regressor1} + a_2 * \text{regressor2} + \cdots + a_k * \text{regressork} = b,$$

其中 a_i 和 b 为 $\boldsymbol{A}$ 和 $\boldsymbol{b}$ 中的相应元素的值.例如,设 MODEL 语句中的"regressors"依次为 X1—X4,则关于参数的线性假设

$$\begin{bmatrix} 0 & 1 & -1 & 0 & 1 \\ 1 & 0 & 0 & -2 & 0 \end{bmatrix} \begin{bmatrix} \beta_0 \\ \beta_1 \\ \beta_2 \\ \beta_3 \\ \beta_4 \end{bmatrix} = \begin{bmatrix} 1 \\ 0 \end{bmatrix}$$

的"equations"为

X1-X2+X4=1, INTERCEPT-2 * X3=0;

这里也可以对同一模型参数的多个线性假设 $\boldsymbol{A}_j\boldsymbol{\beta}=\boldsymbol{b}_j(j=1,2,\cdots,m)$同时进行检验.每个假设的检验用一个"TEST equations"语句表示,各 TEST 语句之间互不影响.每个 TEST 语句前还可加上标签以示区分,标签后加":",后跟 TEST 语句,SAS 系统将以每个标签名输出检验结果.如果省略标签,则 SAS 系统自动按 TEST1,TEST2,…输出检验结果.例如,对自变量为 X1—X4 的线性回归模型,下列 TEST 语句是正确的,并可同时出现在程序中:

T1: TEST X1-X2=0;(即检验 $\beta_1=\beta_2$)

T2: TEST X1-X2=1,X3=X4=0;(即检验 $\beta_1-\beta_2=1,\beta_3=\beta_4=0$)

T3: TEST INTERCEPT=0,X3-2 * X4=0;(即检验 $\beta_0=0,\beta_3=2\beta_4$)

当有模型选择选项时,TEST 语句是针对最后选择的模型中参数的相应线性假设进行检验,因此要确知假设中的参数所对应的自变量在所选出的模型中.

(5) PLOT yvariable * xvariable…/options;

PLOT 语句以"yvariable"为纵轴变量," xvariable"为横轴变量输出该变量对所取值的散点图.其中的纵轴变量和横轴变量可以是 MODEL 语句里出现的任何变量,也可以是 OUTPUT 语句中由"OUT="定义的 SAS 数据集中包含的统计量的关键词或者观测值序号 OBS,但此时要在关键词后加".",如 OBS., STUDENT., PREDICTED., RESIDUAL. 等,但" OUTPUT"语句不是必需的.在 PLOT 后可以有多对变量,每对之间用空格分开,也可用组合形式给出.例如,若 MODEL 语句中有 Y 与 X1—X3,则

PLOT (RESIDUAL. STUDENT.) * (X1 X2 PREDICTED.);

输出由前一个括号中的各变量分别与后一个括号中的各变量组合而得到的 6 张散点图.

特别指出的是:关键词“NQQ.”与其他变量组成的变量对即要求绘制该变量的正态 QQ 图.如“ RESIDUAL. * NQQ.”,“ STUDENT. * NQQ.”,“X1 * NQQ.”等分别对应于残差、学生化残差以及变量 X1 的正态 QQ 图.如果 MODEL 语句中有关于模型选择的选项,则有关图形都是关于所选出模型的散点图.

PLOT 语句中的“ options”可包含下列选项:

① SYMBOL='字符':指定散点图中的散点用所规定的字符画出.该选项使 PLOT 后的各对变量的散点图均用同一字符表示.若要用不同字符,可直接在各个“ yvariable * xvariable”变量对后用“ ='字符'”的形式指定各散点图中散点的表示符号.

关于散点的表示符也可用 PROC GPLOT 过程中的 SYMBOL 语句的形式指定,但连线形式“I=”不起作用.若包含多个散点图,则可分别用 SYMBOL1,SYMBOL2,…依次指定各图中散点的表示符号.

② OVERLAY:将指定的所有散点图画在同一坐标系内,但坐标轴上只标示第一张图的变量名.若不指定坐标轴刻度,则系统将自动确定坐标轴上的刻度使之适合各对变量的取值.

值得注意的是,对于 V6.11 和 V6.12 等低版本,需要在 PROC REG 语句中加上选项 GRAPHICS,以绘制高分辨率的图形.

最后指出,在同一 PROC REG 过程下,可以有多个 MODEL 语句,每个 MODEL 语句前也可像 TEST 语句那样加上标签以示区别.

8.2.3　Logistic 回归分析的 SAS 过程——PROC LOGISTIC 过程

PROC LOGISTIC 过程是专用于 Logistic 模型的拟合与统计推断的 SAS 过程.该过程和 PROC REG 过程很相似,其默认的输出结果为回归方程显著性检验的似然比统计量的值及其检验 p 值、参数估计表,其中包括参数估计值、标准差以及各参数为零的 Wald 检验统计量的值和相应的检验 p 值.该过程的常用程序语句为

```
PROC LOGISTIC options;
MODEL dependent=regressors/options;
OUTPUT OUT=SAS data set keyword=name…/option;
TEST equations;
```

(1) PROC LOGISTIC options;

该语句为必需语句,其中的“ options”部分包括下列选项:

1) DATA=SAS data set:指定所分析的 SAS 数据集名称.若省略此选项,则系统对最新建立的 SAS 数据集进行分析.

2) DESCENDING(DESCEND,DSS):颠倒因变量 Y(0,1 值)的取值顺序.加此选项系统则拟合如下 Logistic 模型

$$\ln\left(\frac{P(Y=1)}{1-P(Y=1)}\right)=\beta_0\sum_{j=1}^{p-1}\beta_jX_j.$$

否则,系统自动拟合关于 $P(Y=0)$的 Logistic 模型.

3) OUTEST=SAS data set:创建一个由用户命名的 SAS 数据集,用以存放参数的估计值,也可根据选项存放参数估计的协方差矩阵.

4) COVOUT:将参数估计的协方差矩阵输出到由“ OUTEST=”所命名的数据集中.

(2) MODEL dependent=regressors/options;

该语句指明模型中的因变量(二值变量)和自变量名称,其中的“ options”可包括下列几个方面的选项.

1) 模型选择的选项.

① SELECTION=keyword:指定模型选择方法.“keyword”有 FORWARD(或F)(向前引入法), BACKWARD(或 B)(向后剔除法)和 STEPWISE(逐步回归法),但只能用其中的一种.无此选项则拟合由“dependent= regressors”规定的模型.

② DETAILS:输出模型选择过程的细节.

③ SLENTRY(或 SLE)=level1:规定自变量进入模型的显著性水平,其默认值为 0.05.

④ SLSTAY(或 SLS)=level2:规定从模型中剔除自变量的显著性水平,其默认值为 0.05.

2) 模型拟合说明选项.

① CONVERGE=value:规定迭代过程的停止准则值.系统内设的“value”值为 0.0001.

② TECHNIQUE= keyword:规定回归参数估计的迭代算法.“keyword”可以是 FISHER(Fisher 分类算法)和 NEWTON(Newton-Raphson 迭代法).

3) 回归参数估计选项.

① WALDCL(或 CL):输出参数的基于 Wald 统计量的置信度为 $1-\alpha$ 的置信区间.

② ALPHA=value:规定回归参数的置信区间的置信水平,内设值为 ALPHA

=0.05.

③ COVB:输出参数估计的协方差矩阵.

④ CORRB:输出参数估计的相关系数矩阵.

(3) OUTPUT OUT=SAS data set keyword=name…/option;

该语句创建一个由用户命名的SAS数据集,其中除包含所分析数据集的全部内容外,还包含由"keyword = name"所命名的统计量及其观测值,其中"keyword"由系统规定,"name"由用户命名.常用"keyword"选项有

1) PREDICTED(或P)= name:输出概率在各自变量观测值处的估计值.在MODEL语句中无" DESCENDING"选项时,输出 $P(Y=0)$ 的估计值;有此选项时,输出 $P(Y=1)$ 的估计值.

2) UPPER(或U)= name:输出各概率值的置信度为 $1-\alpha$ 的置信上限(α 的值由此语句中的"option"规定).

3) LPPER(或L)= name:输出各概率值的置信度为 $1-\alpha$ 的置信下限.

该语句的"option"即用"ALPHA= value"规定上述置信区间的置信水平,内设值为ALPHA=0.05.

(4) TEST equations;

该语句用以检验Logistic模型中关于回归参数线性假设 $\boldsymbol{A\beta}=\boldsymbol{b}$ 的显著性,它和PROC REG过程中相应语句的用法完全相同,只是检验方法是Wald检验,输出检验统计量的值及检验 p 值.将假设 $\boldsymbol{A\beta}=\boldsymbol{b}$ 中的各个线性方程写在"equations"部分,其表示方式与PROC REG过程的相应表示完全相同.

8.2.4 方差分析的SAS过程——PROC ANOVA过程

PROC ANOVA过程是SAS系统几个方差分析过程中的一个较为简单的过程,它可用于单因素方差分析和多因素等重复试验设计(即各因素水平组合上的观测值个数相等)的方差分析,其默认输出结果为方差分析表.该过程的主要语句形式为

```
PROC ANOVA options;
CLASS variables;
MODEL dependent=effects;
MEANS effects/options;
```

(1) PROC ANOVA options;

该语句即启动方差分析过程,其中"options"部分的常用选项是指定要分析的SAS数据集,即"DATA=SAS data set".若省略此选项,则系统对最新创建的SAS数据集进行方差分析.

(2) CLASS variables;

在 CLASS 后列出所分析的 SAS 数据集中各因素变量的名称(即第 3 章中的 A,B 等变量),这些变量可以是数值型的,也可以是字符型的,字符型因素变量的取值若超过 16 个字符长度,该过程只取前 16 个字符.

(3) MODEL dependent=effects;

此语句中,"dependent"即指明数据集中因变量(即指标变量 Y)的名称."effects"部分指定所要考虑的因素效应.对于单因素情况,"effects"即数据集中的因素变量的名称;对双因素情况,若设因素变量名为 A 和 B,则"effects"部分可为"A　B"(或"A|B@1")表示只考虑 A 和 B 的主效应,而不考虑交互作用;若为"A　B　A*B"(或"A|B")则表示既考虑主效应又考虑交互作用.对多因素情况,表示法类似,只是涉及的情况更复杂一些,如"A　B　C"(或"A|B|C@1")表示只考虑主效应;"A　B　C　A*B"(或"A|B　C")表示除考虑主效应外,还考虑 A 与 B 的交互作用;"A　B　C　A*B　A*C　B*C"(或"A|B|C@2")表示考虑各主效应和所有两两因素之间的交互作用,等等.

(4) MEANS effects/options;

该语句用以计算在 MEANS 后列出的每个效应(表示法与 MODEL 语句中的"effects"部分相同)所对应的因变量的样本均值和标准差.PROC ANOVA 过程可以对出现在 MODEL 语句中"effects"的任一效应计算因变量的均值和标准差.如"effects"为"A　B　A*B"时表示对因素 A 和 B 的各水平以及 A 与 B 的各组合水平输出因变量的样本均值及标准差.可以有多个 MEANS 语句同时使用.

此语句中的"options"部分可以是下列选项中的部分或全部.

① T(或 LSD):对"effects"列出的各因素在其不同水平上的均值进行两两比较的 t 检验.各对比较的显著性水平单独设定为由选项"ALPHA=p"(见后)中所指定的值 p(默认值为 0.05).输出结果中,除打印因素的各水平上的样本均值和各水平名称外,无显著差异的各水平在其左端用相同的英文字母(A,B 等)表示.

② BON:对"effects"列出的各因素在其不同水平上的均值进行 Bonferroni 同时两两比较的 t 检验,即对选项"ALPHA=p"中指定的显著性水平 p 在 Bonferroni 方法调整后的显著性水平下进行检验,其输出结果形式与①类似.若"effects"中有交互作用项,则还输出各交叉组合水平上的样本均值和标准差.与选项"BON"类似的还有"SCHEFFE"或"TUKEY",它们是另两种同时比较的方法,即 Scheffe 方法和 Tukey 方法.

③ ALPHA=p:指定进行上述检验的显著性水平为 p,其默认值为 $p=0.05$.如上所述,当选项为"T"时,各对均值比较的显著性水平单独设定为 p;当选项为"BON"(或"SCHEFFE",或"TUKEY")时,其 Bonferroni(或 Scheffe,Tukey)同

时显著水平设定为 p.

④ CLDIFF:要求输出“effects”中列出的各因素在其不同水平上的两两均值之差的置信区间.对选项“T”,输出的是各对均值之差的置信度单独为 $1-p$(其中 p 由选项“ALPHA = p ”确定)的置信区间,而对选项“BON”(或“SCHEFFE”,“TUKEY”)输出的是各对均值之差的同时置信度不小于 $1-p$ 的 Bonferroni(或 Scheffe,Tukey)同时置信区间.若置信区间中不包含零(即两水平均值有显著差异),则在输出结果的右端打上“ * * * ”号.

⑤ CLM:要求输出“effects”中列出的各因素在其不同水平上的均值的置信区间.对选项“T”输出的是各均值的置信度单独为 $1-p$ (其中 p 由选项“ALPHA = p ”指定)的置信区间,对“BON”(或“SCHEFFE”,“TUKEY”)输出的是各均值的同时置信度不小于 $1-p$ 的 Bonferroni(或 Scheffe,Tukey)同时置信区间.

对不等重复试验设计的方差分析问题(包括单因素和多因素),可用 PROC GLM 过程去分析,这涉及一般线性模型的理论与方法,在此不作进一步介绍,可参看说明书[6]第 25 章.

8.2.5 主成分分析的 SAS 过程——PROC PRINCOMP 过程

PROC PRINCOMP 过程既可以从原始观测数据集出发,也可以直接从相关系数矩阵或协方差矩阵出发进行主成分分析.默认输出结果包括相关系数矩阵或协方差矩阵、其正交单位化特征向量及特征值、各主成分的贡献率等.另外还可按要求输出各主成分的观测值(即主成分得分),等等.PROC PRINCOMP 过程的主要语句形式为

```
PROC PRINCOMP options;
VAR variables;
```

(1) PROC PRINCOMP options;

此语句意味着进行主成分分析,其中的“options”可包括以下内容的部分或全部.

① DATA=SAS data set:指出要分析的 SAS 数据集名称.这个数据集可以是原始观测值的 SAS 数据集,也可以是相关系数矩阵或协方差矩阵.若是后者,需要在建立数据集时,在其名称后加上“(TYPE=CORR)”或“(TYPE=COV)”.若省略数据集选项,则自动分析最新建立的 SAS 数据集.

② OUT=SAS data set:命名一个输出的 SAS 数据集,其中包含原始数据以及各主成分的得分(即各主成分的观测值).若输入的数据是相关系数或协方差矩阵,则不能生成该数据集.

③ OUTSTAT=SAS data set:命名一个包含各变量的均值、标准差、相关系数

矩阵或协方差矩阵、特征值和特征向量的 SAS 数据集.

需要说明的是,当输入数据集为相关系数矩阵或协方差矩阵时,为创建 OUTSTAT 数据集需要指定两个新的字符变量“_TYPE_”和“_NAME_”,一般在输入数据集语句后根据输入数据是相关系数矩阵或协方差矩阵分别写上语句“_TYPE_='CORR';”或“_TYPE_='COV';”,而在“INPUT”语句后添加变量“_NAME_ $”,其取值一般可指定为输入的变量名,这时 OUTSTAT 数据集中就包含一个由输入变量和用“_NAME_”变量命名的变量之间的相关系数或协方差矩阵.若不指定这两个变量,则 SAS 系统会在 LOG 窗口给出警告,但不影响其分析结果.另外,该过程在此时会自动将观测值个数设置为 1000.具体细节可参见本书例 4.1 和例 4.2 的程序.

④ COVARIANCE(或 COV):要求从协方差矩阵出发进行主成分分析.若省略此选项,则从相关系数矩阵出发进行分析.除非各变量的度量单位是可比较的或已经过某种方式的标准化,否则不宜使用此选项,应从相关系数矩阵出发进行主成分分析.

⑤ N= n:指定要计算的主成分个数,其默认值为参与分析的变量个数.

⑥ PREFIX=name:规定各主成分名称的前缀.省略此选项,则 SAS 系统自动赋予各主成分名称分别为 PRIN1,PRIN2,….若“name”为 A,则各主成分名称分别为 A1,A2,….前缀的字符个数加上后面数字位数应不超过 8 个字符.

(2) VAR variables;

此语句中的“variables”部分列出数据集中参与主成分分析的变量名称.若省略此句,则被分析数据集中的所有数值变量均参与分析.

8.2.6 典型相关分析的 SAS 过程——PROC CANCORR 过程

PROC CANCORR 过程用以进行典型相关分析,其输入数据可以是各变量的原始观测数据,也可以是相关系数矩阵或协方差矩阵,通常的输出结果包括两组变量各自的相关系数矩阵和两组变量之间的相关系数(当输入数据为原始观测数据时)、典型相关系数及典型变量的系数、典型变量对之间相关的显著性检验的 F 统计量(见第 4 章(4.34)式)的值、自由度以及渐近 p 值、典型变量与原始变量之间的相关系数等.其基本语句形式为

```
PROC CANCORR options;
VAR variables;
WITH variables;
```

(1) PROC CANCORR options;

此语句要求执行典型相关分析,其中“options”可以是下列选项.

① DATA=SAS data set:指定要分析的SAS数据集名称.当所分析的是相关系数矩阵或协方差矩阵时,需要在建立数据集时在其名称后加上"(TYPE=CORR)"或"(TYPE=COV)".

② OUT=SAS data set:创建一个包含原始数据和典型变量得分(即由标准化的原始数据所求得的典型变量的观测值)的SAS数据集.当输入数据为相关系数矩阵或协方差矩阵时,不能使用此选项.

③ OUTSTAT=SAS data set:创建一个包含原始变量的样本均值、样本标准差、样本相关系数矩阵以及典型相关系数和典型变量的标准化和非标准化系数等的SAS数据集.

当原始输入数据集为相关系数矩阵或协方差矩阵时,需要指定两个新的字符变量"_TYPE_"和"_NAME_",其指定方式与前述主成分分析的相应内容相同.

④ CORR(或C):打印原始变量的样本相关系数矩阵.

⑤ NCAN=m:规定要求输出的典型变量对个数,其中m应小于或等于两组变量个数的较小者,其默认值为两组变量个数的较小者.

⑥ EDF=$n-1$:在进行典型变量相关性的显著性检验时,需要知道变量的观测值个数(即样本容量),当输入的原始数据集为样本相关系数矩阵或样本协方差矩阵时,可借用此选项指定样本容量,它等于观测值个数减1.当输入为原始观测数据时,此选项可省略.

(2) VAR variables;

在"VAR"后列出进行相关分析的第一组变量名称.

(3) WITH variables;

在"WITH"后列出进行相关分析的另外一组变量名称.

8.2.7 判别分析的SAS过程——PROC DISCRIM过程

PROC DISCRIM过程能计算很多类型的判别函数.当假定各组训练样本来自多维正态总体时,估计总体的均值向量及协方差矩阵,从而根据协方差矩阵相等与不相等分别求出线性或二次判别函数.否则,非参数密度估计方法被用以估计各总体的概率密度,以此为基础进行判别分析.

对于含有一个或多个数值变量和一个分类变量(用于定义各总体类别的变量)的数据集,PROC DISCRIM能根据一定要求基于各总体的训练样本产生判别准则.同时,在执行"PROC DISCRIM"的过程中,所产生的判别准则可用于对另一个SAS数据集作判别.在各总体服从多维正态分布条件下,若假定各协方差矩阵相等,则产生线性判别函数;否则,产生二次判别函数.

非参数判别方法是以各总体概率密度的非参数估计为基础建立判别函数.核方法或 k 最近邻方法被用来估计各总体的概率密度.对此,这里不再详述,希望进一步了解这些内容的读者可参看有关概率密度的非参数估计方面的书籍和 SAS 软件的有关说明书(如[6]第 38 章).

误判率估计是利用训练样本建立的判别准则对一个新的同类型的数据集(称为检验数据集)中各样品进行判别,通过判错的样品数目与样品总数的比例估计误判率.当没有一个独立的数据集作为检验数据集时,训练样本集被同时用作检验数据集以评估所建立的判别准则的误判率.PROC DISCRIM 过程也同时具有本书第 5 章中介绍的回代法和交叉确认法估计误判率的选项.以上方法中同时还输出各样品属于各总体的后验概率.

PROC DISCRIM 过程的主要语句形式为

```
PROC DISCRIM options;
CLASS variable;
VAR variables;
PRIORS probabilities;
```

(1) PROC DISCRIM options;

此语句中,“options”部分可包含下列内容.

1) 待分析的数据集选择.

① DATA=SAS data set:指定用以建立判别函数的 SAS 数据集(即训练样本数据集)名称.若省略此句,则最新建立的数据集被用于建立判别函数.

② TESTDATA=SAS data set:指定用以检验判别准则的 SAS 数据集名称,此时该数据集中的变量(包括分类变量)应和训练样本数据集中的变量一致.此选项也可用来指定待分类的 SAS 数据集名称,此时数据集中无类别变量,但其他变量应和训练集中的变量一致.

2) 输出数据集的选择.

① OUTSTAT=SAS data set:定义一个输出的 SAS 数据集名称,该数据集中包括原训练样本集各变量的均值、标准差及相关系数等.若“METHOD = NORMAL”(见后)被使用,该数据集中还包括线性判别函数的系数.

② OUT=SAS data set:命名一个输出的 SAS 数据集,其中包括训练样本集的数据及变量、后验概率及回判结果.

③ OUTCROSS=SAS data set:定义一个输出的 SAS 数据集,其中包括训练样本集中的变量及数据以及由交叉确认法所得的各样品的后验概率及判别结果等.

④ TESTOUT=SAS data set:定义一个输出的 SAS 数据集,其中包括检验数

据集中的变量和数据以及利用所建立的判别准则对检验数据集的各样品求得的后验概率及判别结果.此项当“options”中有“TESTDATA = SAS data set”时才有效.

3）判别分析方法的选择.

① METHOD = NORMAL（或 NPAR）：指定建立判别函数的方法.当“METHOD=NORMAL”被指定,则在各总体为正态分布的假定下利用训练样本估计各总体均值向量和协方差矩阵,并视各总体的协方差矩阵是否相等而分别建立线性或二次判别函数;当指定“METHOD=NPAR”,则利用非参数方法估计各总体密度函数进行判别分析,这时必须同时指定选项“K = k”（k 即近邻方法中的 k 值,它表示在估计某点的密度时,所使用的距该点最近的观测值的个数）或“R = h”（h 即核密度估计法中的带宽参数）.METHOD = NORMAL 是默认方法.

② POOL = YES（或 NO,TEST）：在选择“METHOD = NORMAL”的前提下,“POOL=YES”意味着假定各总体的协方差矩阵相等,而用各训练样本的协方差矩阵联合估计公共的协方差矩阵,这时建立的判别函数是线性的;若选择“POOL=NO”,则意味着假定各总体的协方差矩阵不等而建立二次判别函数;“POOL=TEST”即要求首先利用修正的 Bartlett 似然比方法检验各总体的协方差矩阵是否相等,若检验结果在由语句“SLPOOL = p”（见后）所指定的显著性水平 p 下显著,则建立二次判别函数,否则利用联合协方差矩阵估计建立线性判别函数.只对线性判别函数,输出结果中才给出判别函数的系数.“POOL = YES”是默认选项.

③ SLPOOL= p：指定检验各总体协方差矩阵是否相等的显著性水平.只有选择“POOL = TEST”时,才可使用此选项.其默认值为 p =0.10.

4）回判结果输出选择.

① LIST：输出每个样品的回判结果.

② LISTERR：仅输出回判中判错的样品信息.

③ NOCLASSIFY：不需要对训练样本数据进行回判分析.

5）交叉确认法回判结果的输出选择.

当有下列语句时,则交叉确认法被使用对训练样本进行回判分析.

① CROSSVALIDATE：要求对训练样本数据集进行交叉确认回判分析.

② CROSSLISTERR：仅输出使用交叉确认法回判而判错的样品信息.

③ CROSSLIST：输出每个样品的交叉确认法回判分析结果.

6）检验数据集判别结果的输出选项.

① TESTLIST：列出对检验数据集各样品的判别结果.

② TESTLISTERR:仅输出对检验数据集中判错的样品信息.

7）控制输出选项.

① WCORR:输出各总体(组内)的训练样本相关系数矩阵.

② PCORR:输出由各总体的样本相关系数矩阵所得的联合相关系数矩阵估计.

类似地,WCOV,PCOV 则要求输出相应于①和②的训练样本协方差矩阵估计.

③ ALL:输出所有的相关结果.

④ SHORT:只输出一些主要结果.

(2) CLASS variable;

其中的"variable"即描述各类别的变量名称.该变量可以是数值变量,也可以是非数值变量.该语句是进行判别分析所必需的语句.

(3) VAR variables;

其中的"variables"即列出参与分析的描述各样品特征的变量名称,省略时即数据集中除类别变量外的所有数值变量.

(4) PRIORS probabilities;

此语句即指定总体的先验概率分布,其中的"probabilities"应是下列三种选择之一:

1）EQUAL:即各总体的先验概率相等.

2）PROPORTIONAL(或 PROP):即各总体的先验概率与各总体的训练样本容量成比例.设有三个总体 G_1,G_2,G_3,训练样本容量分别为 n_1,n_2,n_3,则各总体的先验概率分别为 $q_1=\dfrac{n_1}{n},q_2=\dfrac{n_2}{n},q_3=\dfrac{n_3}{n}$,这里 $n=n_1+n_2+n_3$.

3）具体指定各总体的先验概率.通常有两种方式:

① 若描述各总体类别的变量(即"CLASS variable"中的变量)是非数值变量,则在各类取值(大写字母)后给出先验概率并用等号连起来.例如,描述各总体类别的变量"GRADE"取 A,B,C,D 四个值(每个值代表一类总体),各总体先验概率分别为 0.1,0.3,0.5 和 0.1,则"PRIORS"语句为

```
PRIORS   A=0.1   B=0.3   C=0.5   D=0.1;
```

② 若描述各总体类别的变量是数值变量或是非数值变量但其取值是小写字母时,这时要将这些值用"'"引起来写在上式等号前.例如,若前述变量"GRADE"取值为 1,2,3,4,则指定先验概率的语句形式应为

```
PRIORS   '1' = 0.1   '2' = 0.3   '3' = 0.5   '4' = 0.1;
```

若"GRADE"的取值为 a,b,c,d,则指定先验概率的语句应为

'a' = 0.1 'b' = 0.3 'c' = 0.5 'd' = 0.1;

在以上三种指定总体先验概率分布的形式中,"EQUAL"是默认的形式.

8.2.8 聚类分析的SAS过程

1. 谱系聚类——PROC CLUSTER过程

PROC CLUSTER过程提供了最短距离法(Single Linkage),最长距离法(Complete Linkage),类平均法(Average Linkage),重心法(Centroid Method)等11种谱系聚类方法.在此只结合第6章所介绍的一些方法,概述PROC CLUSTER过程的基本功能及用法.此过程的基本语句为

```
PROC CLUSTER options;
VAR variables;
ID variable;
```

(1) PROC CLUSTER options;

此语句表示启动SAS聚类分析过程,其中的"options"部分通常包含下面一些内容:

1) DATA=SAS data set:指定进行聚类分析的SAS数据集名称,它可以是原始的观测数据集,也可以是"距离"矩阵(这时要在建立数据集时在其名称后加上"(TYPE=DISTANCE)"),其中"距离"可以是通常的欧氏距离,也可以是其他的距离或从相似度量变换的距离.若是原始观测数据,则以两两观测向量之间的欧氏距离作为距离矩阵的元素.

值得注意的是,PROC CLUSTER过程总是按照距离矩阵中的元素取值由小到大聚类,因此当使用相似度量矩阵对变量聚类时,要首先对相似度量矩阵中的元素作变换,使其成为不相似度量的距离矩阵,通常采用的变换为$1-r_{ij}$,$1-|r_{ij}|$或$1-r_{ij}^2$等,这里r_{ij}为原相似度量矩阵中的元素.

2) OUTTREE=SAS data set:生成一个用于画聚类谱系图的SAS数据集.若省略此句,则SAS系统自动用DATA1,DATA2,…规则命名这种数据集.

3) METHOD=name:此语句是PROC CLUSTER过程所必需的,它指出具体使用的聚类方法."name"可以是SAS系统中包含的11种方法中的任何一种,主要有

① SINGLE(或SIN):要求使用最短距离法.

② COMPLETE(或COM):要求使用最长距离法.

③ AVERAGE(或AVE):要求使用类平均法.值得注意的是,在PROC CLUSTER过程中,类平均方法使用欧氏距离的平方,即此方法被使用时,距离将

被自动平方.若不需要将距离平方,可在其后写上“NOSQUARE”.

④ CENTROID(或 CEN):要求使用重心法.如果不规定“NOSQUARE”选项,则距离被平方.

4) NOSQUARE:阻止过程在 METHOD=AVERAGE、CENTROID 等方法中将距离平方.

5) NONORM:阻止将两类合并时的距离水平规范化.若无此选项,则输出结果中,两类合并时的距离水平为规范化距离水平.具体说,对于“METHOD=SIN 或 COM”,规范化距离水平等于原始距离水平除以两两样品间距离的平均值;对于“METHOD=AVE 或 CEN”,当有选项“NOSQUARE”时,规范化距离水平等于原始距离水平除以两两样品间的距离的平均值.当无选项“NOSQUARE”时,规范化距离水平等于原始距离水平除以两两样品间的平均平方距离的算术平方根.

6) STANDARD(或 STD):将原始数据标准化后再计算欧氏距离矩阵,即利用方差加权距离进行聚类分析.该选项只适用于原始观测数据集的情况.

(2) VAR variables;

此语句的“variables”部分列出参与聚类分析的指标变量名称.若省略此句,则未列在其他语句(如其后的 ID 语句)中的数值变量均参与分析.

(3) ID variable;

ID 变量的值用以表征各样品的名称,它可以是定性变量也可以是定量变量.例如,第 6 章例 6.1 中的国家名称(澳大利亚、巴西等),例 6.2 中的年份(1952,1953,…)均是 ID 变量的取值.若此语句被省略,该过程自动将各样品(或变量)命名为“OBn”,其中 n 表示第 n 个样品(或变量).

进一步若要画出聚类的谱系图,可用下列语句:

```
PROC TREE options;
ID variable;
```

在第一句的“options”中,除用“DATA=SAS data set”指定画图的 SAS 数据集名称(该数据集即在选项“OUTTREE=SAS data set”中输出的数据集)外,还包括:

① HORIZONTAL(或 HOR):表示谱系图水平放置.若省略此选项,则谱系图垂直放置.

② SPACES= m :表示 ID 变量各值之间的间隔单位,这里 m 是正整数.

③ GRAPHICS:要求画高分辨率的聚类谱系图.SAS 系统高版本则不需此选项.

④ NCLUSTERS= k :指定在输出分类结果数据集中所分成的类的个数.

⑤ OUT=SAS data set:按④中要求输出分类结果.

2. 快速聚类——PROC FASTCLUS 过程

PROC FASTCLUS 过程为快速聚类过程或动态聚类过程，该过程适合于样品数目较大的数据集的聚类分析.但对于容量较小的数据集，此过程对于样品的次序较敏感.此过程在聚类之前要求指定类的个数，因此要对不同的类的个数进行分析，需要多次运行该过程.PROC FASTCLUS 过程的主要语句形式为

```
PROC FASTCLUS options;
VAR variables;
ID variable;
```

(1) PROC FASTCLUS options;

此语句用以启动快速聚类过程，其中"options"包括下列选项：

① MAXCLUSTER(或 MAXC)= n：指定所允许的最大分类个数，若省略，则默认 $n=100$.用户必须指定此选项，才可进行快速聚类.

② DATA=SAS data set：指定分析的 SAS 数据集名称.此过程中，数据必须是原始观测数据，而不能是距离或相似矩阵.

③ SEED=SAS data set：指定作为初始聚点的 SAS 数据集，其中的变量要和②中的数据集中的变量相同.若省略此选项，则该过程根据②中的数据集按第 6 章中的最小最大原则确定初始聚点.

④ MEAN=SAS data set：生成一个输出数据集，其中包括每个类的均值和其他有关统计量的值.

⑤ OUT=SAS data set：生成一个输出数据集，其中包括原始数据及两个新变量 CLUSTER(用以指示样品属于哪个类的变量)和各样品到所属类的中心的距离 DISTANCE.

⑥ CLUSTER=name：规定在④和⑤的输出数据集中用以指示样品属于哪一类的变量名称.缺省时系统自动命名为 CLUSTER.

⑦ DISTANCE：要求输出各类中心之间的距离矩阵.

⑧ LIST：要求列出所有样品的 ID 变量值，样品所归入类的类号及各样品到最终"聚点"之间的距离.

⑨ LEAST= m：指定用 L_m 距离进行聚类.LEAST=1 是绝对距离，LEAST=MAX 是 Chebyshov 距离，若省略则选项，则用欧氏距离.

⑩ CONVERGE(或 CONV)= ε：指定收敛准则中的阈值.即当聚点改变的最大距离小于或等于初始聚点之间的最小距离乘 ε 值时，聚类过程结束. ε 的默认值为 0.02.

(2) "VAR variables"语句和"ID variable"语句与 PROC CLUSTER 过程的相应语句用法相同.

8.2.9 矩阵语言的程序设计过程——PROC IML过程简介

SAS/IML 模块提供了功能强大的面向矩阵运算的编程语言,它是用户对新算法或 SAS 系统中没有相关过程可直接调用时自行编程的一个功能模块.SAS/IML 中处理的基本数据元是矩阵,它允许用户直接用矩阵代数的记号来编写 SAS 的程序语句.

由于本书第 2 章的 Box-Cox 变换以及第 7 章要涉及自行编程问题,因此这里简要介绍 SAS 系统的 PROC IML 过程,该过程处理矩阵运算尤为方便.

SAS/IML 下的一个完整的程序是以"PROC IML;"开始,以"QUIT;"结束,每个语句后仍要加";"号表示该指令结束.最常用的是赋值语句如"Y=A+B;",即将 A 与 B 的和赋给变量 Y,同时在 8.1 节介绍的循环语句、条件语句和 SAS 函数在此均适用.下面分别介绍矩阵的输入和输出以及常用的矩阵运算符号.

1. 矩阵的输入与输出

一个矩阵按行输入,每行用","隔开,整个矩阵用花括号括起来.例如要将矩阵

$$\begin{bmatrix} 1 & 2 & 3 & 4 \\ 2 & 1 & 1 & 1 \\ 3 & 2 & 1 & 0 \end{bmatrix}$$

输入并赋给变量 X,在 PROC IML 下可写为

```
X = {1  2  3  4,2  1  1  1,3  2  1  0};
```

对于单元素的矩阵,直接像数一样输入,如 X=0,X=1.5 等.

矩阵的输出直接用"PRINT X;"即可按照上述形式在 OUTPUT 窗口打印出矩阵 X,也可在"PRINT"后连续输出多个矩阵.

2. 常用矩阵运算及表示

PROC IML 下可以进行一切常用的矩阵运算,如矩阵的加、减、乘、数乘、行列式、求逆、转置、迹、特征值、特征向量,等等.表 8.4 列出了一些常用的矩阵运算及表示符号(假定所涉及的矩阵运算均有意义).

表 8.4 PROC IML 中常用矩阵运算表示及意义

运算的表示	意义
A+B	矩阵 $\boldsymbol{A}$ 与 $\boldsymbol{B}$ 的和
A-B	矩阵 $\boldsymbol{A}$ 与 $\boldsymbol{B}$ 的差
A * B	矩阵 $\boldsymbol{A}$ 与 $\boldsymbol{B}$ 的积
k#A	数 k 与矩阵 $\boldsymbol{A}$ 的数乘

续表

运算的表示	意　义
A * * m	矩阵 **A** 的 m 次幂
A#B	**A** 与 **B** 的对应元素相乘所得的矩阵
A/k	数 k 除矩阵 **A** 的各元素
A##m	**A** 的各元素的 m 次幂所形成的矩阵
trace(A)	矩阵 **A** 的迹
inv(A)	矩阵 **A** 的逆矩阵,即 $\boldsymbol{A}^{-1}$
A`	矩阵 **A** 的转置(“ ` ”为右斜撇,一般在键盘的左上方)
det(A)	矩阵 **A** 的行列式
eigval(A)	矩阵 **A** 的全部特征值
eigvec(A)	矩阵 **A** 的各个特征向量所形成的矩阵
A[i,j]	矩阵 **A** 的第 i 行第 j 列元素
A[i,]	矩阵 **A** 的第 i 行
A[,j]	矩阵 **A** 的第 j 列
A[{$r_1\cdots r_k$},{$c_1\cdots c_m$}]	由矩阵 **A** 的第 $r_1,\cdots,r_k$ 行与 $c_1,\cdots,c_m$ 列交叉点处元素所形成的矩阵
A[r_1 : r_2,c_1 : c_2]	由矩阵 **A** 的 r_1 至 r_2 行与 c_1 至 c_2 列交叉点处元素所形成的矩阵
A[+,]	矩阵 **A** 的各列元素之和(即按行相加)所形成的行向量
A[,+]	矩阵 **A** 的各行元素之和(即按列相加)所形成的列向量
diag(C)	以向量 **C** 的各元素为主对角线元素(顺序不变)的对角矩阵
A ‖ B	**A** 与 **B** 平行放置所形成的矩阵,即 $[\boldsymbol{A}\quad\boldsymbol{B}]$
A//B	**A** 与 **B** 垂直放置所形成的矩阵,即 $\begin{bmatrix}\boldsymbol{A}\\\boldsymbol{B}\end{bmatrix}$
A[i,j]=c	令 **A** 中第 i 行第 j 列元素为 c
A[,〈 : 〉]	**A** 的每行中最大元素所在的列序号形成的列向量
A[,〉 : 〈]	**A** 的每行中最小元素所在的列序号形成的列向量
A[〈 : 〉,]	**A** 的每列中最大元素所在的行序号形成的行向量

续表

运算的表示	意 义
A[〉:〈,]	***A*** 的每列中最小元素所在的行序号形成的行向量
i(n)	n 阶单位矩阵
j(m,n,c)	元素全为 c 的 $m\times n$ 矩阵

例如,若 $\boldsymbol{A}=\begin{bmatrix}0&1&2\\5&4&3\\7&6&8\end{bmatrix}$,则 A[,〈:〉]$=\begin{bmatrix}3\\1\\3\end{bmatrix}$,A[〉:〈,]=[1 1 1].若每行中的最大(或最小)元素不惟一,则取第一个最大(或最小)元素所在的列序号.对列的情况相同.

3. 由 SAS 数据集创建矩阵

PROC IML 过程能实现从某个 SAS 数据集中读取满足一定条件的观测数据而创建一个矩阵.在此仅介绍一种简单常用的语句形式

```
USE  SAS  data  set;
READ  ALL  VAR{variables}  INTO  matrix  name;
```

(1) USE SAS data set;

此语句表示打开要读取的 SAS 数据集,其中"SAS data set"为要读取数据的 SAS 数据集名称.

(2) READ ALL VAR{variables} INTO matrix name;

此语句表示要将所打开的 SAS 数据集中变量"variables"的所有观测值读入到命名为"matrix name"的矩阵中去,每个变量的所有观测按"variables"所列顺序(每个变量间用空格分开)依次为所创建矩阵"matrix name"的各列,其中"variables"可以是所打开的 SAS 数据集中的部分变量或全部变量.当所读取的是 SAS 数据集中的全部数值变量的观测值时,"VAR{variables}"可简写为"VAR _NUM_",注意"VAR"与"_NUM_"之间要用空格分开.

4. 由矩阵创建 SAS 数据集

PROC IML 过程也可实现由矩阵创建一个 SAS 数据集,其常用的一种语句形式为

```
CREATE  SAS data set VAR{variables};
APPEND FROM matrix name;
```

(1) CREATE SAS data set VAR{variables};

此语句表示要创建一个命名为"SAS data set"且包含变量"variables"的 SAS

数据集,其中“SAS data set”名和“variables”名由用户指定,但“variables”中所列变量(每个变量之间用空格分开)个数要与第二句中的矩阵的列数相同.

(2) APPEND FROM matrix name;

此语句指明要读取数据的矩阵名称(即“matrix name”),其中矩阵的各列依次为前一句“variables”中所列的各变量的观测值.

要输出由矩阵创建的SAS数据集,应在“PROC IML;… QUIT;”之外利用PROC PRINT过程实现.

最后,我们举例说明PROC IML过程的应用,其中程序中“/*…*/”部分为对前述语句的说明.

例8.4 以例2.3中的24位数学家年工资及相关指标数据(见表2.3)所建立的SAS数据集出发,用PROC IML过程计算相应的方差分析表和参数估计表中的有关量(即表2.4和表2.5中的有关内容),画出关于因变量拟合值的残差图.其程序如下:

```
DATA EXAMP2_3;
INPUT YY XX1 XX2 XX3;
CARDS;
33.2  3.5   9  6.1
40.3  5.3  20  6.4
       …   …
35.1  3.9  15  5.0
;
RUN;            /*也可直接在PROC IML下输入矩阵Y和设计矩阵X*/
PROC IML;
N=24; P=4;                 /*输入样本容量和模型中未知参数个数*/
USE EXAMP2_3;
READ ALL VAR{YY XX1 XX2 XX3}   INTO M;
Y=M[,1];                              /*因变量观测值(列)向量Y*/
X=J(N,1,1)||M[,2:4];   /*求设计矩阵X,其中第一列元素全为1*/
A=INV(X`*X);                                    /*计算(X^T X)^-1*/
BETA=A*X`*Y;                                  /*计算参数的估计值*/
PRINT  BETA;                                  /*输出参数估计值*/
H=X*A*X`;
YHAT=H*Y;                                   /*计算因变量拟合值*/
RESIDS=Y-YHAT;                                      /*计算残差*/
```

```
SSE=RESIDS`* RESIDS;                              /*计算残差平方和*/
SSR=Y`* (H-J(N,N,1)/N) * Y;                       /*计算回归平方和*/
MSE=SSE/(N-P);                        /*计算均方残差,即σ^2 的估计值*/
PRINT  MSE;
MSR=SSR/(P-1);                                     /*计算均方回归*/
F=MSR/MSE;                                    /*计算 F 统计量的值*/
FPVALUE=1-PROBF(F,P-1,N-P);                            /*计算 p 值*/
PRINT  F  FPVALUE;
VARBETA=MSE#A;                           /*计算 β̂ 的协方差矩阵估计*/
DO K=1 TO P;               /*此循环计算检验 β_k=0 的 t 值和 p 值*/
T=BETA[K,1]/SQRT(VARBETA[K,K]);
ABST=ABS(T);
TPVALUE=2#PROBT(-ABST,N-P);
PRINT  T  TPVALUE;
END;
RYHAT=RESIDS || YHAT;               /*残差和拟合值构成的 N×2 矩阵*/
CREATE  FIGURE  VAR{RESIDS YHAT};
                                      /*创建作图用的 SAS 数据集*/
APPEND  FROM  RYHAT;
QUIT;
PROC  PRINT  DATA=FIGURE;
RUN;
PROC  GPLOT  DATA=FIGURE;
PLOT  RESIDS * YHAT;
SYMBOL  V=STAR  I=NONE;
RUN;
```

主要参考文献

[1] 陈希孺,王松桂.近代回归分析——原理方法及应用.合肥:安徽教育出版社,1987.

[2] Hoaglin D C,Mosteller F, Tukey J W.探索性数据分析.陈忠琏,郭德媛,译.北京:中国统计出版社,1998.

[3] 方开泰.实用多元统计分析.上海:华东师范大学出版社,1989.

[4] 复旦大学.概率论(第二册第一分册:数理统计).北京:人民教育出版社,1979.

[5] SAS系统——Base SAS软件系统使用手册.高惠璇,等,编译.北京:中国统计出版社,1997.

[6] SAS系统——SAS/STAT软件使用手册.高惠璇,等,编译.北京:中国统计出版社,1997.

[7] 洪楠,侯军.SAS for Windows统计分析系统教程.北京:电子工业出版社,2001.

[8] 胡良平.现代统计学与SAS应用.北京:军事医学出版社,2000.

[9] 茆诗松.贝叶斯统计.北京:中国统计出版社,1999.

[10] 茆诗松.统计手册.北京:科学出版社,2003.

[11] 梅长林,周家良.实用统计方法.北京:科学出版社,2002.

[12] 施锡铨,范正绮.数据分析方法.上海:上海财经大学出版社,1997.

[13] 孙文爽,陈兰祥.多元统计分析.北京:高等教育出版社,1994.

[14] 王国良,何晓群.多变量经济数据统计分析.西安:陕西科学技术出版社,1993.

[15] 王吉利,张尧庭.SAS软件与应用统计.北京:中国统计出版社,2000.

[16] 王松桂,陈敏,陈立萍.线性统计模型——线性回归与方差分析.北京:高等教育出版社,1999.

[17] 实用多元统计分析.王学仁,王松桂,编译.上海:上海科学技术出版社,1990.

[18] 张尧庭,陈汉峰.贝叶斯统计推断.北京:科学出版社,1991.

[19] Chatterfee S,Hadi A S,Price B.Regression analysis by examples.北京:中国

统计出版社,2003.

[20] Gamerman D. Markov chain Monte Carlo: Stochastic simulation for Bayesian inference. London: Chapman and Hall, 1997.

[21] Gilks W R, Richardson S, Spieglhalter D J. Markov chain Monte Carlo in practice. London: Chapman and Hall, 1996.

[22] Johnson R A, Wichern D W. Applied multivariate statistical analysis (3rd ed). New Jersey: Prentice-Hall, 2007.

[23] Kleinbaum D G, Kupper L L, Muller K E, Nizam A. Applied regression analysis and other multivariate methods (3rd ed). 北京: 机械工业出版社, 2003.

[24] McCullagh P, Nelder J A. Generalized linear models (2nd ed). London: Chapman and Hall, 1989.

[25] Neter J, Wasserman W, Kutner M H. Applied linear statistical methods (3rd ed). Boston: IRWIN, 1990.

[26] SAS Institute Inc. SAS/IML software: usage and reference, Version 6, 1st ed. Cary, NC: SAS Institute Inc., 1990.